普通高等学校"十四五"规划城乡规划专业精品教材

本书受高水平地方高校建设计划上海美术学院项目经费、教育部 2021 年第二批产学合作协同育人项目(202102245012)资助出版

城乡规划专业 PIE/ArcGIS Pro 应用教程

李永浮　赵宇桑　编著

华中科技大学出版社
中国·武汉

内 容 简 介

遥感和地理信息系统应用的日益普及,使其成为地表数据获取和地理空间数据分析的利器。市场中新颖和功能强大的应用软件,以国产 PIE 遥感软件和美国 ESRI 公司 ArcGIS Pro 地理信息工具为代表。本书较为全面地介绍它们的图像处理、数据管理和空间分析工具,以及这些工具的综合应用案例。

全书分为三篇。第一篇为 PIE 遥感图像处理,深入讲解遥感图像处理;第二篇为 ArcGIS Pro 空间分析工具集,从空间数据管理到时空模式挖掘的七个空间分析工具集,把每个工具的主要功能、工具参数、应用情景进行简要讲解;第三篇为 ArcGIS Pro 应用实例,把多个地理分空间分析工具组合应用,进行规划与相近专业案例的综合分析,实现多学科和跨行业应用的教学目标。

本书适合于对 ArcGIS Pro 和 PIE 软件感兴趣的读者和相关从业人员使用,亦可供高等院校城乡规划等专业的本科生及研究生使用。

图书在版编目(CIP)数据

城乡规划专业 PIE/ArcGIS Pro 应用教程 / 李永浮,赵宇桑编著. -- 武汉：华中科技大学出版社,2025.1. --(普通高等学校"十四五"规划城乡规划专业精品教材). -- ISBN 978-7-5772-1612-6

Ⅰ. TU984

中国国家版本馆 CIP 数据核字第 20252FK272 号

城乡规划专业 PIE/ArcGIS Pro 应用教程　　　　　　　　　　　　　　李永浮　赵宇桑　编著
Chengxiang Guihua Zhuanye PIE/ArcGIS Pro Yingyong Jiaocheng

策划编辑：金　紫
责任编辑：王炳伦
封面设计：原色设计
责任校对：刘　竣
责任监印：朱　玢
出版发行：华中科技大学出版社(中国·武汉)　　　电话：(027)81321913
　　　　　武汉市东湖新技术开发区华工科技园　　　邮编：430223
录　　排：华中科技大学惠友文印中心
印　　刷：武汉科源印刷设计有限公司
开　　本：889mm×1194mm　1/16
印　　张：20.25
字　　数：670 千字
版　　次：2025 年 1 月第 1 版第 1 次印刷
定　　价：78.00 元

前　言

在空间信息技术迅猛发展的今天，掌握先进的空间分析工具对于地理信息科学、城市规划、环境监测、农业、林业等多个领域的专业人士而言至关重要。本书旨在为读者提供一本全面、深入、实用的指南，帮助读者理解和使用 ArcGIS Pro 和 PIE 软件的重要分析功能，以应对日益复杂的空间数据分析挑战。

ArcGIS Pro 是 ESRI 面向新时代的 GIS 产品，它继承了传统桌面软件（ArcMap）强大和权威的数据管理、制图、空间分析等能力，还具有多种特色功能，包括二三维融合、大数据、矢量切片制作与发布、任务工作流、超强制图、时空立方体等。同时集成了 ArcMap、ArcSence、ArcGlobe，实现了三维一体化同步。其用户界面设计现代简洁，功能区提供丰富的命令和工具，用户可以轻松进行软件操作。

PIE（Pixel Information Expert）软件，由北京航天宏图信息技术股份有限公司自主研发，是新一代遥感影像处理软件。PIE 软件以其全流程业务链能力，高效、高精度的光学影像预处理能力，丰富实用的基础处理工具集，强大的信息提取与解译能力，以及便捷的专题出图功能而著称。它支持从多源数据读取到专题图表生成的一体化解决方案，广泛应用于气象、海洋、水利、农业、林业、国土、环保等多个领域。

本书创新性地将 ArcGIS Pro 和 PIE 软件相结合，在空间数据分析和遥感影像处理方面具有显著优势。在内容设计上紧扣党的二十大精神，特别是第 14 章浙江省传统村落空间分布特征的分析，践行了"乡村振兴与文化传承"的国家战略；第 16 章构建城市生物多样性保护安全格局的案例，则体现了"提升生态系统多样性、稳定性、持续性"的生态文明建设要求。通过理论与实践的结合，既彰显了空间信息技术在推动绿色发展、促进人与自然和谐共生的技术支撑作用，也展现了本书服务国家战略需求的学术价值与社会责任。

第一篇专注于 PIE 软件在遥感图像处理方面的应用。主要内容包括：图像的预处理技术，如辐射校正、大气校正等；图像增强处理，如对比度拉伸、色彩合成等；图像判读与分类技术，如监督分类、非监督分类等。

第二篇讲解 ArcGIS Pro 中各种工具的使用方法，包括数据管理和编辑、空间分析、空间统计、网络分析和时空模式挖掘等。对 ArcGIS Pro 工具参数和原理深入剖析，读者将能够更准确高效地使用其强大的功能，提高工作效率，发掘数据潜力。

第三篇是精心设计的实例应用示范，展示了 ArcGIS Pro 在解决实际空间分析问题的强大能力。这些实例覆盖城市规划、环境监测、灾害管理、交通分析等多个领域。通过学习这些案例，读者既能巩固前两篇所学的理论知识，还能够提高解决实际问题的能力。

本书是高等院校城乡规划、风景园林和资源环境等专业本科生及研究生辅导教材，也是专业人员的参考手册。本书内容结构清晰，案例丰富，是学习遥感和 GIS 空间分析的重要资料。我们相信，通过学习本书，读者能够更有效地利用 ArcGIS Pro 和 PIE 进行空间数据分析，为工作和研究增添价值。

在本书的编写过程中，得到北京航天宏图信息技术股份有限公司高校合作推广部总监任芳的大力支持；上海大学博士生赵宇桑，硕士生王曼、陆颖、焦厚晨、邬艺安承担了本书部分章节的编写工作。在此对提供帮助的技术人员、学者及同学表示衷心的感谢。

尽管我们努力追求内容的准确性和实用性，但书中难免会有疏漏和不足。因此，恳请读者在阅读本书的过程中,不吝赐教,提出宝贵的意见和建议。您的批评和指正是我们不断进步的动力,也是本书能够更好地服务于广大读者的宝贵财富。

本书提供第二篇 ArcGIS Pro 空间分析工具集的教学视频,可扫描封面二维码查看。书中案例练习数据可以扫描封面二维码下载。

各章编著者及编写分工

李永浮,男,清华大学建筑学院博士后,上海大学上海美术学院教授,撰写第二篇、第三篇第 14 章。

赵宇桑,女,上海大学上海美术学院博士生,撰写第三篇第 16、18、19、20 章。

王曼,女,上海大学建筑系硕士生,撰写第一篇第 1、3、5、6 章。

陆颖,女,上海大学建筑系硕士生,撰写第一篇第 2、4 章。

焦厚晨,女,上海大学建筑系硕士生,撰写第三篇第 17 章。

邬艺安,女,上海大学建筑系硕士生,撰写第三篇第 15 章,参与撰写第三篇第 14 章。

致谢

在本书的编写过程中,华中科技大学出版社金紫同志及图书团队悉心指导,严谨把关。其精深的专业能力使本书内容表达更趋精准、学术规范得以严守,学术性与可读性显著提升。值此出版之际,谨向华中科技大学出版社的编辑同志致以最诚挚的谢忱。

目 录

第一篇　PIE 遥感图像处理

第 1 章　PIE-Basic 软件基础

1.1　PIE-Basic 软件界面介绍

　　PIE-Basic 软件的主界面设计简洁且功能强大,主要由以下几部分组成:标题栏、工具栏、图层管理栏、常用工具栏、主视图区、视图切换按钮和状态栏。这些组件协同工作,为用户提供高效的数据处理和地图制作体验。

　　位于界面顶端的标题栏清晰标注了当前运行的组件名称,帮助用户快速确认所使用的工具。工具栏则集中展示了软件的核心功能模块,用户可以通过它快速访问各种操作。图层管理栏是软件的核心组件之一,它允许用户对加载的图层进行精细管理,包括激活、删除地图,以及对图层进行加载、显示控制和坐标系修改等操作。常用工具栏则提供了数据浏览时最常用的功能,方便用户快速进行视图调整、数据查询和编辑操作。主视图区是用户与软件交互的核心区域,用于展示正在处理的数据、数据处理进度以及处理后的结果。视图切换按钮允许用户在数据视图与制图视图之间灵活切换,满足不同场景下的需求。状态栏则实时显示数据状态的参数信息,如坐标系类型、比例尺、地图坐标和主视图的屏幕坐标等,为用户提供即时的反馈。

1.2　功能模块

　　PIE-Basic 软件通过丰富的功能模块,为用户提供了从数据预处理到地图制作的全流程支持。

　　(1)系统模块:作为软件的基础功能,系统模块提供新建地图、打开地图、保存地图、另存为、系统属性设置以及退出系统等操作,确保用户能够方便地管理地图文件和软件设置。

　　(2)常用功能模块:聚焦于日常操作,提供数据管理、地图浏览、信息查看、空间量测、作业区域设置和编辑等功能,满足用户在数据处理和地图制作过程中的基本需求。

　　(3)显示控制模块:通过亮度增强、对比度增强、透明度增强、拉伸增强、亮度反转、透明值设置和重置等功能,显示控制模块帮助用户优化图像显示效果,以便更好地进行数据分析和可视化。

　　(4)图像预处理模块:专注于提升原始影像的质量,通过辐射校正、几何校正、图像融合、裁剪、镶嵌、分幅处理、批处理和流程化处理等子功能,为后续分析奠定基础,确保数据的准确性和可用性。

　　(5)图像处理模块:提供图像分类、变换、滤波和边缘增强等功能,帮助用户进一步处理和分析图像,提取有价值的信息。

　　(6)基础工具模块:作为影像处理的基石,基础工具模块包括格式转换、投影转换、图像运算、特征统计、图像操作、掩膜工具、矢栅转换和实用工具等八个子模块,满足用户在影像处理过程中的多样化需求。

　　(7)综合判读模块:通过标注标绘、手动信息提取和字体设置等功能,综合判读模块支持用户对影像数据进行目视解译,提取关键信息。

　　(8)矢量处理模块:主要用于影像的矢量化处理,提供矢量创建、编辑、工具使用、启用捕捉和统计分析等子模块,帮助用户将影像数据转化为矢量格式,便于进一步分析和应用。

　　(9)监测分析模块:适用于国土、水利和林业等行业,通过自动地物提取和变化检测功能,利用四波段(蓝、绿、红、近红外)的多光谱数据,为用户提供高效的数据分析工具。

　　(10)专题制图模块:地图制作的核心工具,支持用户快速在图像上添加比例尺、标题、指北针等要素,生成可输出的地图,包括数据操作、视图操作、数据框、地图整饰、元素排列、顺序和分布设置、专题图模板以及专题图输出等功能,满足用户在地图制作过程中的各种需求。

　　(11)流程定制模块:该模块允许用户构建自己的地理处理模型并执行,从而提高工作效率,特别适合自动化处理任务。

(12)视图模块：提供视图管理和软件界面样式的设置功能，帮助用户根据自己的需求调整软件界面，提升使用体验。

(13)帮助模块：提供算法看板、用户手册查看、版本信息查看以及快捷键功能查看等服务，为用户提供全面的技术支持和学习资源。

1.3　常用工具栏

PIE-Basic 软件的常用工具栏集成了数据浏览时最常用的功能，这些功能可以分为以下几类。

(1)视图操作工具：包括拉框放大、拉框缩小、中心放大、中心缩小、漫游、全图显示和 1∶1 显示等功能，帮助用户灵活调整视图，以便更好地查看和分析数据。

(2)数据查询工具：探针工具用于查询栅格数据的像素信息，属性查询则允许用户查看矢量数据的属性信息，空间量测功能则支持距离、面积、要素和元素的量测，同时提供清空操作和测量单位设置。

(3)编辑工具：拷贝、剪切、粘贴和删除功能允许用户对矢量要素进行灵活的编辑操作，提高数据处理的效率。

1.4　图层管理

图层管理是 PIE-Basic 软件的核心功能之一，鼠标光标放在 Map 图层上，单击鼠标右键弹出对话框，可以对 Map 图层进行操作。例如，用户可以通过激活地图功能快速切换到特定地图，通过添加图层组功能对图层进行分组管理，从而提高数据组织的清晰度。加载栅格数据、矢量数据、科学数据集和环境星数据等功能则允许用户根据需要将不同类型的数据导入到地图中。显示和隐藏所有图层的功能让用户能够灵活控制图层的显示状态，而删除所有图层功能则允许用户快速清理当前地图。图形与要素之间的转换功能以及坐标系修改功能则为用户提供了灵活的数据处理选项。地图属性功能则允许用户查看和设置地图的属性信息，确保地图符合用户的需求。

第 2 章　遥感图像预处理

2.1　辐射校正

辐射校正包括辐射定标、大气校正两部分。辐射校正支持 HJCCD、GF1、GF2、ZY02、CZY3、TH01、Landsat5/7/3、VRSS 等数据的处理。针对 Landsat5 数据,需要将第 6 个热红外波段去掉,按照"1、2、3、4、5、7"的波段排列顺序进行波段合成,然后对波段合成后的数据进行辐射定标和大气校正处理;针对 Landsat7 数据,需要将第 6 个热红外波段和第 8 个全色波段去掉,按照"1、2、3、4、5、7"的波段排列顺序进行波段合成,然后对波段合成后的数据进行辐射定标和大气校正处理;针对 Landsat8 数据,需要将第 8 个全色波段以及 10、11 两个热红外波段去掉,按照"1、2、3、4、5、6、7、9"的波段排列顺序进行波段合成,然后对波段合成后的数据进行辐射定标和大气校正处理。

2.1.1　辐射定标

辐射定标能够将图像中的亮度数值(即数字数,DN)转换为实际的辐射亮度值或者与地表反射率、表面温度等物理量相关的相对数值。通过辐射定标可以测量地物的光谱特性,并且比较不同时间或不同传感器捕获的图像,确保了图像数据的准确性和可比性。

1. 辐射定标的分类

辐射定标分为绝对辐射定标和相对辐射定标。

1)绝对辐射定标

绝对辐射定标是指将遥感图像的数字数(DN 值)转换为实际的物理量,如辐射亮度或反射率。这种定标提供了图像数据与真实世界物理现象之间的直接联系。绝对辐射定标的结果使得不同时间、不同传感器获取的图像可以直接比较,因为它们都被转换为了统一的物理单位。

2)相对辐射定标

相对辐射定标又称为传感器间定标,是指将不同传感器或不同时间获取的图像数据转换为可以相互比较的格式。这种定标不涉及将 DN 值转换为绝对物理量,而是将它们转换为相对值,使不同图像之间的比较成为可能。相对辐射定标通常用于同一传感器在不同时间获取的图像,或者用于比较不同传感器在同一时间获取的图像,但这些传感器的辐射响应特性可能不同。采用这种定标方法的目的是保持图像数据的相对一致性,而不是提供与实际物理现象直接对应的绝对值。

2. 辐射定标的操作步骤

打开 PIE-Basic 软件,选择菜单栏【图像预处理】→【辐射定标】,打开"辐射定标"对话框,如图 2.1 所示。

(1)输入文件:输入待处理的卫星影像数据。

(2)元数据文件:输入该影像对应的元数据文件,默认自动读取该影像对应的元数据(.xml)文件,也可以用户自定义。

(3)定标类型:选择定标为表观辐亮度或者表观反射率/亮温,默认选项是表观反射率/亮温。

(4)定标系数:显示各个波段的定标系数。

(5)输出文件:设置输出结果保存路径及文件名。

所有参数设置完毕后,点击【确定】按钮,输出辐射定标处理结果。

2.1.2　大气校正

电磁波在大气传输时,大气分子、气溶胶的散射作用以及被臭氧、水汽等吸收,均会影响传感器接收到的信号,导致传感器接收到的信息不能真实反映地表特性。要获得地表的准确信息,就必须尽量消除大气

图 2.1 "辐射定标"对话框

影响。大气校正的目的是将获取的遥感数据定标后的表观反射率转换为能够反映地物真实信息的地表反射率。大多数情况下,大气校正同时也是反演地物真实反射率的过程。

1. 大气校正的分类

大气校正分为绝对大气校正和相对大气校正。

(1)绝对大气校正是将遥感图像的 DN 值转换为地表反射率、地表辐射率、地表温度等数据。

(2)相对大气校正是指校正后的图像,相同的 DN 值表示相同的地物反射率,其结果不考虑地物的实际反射率。

2. 大气校正的方法

常见的绝对大气校正方法有基于辐射传输模型的 MORTRAN 模型、LOWTRAN 模型、ATCOR 模型和 6S 模型等;基于简化辐射传输模型的黑暗像元法;基于统计学模型的反射率反演。常见的相对大气校正方法是基于统计的不变目标法、直方图匹配法等。

3. 大气校正的操作步骤

打开 PIE-Basic 软件,选择菜单栏【图像预处理】→【大气校正】,打开"大气校正"对话框,如图 2.2 所示。

(1)数据类型:设置待处理影像的数据类型,要与输入的文件保持一致,支持 DN 值、表观辐亮度和表观反射率 3 种数据类型。DN 值是没有经过辐射定标的原始影像数据,表观辐亮度和表观反射率是辐射定标输出的结果文件。

(2)输入文件:输入待处理的影像数据。

(3)元数据文件:默认自动输入该影像对应的元数据(.xml)文件,也可以用户自定义,一般默认系统读取。

(4)大气模式:选择大气模式,支持系统自动选择和手动选择 2 种方式。手动选择有热带、中纬度夏季、中纬度冬季、副极地夏季、副极地冬季、美国 62 标准大气 6 种方式,根据影像的实际位置来选择。

(5)气溶胶类型:选择气溶胶类型,支持的气溶胶类型有大陆型、海洋型、城市型、沙尘型、煤烟型、平流层型。可根据图像的地类情况进行选择。

(6)初始能见度:可以自定义设置,也可以选择系统默认值,默认值是"40KM",可根据影像拍摄时的天气情况设置能见度。

(7)逐像元反演气溶胶:软件内置了反演气溶胶光学厚度的程序,选择"是"表示进行气溶胶光学厚度的反演处理;选择"否",则不做反演,使用初始能见度转换的 AOD 值赋给影像的每个像元,作为每个像元的初

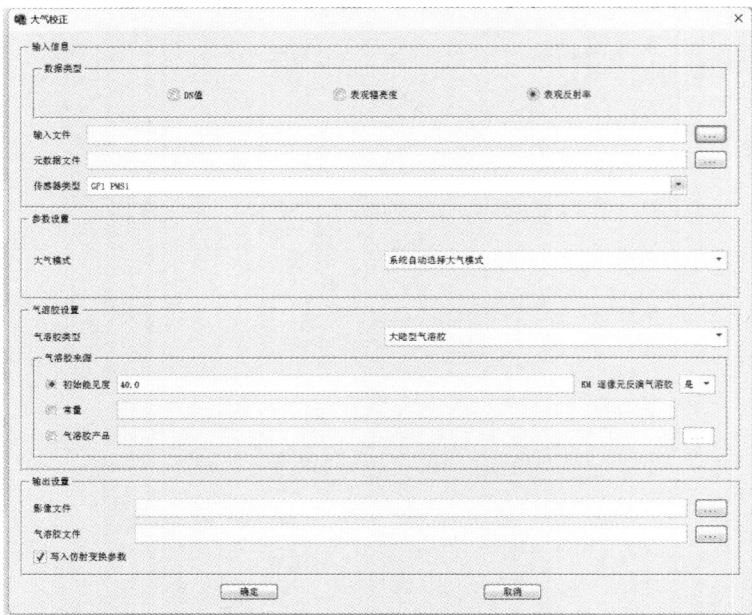

图 2.2　"大气校正"对话框

始气溶胶光学厚度。

（8）输出设置：设置生成的地表反射率影像的保存路径及文件名。

2.2　几何校正

几何校正涉及调整图像数据，以确保图像中的地物位置与它们在现实世界中的位置精确对应。传感器在获取图像时可能会因为自身的物理特性（如镜头畸变）或飞行姿态（如倾斜、旋转）产生图像畸变，几何校正可以消除这些畸变，使图像更加真实地反映地表情况。地理参考过程将图像数据与地理坐标系统（如经纬度）关联起来，使图像上的每个像素都能够对应地球上的一个确切位置。地球表面的起伏，传感器获取的图像可能会受到地形的影响，导致图像上的地物位置出现偏差。几何校正可以通过考虑地形高度来调整图像，以减少这种影响。不同的地图投影系统可能会对图像的几何形状和位置产生影响。几何校正可以确保图像数据在不同的投影系统之间正确转换，以适应特定的分析需求。当需要将多幅图像叠加在一起进行分析时，几何校正可以确保这些图像在空间位置上精确对齐。

几何校正的目的是确保遥感图像数据的准确性和可用性，使它们可以用于精确的地理分析和决策支持。通过几何校正，研究人员和分析师可以更有信心地使用图像数据来研究地表变化、规划土地利用、监测环境状况等。几何校正模块包括影像配准和正射校正。

2.2.1　影像配准

影像配准是指使用同一区域的一景影像或多景影像（基准影像）对另一幅影像进行校准，以使两幅图像中的同名像元配准。

1. 图像匹配

图像匹配是将不同时间、不同传感器（成像设备）或不同条件下（天气、照度、摄像位置和角度等）获取的两幅或多幅图像进行匹配、叠加的过程。图像匹配可以根据基准图像的几何坐标对其他图像进行地理坐标定位。

1）图像匹配的操作步骤

（1）打开对话框。

打开 PIE-Basic 软件，选择菜单栏【图像预处理】→【影像配准】，打开"影像配准"对话框，如图 2.3 所示。

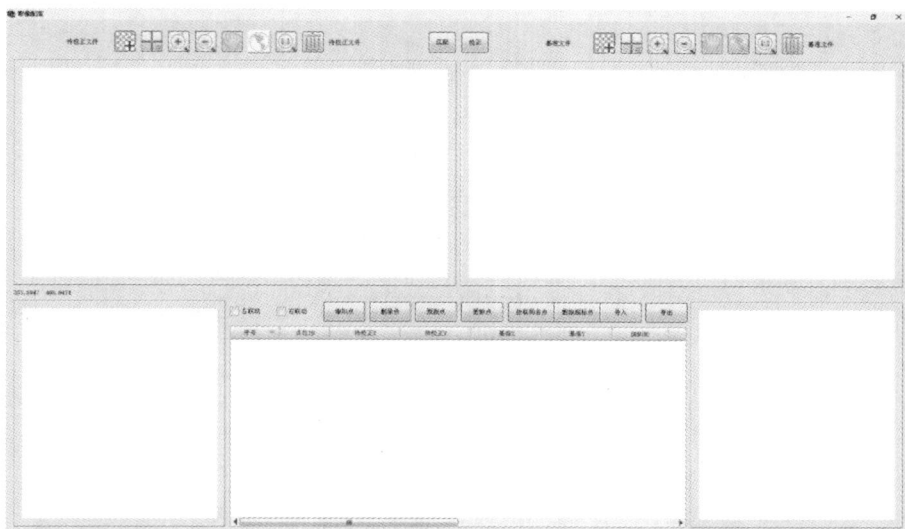

图 2.3 "影像配准"对话框

（2）设置待配准影像和基准数据。

待配准影像：在左侧视图点击【添加】按钮，添加待配准影像。

基准数据：在右侧视图点击【添加】按钮，添加基准数据。

（3）控制点选择。

选择控制点在缺乏基准影像的前提下，支持手动选取外业实测控制点。

在左侧待配准影像工具栏中点击【添加控制点】按钮，将十字丝的中心对准视图中的相应位置，然后鼠标右键选择输入实测点，选择对应的实测点投影坐标系，输入实测点的 X、Y、Z 坐标。

在有基准影像的前提下，提供手动选取控制点和自动选取控制点两种方式。

①手动选取控制点：分别在待配准影像和基准影像的工具栏中点击【添加控制点】按钮将十字丝的中心对准视图中的相应位置，然后点击【增加点】按钮，即可向视图中增加一对控制点。

②自动选取控制点：通过控制点匹配方法自动选取控制点，还可通过读取待配准影像的 RPC 文件、DEM 文件以提高影像之间的匹配精度。

2）控制点相关操作

（1）增加点：从待配准影像和基准影像中选取一对控制点，点击【增加点】按钮，该对控制点即被加到控制点列表中。

（2）删除点：在控制点列表中选中待删除的控制点对，点击【删除点】按钮，即可删除该对控制点。

（3）更新点：在控制点列表中选中待更新的控制点对，在视图中调整控制点的位置，调整完毕后点击【更新点】按钮，即可更新该对控制点。

（4）预测点：在待配准影像上选取一个控制点，点击【预测点】按钮，在基准影像上便会显示预测与之对应的控制点的位置，该功能需要至少选取三对控制点后才能使用。

（5）删除超标点：点击【删除超标点】按钮，弹出"设置误差范围"对话框，选择或输入误差范围，即可将误差大于误差范围的控制点删除，并重新计算误差。

（6）拾取同名点：获取同名点在匹配视窗中进行关联显示，并在控制点列表中高亮显示拾取同名点信息。

（7）导入：导入外部的控制点文件，要求为 gcp 文件。

（8）导出：将控制点列表中的控制点导出到外部文件中。

控制点相关操作如图 2.4 所示。

2. 几何精校正

控制点选取完毕后，点击【校正】按钮，在下拉菜单中选择【几何精校正】，弹出参数设置界面，设置校正

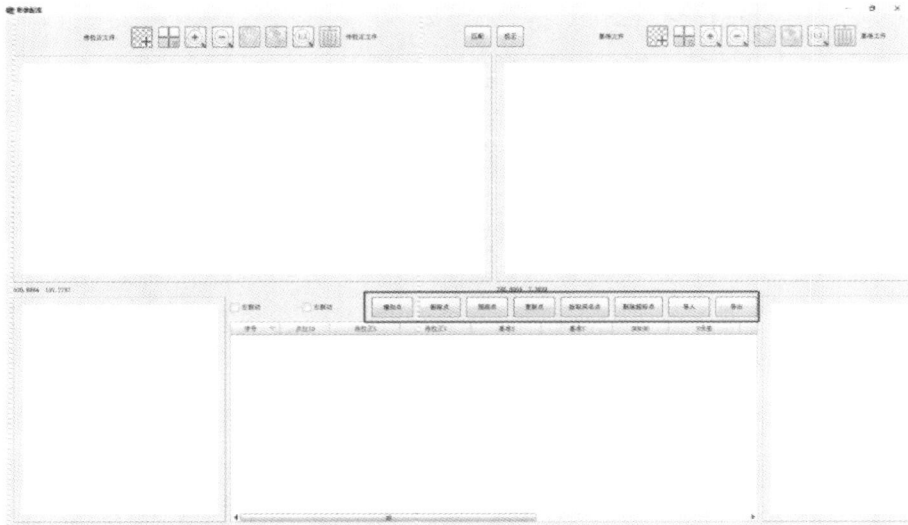

图 2.4　控制点相关操作

模型、重采样方式、重采样精度等参数,点击【确定】按钮,即可进行几何精校正处理。

几何精校正参数设置如下。

(1)校正模型:校正模型分为多项式模型和三角网校正模型。三角网校正模型适合于控制点分布不规则的情况。

(2)采样方式:提供最近邻域法、双线性内插法和三次卷积内插法3种重采样方法。

(3)输出分辨率:设置输出影像的 X 分辨率和 Y 分辨率。

(4)其他参数:设置多项式的次数,目前多项式次数仅支持 1 次和 2 次(当校正模型设置为三角网校正模型时,不需要设置此参数)。

(5)输出投影:设置输出文件的投影信息。

(6)输出文件:选择输出结果的保存路径和名称。

2.2.2　正射校正

正射校正是一种遥感影像的几何校正方法,它可以消除由于传感器、地形起伏不均衡等因素引起的像元上的偏移,并可利用数字高程模型(DEM)及地面控制点通过相应的数学算法模型来进行校正。正射校正后的影像在精度、图像特征以及信息表达上都能取得很好的效果,并能够改正因地形产生的误差。

1. 有控正射校正

有控正射校正是一种遥感影像的几何校正方法,涉及使用一组已知地面控制点(ground control points,GCPs)来改善影像的几何精度。这种校正方法不仅纠正了由于传感器、地形起伏不均衡等因素引起的像元上的偏移,而且通过数学模型,将影像与地面控制点的已知位置相匹配,从而实现影像的精确对齐。有控正射校正通常需要高程数据的支持,如数字高程模型(DEM),以进一步提高校正的精度,特别是在地形起伏较大的地区。

在进行有控正射校正前需要先生成待校正影像的控制点。此处控制点可由以下 2 种方式产生。

(1)待校正影像和基准影像手动/自动生成的控制点。

(2)通过参考地面控制点,在待校正影像上选择的控制点。

选择菜单栏【图像预处理】→【正射校正】,打开"正射校正"对话框,设置数字高程、重采样精度等参数,如图 2.5 所示。

设置 DEM:设置待校正影像的高程,通常在保证精度的情况下,建议输入 DEM 文件,如果缺乏 DEM 文件,可以选择输入常值(该地区的平均海拔)。

选择输出影像的采样模式,设置输出影像的 X 分辨率、Y 分辨率:默认输出的是待校正影像的原始分辨率,也可以根据需要自行调整。

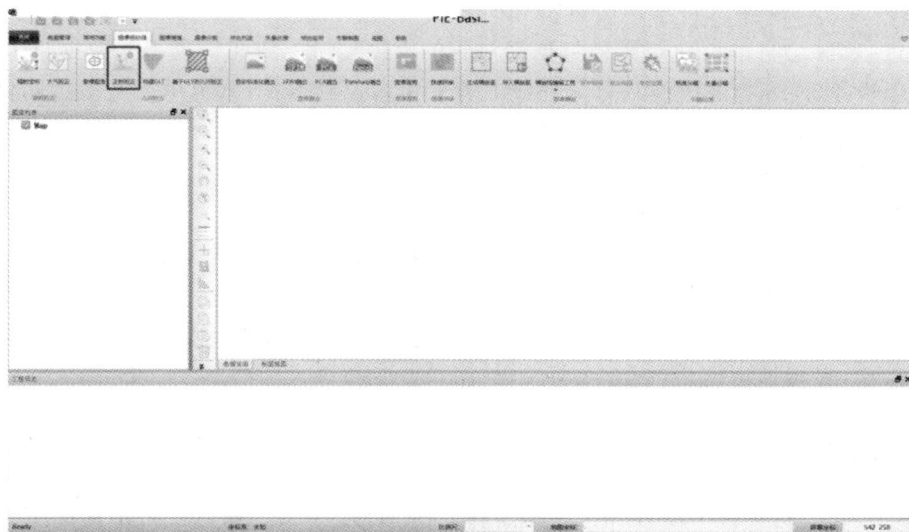

图 2.5　正射校正

输出文件：选择输出结果的保存路径、名称及投影信息。

2. 无控正射校正

无控正射校正不依赖于地面控制点（GCPs），而是利用传感器的内部几何模型和外部辅助数据（如数字高程模型 DEM）来对影像进行几何校正。这种方法通常使用传感器自带的有理多项式系数（rational polynomial coefficients，RPC）文件，结合 DEM 数据，通过数学模型来纠正影像的几何畸变，包括由于地形起伏引起的误差。

点击【正射校正】按钮，打开"正射校正"对话框，如图 2.6 所示。

图 2.6　"正射校正"对话框

（1）输入文件：首先需要输入待校正影像。

（2）RPC 文件：软件会自动读取与影像数据相对应的 RPC 文件，该文件是卫星数据自带的。

（3）控制点文件：此处可为地面控制点文件或外业采集的控制点文件，也可以为通过图像匹配处理获得的控制点文件，若没有控制点文件可以不输入。

（4）输出文件：设置输出路径及文件名。

（5）投影设置：为输出的正射影像设置一个投影方式。

（6）数字高程设置：软件提供 2 个选项，若待校正影像具有相同区域的 DEM 数据，则选择 DEM 文件，并将 DEM 数据输入；否则可选择常值并为影像设置一个高程值。

（7）重采样方法：软件提供 3 种重采样方法，包括最近邻域法、双线性内插法、三次卷积内插法。

（8）X、Y 分辨率：设置输出影像 X、Y 的分辨率，单位默认为米。

2.3　图像融合

图像融合是指通过分析和整合多幅图像中每个像素的信息，生成一幅包含更丰富细节或更高质量的新图像。其核心在于利用像素级的信息处理技术，将多幅图像的优势结合，以提升图像的视觉效果或功能性。目的如下。

（1）提升图像质量。通过融合多幅图像，提取更多的细节信息，使融合后的图像更加清晰；结合不同曝光或光照条件下的图像，生成对比度更优的图像；抑制随机噪声，提高图像的信噪比。

（2）扩展动态范围。融合不同曝光的图像，生成高动态范围（HDR）图像，使亮部和暗部细节都能得到充分展现。

（3）丰富信息内容。结合不同波段（如可见光、红外、紫外等）的图像，生成包含更多光谱信息的新图像。

（4）修复与增强。利用融合技术填补图像中的缺失或损坏区域，恢复图像的完整性；在特定应用中突出目标特征，提高分析的准确性。

（5）无缝拼接。融合多幅局部图像，生成一幅无缝衔接的全景图，扩展视野范围。

2.3.1　色彩标准化融合

色彩标准化融合通过将多光谱图像的每个波段与全色图像相结合，来提高多光谱图像的空间分辨率，同时尽量保留其光谱信息。在色彩标准化融合过程中，首先会对多光谱图像进行归一化处理，即将每个波段的像素值除以所有波段像素值的总和，以此来突出每个波段中地物的光谱特征。然后，将归一化后的多光谱图像与高分辨率的全色图像进行乘积运算，生成新的融合图像。

选择菜单栏【图像预处理】→【色彩标准化融合】，打开"色彩标准化融合"对话框，如图 2.7 所示。

（1）输入文件：如果影像已经在软件中打开，可以在 MAP 列表中进行选择，如果影像未在软件中打开，可通过点击"影像设置"右侧的【...】按钮打开文件，并加载到"影像设置"列表中。

（2）高分辨率影像波段设置：多光谱图像波段选择需要融合低分辨率影像 RGB 波段；高分辨率图像波段选择需要融合高分辨率影像波段。

（3）影像设置：多光谱图像波段和高分辨率图像波段设置完毕后，点击【确定】按钮。

（4）重采样：软件提供最近邻域法、双线性内插法和三次卷积内插法 3 种重采样方法。

（5）输出文件：设置输出影像的保存路径及文件名。

2.3.2　SFIM 融合

SFIM 融合，全称 Smoothing Filter-based Intensity Modulation（基于平滑滤波的亮度变换）融合，是一种在遥感图像处理领域广泛使用的图像融合技术。它旨在将高分辨率的全色图像与低分辨率的多光谱图像结合起来，以提高多光谱图像的空间分辨率，同时尽量保留其光谱特性。SFIM 融合技术在遥感影像分析、地物识别、环境监测等领域有着重要的应用价值，它能够提升影像的可用性和解译精度。

选择菜单栏【图像预处理】→【SFIM 融合】，打开"SFIM 融合"对话框，如图 2.8 所示。

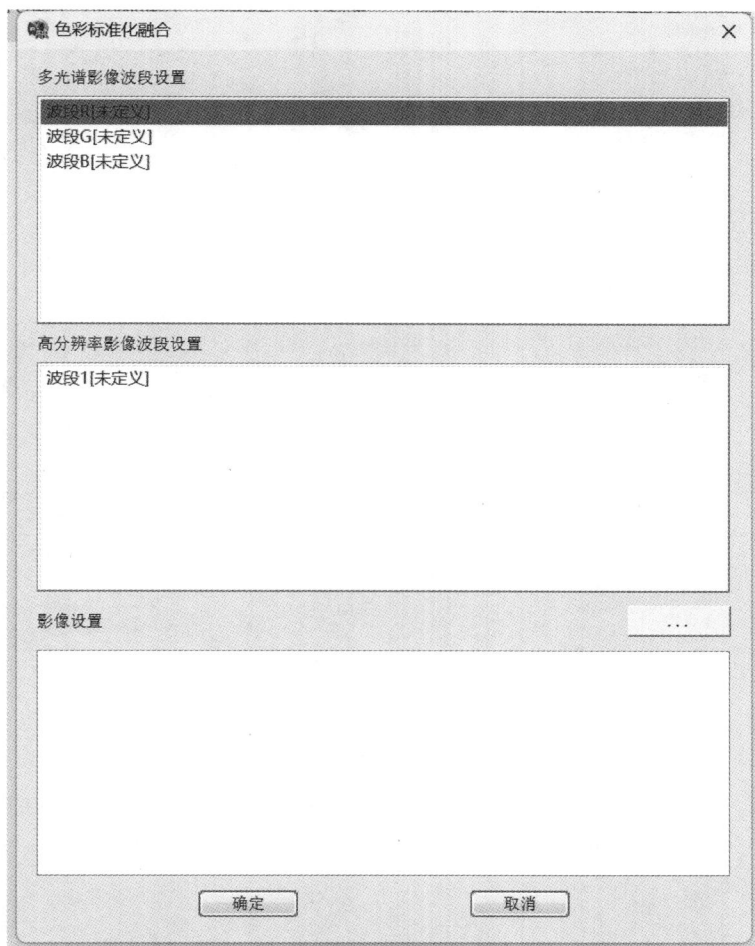

图 2.7 "色彩标准化融合"对话框

2.3.3 PCA 融合

PCA 融合,即主成分分析融合,它通过将多光谱图像的多个波段视为一个多维数据集,利用 PCA 方法提取数据的主要特征,然后将高分辨率的全色图像与 PCA 变换后的第一主成分进行直方图匹配,使得全色图像的灰度均值和方差与第一主成分相一致。接着,用匹配后的全色图像替换第一主成分,最后通过 PCA 逆变换得到高分辨率的多光谱融合图像。

PCA 融合的核心优势在于它能够在提升图像空间分辨率的同时,较好地保留原始图像的光谱特性。这种方法特别适合多光谱图像与全色图像的融合,能够有效地增强图像的视觉效果和信息内容。然而,PCA 融合也有其局限性,比如计算量较大,尤其是在处理大数据集时,可能会影响实时性。

在实际应用中,PCA 融合技术可以用于提升图像的分析和解译精度,广泛应用于遥感影像分析、地物识别、环境监测等领域。通过 PCA 融合,可以生成更高空间分辨率和更丰富光谱信息的新图像,从而为后续的图像分析和应用提供更高质量的数据支持。

选择菜单栏【图像预处理】→【PCA 融合】,打开"PCA 融合"对话框,如图 2.9 所示。

2.3.4 Pansharp 融合

Pansharp 融合主要处理的是多光谱(MS)图像和全色(PAN)图像的融合。多光谱图像通常具有较低的空间分辨率,但包含多个光谱波段;全色图像则具有较高的空间分辨率,但通常只有一个波段。Pansharp 融合的目标是利用全色图像的高空间分辨率来增强多光谱图像,使融合后的图像既具有高空间分辨率又保持多光谱图像的光谱特性。这种融合后的图像在遥感影像处理、地质勘探、农业监测等领域具有广泛的应用,因为它能提供更丰富的信息,有助于准确解译和分析目标物体的属性以及研究区域的动态变化。在实际应

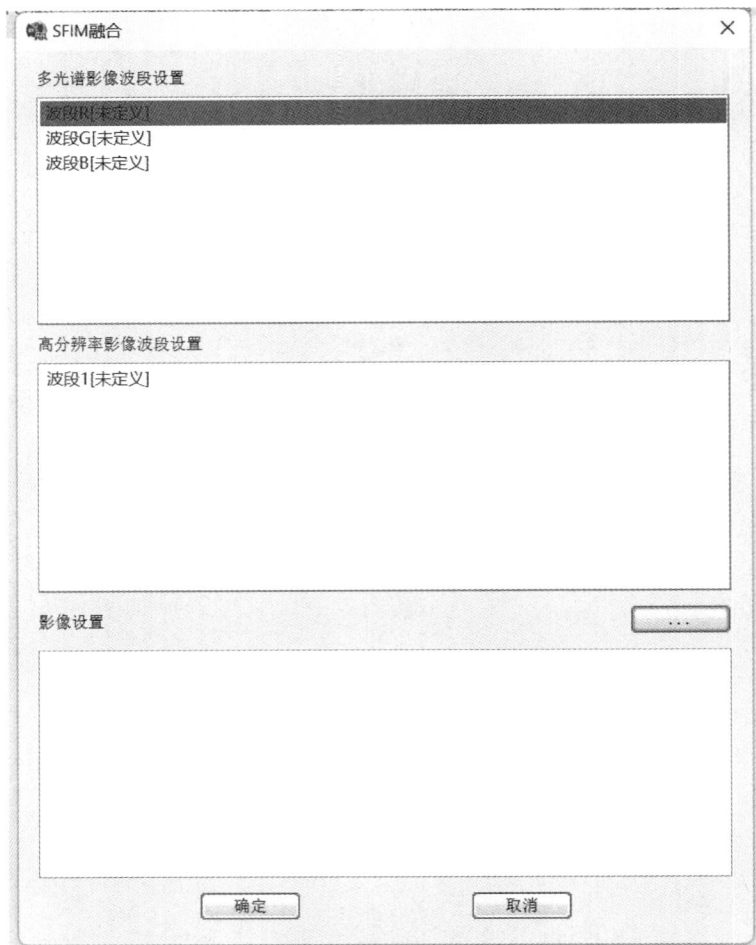

图 2.8 "SFIM 融合"对话框

用中,Pansharp 融合需要考虑多光谱图像和全色图像之间的空间分辨率差异,通常全色图像的分辨率会高于多光谱图像。因此,融合过程中可能需要对图像进行重采样或插值,以确保图像在空间分辨率上的一致性。

具体融合步骤如下。

(1)选取多光谱图像的若干波段,参与拟合全色影像。选取原则:选取的多光谱波段波谱范围总和应该最接近全色波段波谱范围。

(2)为了降低算法对数据的依赖性,在融合前对多光谱的所有波段及全色波段进行直方图调整,使它们具有接近的均值及标准差。这也可以确保多光谱各个波段对融合影像的贡献均衡,减少颜色偏差。共同均值及标准差的确定建议如下。

①求参与融合的所有波段的最大灰度范围,确定共同均值为最大灰度范围中间值。

②以所有波段中的最小标准差为共同标准差,这样在调整直方图的同时,可以对影像进行平滑处理,抑制影像中的噪声。

(3)利用最小二乘拟合得到拟合系数。

选择菜单栏【图像预处理】→【Pansharp 融合】,打开"Pansharp 融合"对话框,如图 2.10 所示。

2.4 图像裁剪

图像裁剪的目的是将研究区域外的影像去除,获取选定的影像范围区域,从而进行该区域影像的处理与分析等工作。通过软件的图像裁切工具(包括像素范围裁切、文件裁切、几何图元裁切和指定区域裁切 4 种方式)进行图像裁剪。点击【图像裁剪】按钮,打开"图像裁剪"对话框,如图 2.11 所示。

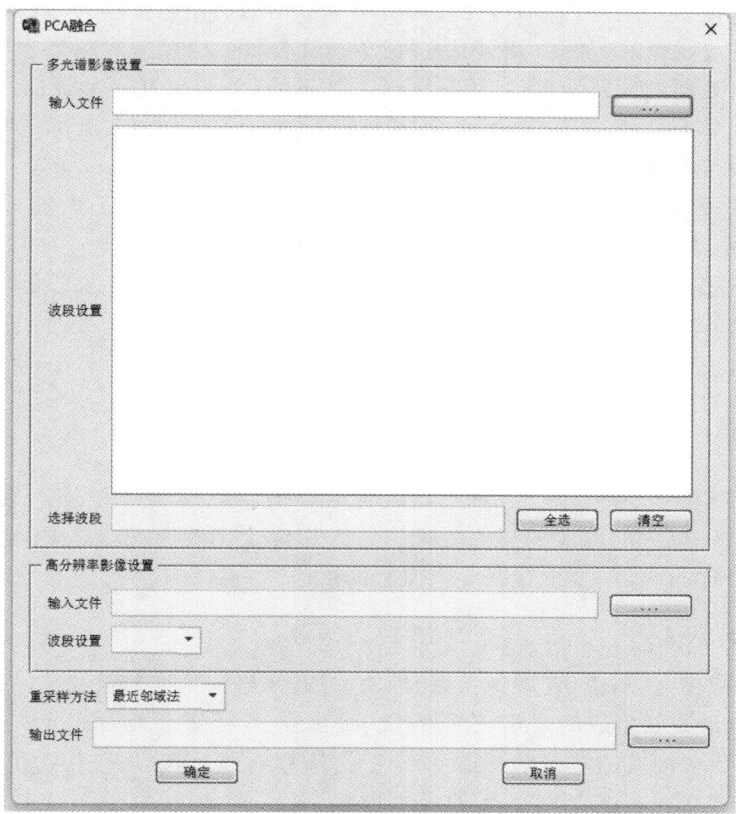

图 2.9　"PCA 融合"对话框

图 2.10　"Pansharp 融合"对话框

（1）像素范围：勾选像素范围复选框后，设置裁剪结果数据的四角坐标作为影像的裁剪依据。

（2）文件：勾选文件复选框后，加载待裁切边界的矢量文件（面文件）或者栅格图像作为影像裁剪依据。

（3）几何图元：勾选几何图元复选框后，用鼠标点击其下的【多边形】【矩形】【圆形】或【椭圆形】按钮，在视图中选取裁剪范围；若需删除所画的图元，可点击【删除】按钮，并在图元上点击左键或者在下拉框中选中图元，再次点击【删除】按钮即可将图元删除。

（4）指定区域：勾选指定区域复选框后，可在被裁剪的影像上刺点，再设置裁剪长宽，软件会以该点为中心，裁剪出一个矩形区域，裁剪单位可以设置为米或千米。

（5）无效值：裁剪方式选择完成后，若需要将某值设置为无效值，如 0 或 255，则勾选无效值复选框并在文本框中输入 0 或 255，若不需要设置可不勾选。

（6）输出文件：设置输出结果的路径及文件名。

2.5 图像镶嵌

图像镶嵌是在一定的数学基础控制下，对一幅或若干幅图像进行预处理、几何镶嵌、色调调整、去重叠等操作，镶嵌到一起生成一幅大的图像的影像处理方法。影像之间要有重叠区域，且重叠区的要求是当影像行列数为 1000×1000 时，影像间至少存在 5 个像素的接边。

2.5.1 镶嵌面生成

加载待镶嵌的影像数据，然后点击"图像镶嵌"模块中的【镶嵌面生成】按钮。

（1）生成方式：选取镶嵌面生成的方式，有简单线、优化线、智能线 3 种方式可供选择。智能线镶嵌效果最好，但时间较长，适用于镶嵌接边复杂的图像；简单线镶嵌用时最短，适用于接边简单的图像；优化线镶嵌效果位于简单线镶嵌和智能线镶嵌之间，一般推荐智能线。

（2）导出镶嵌面：设置保存路径及文件名。

2.5.2 镶嵌面导入

导入镶嵌面是把已有的镶嵌面文件直接导入使用，点击"图像镶嵌"模块的【导入镶嵌面】按钮，读取镶嵌面文件，要求是矢量 shp 格式。

2.5.3 镶嵌线编辑

（1）折线编辑：点击【折线编辑】按钮，然后在需要修改的镶嵌线上绘制折线，折线与镶嵌线第一个交点和最后一个交点之间的那一段镶嵌线会被新绘制的折线替换。

（2）套索编辑：点击【套索编辑】按钮，然后在需要修改的镶嵌线上绘制套索，套索与镶嵌线第一个交点和最后一个交点之间的那一段镶嵌线会被新绘制的套索边界替换。

2.5.4 羽化参数设置

编辑完成后进行参数设置。点击【参数设置】按钮。

（1）常规羽化：设置羽化范围和羽化单位，单位为像素或者米。

（2）宽羽化：勾选宽羽化按钮，设置羽化范围和羽化单位，单位为像素或者米；添加羽化区域矢量文件，确定羽化范围，点击【确定】按钮完成羽化参数设置。

2.5.5 输出成图

点击"图像镶嵌"对话框中的【输出成图】按钮。

（1）输出分辨率：设置输出影像的空间分辨率，可以自定义，也可以设置为系统默认的分辨率。

（2）输出范围：系统自动显示输出影像的范围。

（3）整幅输出：设置输出类型，如 3 通道 8 比特或者原始数据格式。设置输出路径及名称，点击【确定】按钮，输出整幅镶嵌结果数据。

（4）分幅输出：设置输出比例，勾选待输出的图幅信息，设置输出路径。点击【确定】按钮，输出勾选的分幅后的镶嵌结果数据。

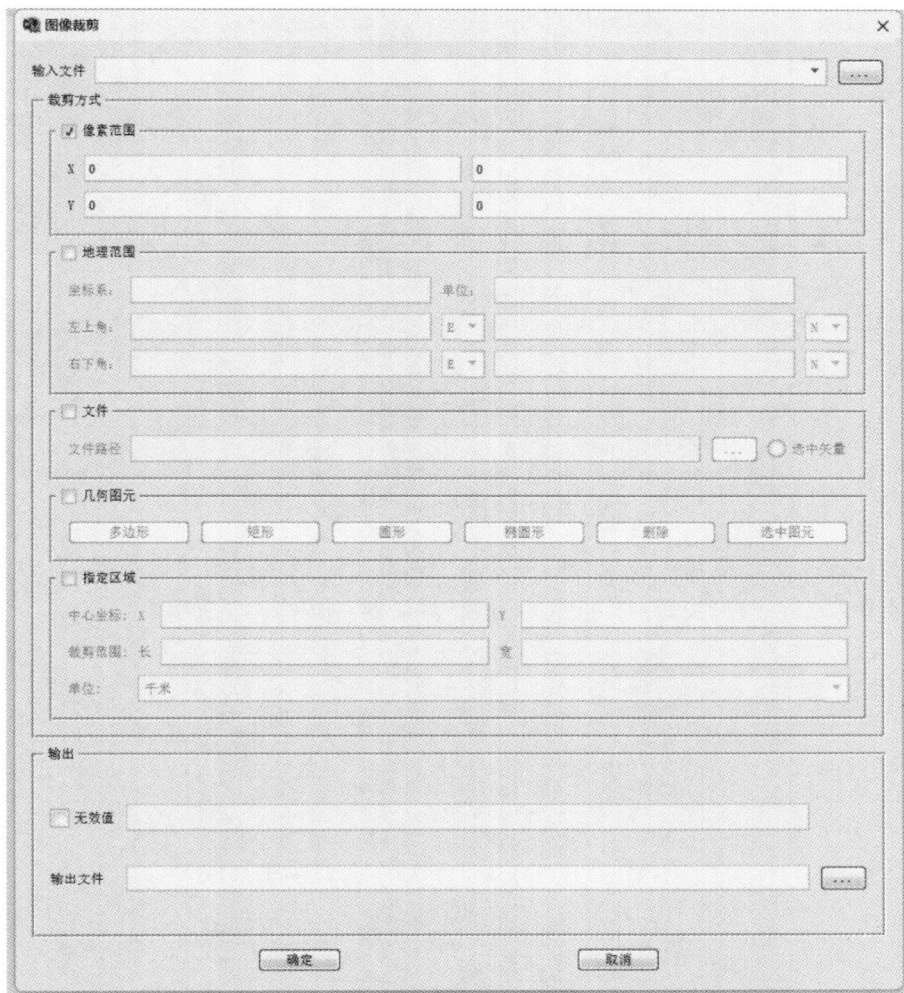

图 2.11 "图像裁剪"对话框

2.6 分幅处理

分幅处理可将大面积的遥感图像数据切割成更小的、可管理的单元或块，以便于后续的分析、处理和存储。这种方法常用于提高图像处理的效率和减少计算资源的消耗。分幅处理包括标准分幅和矢量分幅。

2.6.1 标准分幅

标准分幅通常基于特定的地图投影和坐标系统，以确保分幅后的每个图幅都具有统一的尺寸、方位和地理位置。点击【标准分幅】按钮，打开"标准分幅"对话框，如图 2.12 所示。

（1）输入影像：输入待分幅处理的影像。

（2）输出目录：设置输出结果的存储路径。

（3）比例尺：选择分幅比例尺，系统会根据所选的比例尺进行图幅计算。

（4）空间范围：自动读取影像文件的四至范围。

（5）设置完成后，点击【计算图幅编号】按钮来计算分幅编号，然后将需要输出的图幅号移动到地图分幅窗口中，点击【地图分幅】按钮，执行分幅处理命令。

2.6.2 矢量分幅

矢量分幅可将矢量数据集按照特定的规则或标准分割成更小的部分。这些规则通常基于地理边界、行政区划或其他逻辑划分。矢量分幅使用矢量数据（如行政边界、河流、道路等）作为裁剪工具，将遥感图像按

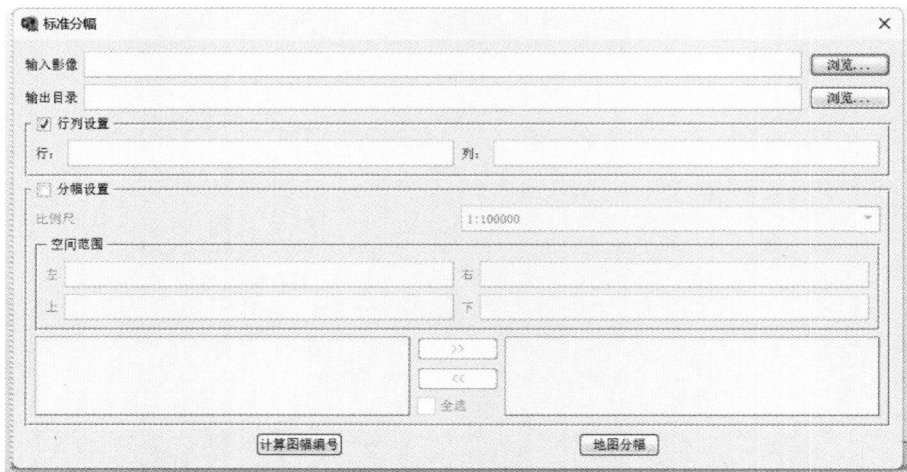

图 2.12 "标准分幅"对话框

照这些矢量边界分割成多个小区域。矢量分幅可以用于提取特定区域内的图像数据,为后续的地理分析和统计提供便利。点击【矢量分幅】按钮,打开"矢量分幅"对话框,如图 2.13 所示。

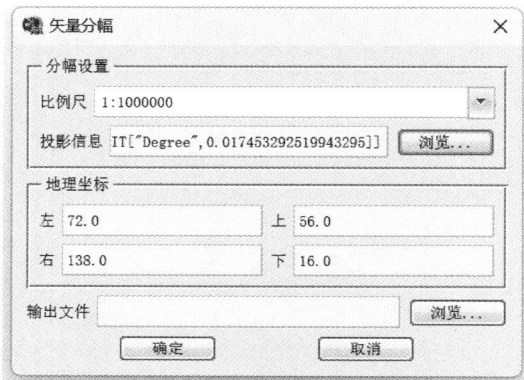

图 2.13 "矢量分幅"对话框

(1) 比例尺:选择分幅比例尺,系统会根据选择的比例尺进行图幅计算。

(2) 投影信息:设置输出的分幅投影坐标系。

(3) 地理坐标:设置分幅的地理坐标范围。

(4) 输出文件:设置输出文件的路径及文件名。

第 3 章　图　像　增　强

3.1　图像变化

图像变换是图像增强的一种技术,它通过数学方法改变图像数据的分布,以达到增强图像特征的目的。PIE-Basic 提供了多种图像变换功能,如主成分变换(PCA)、最小噪声变换(MNF)、缨帽变换、彩色空间变换、傅里叶变换等。

3.1.1　主成分变换(PCA)

PCA 是一种多维正交线性变换,将可能相关的变量转换为线性不相关的变量,即主成分。这些主成分按照方差由大到小排列,前几个主成分包含大部分地物信息。主成分变换是将多波段图像中的有用信息集中到少数几个互不相关的主成分图像中,以减少数据冗余。

打开 PIE-Basic 软件,选择菜单栏【图像增强】→【图像变换】→【主成分变换】→【主成分正变换】,打开"主成分正变换"对话框。在对话框的"输入文件"中选择待处理的多波段遥感影像,"统计时使用"中根据需要选择协方差矩阵或相关系数矩阵,并决定是否根据特征值排序选择主成分波段,"输出文件"中设置"统计文件"和"结果文件"的保存路径及名称,"输出数据类型"中选择合适的数据类型,如果需要零均值处理则勾选"零均值处理"复选框。完成设置后,点击【确定】按钮执行主成分正变换,如图 3.1 所示。

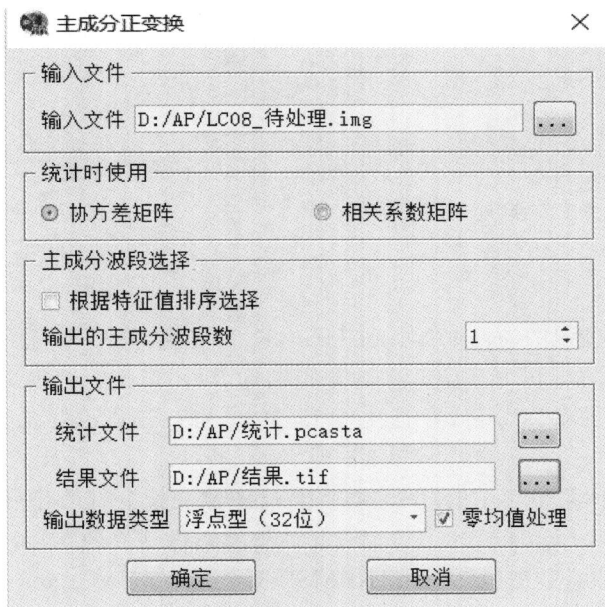

图 3.1　"主成分正变换"对话框

统计参数设置有协方差矩阵或相关系数矩阵 2 种方式,其中协方差矩阵衡量的是不同变量之间的总体误差,可以反映变量之间的线性关系强度。当变量的单位或者量纲不一致时,协方差矩阵能够提供有关变量变化程度的信息;而相关系数矩阵衡量的是变量之间的相关性,但是进行了标准化处理,使得相关系数的取值范围在-1~1 之间。相关系数矩阵不受变量单位或量纲的影响,它关注的是变量之间的相对变化。在PCA 中,如果先对数据进行标准化处理,然后使用相关系数矩阵,这种方法适用于比较不同量纲或不同变化范围的变量之间的相关性。在实际应用中,选择协方差矩阵还是相关系数矩阵取决于数据的特性和分析的目的。如果数据的量纲和变化幅度差异较大,或者我们关心的是数据的绝对变化量,则可能需要使用协方差矩阵。如果想要排除量纲的影响,关注变量之间的相对关系,则可选择相关系数矩阵。

如果需要,还可以执行"主成分逆变换"命令,将 PCA 变换的结果还原回原始数据空间。PCA 变换后,前几个主成分包含了绝大部分地物信息,可以用于图像压缩、去噪、增强、融合、特征提取等方面。在进行 PCA 变换时,需要注意选择合适的波段数和是否根据特征值排序,以达到最佳的变换效果。

3.1.2 最小噪声变换(MNF)

最小噪声变换用于判定图像数据的内在维数,分离数据中的噪声,减少后续处理的计算量。变换后,影像波段互不相关,信息主要集中在前几个分量中。MNF 是一种正交变换,通过两次层叠的主成分变换(PCA)实现。第一次 PCA 分离和调整噪声,第二次 PCA 对调整后的影像进行变换。

打开 PIE-Basic,选择【图像增强】→【图像变换】→【最小噪声变换】→【最小噪声正变换】。在"最小噪声正变换"对话框口设置"输入文件""统计文件"和"输出文件"的路径及文件名。设置完成后,点击【确定】按钮执行变换,如图 3.2 所示。

选择【图像增强】→【图像变换】→【最小噪声变换】→【最小噪声逆变换】。在"最小噪声逆变换"对话框中输入最小噪声正变换后的影像和对应的统计文件,设置输出文件。设置完成后,点击【确定】按钮执行逆变换,如图 3.3 所示。

图 3.2 "最小噪声正变换"对话框

图 3.3 "最小噪声逆变换"对话框

3.1.3 缨帽变换

PIE-Basic 软件中的缨帽变换(Kirchhoff transform,K-T 变换)是一种经验性线性正交变换,它根据多光谱遥感中土壤、植被等信息在多维光谱空间中的分布结构,对图像进行变换,以突出主体地物特征。这种变换特别适用于农作物特征的解译分析,并且支持 Landsat MSS、Landsat 5 TM、Landsat 7 ETM 数据的处理。

打开 PIE-Basic 软件,选择菜单栏中的【图像增强】→【图像变换】→【缨帽变换】。在"缨帽变换"对话框的"输入文件"中输入待处理的 Landsat MSS/TM/ETM 遥感影像文件的路径,在"传感器类型"中设置传感器类型,PIE-Basic 支持的传感器类型包括 Landsat MSS、Landsat 5 TM、Landsat 7 ETM 数据。最后,设置输出文件的保存路径及文件名。完成以上设置后,点击【确定】按钮,软件将开始执行缨帽变换,如图 3.4 所示。

变换完成后,可以得到与原始图像波段数相同的几个分量。在实际应用中,通常只关注前三个分量,它们分别代表亮度、绿度和湿度,这些分量与地面景观密切相关。通过对比原始影像与变换后的影像,可以发现 K-T 变换后的图像中,水体信息和植被信息得到了明显增强。

缨帽变换的结果通常可以更好地反映地物的物理特性,简化了遥感图像的分析过程,并在土地覆盖分类、植被监测、环境评估等领域有着广泛的应用。

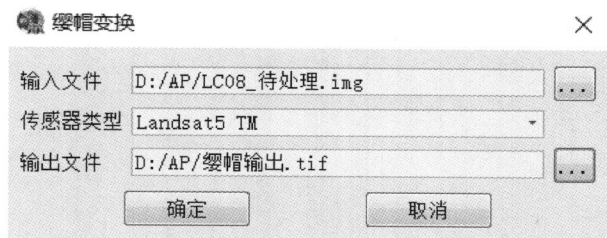

图 3.4 "缨帽变换"对话框

3.1.4 彩色空间变换

彩色空间变换通过将图像从 RGB 彩色空间转换到 HSI 彩色空间,提高影像的地物纹理特性,增强空间细节表现能力,有助于图像增强和特征提取。

1. 彩色空间正变换

打开 PIE-Basic 软件,选择菜单栏【图像增强】→【图像变换】→【彩色空间变换】→【彩色空间正变换】,打开"彩色空间正变换"对话框。在"输入文件"中输入待进行彩色空间变换的多波段遥感影像文件路径,在输入文件的"通道设置"中设置 R、G、B 三个通道分别对应的输入影像波段,在"输出文件"中设置输出文件的保存路径及文件名,在输出文件的"通道设置"中设置各波段分别对应的 I(明度)、H(色调)、S(饱和度)分量。所有参数设置完成后,点击【确定】按钮即可进行彩色空间正变换。需要注意的是,如果影像不是字节型数据,即 DN 值范围不是 0～255,则需要先进行位深转换处理,如图 3.5 所示。

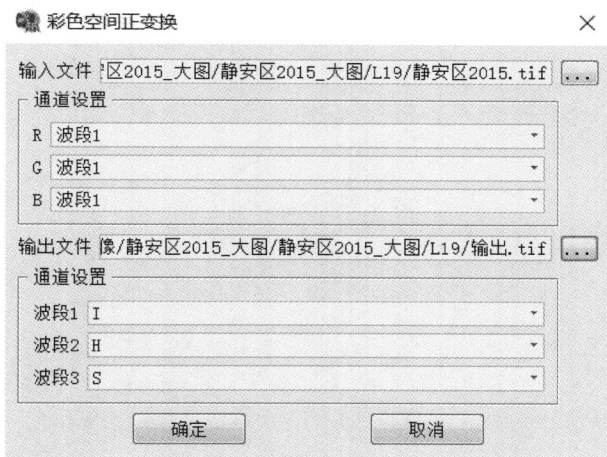

图 3.5 "彩色空间正变换"对话框

2. 彩色空间逆变换

同样在 PIE-Basic 软件中,选择菜单栏【图像增强】→【图像变换】→【彩色空间变换】→【彩色空间逆变换】,打开"彩色空间逆变换"对话框。在"输入文件"中输入彩色空间正变换后的影像文件路径,在输入文件的"通道设置"中设置 I、H、S 分量对应的波段,确保对应正确,避免逆变换结果错误,在【输出文件】中设置输出文件的保存路径及文件名,所有参数设置完成后,点击【确定】按钮即可进行彩色空间逆变换,如图 3.6所示。

3.1.5 傅里叶变换

通过傅里叶变换,可以对图像进行平滑(去噪)和锐化(突出图像的边缘、线性特征或细节)处理。

1. 傅里叶正变换

打开 PIE-Basic 软件,选择菜单栏【图像增强】→【图像变换】→【傅里叶变换】→【傅里叶正变换】。在"傅里叶正变换"对话框"输入文件"中输入待进行傅里叶正变换的遥感影像文件路径,在"波段设置"中选择要

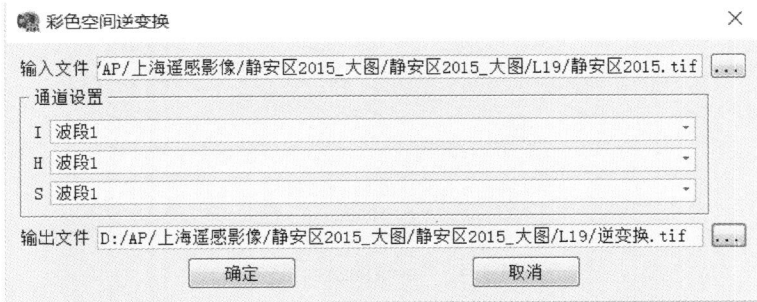

图 3.6 "彩色空间逆变换"对话框

处理的波段,最后设置输出文件的保存路径及文件名。所有参数设置完成后,点击【确定】按钮即可进行傅里叶正变换,如图 3.7 所示。

2. 傅里叶逆变换

打开 PIE-Basic 软件,选择菜单栏【图像增强】→【图像变换】→【傅里叶变换】→【傅里叶逆变换】。在"傅里叶逆变换"对话框"输入文件"中输入傅里叶正变换后的影像文件路径。在"输出类型"中选择输出的图像数据类型,共有 7 种类型可供选择,包括 Byte(字节型 8 位)、UInt16(无符号整型 16 位)、Int16(整型 16 位)、UInt32(无符号长整型 32 位)、Int32(长整型 32 位)、Float(浮点型 32 位)和 Double(双精度浮点型 64 位)。最后设置输出文件的保存路径及文件名。所有参数设置完成后,点击【确定】按钮即可进行傅里叶逆变换,如图 3.8 所示。

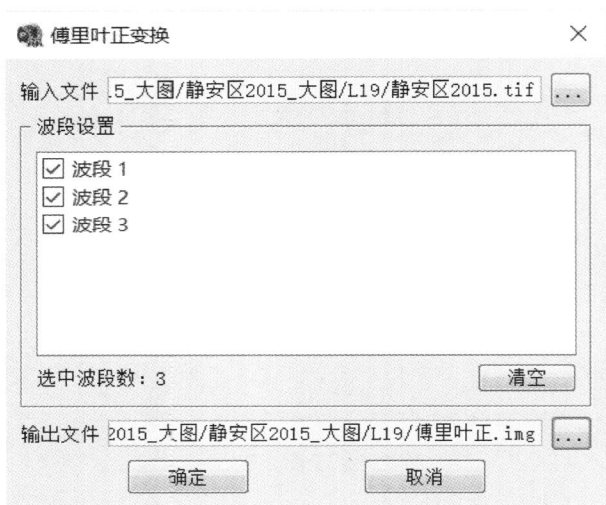

图 3.7 "傅里叶正变换"对话框

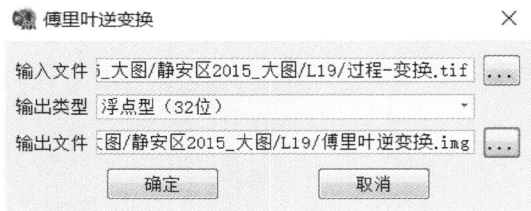

图 3.8 "傅里叶逆变换"对话框

3.2 图像滤波

图像滤波是用于改善图像质量的常用技术,它可以去除图像噪声、增强图像边缘或细节。PIE-Basic 提供了如下滤波工具。

(1)均值滤波和中值滤波,用于去除图像噪声。

(2)自定义滤波,允许用户根据需要设计滤波器进行图像的平滑或锐化处理。

(3)常用滤波,如高通滤波、低通滤波、水平滤波、垂直滤波等,这些滤波模板有助于突出图像的边缘、线性特征或细节。

(4)频域滤波和同态滤波,可以在频率域中进行图像的平滑和锐化处理。

3.2.1　均值滤波

打开 PIE-Basic 软件,选择【图像增强】→【图像滤波】→【空域滤波】→【均值滤波】,打开"均值滤波"对话框。在"输入文件"中输入需要进行滤波处理的影像文件,在"波段设置"中选择待处理的波段,可以选择特定波段进行处理,在"参数设置"中设置均值滤波模板的尺寸,通常为 3×3 或 5×5。最后在"输出文件"中设置滤波结果的保存路径及文件名,在"输出类型"中设置输出数据类型,支持多种位深类型。完成设置后,点击【确定】按钮执行均值滤波。值得注意的是,在去除噪声的同时可能会导致图像模糊,如图 3.9 所示。

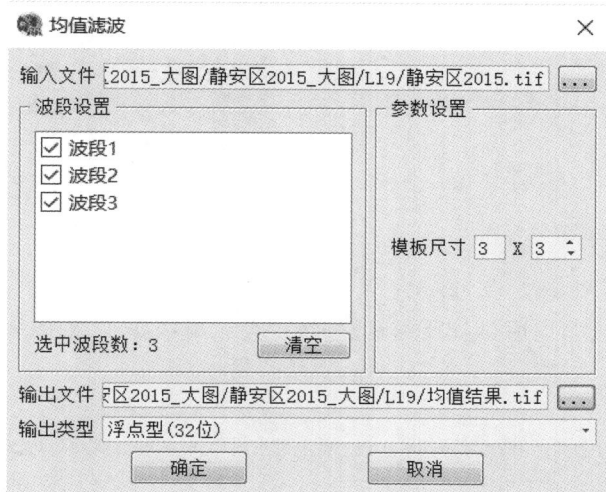

图 3.9　"均值滤波"对话框

3.2.2　中值滤波

中值滤波是一种非线性滤波方法,特别适用于去除椒盐噪声。与均值滤波相比,中值滤波在去除噪声的同时,图像模糊程度较低。包括以下步骤。

打开 PIE-Basic 软件,选择菜单栏【图像增强】→【图像滤波】→【空域滤波】→【中值滤波】。在"输入文件"中输入待进行滤波处理的影像文件,在"波段设置"中选择待处理的波段。在"参数设置"中设置滤波模板的尺寸。尺寸行列为奇数,且尺寸在 3×3～33×33 之间,通常使用 3×3。需要注意的是,模板尺寸越大,图像精度越低。在"滤波方法"中选择合适的方法,软件提供中值滤波、水平中值滤波、垂直中值滤波 3 种方式。中值滤波是标准方法,水平中值滤波和垂直中值滤波则分别针对水平和垂直方向进行。设置滤波结果的保存路径及文件名。在"输出类型"中设置输出数据类型,可以选择多种位深类型,如字节型 8 位、整型/无符号整型 16 位等。最后在"输出文件"中设置滤波结果的保存路径及文件名。所有参数设置完成后,点击【确定】按钮执行中值滤波,如图 3.10 所示。

3.2.3　常用滤波

打开 PIE-Basic 软件,选择菜单栏【图像增强】→【图像滤波】→【空域滤波】→【常用滤波】。在"输入文件"中输入需要进行滤波处理的影像文件,在"波段设置"中选择待处理的波段。在"参数设置"中设置滤波方法和窗口大小,如高通滤波、低通滤波等。在"输出类型"中设置输出数据类型,可以选择多种位深类型,如字节型 8 位、整型/无符号整型 16 位等。最后在"输出文件"中设置滤波结果的保存路径及文件名。所有参数设置完成后,点击【确定】按钮执行常用滤波,如图 3.11 所示。

3.2.4　频域滤波

打开 PIE-Basic 软件,选择【图像增强】→【图像滤波】→【频域滤波】→【频率域滤波】。在"输入文件"中输入需要进行滤波处理的影像文件。在"波段设置"中选择待处理的波段。在"参数设置"中设置滤波类型,如高通滤波或低通滤波。选择合适的滤波方法,以及对应的参数。在"输出类型"中设置输出数据类型,可

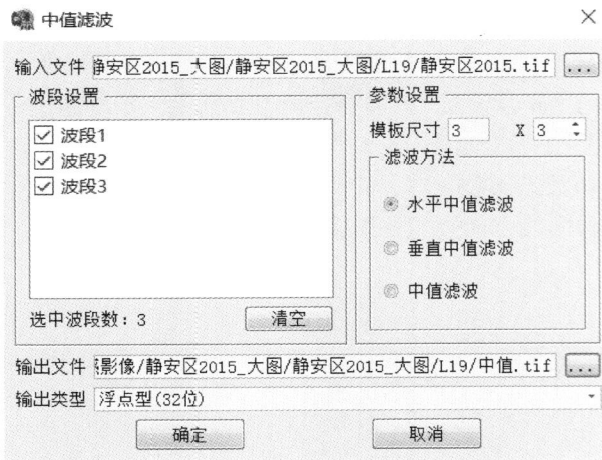

图 3.10 "中值滤波"对话框

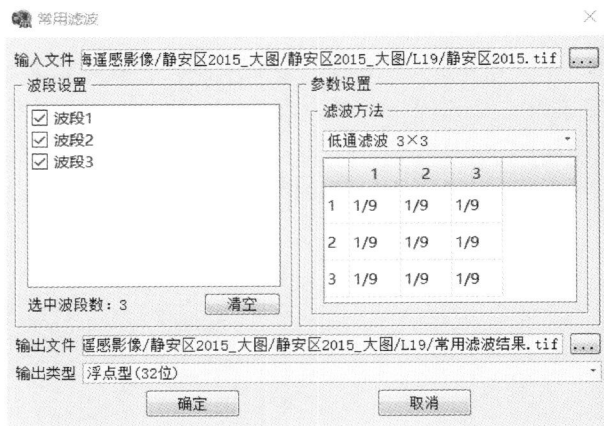

图 3.11 "常用滤波"对话框

以选择多种位深类型,如字节型 8 位、整型/无符号整型 16 位等。最后在"输出文件"中设置滤波结果的保存路径及文件名。所有参数设置完成后,点击【确定】按钮执行频率域滤波,如图 3.12 所示。

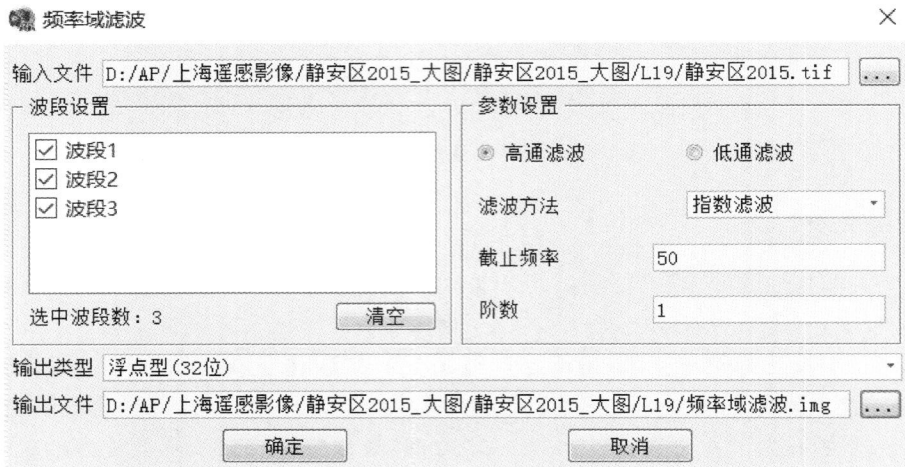

图 3.12 "频率域滤波"对话框

3.2.5 同态滤波

打开 PIE-Basic 软件,选择【图像增强】→【图像滤波】→【频域滤波】→【同态滤波】。在"输入文件"中输入需要进行滤波处理的影像文件。在"波段设置"中选择待处理的波段。在"参数设置"中设置滤波参数,如滤波类型、阶数、低频增益等。在"输出类型"中设置输出数据类型,可以选择多种位深类型,如字节型 8 位、整型/无符号整型 16 位等。最后在"输出文件"中设置滤波结果的保存路径及文件名。所有参数设置完成后,点击【确定】按钮执行同态滤波,如图 3.13 所示。

3.2.6 自定义滤波

打开 PIE-Basic 软件,选择【图像增强】→【图像滤波】→【自定义滤波】。在"输入文件"中输入需要进行滤波处理的影像文件,在"波段选择"中选择待处理的波段。在"参数设置"中设置滤波模板大小,编辑模板系数以设计平滑或锐化滤波器。在"输出类型"中设置输出数据类型,可以选择多种位深类型,如字节型 8 位、整型/无符号整型 16 位等。最后在"输出文件"中设置滤波结果的保存路径及文件名。所有参数设置完成后,点击【确定】按钮执行自定义滤波,如图 3.14 所示。

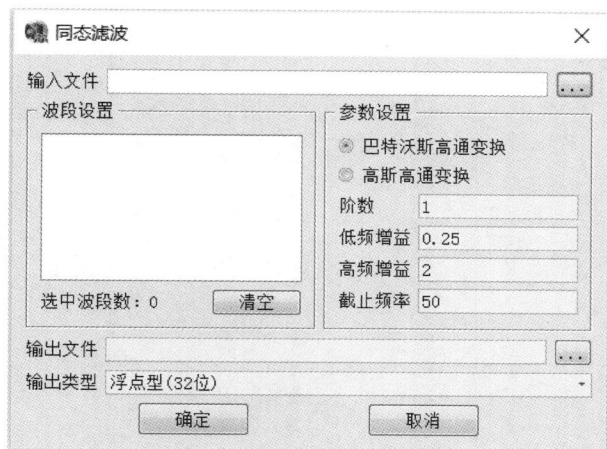

图 3.13　"同态滤波"对话框

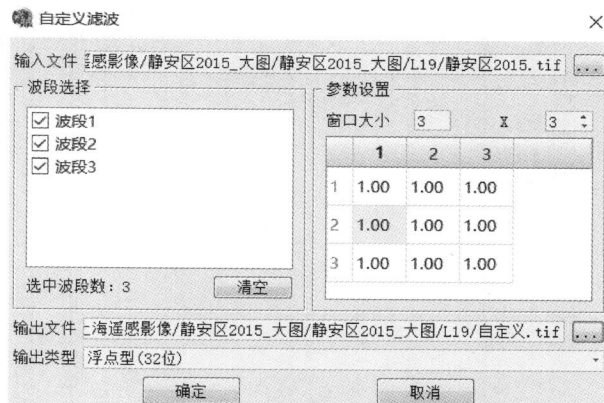

图 3.14　"自定义滤波"对话框

3.3　边缘增强

边缘增强是图像增强中的一个重要环节,它通过突出图像中的边缘信息来提高图像的视觉效果。PIE-Basic 提供了如下边缘增强工具。

(1) 定向滤波,通过选择特定方向的模板来提取图像中的边缘和线性特征。

(2) 微分锐化,使用微分算子来增强图像的边缘和细节。

3.3.1　定向滤波

定向滤波,又称为匹配滤波,是通过一定尺寸的方向模板对图像进行卷积运算,并以卷积值代替各像元点灰度值,用以提取某一特定方向的边缘、线性特征或细节。这种方法特别适用于强调图像中特定方向的地面形迹,如水系、线状目标等。

打开 PIE-Basic 软件,选择菜单栏【图像增强】→【边缘增强】→【定向滤波】,打开"定向滤波"对话框。在"输入文件"中输入需要处理的影像文件,在"波段设置"中选择待处理的波段。在"参数设置"中选择滤波方法,包括横向、纵向、斜向 45 度、斜向 135 度 4 种滤波方式。在"输出类型"中设置输出数据类型,可以选择多种位深类型,如字节型 8 位、整型/无符号整型 16 位等。最后在"输出文件"中设置滤波结果的保存路径及文件名。所有参数设置完成后,点击【确定】按钮执行定向滤波,如图 3.15 所示。

3.3.2　微分锐化

打开 PIE-Basic 软件,选择菜单栏【图像增强】→【边缘增强】→【微分锐化】,打开"微分锐化"对话框。在"输入文件"中输入需要进行微分锐化处理的影像文件,在"波段选择"中选择待处理的波段。在"参数设置"中选择锐化方式,如 Roberts 算子、Prewitt 算子或 Sobel 算子。在"输出类型"中设置输出数据类型,可以选择多种位深类型,如字节型 8 位、整型/无符号整型 16 位等。最后在"输出文件"中设置滤波结果的保存路径及文件名。所有参数设置完成后,点击【确定】按钮执行微分锐化,如图 3.16 所示。

3.4　纹理分析

纹理分析是图像分析中的一个重要部分,它涉及对图像纹理特征的提取和分析。

打开 PIE-Basic 软件,选择菜单栏中的【图像增强】→【边缘增强】→【纹理分析】功能,打开"纹理分析"对话框,在"输入文件"中输入需要进行纹理分析的影像文件,在"波段选择"中根据分析目的选择特定的波段或使用所有波段进行分析。根据分析方法的要求,在"参数设置"中设置相关的参数,如分析算子、角度、间隔距离、窗口大小等。最后在"输出文件"中选择输出结果的保存路径及文件名,分析结果可能包括纹理特征图、统计数据等。设置完成后,点击【确定】按钮执行纹理分析,如图 3.17 所示。

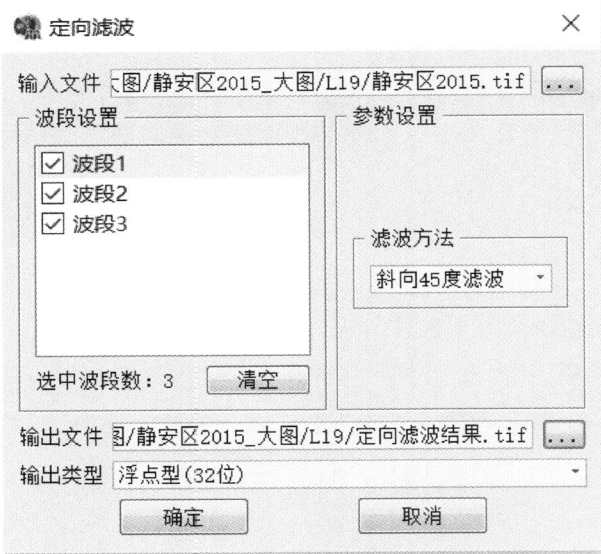

图 3.15　"定向滤波"对话框

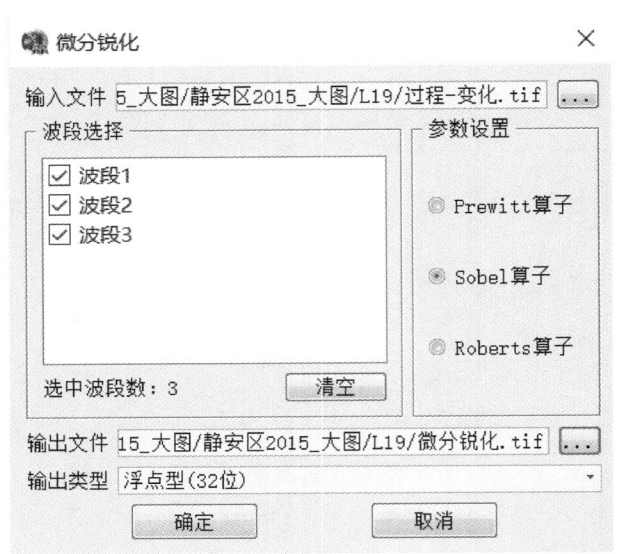

图 3.16　"微分锐化"对话框

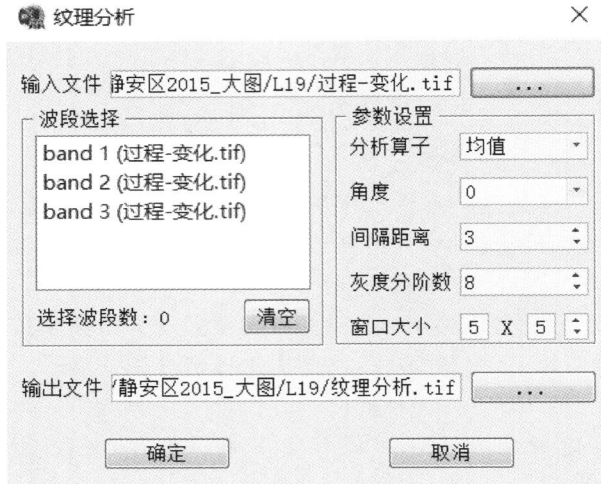

图 3.17　"纹理分析"对话框

第4章 图像分类

4.1 非监督分类

非监督分类(unsupervised classification)也称为聚类分析,它根据数据自身的统计特性来识别不同的类别。这种方法不需要用户事先定义类别或提供训练样本,而是通过算法自动发现数据的模式和结构。PIE-Basic 软件中非监督分类包括 IsoData 分类、K-Means 分类和神经网络聚类 3 种。

4.1.1 IsoData 分类

IsoData 即迭代式自组织数据分析技术,其在 K-Means 算法的基础上增加了合并和分裂的操作。IsoData 算法不需要预先指定聚类的数量,而是通过迭代过程自动确定最优的类别数。其工作原理是通过设置一系列控制参数,如最小类内样本数、最大类内标准差、最小类间距离等,来动态调整聚类的数量。在每次迭代中,算法会根据这些参数对已有的聚类进行评估,如果某个聚类中的样本数太少或者与其他聚类的距离太近,则可能会与其他聚类合并;如果某个聚类中的样本数太多或者类内标准差太大,则可能会分裂成多个聚类。这个过程会不断重复,直到满足停止条件,达到最大迭代次数或者聚类结果后不再有显著变化。

在"图像处理"标签下的"图像分类"组中,单击【非监督分类】按钮的下拉箭头,选择"IsoData 分类",打开"IsoData 分类"对话框,如图 4.1 所示。

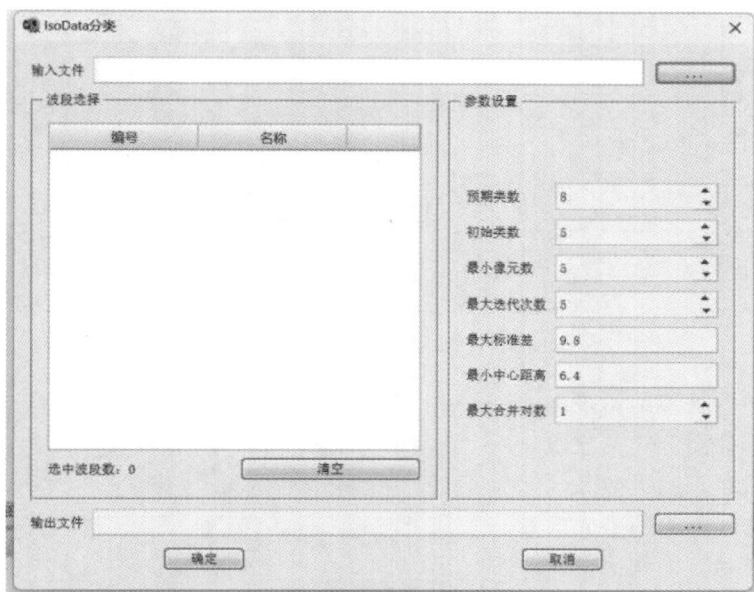

图 4.1 "IsoData 分类"对话框

(1) 输入文件:设置待处理的影像。

(2) 波段选择:选择需要分类的波段,可以选择所有波段,也可以选择部分波段。

(3) 预期类数:期望得到的聚类数。

(4) 初始类数:初始给定的聚类个数。

(5) 最小像元数:形成一类所需的最少像元数,如果某一类中的像元数小于构成一类所需的最少像元数,该类将被删除,其中的像元被归并到距离最近的类中。

（6）最大迭代次数：最大的运行迭代次数（一般 6 次以上）。

（7）最大标准差：如果某一类的标准差比该阈值大，该类将被拆分为两类。

（8）最小中心距离：如果两类中心点的距离小于输入的最小值，则类别将被合并。

（9）最大合并对数：一次迭代运算中可以合并的聚类中心的最多对数。

（10）输出文件：设置输出文件保存路径和文件名。

所有参数设置完毕后，点击【确定】按钮即可进行 IsoData 分类，并输出分类结果。

4.1.2　K-Means 分类

K-Means 分类是一种经典的无监督学习算法，其基本思想是通过迭代优化，将数据集划分为 K 个簇，使得簇内数据点尽可能相似，簇间数据点尽可能不同。

算法首先随机选择 K 个初始质心作为簇的中心点，然后通过计算每个数据点到这些质心的距离，将数据点分配到距离最近的簇中。接着，算法更新每个簇的质心，将其设置为簇内所有数据点的平均值。这一分配和更新的过程不断重复，直到质心不再变化或达到预定的停止条件。最终，算法输出 K 个簇及其对应的质心，完成聚类任务。

在"图像处理"标签下的"图像分类"组中，单击【非监督分类】按钮的下拉箭头，选择"K-Means 分类"，打开"K-Means 分类"对话框，如图 4.2 所示。

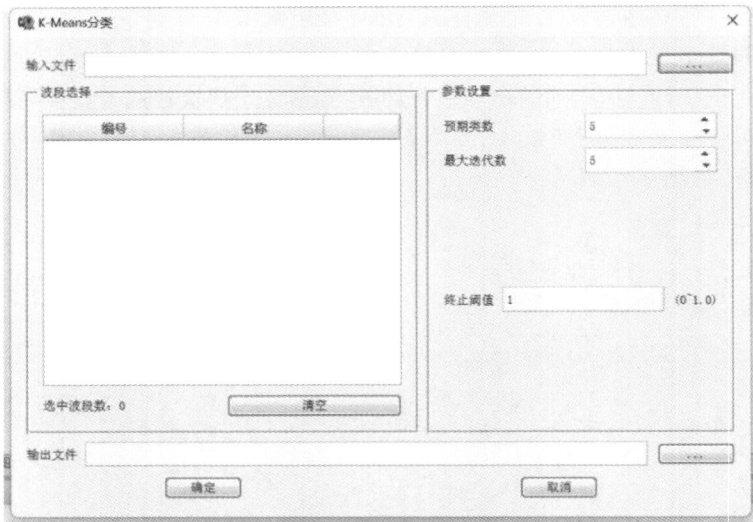

图 4.2　"K-Means 分类"对话框

（1）输入文件：设置待处理的影像。

（2）波段选择：选择需要分类的波段。

（3）预期类数：期望得到的类数。

（4）最大迭代数：迭代运算的最大次数。

（5）终止阈值：终止运算的阈值。

（6）输出文件：设置输出文件保存路径和文件名。

所有参数设置完毕后，点击【确定】按钮即可进行 K-Means 分类，并输出分类结果。

4.1.3　神经网络聚类

神经网络聚类是一种基于人工神经网络的模式识别方法，它通过模仿人脑神经元的工作方式来处理和分析数据。神经网络分类对输入数据进行归一化、标准化或其他形式的处理，以提高神经网络的训练效率和性能。

在"图像处理"标签下的"图像分类"组中，单击【非监督分类】按钮的下拉箭头，选择"神经网络聚类"，打开"神经网络聚类"对话框，如图 4.3 所示。

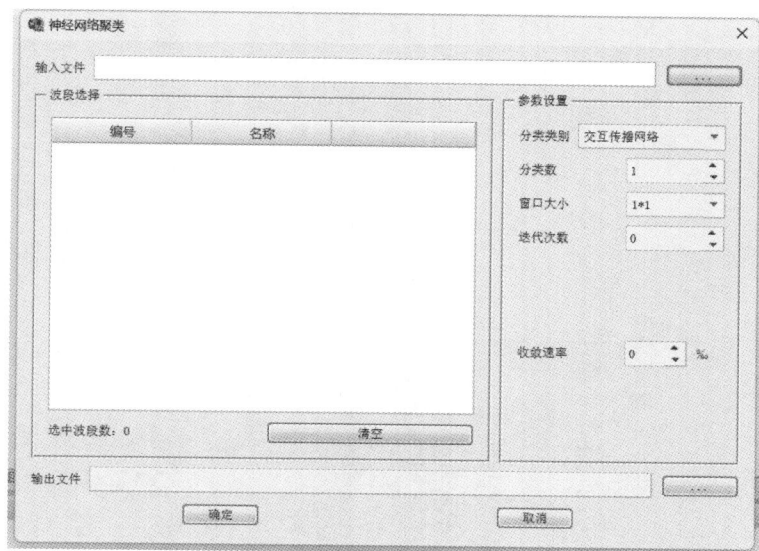

图 4.3 "神经网络聚类"对话框

（1）输入文件：设置待处理的影像。

（2）波段选择：选择需要分类的波段，可以选择所有波段，也可以选择部分波段。

（3）分类类别：选择分类规则。

（4）分类数：设置分类个数，至少 2 个。

（5）窗口大小：选择分类窗口大小，即 1 * 1、3 * 3、5 * 5。

（6）迭代次数：迭代运算的最大次数。

（7）收敛速率：设置分类收敛的速率，即连续 2 次误差的比值的极限。

（8）输出文件：设置输出文件保存路径和文件名。

所有参数设置完毕后，点击【确定】按钮即可进行神经网络分类，并输出分类结果。

4.2 监督分类

监督分类（supervised classification）利用带有标签的训练数据来训练模型，以便模型能够学习如何将新的、未见过的数据分配到一个或多个类别中。在分类前，通常需要从原始数据中提取有用的特征，这些特征能够代表数据的关键信息，并有助于分类。其后使用带有标签的训练数据集来训练分类模型。模型通过学习输入数据与标签之间的关系来进行训练。在训练过程中，模型的参数会被优化，以减小预测结果和真实标签之间的差异。训练好的模型可以应用于新的数据，进行分类预测。

监督分类包括距离分类和最大似然分类。

4.2.1 距离分类

距离分类是利用训练样本数据计算出每一类别均值向量及标准差向量，然后以均值向量作为该类在特征空间中的中心位置，计算输入图像中每个像元到各类中心的距离。计算流程如下。

用感兴趣区域（region of interest，ROI）工具添加 ROI 样本区域后，在"图像处理"下标签的"图像分类"组中，单击【监督分类】按钮的下拉箭头，选择"距离分类"，打开"距离分类"对话框，如图 4.4 所示。

（1）选择文件：在文件列表中选取需要进行分类的文件，右侧显示文件信息。

（2）导入文件：如果要进行处理的文件不在文件列表中，可以单击【导入文件】按钮，添加需要处理的文件到文件列表中。

（3）选择区域：选择需要分类的区域范围，通过设定行、列数，确定在影像上的矩形范围。

（4）选择波段：选择需要分类的波段。

（5）选择 ROI：选择 ROI 文件。

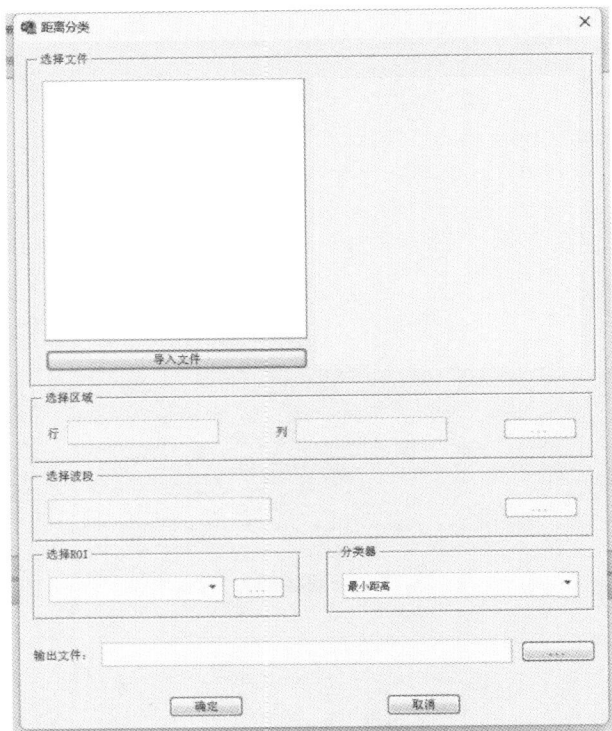

图 4.4　"距离分类"对话框

（6）分类器：设置监督分类规则（最小距离或马氏距离）。

（7）输出文件：设置输出影像保存路径和名称。

所有参数设置完毕后，点击【确定】按钮，即可进行距离分类，并输出分类结果。

4.2.2　最大似然分类

最大似然分类（maximum likelihood classification）是基于统计学中的似然函数，假设不同类别的样本数据在特征空间中服从正态分布（高斯分布），通过计算每个像素点属于各个类别的概率，将像素点分配到概率最高的类别中去。

在最大似然分类中，首先需要从遥感影像中选取训练样本，并确定这些样本的类别，然后计算每个类别的统计参数，如均值、方差等，这些参数用于描述每个类别的正态分布特征。在分类过程中，对于影像中的每个像素点，算法会计算它属于各个类别的概率，并将其归类到最有可能的类别中。

最大似然分类的效果很大程度上取决于数据的正态分布假设是否成立，以及训练样本的代表性。该方法在多类别分类时，常采用统计学方法建立起一个判别函数集，然后根据这个判别函数集计算各待分像元的归属概率。如果总体分布不符合正态分布，其分类可靠性将下降，这种情况下不宜采用最大似然分类。

用 ROI 工具添加 ROI 样本区域后，在"图像处理"标签下的"图像分类"组中，单击【监督分类】按钮下的下拉箭头，选择"最大似然分类"，打开"最大似然分类"对话框，如图 4.5 所示。

（1）选择文件：在文件列表中选取需要进行分类的文件，右侧显示文件信息。

（2）导入文件：通过单击【导入文件】按钮，添加需要处理的文件到文件列表中。

（3）选择区域：选择需要分类的区域范围。

（4）选择波段：选择需要分类的波段。

（5）选择 ROI：选择 ROI 文件。

（6）分类器：设置监督分类规则。

（7）输出文件：设置输出影像保存路径和名称。

所有参数设置完毕后，点击【确定】按钮，即可进行距离分类，并输出分类结果。

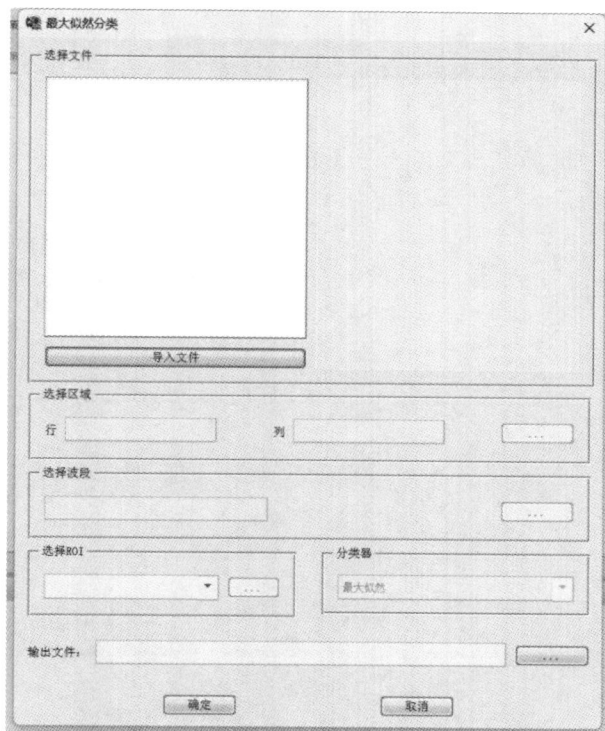

图 4.5 "最大似然分类"对话框

4.3 ROI 工具

ROI 工具可以将添加的 ROI 加入影像文件中,方便数据进行进一步处理,是图像处理和分析中常用的一种工具。它允许用户在图像中定义一个或多个特定的区域,并对这些区域进行特别的操作或分析。

在"图像处理"标签下的"图像分类"组中,选择"ROI 工具",打开 ROI 工具设置界面。

点击【增加】按钮,建立一个新样本,在样本列表中设置该样本的名称和颜色,根据地物形状选择"多边形""矩形""椭圆"中的一种,在影像窗口绘制 ROI,绘制完毕后双击鼠标左键,ROI 即添加到训练样区中。参数含义如下。

(1)样本序号:新建的样本的编号。

(2)ROI 名称:当创建一个新样本时,样本名称为类别数,单击 ROI 名称即可修改新样本的名称。

(3)样本颜色:双击样本颜色框,弹出"选择颜色"对话框即可修改该样本的颜色。

(4)选择:点击【选择】按钮,在主视图区需要选择的样本上单击鼠标左键即可选中该样本。再次点击【选择】按钮,退出样本选择功能。

(5)增加:点击【增加】按钮即可建立一个新样本。

(6)删除:选中待删除的某类 ROI 样本,点击【删除】按钮,即可删除该类样本;如要删除某个 ROI 样本,需要通过【选择】按钮选中该样本,然后点击键盘上的【Delete】键。

(7)确定:点击【确定】按钮,即可完成 ROI 的选择。

(8)取消:点击【取消】按钮,即取消选择的 ROI。

4.4 分类后处理

分类后处理是指在完成遥感影像的分类之后,为了提高分类的准确性和可用性,对分类结果进行的一系列处理步骤。这些步骤旨在修正分类过程中可能出现的错误,增强分类结果的视觉效果,以及满足特定的应用需求。分类后处理包括分类统计、分类合并、过滤、聚类、主/次要分析 5 部分。

4.4.1 分类统计

分类统计是指对数据按照一定的类别进行分组,并计算每个类别中的统计量,如数量、频率、平均值、标准差等。

选择"图像处理"标签下的"图像分类"组,单击【分类后处理】按钮的下拉箭头,选择"分类统计",打开"分类统计"对话框,如图 4.6 所示。

图 4.6 "分类统计"对话框

(1) 输入文件:选择待进行分类统计的分类影像文件。

(2) 分类统计报告:显示分类统计信息,各类别的像元数、占所有像元的百分比及面积。

(3) 统计信息保存:可以将分类统计信息保存为 txt 格式文件。

所有参数设置完毕后,点击【确定】按钮即可保存分类统计信息。

4.4.2 分类合并

分类合并即将多个类别或分类结果根据特定的规则或标准合并成一个更大的类别。通常用于简化数据结构、提高分类的可管理性或增强模型的性能。在统计分析中,分类合并可能涉及将多个类别的变量合并为一个变量,以简化模型或进行更高层次的分析。

选择"图像处理"标签下的"图像分类"组,单击【分类后处理】按钮的下拉箭头,选择"分类合并",打开"分类合并"对话框,如图 4.7 所示。

(1) 输入文件:选择待进行分类合并的分类影像文件。

(2) 输入类别:显示输入的分类影像文件的类别信息。

(3) 输出类别:显示输出的分类影像文件的类别信息。

(4) 添加对应:设置输入类别与输出类别的对应类别关系。

(5) 取消对应:可以取消设置的对应类别关系。

(6) 输出文件:设置输出文件的保存路径和文件名。

所有参数设置完毕后,点击【确定】按钮即可进行分类合并。

4.4.3 过滤

过滤功能用于改善图像质量或增强某些特征。图像滤波可以通过各种数学运算实现,这些运算涉及图像的像素及其邻域内的像素值。滤波的目的是去除噪声、保留边缘特征、增强图像的视觉效果,为后续的图像分析任务(如分类、特征提取)做准备。

选择"图像处理"标签下的"图像分类"组,单击【分类后处理】按钮的下拉箭头,选择"过滤处理",打开"过滤"对话框,如图 4.8 所示。

(1) 输入文件:选择待进行过滤处理的分类影像文件。

(2) 选择类别:选择待处理的类别。

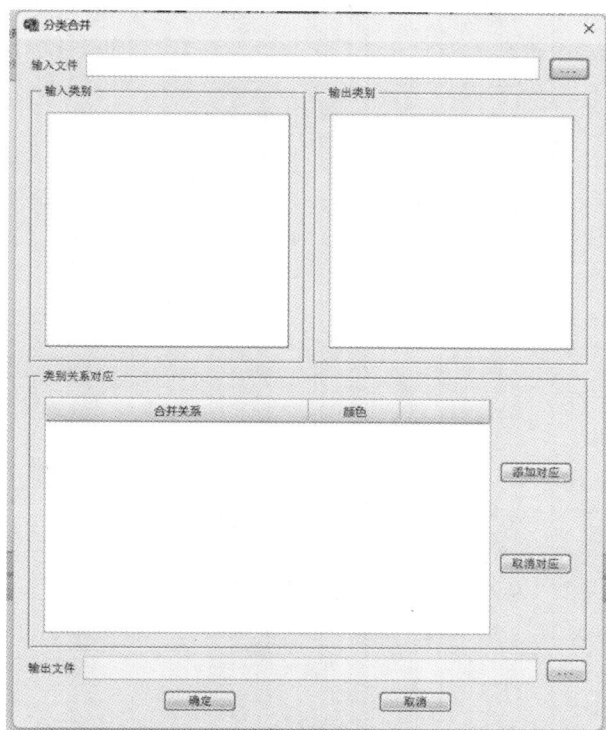

图 4.7 "分类合并"对话框

图 4.8 "过滤"对话框

（3）过滤阈值：设置过滤阈值，为大于 1 的整数，若一类中被分组的像元少于设定的阈值，这些像元会被从该类中删除。

（4）聚类邻域：选择聚类邻域，为 4 或 8，即观察周围的 4 个或 8 个元，判定一个像元是否与周围的像元同组。

（5）输出文件：设置输出文件的保存路径和文件名。

所有参数设置完毕后，点击【确定】按钮即可进行过滤处理。

4.4.4 聚类

聚类是一种无监督学习方法，旨在将数据集中的样本划分成若干个彼此相似的组或"簇"。聚类的目的是让同一个簇内的样本具有较高的相似度，而不同簇之间的样本则具有较低的相似度。聚类分析结果可以帮助用户理解数据的特性,发现数据中的模式,或者为数据进一步分析和决策提供依据。

选择"图像处理"标签下的"图像分类"组,单击【分类后处理】按钮的下拉箭头,选择"聚类",打开"聚类"对话框,如图 4.9 所示。

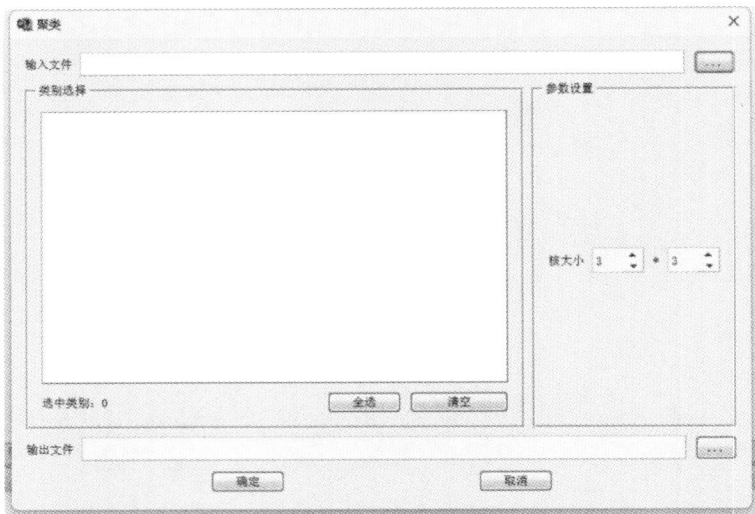

图 4.9 "聚类"对话框

(1) 输入文件:选择待进行聚类处理的分类影像文件。

(2) 类别选择:选择待处理的类别。

(3) 参数设置:设置变换核大小,为奇数。

(4) 输出文件:设置输出文件的保存路径和文件名。

所有参数设置完毕后,点击【确定】按钮即可进行聚类处理。

4.4.5 主/次要分析

主/次要分析是一种分类后处理技术,用于改善分类结果的空间一致性。通过分析每个像素及其邻域内的像素值,来确定像素的最终分类。主要分析中,如果一个像素周围的邻域内,某个类别的像素数量占多数,则该像素将被归类到这个多数类别中。次要分析会将一个像素归类到其周围邻域中占少数的类别,这通常用于识别和保留那些被更大类别包围的小类别区域,如小面积的湖泊、森林。

选择"图像处理"标签下的"图像分类"组,单击【分类后处理】按钮的下拉箭头,选择"主/次要分析",打开"主/次要分析"对话框,如图 4.10 所示。

(1) 输入文件:选择待进行主/次要分析的分类影像文件。

(2) 选中类别:设置待进行主/次要分析的类别,一般大于等于 2 类。

(3) 分析方法:设置分析方法,包括主要和次要两种。

(4) 核大小:设置变换核大小,为奇数。

(5) 中心像元比重:设置中心像元比重,即中心像元类别被计算的次数。

(6) 输出文件:设置输出文件的保存路径和文件名。

所有参数设置完毕后,点击【确定】按钮即可进行主次要分析。

4.5 面向对象分类(PIE-SIAS)

面向对象分类通过分析图像中对象的光谱、形状、纹理和上下文特征来进行分类,特别适用于高分辨率影像的分析。这种方法通常包括图像分割、特征提取、对象分类和后处理等步骤,能够更精确地识别和处理图像中的几何和上下文信息。此外,PIE-SIAS 软件提供了多尺度分割技术,可以一次分割,多重尺度下渲染显示,并进行高效、准确地分类。

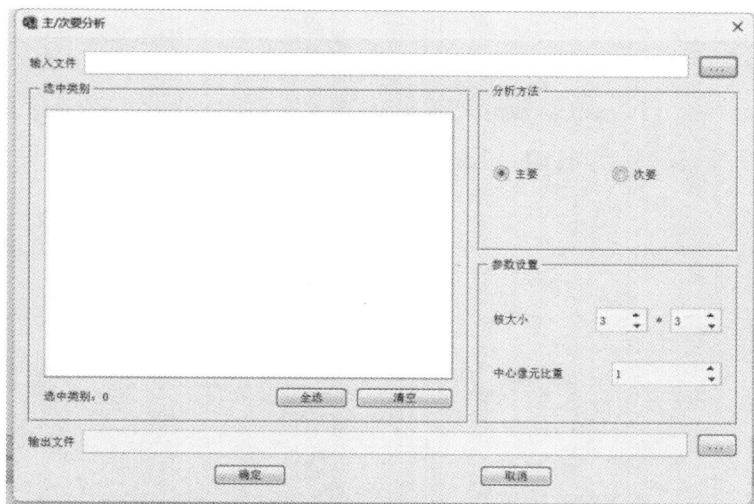

图 4.10 "主/次要分析"对话框

4.5.1 数据导入

在"系统"菜单栏,单击【新建工程】按钮,打开"创建多尺度分割向导"对话框,输入"影像类型""工程名称""输入文件""输出文件夹",设置完成后点击【下一步】按钮。在初始化参数界面,设置"分割算法""图像背景值",3 种分割算法均可以有效完成影像分割,可选择其中 1 种来进行分割,之后点击【下一步】按钮,设置区域合并参数。设置完成后点击【下一步】按钮,如图 4.11 所示。

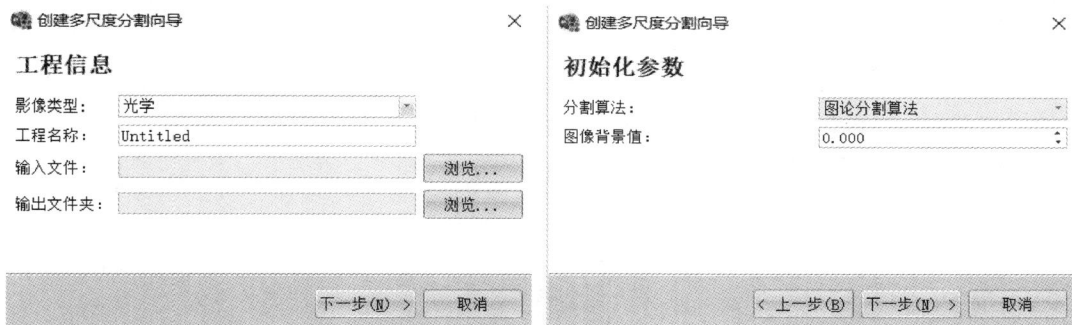

图 4.11 "创建多尺度分割向导"对话框的"工程信息"及"初始化参数"界面

在区域合并参数界面设置相关参数进行新建工程。其中"合并规则"可选 Baatz-Schape(使用光谱和标准差作为合并准则进行合并)、Baatz-Schape-LBP(使用标准差和 LBP 纹理作为合并准则进行合并)、Full-Lambda(基于光谱信息和空间信息的结合,对相邻的线段进行迭代合并)、Color-Histogram(使用颜色直方图作为合并准则进行合并)和 Color-Texture(使用颜色纹理作为合并准则进行合并)5 种方式。Baatz-Schape 是一种经典的合并规则,它使用光谱异质性和形状异质性作为合并准则。Baatz-Schape-LBP 则在 Baatz-Schape 的基础上增加了局部二值模式(local binary patterns,LBP)纹理特征作为合并准则,这种方法可以增强合并规则对纹理信息的敏感性,有助于更好地处理具有复杂纹理的地物。Full-Lambda 基于光谱信息和空间信息的结合,对相邻的对象进行迭代合并。它通常使用一个称为"融合因子"的参数来衡量合并后对象的异质性增加,并设定一个阈值来决定是否进行合并。Full-Lambda 规则可以在不同的尺度上进行合并,从而适应不同尺度的分析需求。Color-Histogram 使用颜色直方图作为合并准则,在合并过程中,颜色直方图的相似性被用来评估对象是否应该合并。这种方法对于颜色分布具有明显特征的地物较为有效(如植被、水体等)。Color-Texture 结合颜色和纹理特征进行合并,这种方法不仅考虑了对象的颜色信息,还考虑了纹理信息,如 LBP 纹理。

在区域合并参数界面设置"形状因子权重""边界强度""紧致度权重""合并尺寸"参数,设置完成后点击

【完成】按钮,如图 4.12 所示。

4.5.2　影像分割

在【分类提取】模块下单击【影像分割】按钮,打开"尺度集分割"对话框。对话框里的参数在创建工程中已设置,可适度调整。设置完成后点击【确定】按钮,如图 4.13 所示。

图 4.12　"创建多尺度分割向导对话框的区域合并参数"界面

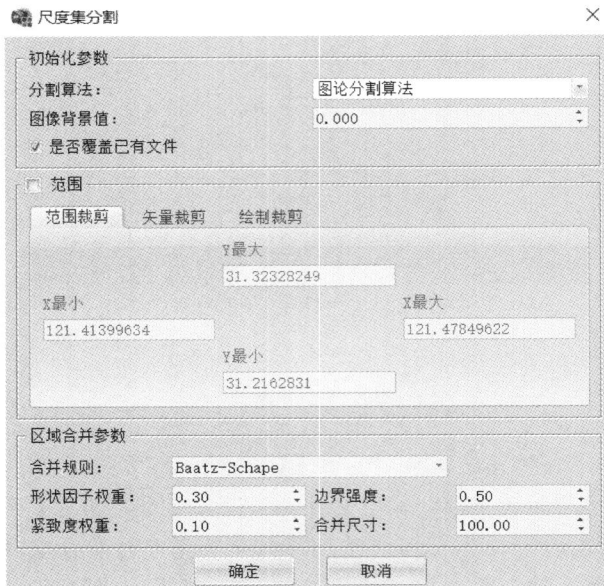

图 4.13　"尺度集分割"对话框

4.5.3　导出分割矢量

在【分类提取】模块下单击【导出分割矢量】按钮,打开"导出文件"对话框,设置"文件名",点击【保存】按钮导出分割矢量,如图 4.14 所示。

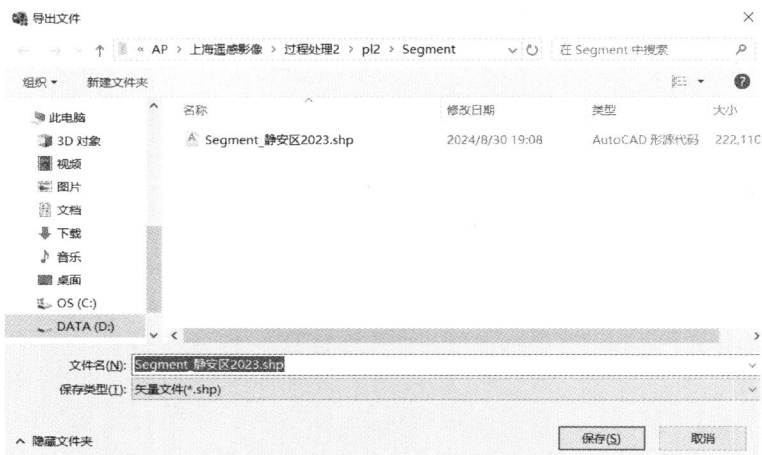

图 4.14　"导出文件"对话框

此外,在主视图左下角有分割尺度调节窗口,可左右移动滑动条,动态调整图像的分割尺度,实时查看调节的结果。

4.5.4　样本选择

软件采用的是监督分类方法,需采集样本。有历史分类矢量的情况下,使用自动样本选择功能;没有历史分类矢量的情况下,使用手动样本选择功能。

1. 自动样本选择

在【分类提取】模块下点击【自动样本选择】按钮，打开"自动样本选择"对话框，在"输入影像文件"中输入需要分类的影像文件，在"输入分类文件"中输入该区域已有的分割矢量文件，在"输入分割文件"中输入之前导出的分割矢量文件。设置其他参数，包括"缓冲区""选择百分比""样本最大个数""类别 ID 字段""类别名字字段"。参数设置完成后，点击【确定】按钮，如图 4.15 所示。

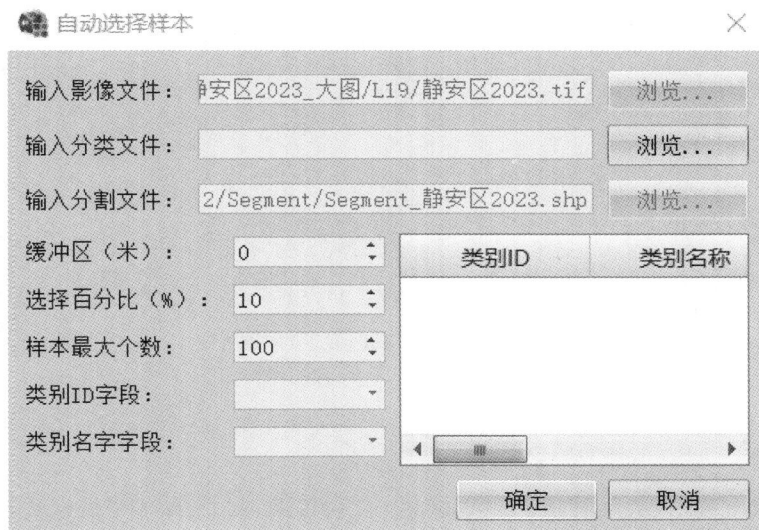

图 4.15 "自动选择样本"对话框

2. 手动样本选择

在【分类提取】模块下点击【样本选择】按钮进入"样本"对话框，如图 4.16 所示。在该界面中，点击【＋】按钮来添加新的样本类别。此时，样本列表中会新增一行，其中样本框将被标记为红色，表示一个新的类别 Class0，初始样本数量显示为 0，类别 ID 默认为 1。接下来，双击列表中的该行，调出"分类修改"对话框，在此处可以自定义类别的名称、选择颜色以及指定类别 ID，以便进行后续的分类操作。

图 4.16 "样本"对话框

一旦样本类别被成功添加到类别列表中，可以通过在列表中点击某个类别，然后在主视图区域中双击来选取相应的分割图斑作为该类别的样本。如果需要取消对某个图斑的选择，只需再次双击该图斑即可。在样本选择过程中，可以手动调整分割的尺度，以便在不同的细节层次上进行样本的选取。为了确保样本的准确性，应优先选择那些代表纯净地物的图斑作为样本。如果发现某个分割图斑包含了多种不同的地类，可以通过减小分割尺度来获取更细致的图斑，进而选择那些只包含单一地类的图斑作为样本。同时，要确保所选样本能够全面覆盖该地类的所有特征，以提高分类的准确性和可靠性。

4.5.5 影像分类

在【分类提取】模块下单击【影像分类】按钮，打开"分类向导"对话框，选择"面向对象分类"分类方法，在选择分类要素界面选择要素,包含光谱、纹理、指数等。单击【下一步】按钮,打开选择分类算法界面,在选择分类算法界面选择合适的算法,有邻近分类(k-nearest neighbor,KNN)、支持向量机(support vector machine,SVM)、分类回归树(classification and regression tree,CART)、随机森林(random forest,RF)、贝叶斯分类(Bayesian)5 种分类算法可供选择,如图 4.17 所示。

图 4.17 "分类向导"对话框

4.5.6 分类后处理

1. 类别转换

在【分类提取】模块下单击【类别转换】按钮,弹出"类别转换"对话框,在"类别转换"对话框中选择一种类别,然后在分类图中单击某一图斑,则该图斑就会转换成所选的类别。

2. 类别合并

在【分类提取】模块下单击【类别合并】按钮,可对分类结果进行合并。

3. 矢量平滑

在【分类提取】模块下单击【矢量平滑】按钮,可对分类结果进行平滑处理。输入需要平滑处理的分类矢量文件,设置平滑阈值,设置输出文件位置及名称。单击【确定】按钮即可完成平滑处理。

4.5.7 面向对象变化检测

点击【变化检测】菜单下的【面向对象变化检测】按钮,打开"面向对象变化检测"对话框,将早期时相的栅格正射影像与后期时相的栅格正射影像分别赋给"时相 1 栅格数据"与"时相 2 栅格数据",选择分割尺度为 80.00,输出文件路径及文件名,单击【确定】按钮进行面向对象变化检测,如图 4.18 所示。

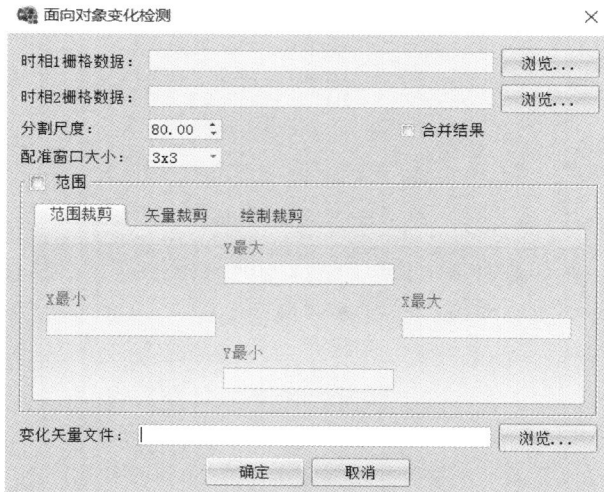

图 4.18 "面向对象变化检测"对话框

第 5 章　矢量数据处理与分析

5.1　矢量数据导入、创建

5.1.1　PIE 矢量数据导入

在 PIE-Basic 软件中,选择菜单栏中的【数据管理】→【通用数据加载】→【矢量数据】,浏览并选择需要导入的矢量文件,支持的格式包括 shapefile 等,如图 5.1 所示。

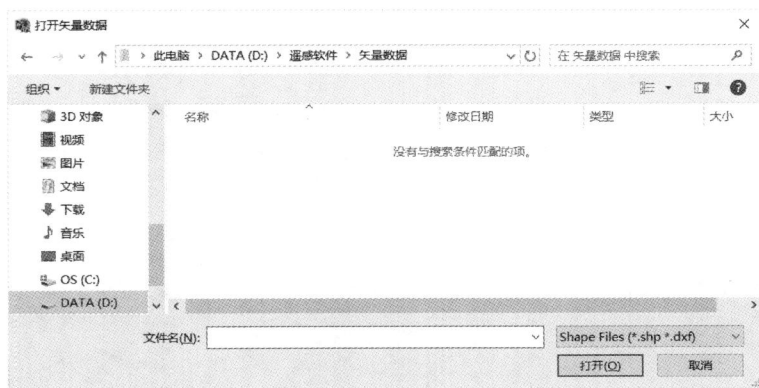

图 5.1　"打开矢量数据"对话框

导入数据后,可以在图层列表中查看已加载的矢量图层。通过图层列表可以对矢量图层进行激活、删除、显示或隐藏等操作。如果需要为矢量数据设置或修改坐标系统,可以选择图层,然后点击【修改坐标系】按钮进行设置。

5.1.2　PIE 矢量数据创建

打开 PIE-Basic 软件,选择【矢量处理】→【矢量创建】→【创建图层】,打开"创建图层"对话框。在"输出文件"中指定输出文件的保存路径及名称,用于创建矢量图层的文件名和位置。在"坐标系"中指定矢量图层的坐标系统,可以设置与现有地图或数据集相同的坐标系统。选择要素类型,PIE-Basic 支持的矢量要素类型包括点矢量、线矢量及面矢量。创建完成后,要素类型不能修改。如果创建的是面矢量图层,可以为图层设置属性字段。点击【添加】按钮,弹出属性信息框,可以新建一个属性字段。如果需要修改或删除属性字段,可以在属性列表中选择相应字段后进行编辑或删除。所有参数设置完成后,点击【确认】按钮。此时,PIE-Basic 将新建一个矢量图层,并自动加载到图层列表中,如图 5.2 所示。

5.2　矢量数据编辑与处理

5.2.1　矢量数据编辑

PIE-Basic 软件提供了多种矢量数据编辑工具,具体包括:编辑控制、要素移动、添加要素、删除要素、编辑要素、旋转要素、属性编辑、撤销、恢复等,如图 5.3 所示。

1. 矢量编辑步骤

矢量编辑通常需要经过以下步骤。

图 5.2 "创建图层"对话框

图 5.3 矢量编辑菜单栏

（1）添加矢量要素。

打开 PIE-Basic 软件，选择【矢量处理】→【矢量创建】→【创建图层】，或在 PIE-Basic 软件中，选择菜单栏中的【数据管理】→【通用数据加载】→【矢量数据】，浏览并选择需要导入的矢量文件，支持的文件格式包括 shapefile 等。

（2）启动矢量编辑。

打开 PIE-Basic 软件，选择需要编辑的矢量图层，依次点击【矢量处理】→【矢量编辑】→【编辑控制】→【开始编辑】。

（3）编辑矢量要素。

选择矢量编辑工具，可以对选中的矢量要素进行编辑。

（4）保存编辑内容。

在编辑完成后，依次点击【矢量处理】→【矢量编辑】→【编辑控制】→【保存编辑】以保存所做的更改。

（5）结束编辑会话。

完成所有编辑操作后，依次点击【矢量处理】→【矢量编辑】→【编辑控制】→【结束编辑】结束编辑会话，并确保所有更改被正确记录。

2. 矢量编辑工具使用方式

矢量编辑工具使用方式如下。

（1）要素移动。

选择"要素移动"工具，点击并拖动矢量要素到新的位置。

（2）添加要素。

使用"添加要素"工具，可以向矢量图层中添加新的点、线或面要素。选择相应的要素类型，然后在视图中点击或绘制以创建新要素。

（3）编辑要素。

选择"编辑要素"工具，选择一个矢量要素后，可以修改其形状，如调整线要素的节点位置或面要素的边界。

（4）旋转要素。

选择"旋转要素"工具，选择一个矢量要素，然后指定旋转的中心点和角度进行旋转。

（5）属性编辑。

双击矢量要素或选择"属性编辑"工具，打开属性表进行编辑。在属性表中，可以修改或更新要素的属性信息。

（6）撤销。

在编辑过程中，如果需要回退到上一步操作，可以使用"撤销"功能。

（7）恢复。

如果使用了"撤销"功能，但希望恢复撤销之前的操作，可以使用"恢复"功能。

5.2.2　矢量工具

矢量工具包括选择要素、清除选择、裁切要素、合并要素、拆分要素、整形要素、分割提取、面修补、矢量文件合并等，如图5.4所示。

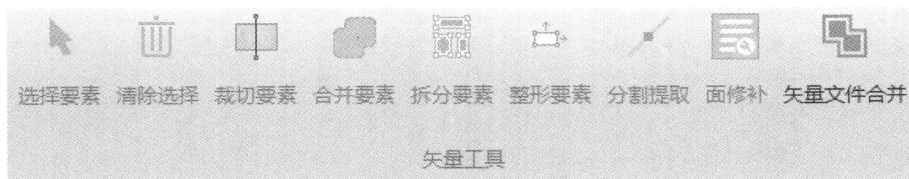

图5.4　矢量工具菜单栏

（1）选择要素：使用此工具可以选取一个或多个矢量要素，以便进行进一步的编辑或分析。

（2）清除选择：当选择了多个矢量要素后，可以使用此工具来清除当前的所有选择。

（3）裁切要素：通过在要素上画出裁切线，可以将选中的要素按照裁切线进行裁切，只保留线内的部分。

（4）合并要素：选中多个要素对象后，使用"合并要素"工具可以将这些要素合并成一个要素组，生成单一的矢量要素。

（5）拆分要素：可将一个由多个部分组成的矢量要素拆分为多个独立的要素。

（6）整形要素：选中矢量图层中的一个要素，使用"整形要素"工具可以在该要素上标注裁切线，并根据裁切线隐去被裁切的较小部分。

（7）分割提取：点击分割提取按钮，打开分割提取窗口，输入对应的要素、分割要素及分割字段，并指定目标目录后，即可完成分割提取。

（8）面修补：选中一个矢量面要素，如果面要素中有空洞，使用面修补工具可以自动修补这些空洞。

（9）矢量文件合并：此工具用于将多个矢量面图层合并到一个面图层中，处理图层中存在重叠、相邻、相交等关系的多个面要素，将它们合并成一个面要素。选择"矢量文件合并"工具，在对话框中，通过点击【选择文件】按钮来选择单个矢量文件。根据需要，可以设置指定字段以及属性合并字段。所有参数设置完成后，设置输出文件的保存路径及文件名，点击【确定】按钮来执行矢量文件合并操作。

5.3　矢量数据分析

PIE-Basic可以完成要素缓冲区分析、文件缓冲区分析、图斑面积自动计算、热力图绘制、克里金插值、反距离权重（IDW）插值、样条插值、等值线（面）绘制等操作。本节将讲解要素缓冲区分析、文件缓冲区分析、图斑面积自动计算、热力图绘制的操作方法。

5.3.1　要素缓冲区分析

选中待缓冲分析的面要素,在"矢量处理"标签下的"分析统计"组中,点击【要素缓冲区分析】按钮,在弹出的对话框的"图层"中选择待处理的矢量图层,在"范围"中设置缓冲区的范围,单位根据坐标系而定,地理坐标系单位是度,平面投影坐标系单位是米。设置完成后点击【确定】按钮,执行缓冲区分析,生成缓冲区多边形。

5.3.2　文件缓冲区分析

在"矢量处理"标签下的"分析统计"组中,点击【文件缓冲区分析】按钮,弹出"文件缓冲区分析"对话框。在"输入文件"中指定需要进行缓冲区分析的矢量文件,在"输出文件"中设置输出文件的名称和存储路径,在"距离"中设置缓冲距离,在"侧类型"中选择缓冲区位置,线要素可选择左侧、右侧或两侧,点要素或面要素只能选择全部缓冲。在"末端类型"中选择缓冲区末端的形状,圆头或平头,在"融合类型"中选择是否合并缓冲图斑。完成设置后,点击【确定】按钮执行文件缓冲区分析,如图 5.5 所示。

5.3.3　图斑面积自动计算

在"矢量处理"标签下点击【图斑面积自动计算】按钮,弹出"图斑面积计算"对话框。输入矢量文件,软件将自动计算并显示每个矢量图斑的面积,单位默认为平方米,如图 5.6 所示。

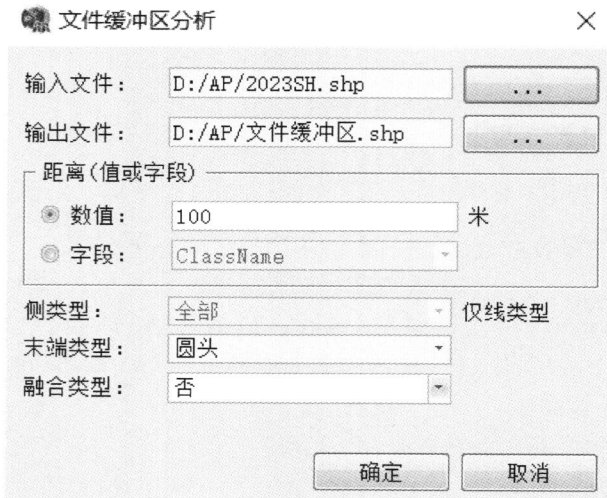

图 5.5　"文件缓冲区分析"对话框

图 5.6　"图斑面积计算"对话框

5.3.4　热力图绘制

1.　点生成热力图

依次点击【热力图】→【点生成热力图】功能,弹出"热力图"对话框。在"输入文件"中指定需要生成热力图的矢量数据文件,在"输出类型"中选择输出栅格数据的类型,例如 GeoTIFF 或其他支持的格式。在"输出栅格"中设置输出栅格数据的保存路径和文件名,在"半径"中设置热力图的半径。根据需要决定是否使用矢量数据中的某个字段作为权重,如果选择使用权重字段,从下拉菜单中选择具体的字段名称。最后在"高级设置"中可以进一步设置栅格宽度和像元大小。完成设置后,点击【确定】按钮执行热力图生成算法,如图 5.7 所示。

2.　面生成热力图

依次点击【热力图】→【面生成热力图】,弹出"面矢量生成热力图"对话框。在"输入文件"中选择包含面要素的矢量数据文件,选择合适的输出类型,设置分辨率以及网格大小,最后指定输出栅格的保存路径和文件名,以及栅格数据的格式类型,如图 5.8 所示。

图 5.7 "热力图"对话框

图 5.8 "面矢量生成热力图"对话框

第 6 章　应 用 案 例

6.1　案例一：基于面向对象分类的上海市静安区土地利用变化检测（PIE-SIAS）

案例一运用面向对象分类（PIE-SIAS）的方法，对上海市静安区土地利用变化进行检测。

6.1.1　遥感图像获取

遥感图像通过 Google Earth 的卫星影像获取，是卫星影像与航拍的数据整合。

波段设置：波段 1（蓝光波段）、波段 2（绿光波段）、波段 3（红光波段）。

成像时间：2015 年；2023 年。

研究区：上海市静安区。

6.1.2　新建工程与导入数据

在系统菜单栏，单击【新建工程】按钮，打开"创建多尺度分割向导"对话框，输入"影像类型""工程名称""输入文件""输出文件夹"，设置完成后点击【下一步】按钮，如图 6.1 所示。

在初始化参数界面，设置"分割算法""图像背景值"，本案例选择"图论分割算法"，图像背景值设置为0.000，设置完成后点击【下一步】按钮，如图 6.2 所示。

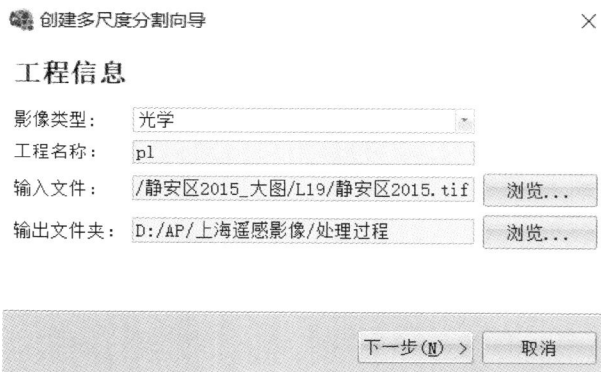

图 6.1　工程信息设置　　图 6.2　初始化参数设置

在区域合并参数界面设置相关参数进行新建工程。"合并规则"可选 Baatz-Schape（使用光谱和标准差作为合并准则进行合并）、Baatz-Schape-LBP（使用标准差和 LBP 纹理作为合并准则进行合并）、Full-Lambda（基于光谱信息和空间信息的结合，对相邻的线段进行迭代合并）、Color-Histogram（使用颜色直方图作为合并准则进行合并）和 Color-Texture（使用颜色纹理作为合并准则进行合并）5 种方式，本案例选择 Baatz-Schape。"形状因子权重"可调节紧凑度和平滑度，值越大分割形状越紧凑，推荐设置为 0.30～0.50，本案例设置为 0.30。"边界强度"为梯度调节因子，本案例设置为 0.50。"紧致度权重"主要反映地物紧致度在合并中的权重，本案例设置为 0.10。"合并尺寸"本案例设置为 100.00。设置完成后点击【完成】按钮，如图 6.3 所示，设置结果如图 6.4 所示。

6.1.3　面向对象的图像分类

1. 影像分割

在"分类提取"模块下单击【影像分割】按钮，打开"尺度集分割"对话框。对话框里的参数在创建工程中已设置，可适度调整，本案例选择默认。设置完成后点击【确定】按钮，如图 6.5 所示。

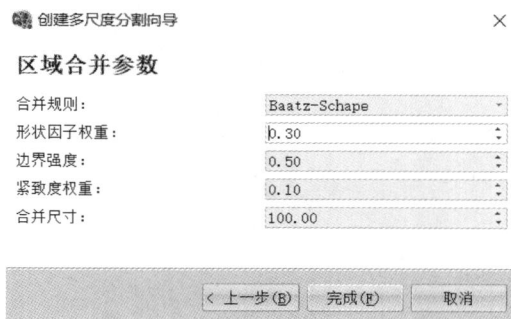

图 6.3 区域合并参数设置

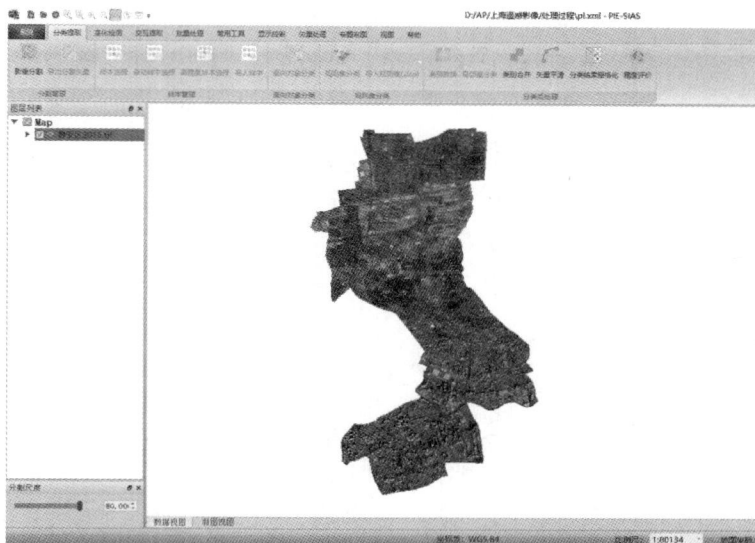

图 6.4 设置结果

在主视图左下角有分割尺度调节窗口,可左右移动滑动条动态调整图像的分割尺度(见图 6.6),可实时查看调节的结果。

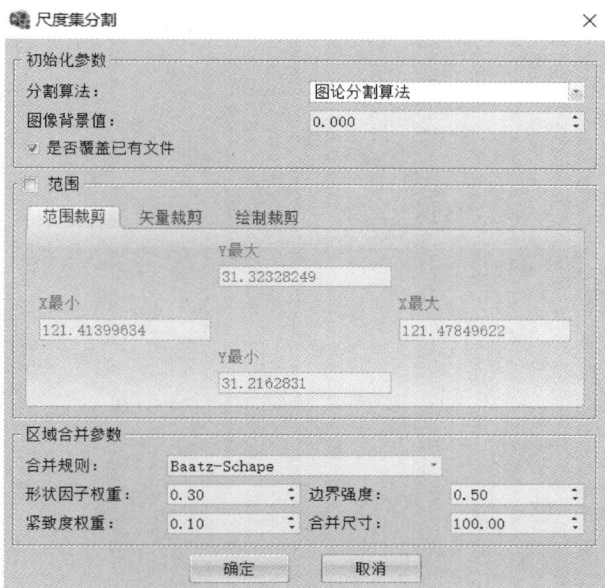

图 6.5 尺度集分割设置

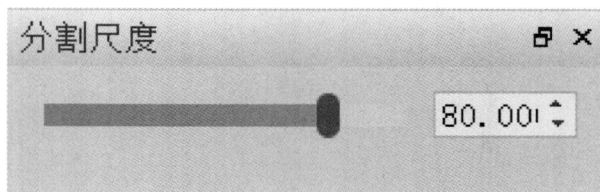

图 6.6 分割尺度设置

在"分类提取"模块下单击【导出分割矢量】按钮,打开"导出文件"对话框,设置文件名,点击【保存】按钮导出分割矢量,如图 6.7 所示。

2. 样本选择

PIE-SIAS 软件采用的是监督分类方法,因此需采集样本。样本选择有 2 种方式:有历史分类矢量的情况下使用自动样本选择功能;没有历史分类矢量的情况下使用手动样本选择功能。本案例使用手动样本选择功能。

1)真彩色显示方案

在图层列表的图层中右击选择"属性",打开"图层属性"对话框,在"栅格渲染"中设置相应的颜色通道及波段,如图 6.8 所示。

在"显示控制"模块下的"拉伸增强"中选择"标准差拉伸",如图 6.9 所示。

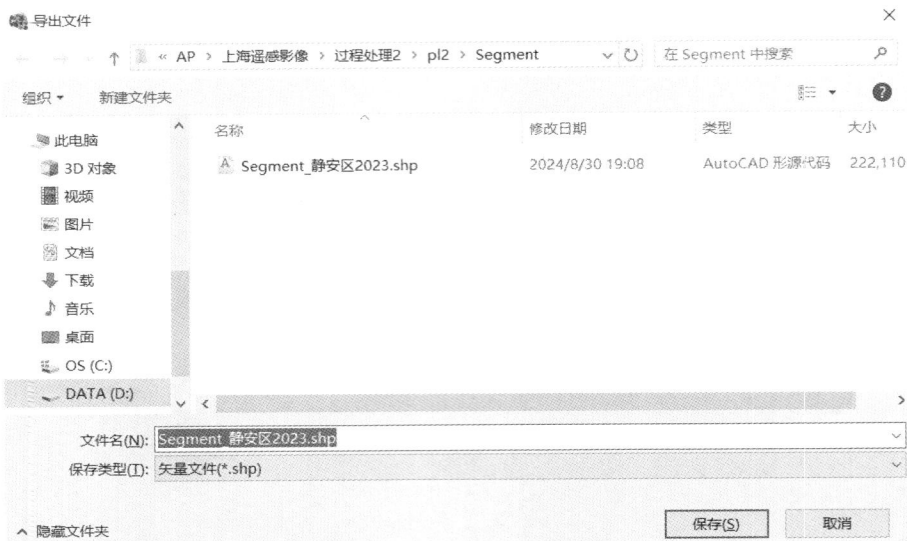

图 6.7　保存文件

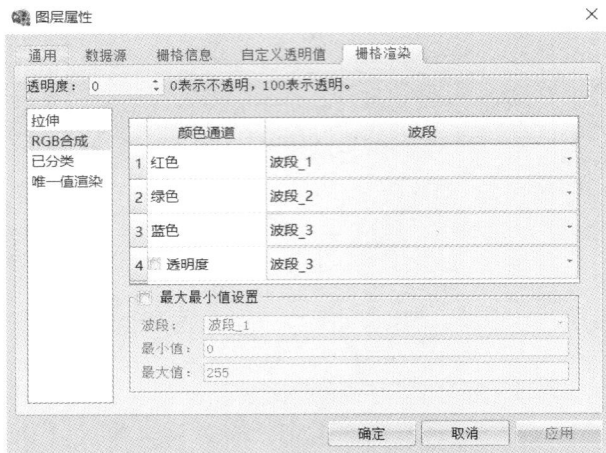

图 6.8　栅格渲染设置

图 6.9　标准差拉伸

2）建立分类类别

针对本次案例的影像数据，建立 5 种地类类别，分别为建筑物、植被、水域、道路与裸土。在"分类提取"模块下点击【样本选择】按钮，进入样本选择界面（见图 6.10）。在该界面中，点击【＋】按钮来添加新的样本类别。此时，样本列表中会新增一行，其中样本框将被标记为红色，表示一个新的类别 Class0，初始样本数量显示为 0，类别 ID 默认为 1。接下来，双击列表中的该行，调出"分类修改"对话框，在此处可以自定义类别的名称、选择颜色以及指定类别 ID，以便进行后续的分类操作。

3）为每个类别选择样本

类别添加完成后，在类别列表中单击【建筑物】，选中该类别，然后在主视图区双击，选择分割图斑作为该类的样本，重复双击该图斑则取消选择。选择样本时可以手动调整分割尺度，在多个尺度下选择样本。对建筑物、植被、水域、道路与裸土的样本进行选择，选择样本时应尽量选择纯净地物图斑。如果某一分割

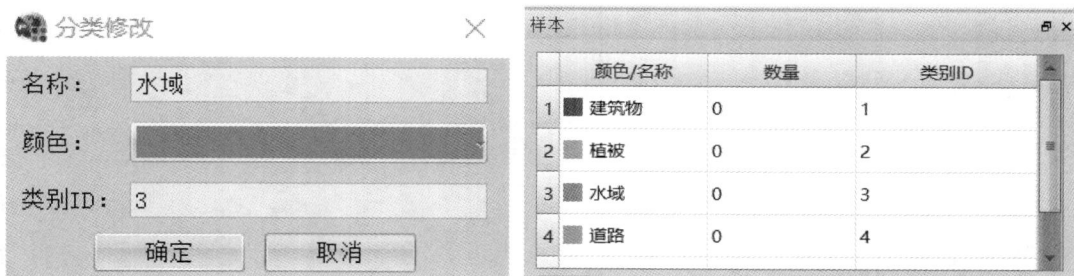

图 6.10　分类类别设置

图斑内含有 2 种以上地类,可将分割尺度适当调小,再选择纯净的该地类图斑。此外,样本应涵盖该地类的所有特征(见图 6.11)。

图 6.11　类别样本选择

3. 影像分类

在"分类提取"模块下点击【影像分类】按钮,打开"分类向导"对话框,在选择分类要素界面中包含光谱、纹理、指数等,分类要素设置为默认即可。单击【下一步】按钮,打开选择分类算法界面,选择合适的算法。该软件有 KNN、SVM、CART、RF、Bayesian 等 5 种分类算法可供选择。本案例选择分类算法为 SVM,参数设置为默认即可,单击【完成】按钮,执行分类操作,如图 6.12 至图 6.15 所示。

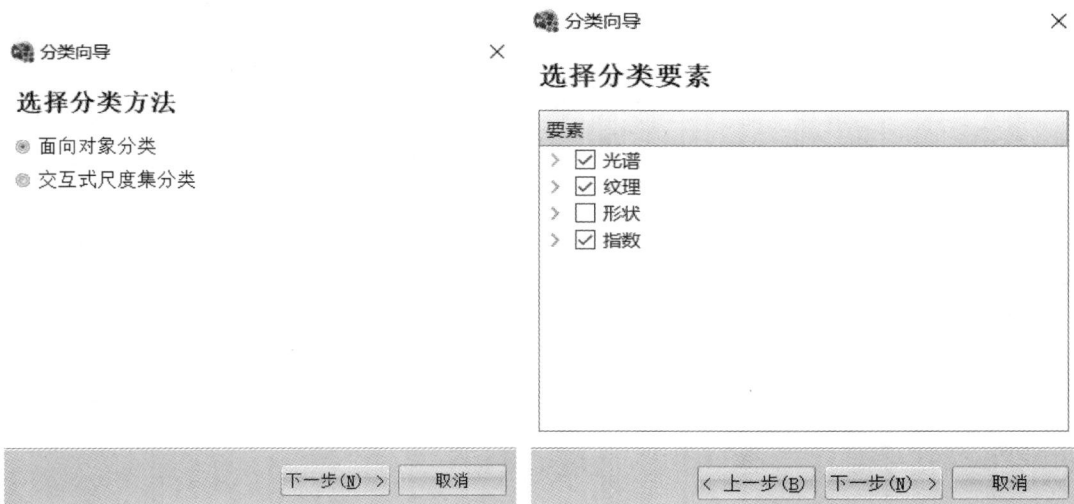

图 6.12　分类向导设置

4. 分类后处理

在"分类提取"模块下单击【类别转换】按钮,界面右侧弹出"类别转换"窗口,在"类别转换"窗口中选择一种类别,然后在分类图中单击某一图斑,则该图斑就会转换成选择的类别。

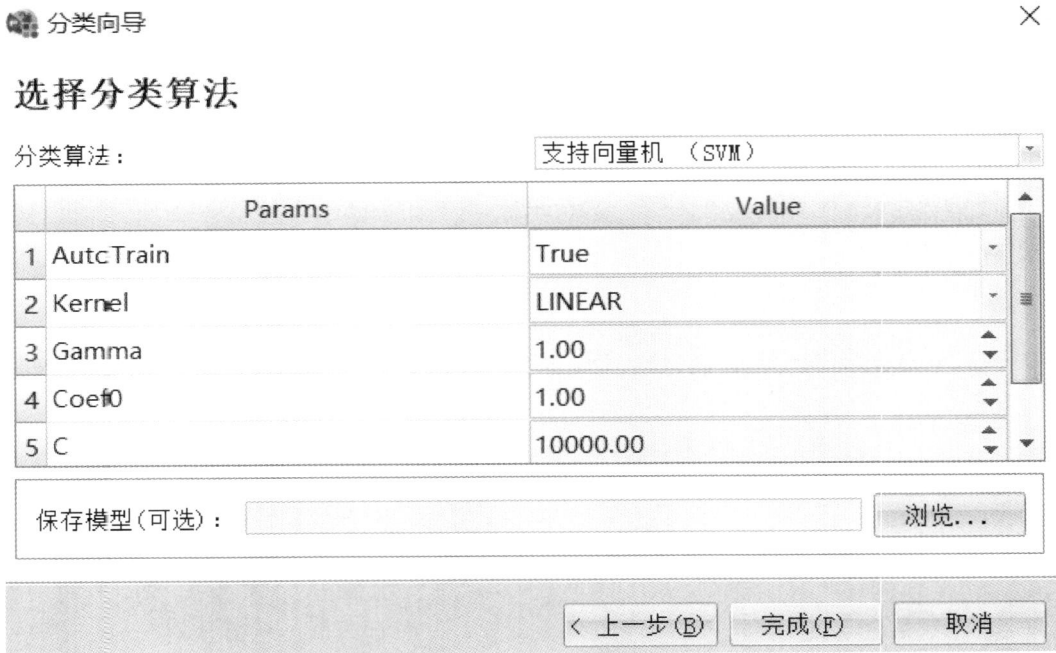

图 6.13　选择分类算法

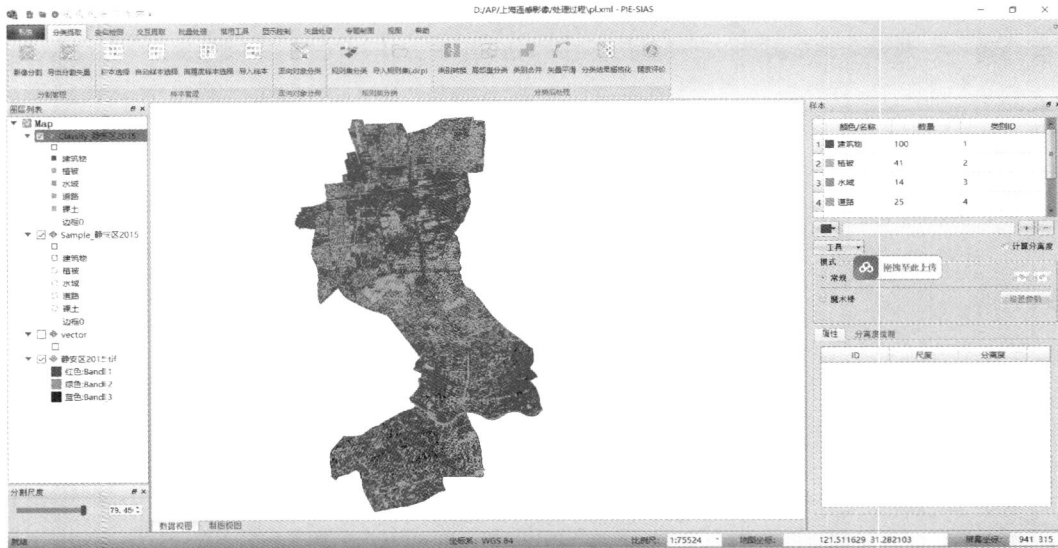

图 6.14　影像分类处理结果 1

在"分类提取"模块下单击【类别合并】按钮，可对分类结果进行合并。

在"分类提取"模块下单击【矢量平滑】按钮，可对分类结果进行平滑处理。输入需要平滑的分类矢量文件，设置平滑阈值，设置输出文件位置及名称。单击【确定】按钮即可完成平滑处理。

6.1.4　面向对象变化检测

点击"变化检测"菜单下的【面向对象变化检测】按钮，打开"面向对象变化检测"对话框，将早期时相的栅格正射影像与后期时相的栅格正射影像分别赋给"时相 1 栅格数据"与"时相 2 栅格数据"，选择分割尺度为 80.00，输出文件路径及文件名，单击【确定】按钮进行面向对象变化检测，如图 6.16、图 6.17 所示。

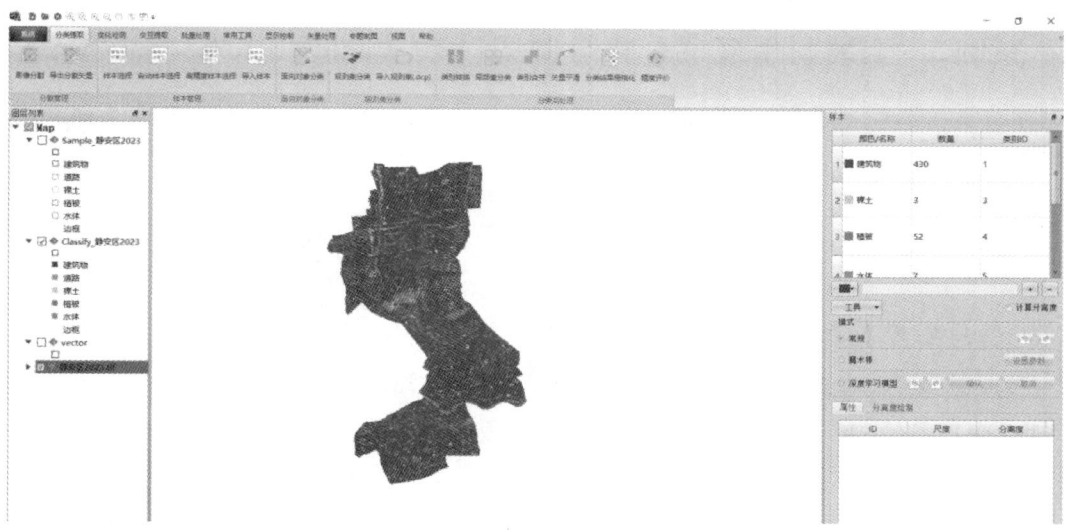

图 6.15　影像分类处理结果 2

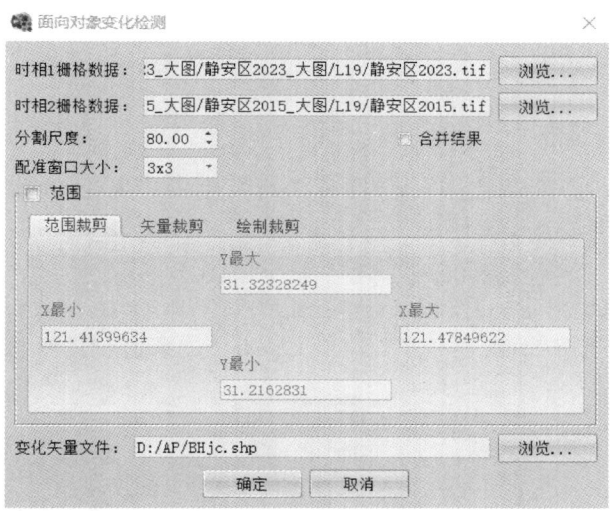

图 6.16　面向对象变化监测设置

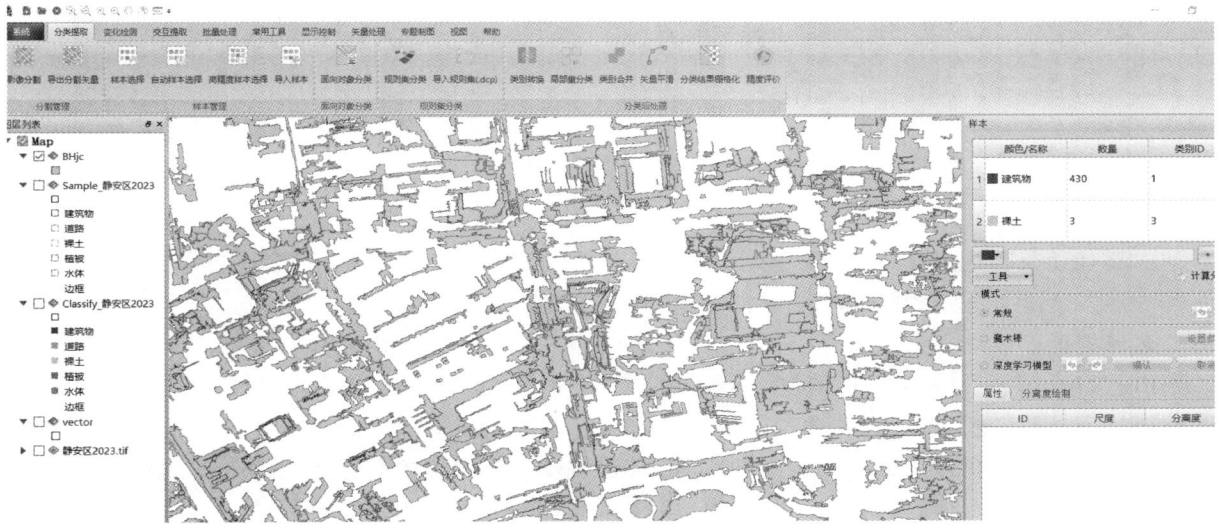

图 6.17　面向对象处理结果

6.2 案例二：土地利用遥感分类与制图（PIE-Basic）

土地利用分类技术是一种重要的空间分析方法，用于识别和区分地表不同类型的土地利用和覆盖特征，该技术广泛应用于地理、生态、农业、城市规划等多个学科领域。本案例基于影像上地物的光谱特征差异，通过算法将影像上的像素分配不同的土地利用类别；应用训练样本及计算机学习样本的光谱特征，对整个影像进行分类；通过各种算法优化分类结果，解决空间分辨率限制或地物光谱特征相似性导致的分类精度问题。

6.2.1 遥感图像获取

Landsat 8-9 OLI，这类数据可以用于执行监督分类，包括距离分类和最大似然分类等，并且可以进行分类后处理，如分类合并、过滤、聚类和精度评价等，其可以从国家遥感数据与应用服务平台等获取。其余如高分二号数据、GLC_FCG30 土地利用数据、GlobleLand30 地表覆盖数据、ESA World Cover 数据等都可以进行土地利用遥感分类。

波段设置：波段 2（蓝光波段）、波段 3（绿光波段）、波段 4（红光波段）、波段 5（近红外波段）。

成像时间：2016 年。

研究区：上海市。

6.2.2 图像预处理

1. 遥感图像导入

打开 PIE-Basic 软件，点击"数据管理"下的【多光谱数据加载】按钮，选择【Landsat】按钮下对应的 Landsat8，导入以 MTL 为后缀的 txt 文件。

2. 辐射定标

点击"图像预处理"下的【辐射定标】按钮，输入以 MTL 为后缀的 txt 文件，元数据文件同样选择以 MTL 为后缀的 txt 文件，定标类型选择"表观辐亮度"，输出文件并点击【确定】按钮，如图 6.18 所示。

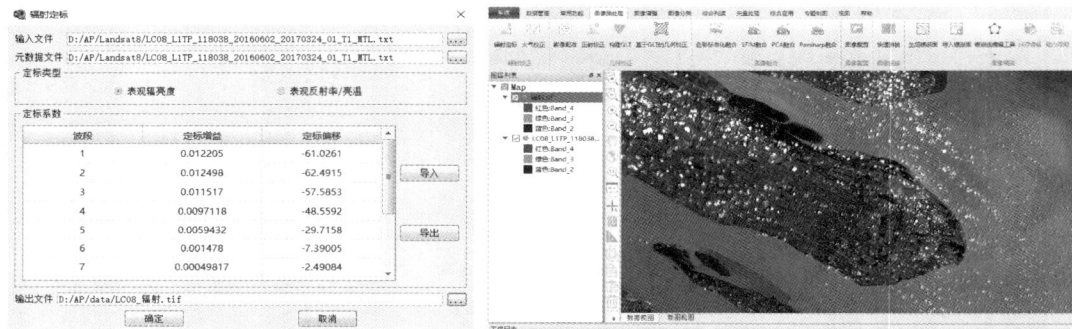

图 6.18 辐射定标设置与结果显示

3. 大气校正

点击"图像预处理"下的【大气校正】按钮，输入经过辐射定标处理的文件，元数据文件选择以 MTL 为后缀的 txt 文件，设置大气及气溶胶参数，输出文件并点击【确定】按钮，如图 6.19 所示。

4. 几何校正

利用影像配准和正射校正对影像进行校正，点击"图像预处理"下的【影像配准】按钮，添加待校正文件和基准文件，点击【匹配】按钮，在弹出的对话框中输入相应的 RPC 文件与 DEM 文件，设置相关系数、特征点数、粗差阈值及搜索窗口。点击【校正】按钮，选择【正射校正】，输入高程 DEM 文件或者 DEM 常值，选择适合的重采样方法，输入相应的 RPC 文件，输出文件并点击【确定】按钮，如图 6.20 所示。

5. 图像融合

将全色正射影像和多光谱正射影像进行 Pansharp 融合，点击"图像预处理"下的【Pansharp 融合】按钮，

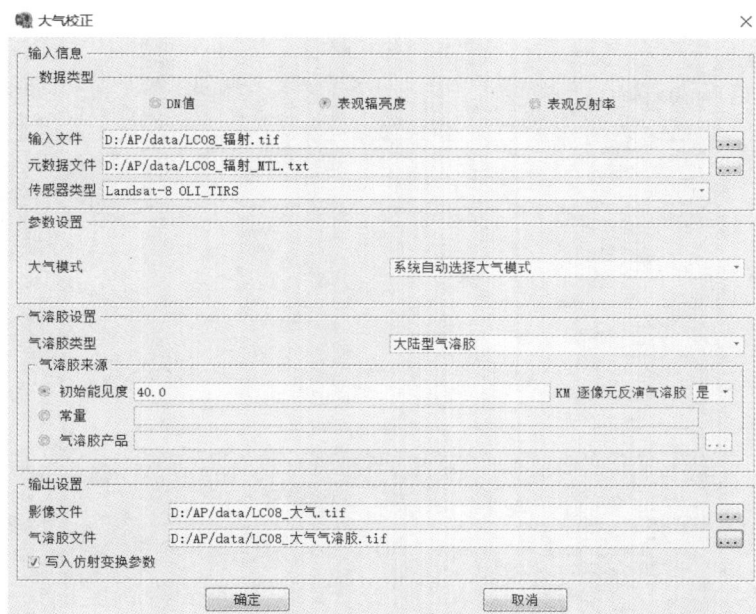

图 6.19　大气校正设置

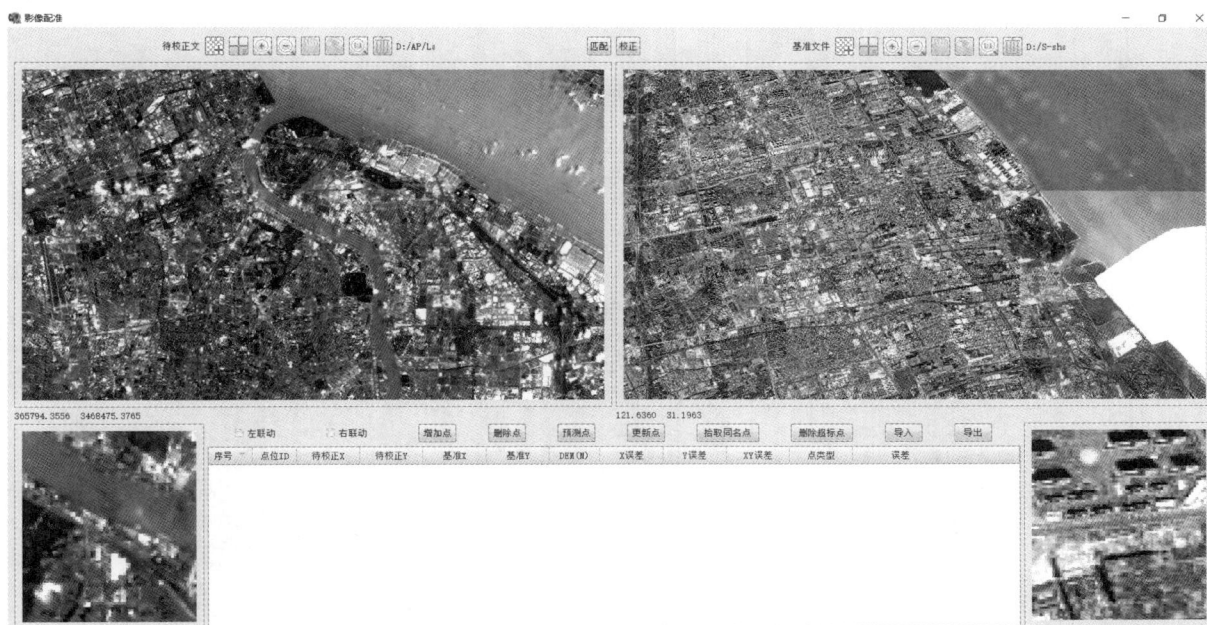

图 6.20　影像配准设置

输入多光谱正射影像,选择待处理的多光谱正射影像波段,在高分辨率影像设置中选择正射校正后的全色影像,设置待处理的全色影像波段,选择重采样方法,输出文件并点击【确定】按钮,如图 6.21 所示。

6. 图像裁剪

点击"图像预处理"下的【图像裁剪】按钮,输入待裁剪的影像文件,选择文件裁剪,勾选"文件"复选框,并输入裁剪范围的矢量文件,勾选"无效值"复选框,输出文件并点击【确定】按钮,如图 6.22 所示。

6.2.3　非监督分类

本案例采用 BP 神经网络分类,点击"图像分类"功能下的【神经网络聚类】按钮,输入待分类的文件,选取需要分类的波段,设置"分类类别""分类数""窗口大小""迭代次数"及"收敛速率",输出文件并点击【确定】按钮,如图 6.23 所示。

图 6.21　Pansharp 融合设置

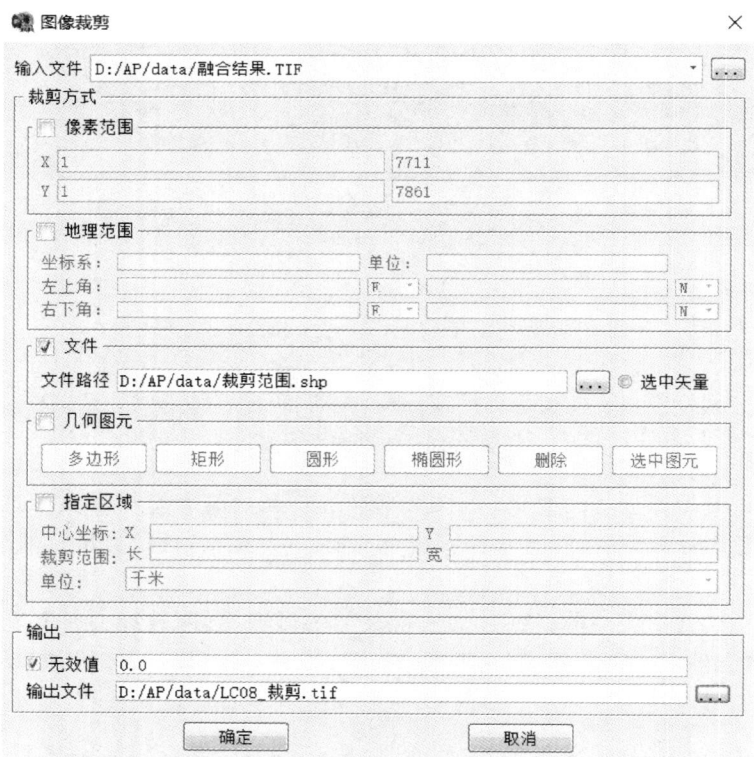

图 6.22　图像裁剪设置

图 6.23　神经网络聚类设置及结果显示

6.2.4　监督分类

采用最大似然法对研究区遥感影像进行监督分类,点击"图像分类"功能下的【ROI 工具】按钮,点击【增加】按钮,建立一个新样本,在样本列表中设置该样本的名称和颜色,根据地物形状选择多边形、矩形、椭圆中的一种。在影像窗口绘制 ROI,绘制完毕后双击鼠标左键,ROI 即添加到训练样区中(见图 6.24)。重复上述方法,建立多个新样本。确定样本后,点击【确定】按钮。

点击"图像分类"功能下的【最大似然分类】按钮,输入待分类的遥感影像,设置待分类处理的区域(默认全图),选择需要分类的波段(默认全波段),设置监督分类规则(最大似然分类)。此外,对话框会自动读取ROI 样本文件。最后,输出文件并点击【确定】按钮,如图 6.25 所示。

6.2.5　分类后处理

1. 分类统计

点击"图像分类"功能下的【分类统计】按钮,输入监督分类或非监督分类结果文件。单击【开始统计】按钮,获取类别、分类点数、百分比、面积信息,点击【统计信息保存】按钮保存数据,如图 6.26 所示。

2. 过滤

点击"图像分类"功能下的【过滤】按钮,输入监督分类或非监督分类结果文件。选择需要处理的类别,设置过滤阈值和聚类邻域,输出文件并点击【确定】按钮,如图 6.27 所示。

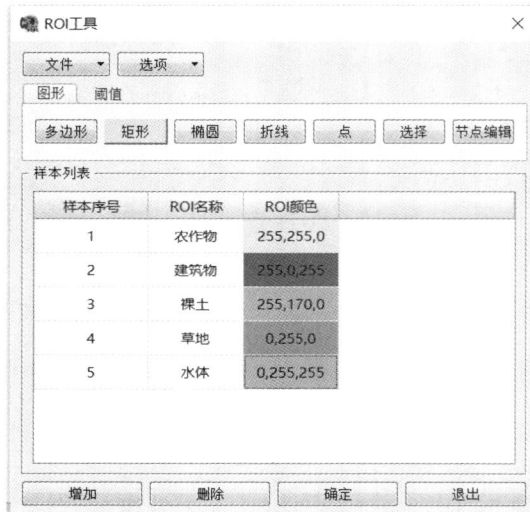

图 6.24 添加 ROI 值

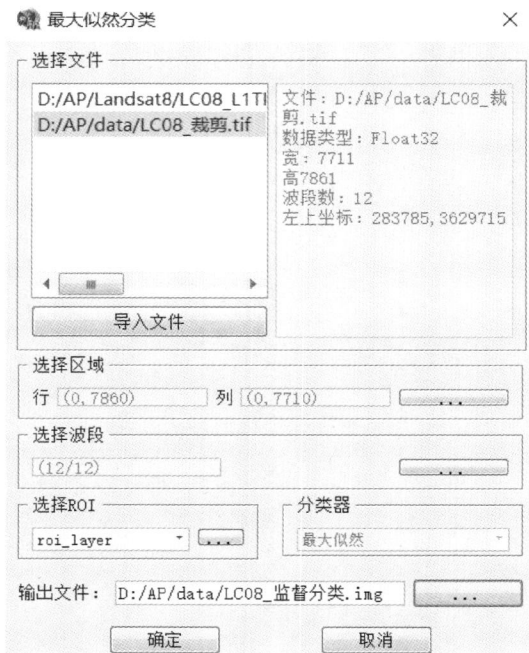

图 6.25 最大似然分类设置

图 6.26 分类统计设置

图 6.27 过滤设置

3. 聚类

点击"图像分类"功能下的【聚类】按钮,输入待处理的文件。选择需要处理的类别,设置核大小(一般为奇数),输出文件并点击【确定】按钮,如图 6.28 所示。

图 6.28　聚类设置

4. 主/次要分析

点击"图像分类"功能下的【主/次要分析】按钮,输入待处理的文件。选择需要处理的类别,选择主要或次要分析方法,设置核大小(一般为奇数)以及中心像元比重,输出文件并点击【确定】按钮,如图 6.29 所示。

图 6.29　主/次要分析设置

5. 精度分析

点击"图像分类"功能下的【精度分析】按钮,输入待精度分析的分类图像文件以及真实地面影像文件。点击【自动匹配】按钮,将真实地面分类数据与分类图像分类数据自动匹配。查看并核对匹配结果,点击【确定】按钮将得到分类精度报告,查看报告并保存报告信息,如图 6.30 所示。

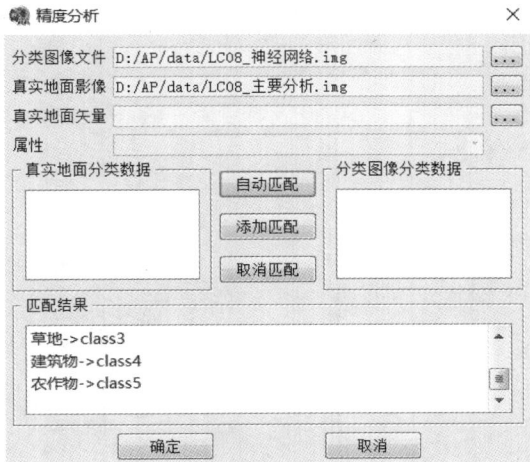

图 6.30　精度分析设置

6.2.6　土地利用专题制图

切换至制图视图,点击【更改布局】按钮,选择合适的专题图模板(见图 6.31 和图 6.32)。点击地图整饰下的指北针、比例尺、图例、格网等,添加缺少的元素。点击【页面设置】按钮,设置页面大小(见图 6.33)。点击【导出地图】按钮,设置导出地图分辨率,如图 6.34 所示。

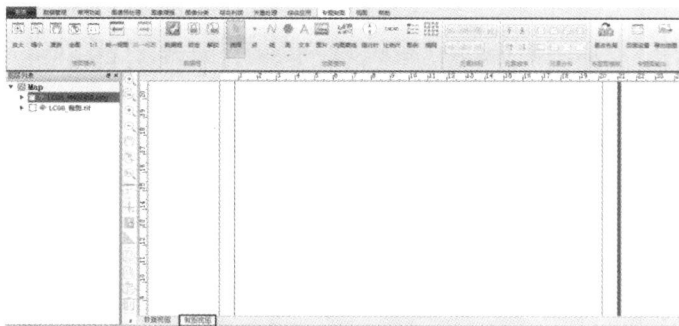

图 6.31　制图视图

图 6.32　模板选择

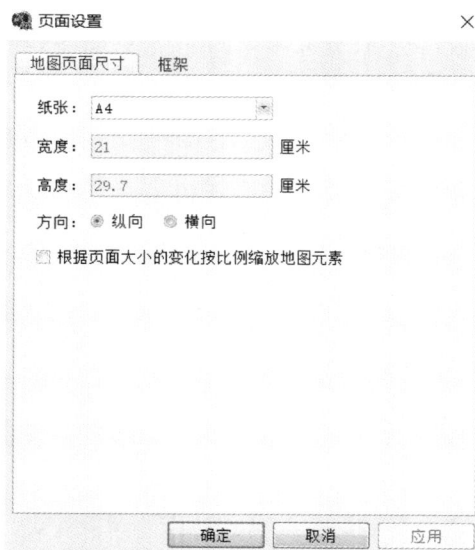

图 6.33　地图页面尺寸设置

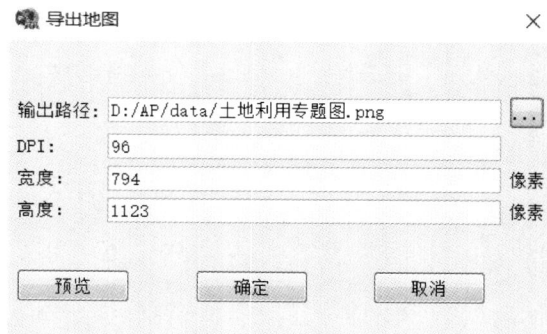

图 6.34　导出地图

6.3　案例三:植被覆盖度遥感反演与变化监测(PIE-Basic)

植被覆盖度是衡量一个地区生态环境状况的重要指标,而植被覆盖度的变化监测对于环境保护政策执行、评估政策效果具有重要作用。传统的植被覆盖度调查方法耗时耗力,但利用 PIE 软件进行遥感反演可以大幅度提高数据处理的效率,降低实地调查的成本,尤其适用于难以到达或面积广阔区域的植被覆盖度调查。通过 PIE 软件进行遥感反演,可以为林业、农业、城市规划等相关部门提供准确的数据支持,帮助制定合理的资源管理和土地利用规划。

6.3.1　遥感数据来源

Landsat 8 多时相影像数据可以用于执行监督分类,包括距离分类和最大似然分类等,并且可以进行分类后处理,如分类合并、过滤、聚类和精度评价等,其可以从国家遥感数据与应用服务平台等获取。其余如高分二号数据、GLC_FCG30 土地利用数据、GlobleLand30 地表覆盖数据、ESA World Cover 数据等都可以进行土地利用遥感分类。

波段设置:波段 2(蓝光波段)、波段 3(绿光波段)、波段 4(红光波段)、波段 5(近红外波段)。

成像时间:2016 年。

研究区:上海市。

遥感图像预处理与专题制图部分参考本章案例二。

6.3.2　像元 NDVI 计算

1. 波段运算

运用"波段运算"对像元 NDVI 进行运算。进入"图像处理"菜单,选择"图像运算"功能。访问波段运算功能,输入表达式"(b1−b2)/(b1+b2)",点击【确定】按钮后将待处理的遥感影像中近红外波段赋给 b1,将红光波段赋给 b2,设置输出数据类型及保存路径,如图 6.35 所示。

(a) 波段运算设置

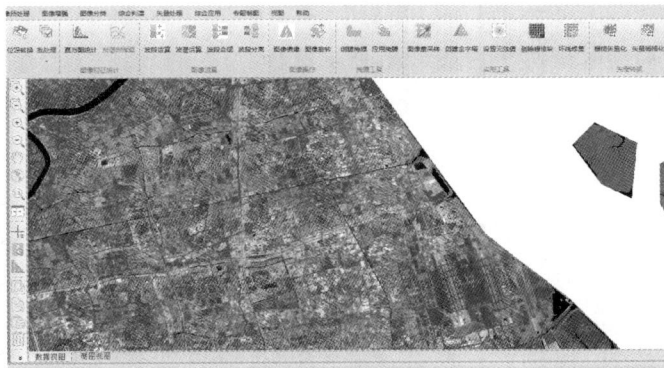

(b) 结果显示

图 6.35　波段运算设置与结果显示 1

基于像元二分模型,获取 NDVI 二值文件。假定 NDVI 值大于 0 的像元值为植被和土壤,小于 0 的值为其他地物像元。进入"图像处理"菜单,选择"图像运算"功能。访问波段运算功能,输入表达式"b1＞0",点击【确定】按钮后将 NDVI 计算结果赋予 b1,输出二值文件[字节型(8 位)/无符号整型(8 位)],输出保存路径保存结果,如图 6.36 所示。

(a) 波段运算设置

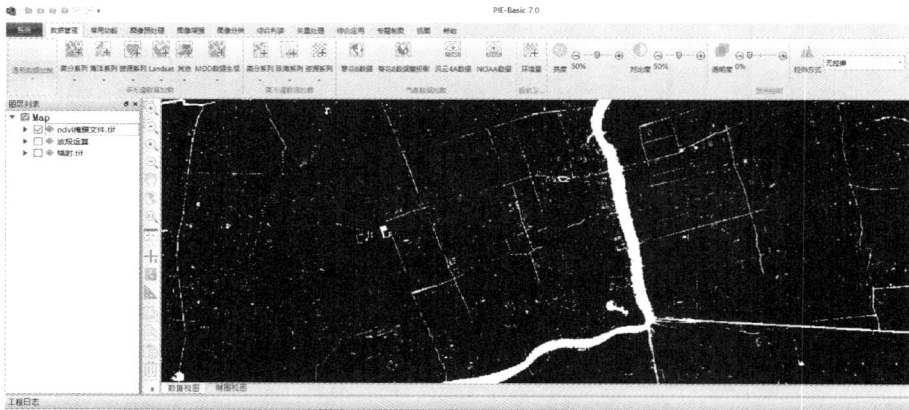

(b) 结果显示

图 6.36　波段运算设置与结果显示 2

2　应用掩膜

运用"应用掩膜"功能,保留待掩膜影像的植被和土壤像元。访问常用功能下的"应用掩膜",输入待应用掩膜的影像文件以及与影像文件对应的掩膜文件,设置掩膜值,输出保存路径保存结果,如图 6.37 所示。

3　直方图统计

根据"直方图统计"统计结果计算纯净植被像元与纯净土壤像元的 NDVI 值。访问常用功能下的"直方图统计"功能,输入"ndvi 掩膜后结果"文件,选择需要统计的波段,取消勾选"统计为 0 的背景值"复选框,设置其余参数,单击【应用】按钮进行直方图统计。单击【符号化显示】按钮,弹出"数据报告"对话框,保存相应文本文件。对直方图统计的结果自行计算累计直方图,累计直方图达到 3% 时的 NDVI 值为纯净土壤像元的 NDVI 值,累计直方图达到 97% 时的 NDVI 值为纯净植被像元的 NDVI 值,如图 6.38 所示。

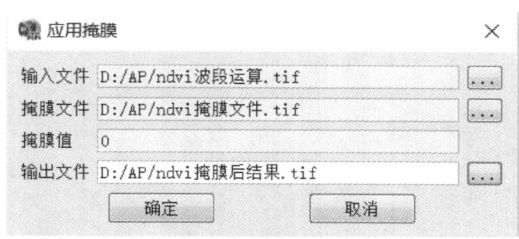

(a) 应用掩膜设置

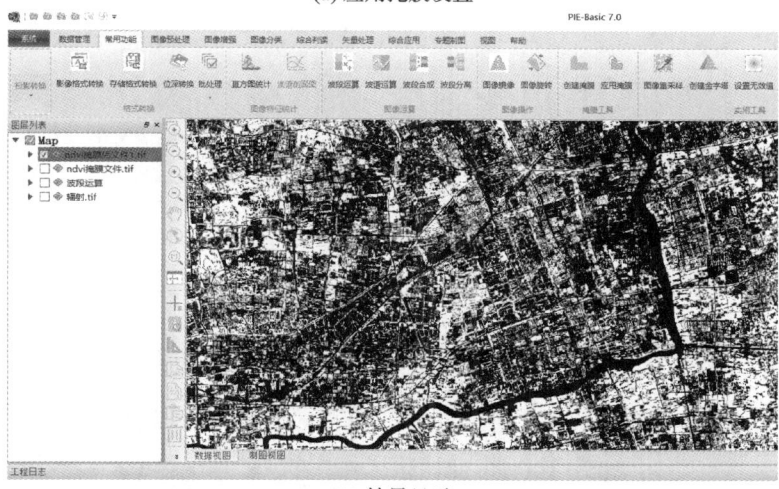

(b) 结果显示

图 6.37　应用掩膜设置与结果显示

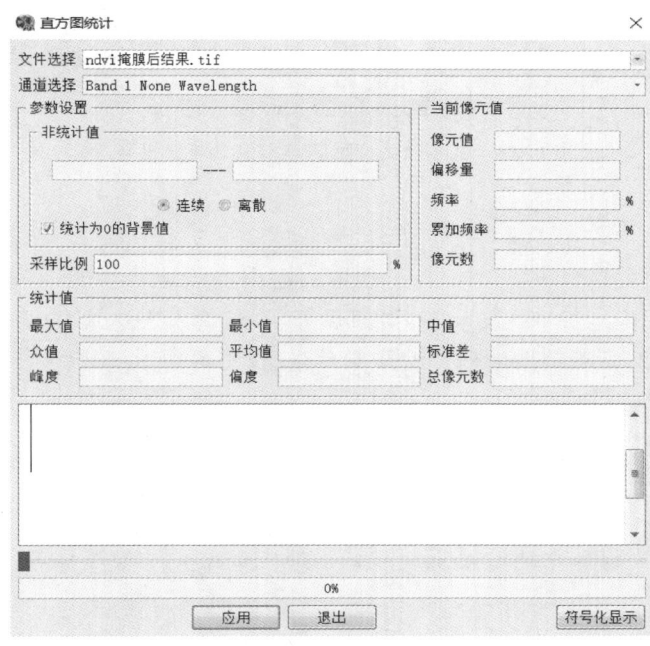

图 6.38　直方图统计设置

6.3.3　植被覆盖度(FVC)反演

运用"波段运算"对植被覆盖度(FVC)进行反演。使用公式 $FVC=(NDVI-NDVIsoil)/(NDVIveg-NDVIsoil)$ 计算植被覆盖度,其中 FVC 是植被覆盖度,NDVIsoil 是土壤的 NDVI 值,NDVIveg 是植被的 NDVI 值。进入"图像处理"菜单,选择"图像运算"功能。访问波段运算功能,输入表达式"[NDVI－NDVIsoil(填具体数值)]/[NDVIveg(填具体数值)－NDVIsoil(填具体数值)]"。点击【确定】按钮后将

NDVI 计算结果赋予 b1,设置输出数据类型及保存路径,如图 6.39 所示。

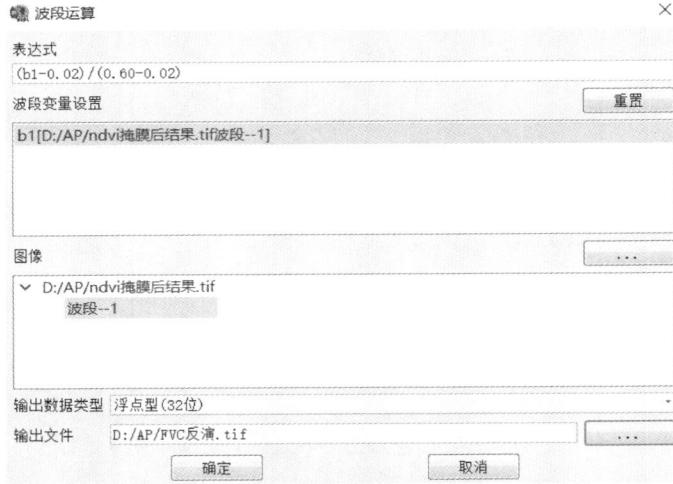

(a) 植被覆盖度反演参数设置

(b) 植被覆盖度反演结果显示

图 6.39　植被覆盖度反演参数设置与结果显示

6.3.4　植被覆盖度(FVC)变化提取

运用波段运算对植被覆盖度(FVC)变化进行提取。运用波段运算功能,将两年的 FVC 数据相减。进入"图像处理"菜单,选择"图像运算"功能。访问波段运算功能,输入表达式"b1－b2",点击【确定】按钮后将 FVC 计算结果赋予 b1 与 b2,设置输出数据类型及保存路径,如图 6.40 所示。

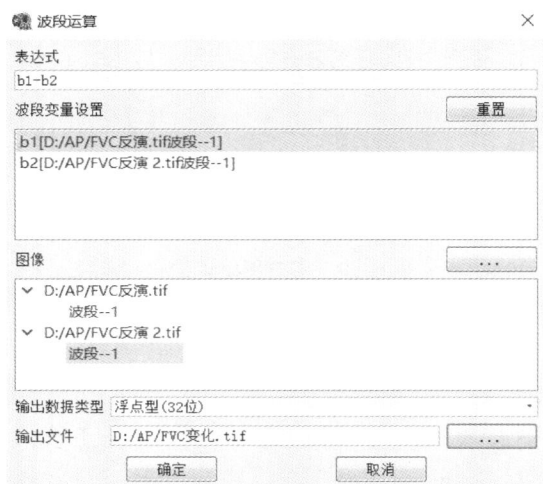

图 6.40　植被覆盖度变化提取参数设置

第二篇 ArcGIS Pro 空间分析工具集

第 7 章 空间数据管理

数据管理工具箱提供了一组丰富多样的工具,用于对要素类、数据集、图层和栅格数据结构进行开发、管理和维护。

本章选取一些常用的工具,讲解它们的基本功能、操作方法和注意事项。

7.1 表格工具

7.1.1 创建表

创建地理数据库表、INFO 表或 dBASE 表。如果输出位置是文件夹,则默认输出 INFO 表。如果要在文件夹中创建 dBASE 表,必须将.dbf 扩展名追加到表名称参数值中,如图 7.1 所示。

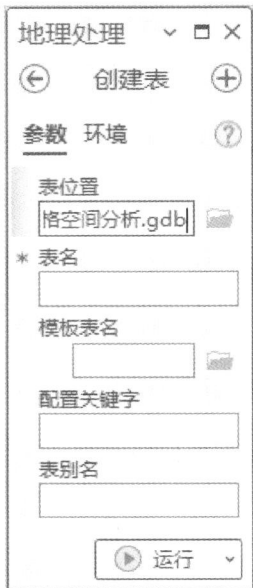

图 7.1 "创建表"对话框

7.1.2 复制行

该工具可将表的行复制到不同表中,将表、表视图、要素类、要素图层、分隔文件或具有属性表的栅格的行复制到新的地理数据库、dBASE 表或分隔文件。

此工具支持将以下表格作为输入。

(1)地理数据库。

(2)dBASE 表(.dbf)。

(3)Microsoft Excel 工作表(.xls 和.xlsx)。

(4)基于内存的表。

(5)分割文件:逗号分隔的文件(.csv、.txt 和.asc)、制表符分隔的文件(.tsv 和.tab)、竖线分隔的文件(.psv)。

该工具可通过将以下文件扩展名之一添加到文件夹工作区的输出表中,来输出带分隔符的文件。

(1)逗号分隔的文件(.csv、.txt 或.asc)。

(2)制表符分隔的文件(.tsv 或.tab)。

(3)竖线分隔的文件(.psv)。

如果输出表位于文件夹中,则需要包含扩展名,如.csv、.txt 或.dbf,以使表格具有指定格式。如果输出表位于地理数据库中,则无须指定扩展名。

如果输入为表视图或要素图层并具有选择内容,则只能将所选行复制到输出表格。

如果输入的是要素类或表,则会复制所有行。如果输入行来自具有选择内容的图层或表视图,则只会使用所选要素或行。

如果输入行是要素类,则只会将属性(不包含几何)复制到输出表中。

要将复制的行添加或追加到现有表中,可使用追加工具。"复制行"对话框如图 7.2 所示。

7.1.3 删除行

从输入行中删除所有行或所选行子集。

如果输入行来自要素类或表,则会删除所有行。如果输入行来自没有选定内容的图层或表视图,则会删除所有行。

"输入行"参数可以是 dBASE 表、企业级或文件地理数据库表或要素类、shapefile、图层或表视图。

从包含大量行的表中删除所有行会很慢。如果想要删除表中的所有行,应考虑用截断表工具。"删除行"对话框如图 7.3 所示。

7.1.4　截断表

在数据库中使用截断过程移除数据库表或要素类的所有行。

所支持的数据类型包括数据库中存储的简单的点、线或面,不支持 terrain、拓扑和网络数据集等复杂的数据类型。

建议此工具用于从表或要素类中移除所有行,并且无须备份事务(例如每晚重新加载数据)的工作流。"截断表"对话框如图 7.4 所示。

7.1.5　分析

更新业务表、要素表、栅格表、添加表和删除表的数据库统计数据,以及这些表的索引的统计数据。

此工具只能与存储在企业级地理数据库中的数据结合使用。

执行完数据加载、删除、更新和压缩操作后,在 Oracle、SQL Server、DB2 或 Informix 数据库中更新 RDBMS 统计数据十分重要。"分析"对话框如图 7.5 所示。

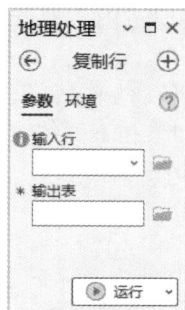

图 7.2　"复制行"对话框　　**图 7.3　"删除行"对话框**　　**图 7.4　"截断表"对话框**　　**图 7.5　"分析"对话框**

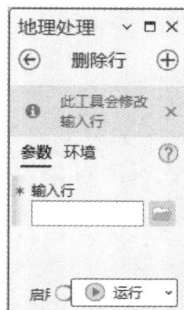

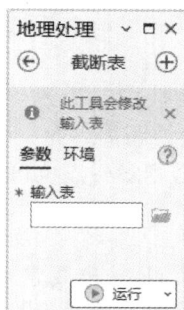

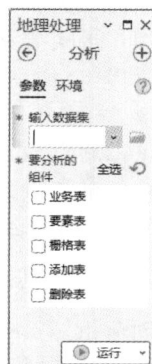

7.1.6　数据透视表

通过在"输入表"中减少记录中的冗余并简化一对多关系来创建表。

通常,此工具用于减少冗余记录和简化一对多关系。"输入字段""透视表字段""值字段"的组合必须是唯一的。如果透视表字段值是文本字段,则其值必须以字符(如 a2)而非数字(如 2a)开始。如果第一条记录的值以数字开始,则所有输出值将为 0。如果透视表字段值是数值型字段,则此字段的值将被追加到输出表中其原始字段名称上。如果所选的透视表字段值包含 Null 值,则该工具运行失败。"数据透视表"对话框如图 7.6 所示。

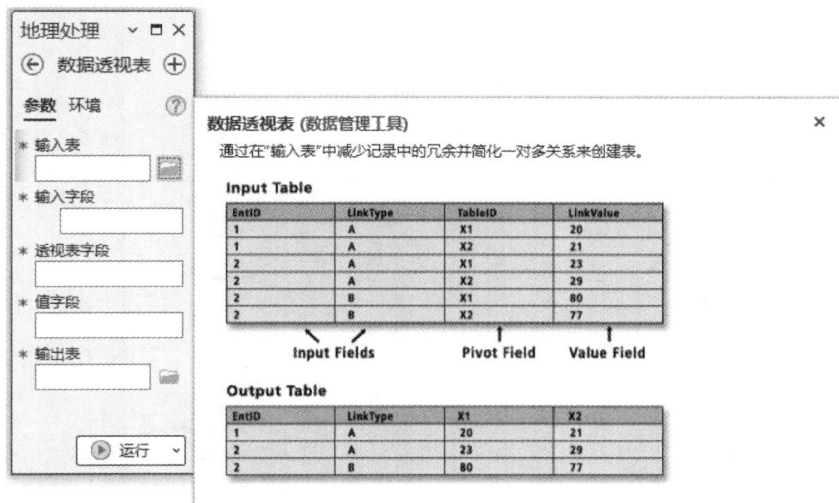

图 7.6　"数据透视表"对话框

7.2 采样工具

采样工具集提供用于创建要素的工具。例如,创建随机点工具可以在数据集范围内创建可用作采样位置的点。生成细分工具可在一个范围内创建三角形、正方形或六边形面的格网(可用来聚合其他数据)。

7.2.1 创建随机点

创建指定数量的随机点要素。可以在范围窗口中、面要素内、点要素上或线要素沿线生成随机点。

生成随机点的区域可以通过约束面要素、约束点要素或约束线要素来定义,也可以通过"约束范围"窗口来定义。

可将"点数"参数指定为数字或约束要素类中的数值字段。其中,约束要素类需包含每个要素内要放置的随机点数值,此字段选项仅对面约束要素或线约束要素有效。如果点数以数字形式提供,则将在约束要素类中每个要素的内部或沿线生成该数量的随机点。

如果当前使用的约束要素类具有多个要素,而且希望指定待生成的随机点的总数(而不是要放置在每个要素内的随机点的数量),则必须先使用融合工具,以使约束要素类只包含单一要素,然后将已融合的要素类用作约束要素类。

可以将"约束范围"参数以一组最小和最大的 x 和 y 坐标的形式输入,或者以要素图层范围或要素类范围的形式输入。

可以将"最小允许距离"参数指定为线性单位或含有数值的约束要素中的字段。此值将确定每个输入要素中的随机点之间的最小允许距离。此字段选项仅对面约束要素或线约束要素有效。如果在不同约束要素部分的内部或沿线生成随机点,则随机点也可能位于最小允许距离之内。"创建随机点"对话框如图 7.7 所示。

7.2.2 创建渔网

创建由矩形像元组成的渔网,输出要素可以是折线或面要素。

可通过在"模板范围"参数中输入要素类或图层,或通过设置"输出坐标系"环境变量,来设置输出的坐标系。

除创建输出渔网之外,如果勾选了"创建标注点"复选框(Python 中的 labels$=$'LABELS'),则会新建一个包含每一渔网像元的中心位置标注点的点要素类。此要素类后缀为"_label",与输出要素类的名称、创建位置均相同。

"几何类型"参数用于选择是创建输出折线像元(默认)还是面像元。创建面渔网可能较慢,具体情况取决于行数和列数。

"创建渔网"对话框如图 7.8 所示。

图 7.7 "创建随机点"对话框

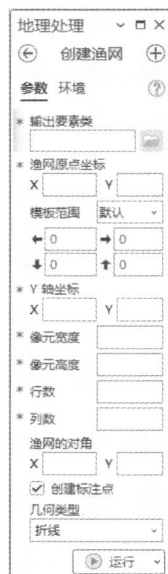

图 7.8 "创建渔网"对话框

7.2.3　生成细分面

用于生成覆盖给定范围的正多边形要素的镶嵌格网,该镶嵌格网可以是三角形、正方形、菱形、六边形或横向六边形。"生成细分面"对话框如图 7.9 所示。

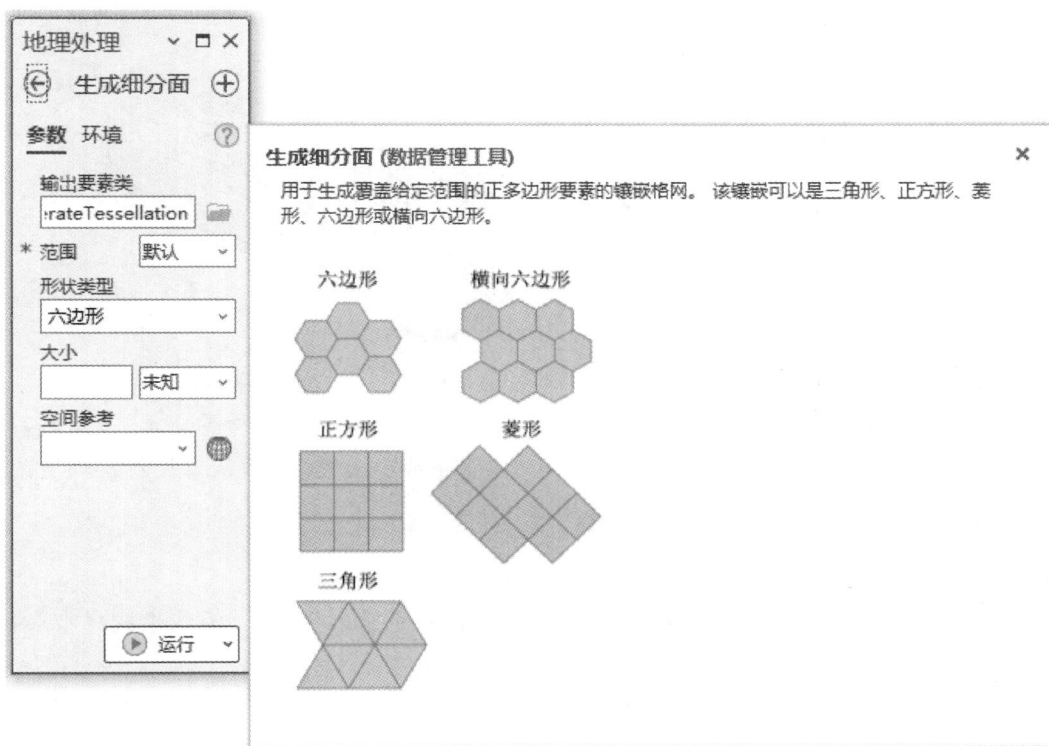

图 7.9　"生成细分面"对话框

要确保整个输入范围被细分面格网覆盖,可有意使输出要素的范围超出输入范围。出现这种情况的原因是镶嵌格网的边缘不总是直线,且如果用输入范围限制格网,可能会有间距出现。

输出要素中包含 GRID_ID 字段。GRID_ID 字段可为输出要素类中的每个要素提供唯一的 ID。ID 的格式为 A-1、A-2、B-1、B-2 等。这便于利用"按属性选择图层"工具中的查询功能选择行和列。

要生成不包括细分曲面要素的格网(不与另一数据集中的要素相交),可使用"按位置选择图层"工具选择包含源要素的输出面,并使用"复制要素"工具生成所选输出要素的永久副本,并将其复制到新的要素类。

7.2.4　沿线生成点

沿线或面以固定间隔或要素长度百分比创建点要素。"沿线生成点"对话框如图 7.10 所示。

输入要素的属性将保留在输出要素类中。向输出要素类添加新字段 ORIG_FID,并设置为输入要素 ID。

使用百分比参数值按百分比沿要素放置点,是指将点放置在距离要素始点相应百分比的位置。例如,如果已使用 40%,则将点放置于距离要素 40% 和 80% 的位置。

7.2.5　沿线生成矩形

该工具可根据单个线状要素或一组线状要素创建一系列矩形面。"沿线生成矩形"对话框如图 7.11 所示。

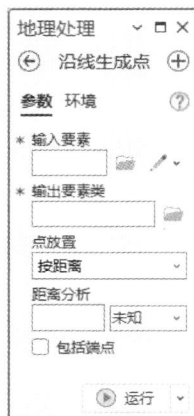

图 7.10 "沿线生成点"对话框

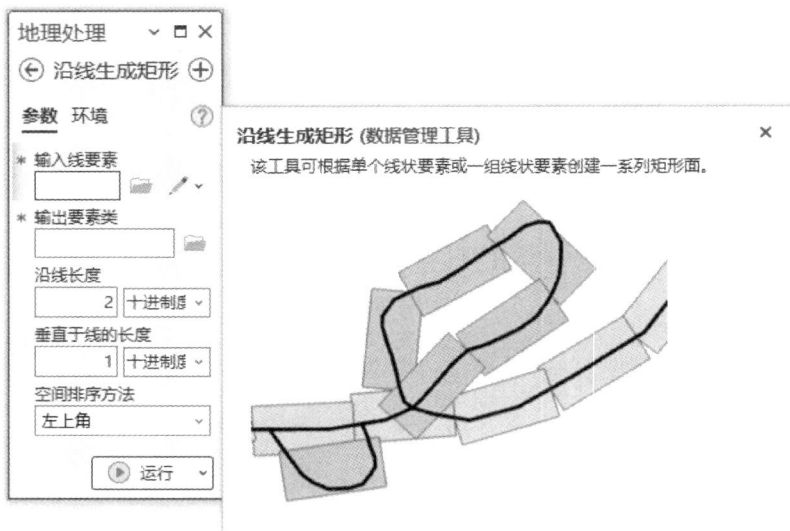

图 7.11 "沿线生成矩形"对话框

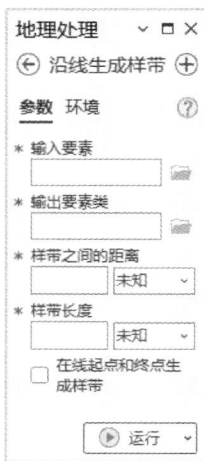

"沿线长度"和"垂直于线的长度"的默认单位将自动更改为输入线要素的空间参考单位。

7.2.6 沿线生成样带

将沿线以固定间隔创建垂直样带线。"沿线生成样带"对话框如图7.12所示。

此工具的输出只有一个属性 ORIG_FID,用于存储沿生成的每条样带线的输入要素的对象 ID。可以通过运行"添加连接"或"连接字段"工具,使用此字段将输入要素的其他属性添加到输出样带线。

如果输入要素具有适用于在局部地区进行距离测量的投影坐标系,则此工具是最佳选择。等距、UTM 或其他局部坐标系非常适用于距离测量。扭曲距离以提供更多制图形状的坐标系(例如 Web 墨卡托或地理坐标系)的结果可能不准确。

图 7.12 "沿线生成样带"对话框

7.3 拓扑工具

拓扑工具集包含一组可用于创建和管理地理数据库拓扑的工具。

地理数据库拓扑用于确保数据完整性。拓扑的使用提供了一种对数据执行完整性检查的机制,有助于在地理数据库中验证和保持更好的要素表示。此外,还可以使用拓扑工具为要素之间的多种空间关系建模。这为多种分析操作提供了支持,例如查找相邻要素、处理要素之间的重叠边界以及沿连接要素进行导航。

7.3.1 创建拓扑

拓扑将不包含任何要素类或规则。"创建拓扑"对话框如图 7.13 所示。

使用"向拓扑中添加要素类"和"添加拓扑规则"工具可向拓扑中添加要素类和规则。

如果"拓扑容差"参数为空或设置为 0,则将使用包含拓扑的要素数据集的 XY 容差。

拓扑容差值存在一个允许范围,此范围是从包含拓扑的要素数据集的空间参考精度中获取的。如果输入值大于最大拓扑容差,则将使用最大值。如果输入值小于最小拓扑容差,则将使用最小值。

7.3.2 从拓扑中移除要素

从拓扑中移除要素类会一并移除与要素类关联的所有拓扑规则。"从拓扑中移除要素"对话框如图7.14所示。从拓扑中移除要素类需要验证整个拓扑。

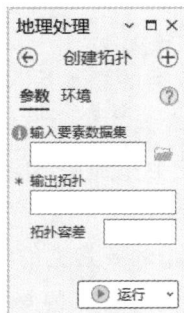

图7.13 "创建拓扑"对话框

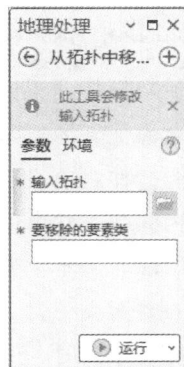

图7.14 "从拓扑中移除要素"对话框

7.3.3 导出拓扑错误

将错误和异常从地理数据库拓扑导出到目标地理数据库,会导出与错误和异常相关联的所有信息,如错误或异常所引用的要素。导出错误和异常后,可使用任何许可级别的 ArcGIS Pro 访问要素类。要素类可与"按位置选择图层"工具配合使用,且可共享给无权访问拓扑的其他用户。

工具的输出包含3个要素类,分别针对各种受支持的拓扑错误的几何类型:点、线和面。

即使每个几何类型都没有拓扑错误,也会始终创建三个输出要素类。使用"获取计数"工具确定是否某一要素类为空。"导出拓扑错误"对话框如图7.15所示。

7.3.4 设置拓扑容差

设置拓扑的拓扑容差,如果输入值为0,则将对拓扑应用默认拓扑容差或最小拓扑容差。"设置拓扑容差"对话框如图7.16所示。

如果已将拓扑注册为版本,则无法改变拓扑的拓扑容差。更改拓扑容差需要验证整个拓扑。

7.3.5 拓扑验证

拓扑验证工具用于执行下列操作。

(1)对要素折点进行裂化和聚类以查找共享几何(具有通用坐标)的要素。

(2)将通用坐标折点插入到共享几何的要素中。

(3)运行一系列完整性检查以确定是否违反了为拓扑定义的规则。

此工具将只处理脏区。如果要在拓扑图层打开时,在地图中使用此工具,可设置可见范围参数验证限制在地图视图的可见范围区。"拓扑验证"对话框如图7.17所示。

图7.15 "导出拓扑错误"对话框

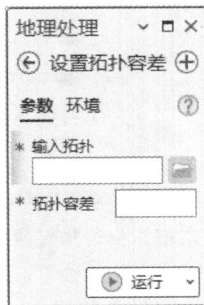

图7.16 "设置拓扑容差"对话框

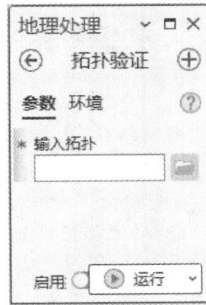

图7.17 "拓扑验证"对话框

7.3.6 添加拓扑规则

选择添加的规则取决于要监视的参与拓扑要素类的空间关系。"添加拓扑规则"对话框如图 7.18 所示。

7.3.7 向拓扑中添加要素类

新要素类必须与拓扑处于同一要素数据集中。

向拓扑中自动添加新的要素类会使整个拓扑变得混乱,因此在完成要素类的添加后,需要重新验证拓扑。新增要素可能会在之前没有错误的位置产生错误,具体情况取决于与要素类关联的拓扑规则。

只能向具有相同版本状态的拓扑中添加要素类。例如,可向版本化拓扑中添加版本化要素类,但无法向版本化拓扑中添加非版本化要素类。

如果要添加的要素类中含 Z 值,则可通过设置要素类的 Z 等级来按高程排列要素类的相对精度。

向拓扑中添加要素类时,必须指定此要素类中的折点相对于其他要素类中的折点的等级。拓扑验证在裂化和聚类要素折点时,如果选择捕捉低等级要素类的折点,则不会移动高等级要素类的折点。最高等级为 1,最多可指定 50 个不同的等级值。"向拓扑中添加要素类"对话框如图 7.19 所示。

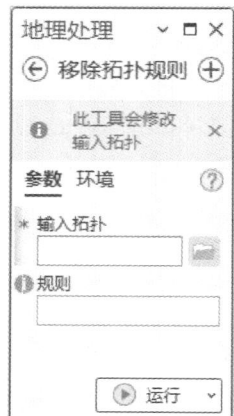

7.3.8 移除拓扑规划

当使用脚本运行此工具时,必须在规则名称后面的括号中指定待移除拓扑规则中涉及的要素类 ObjectClassID。具体要求如下。

(1)"不能叠加(2)",其中"2"是要素类的 ObjectClassID,该要素类参与了要从拓扑中移除的"不能叠加"规则。

(2)"必须完全位于内部(78-79)",其中"78"和"79"是要素类的 ObjectClassID,该要素类参与了要从拓扑中移除的"必须完全位于内部"规则。

移除规则需要验证拓扑的整个范围。"移除拓扑规则"对话框如图 7.20 所示。

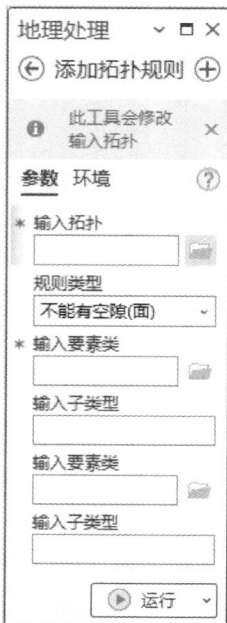

图 7.18 "添加拓扑规则"对话框 图 7.19 "向拓扑中添加要素类"对话框 图 7.20 "移除拓扑规则"对话框

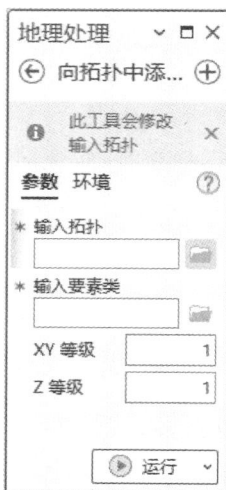

7.4 栅格工具集

7.4.1 栅格处理工具

1. 波段合成

根据多个波段创建一个单独的栅格数据集。"波段合成"对话框如图 7.21 所示。

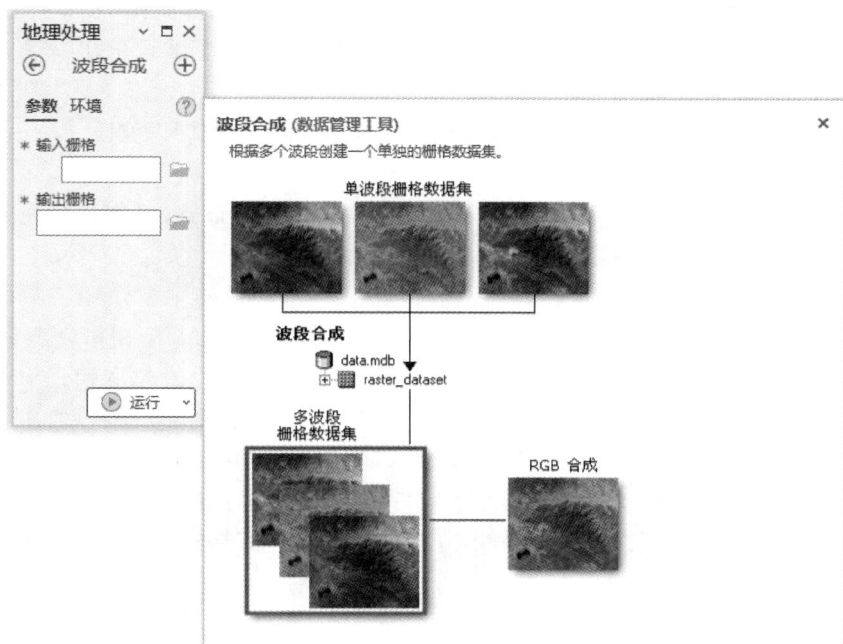

图 7.21 "波段合成"对话框

此工具还可以创建包含原有栅格数据集波段子集的栅格数据集。当需要依据特定的波段组合和顺序创建新的栅格数据集时,此工具十分有用。

多值输入控制框中波段的排列顺序决定了它们在输出栅格数据集中的顺序。

此工具仅能输出方形像素大小,输出栅格数据集将继承列表中第一个栅格波段的像元大小。

默认情况下,输出栅格数据集从列表中第一个带有空间参考的栅格波段继承范围和空间参考。也可以在环境设置中更改输出范围和输出坐标系。

2. 裁剪栅格

裁剪掉栅格数据集、镶嵌数据集或图像服务图层的一部分。"裁剪栅格"对话框如图 7.22 所示。

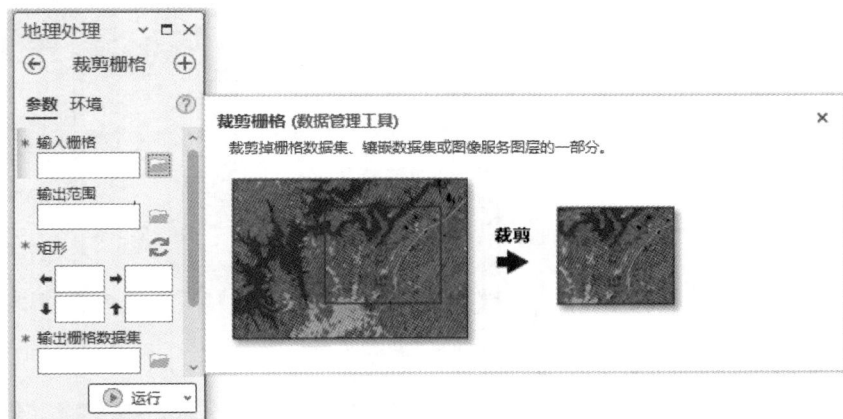

图 7.22 "裁剪栅格"对话框

使用此工具可以基于模板范围提取部分栅格数据集,该裁剪输出包含与模板范围相交的所有像素。如果要提取要素数据集的一部分,可以使用"分析工具箱"中的"裁剪"工具。

通过使用 X 和 Y 坐标的最小值和最大值确定的包络矩形或使用输出范围文件来指定剪切区域。

可以将已有的栅格或矢量图层作为剪切范围使用。如果使用要素类作为输出范围,则可以通过要素类的最小外接矩形或要素的面几何来裁剪栅格。

3. 创建彩色合成

从多波段栅格数据集创建三波段栅格数据集。"创建彩色合成"对话框如图 7.23 所示。

定义波段算术算法时,可以为每个表达式输入单行代数公式以创建多波段输出。受支持的运算符为一元运算符:加号(＋)、减号(－)、乘号(＊)和除号(/)。

在表达式中使用波段 ID 时,需通过在波段编号前加上字母 B 或 b 来标识波段。

4. 创建全色锐化栅格数据集

可将高分辨率全色栅格数据集与低分辨率多波段栅格数据集进行合并,以创建可视分析的高分辨率多波段栅格数据集。"创建全色锐化栅格数据集"对话框如图 7.24 所示。

全色锐化使用分辨率较高的全色图像(或栅格波段)与分辨率较低的多波段栅格数据集进行融合。最终生成一个具有全色栅格的高分辨率的多波段栅格数据集,该数据集中的 2 个栅格完全重叠。

存在 5 种创建全色锐化影像的影像融合方法:Brovey 变换;Esri 全色锐化变换;Gram-Schmidt 光谱锐化方法;强度、色调、饱和度(IHS)变换;简单均值变换。每种方法在保持色彩的同时使用了不同的模型来提高空间分辨率,并且对其中一些模型进行调整以使其包含权重,从而包含第四波段(例如,许多多光谱图像源中具有的近红外波段)。通过添加权重并启用红外组件,可以改善输出颜色的显示效果。

对三波段栅格数据集执行全色锐化将生成具有 3 个波段的栅格数据集。对四波段栅格数据集执行全色锐化将生成具有 4 个波段的栅格数据集。

5. 创建正射校正的栅格数据集

通过合并高程数据和与卫星数据相关联的有理多项式系数(RPC)来创建正射校正的栅格数据集,以准确排列影像。"创建正射校正的栅格数据集"对话框如图 7.25 所示。

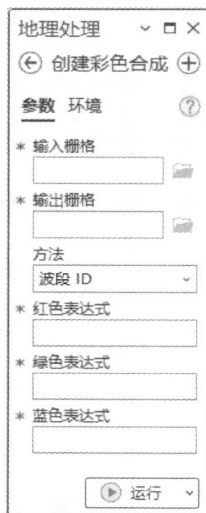

图 7.23 "创建彩色合成"
对话框

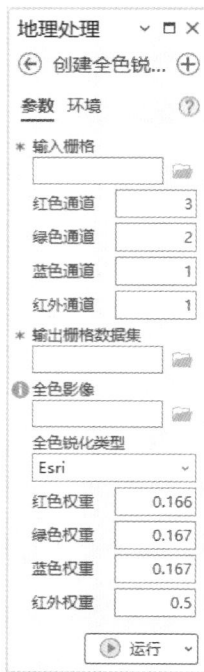

图 7.24 "创建全色锐化栅格
数据集"对话框

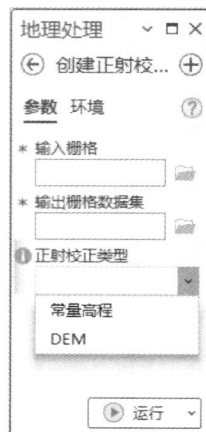

图 7.25 "创建正射校正的栅格
数据集"对话框

想要正射校正栅格数据集,栅格必须与 RPC 相关联。想要获得更精确的结果,要在正射校正进程中使用 DEM 以更正因地貌位移而产生的几何错误。

将常量高程值用于"正射校正类型"参数将不会得到准确结果,仅在没有可用的 DEM 且可接受近似空间精度的情况下才能使用常量高程值。

6. 从栅格函数生成表

用于将栅格函数数据集转换为表或要素类。"从栅格函数生成表"对话框如图 7.26 所示。

输入栅格函数是用于输出表或要素类的栅格函数。栅格函数中的设置将确定输出的结果是表还是要素类。该工具将验证栅格函数,并确定输出类型。

栅格函数可以是 xml 文件、JSON 文件模板或 JSON 函数定义字符串。

7. 分割栅格

按照块或面中的要素将栅格数据集分为多个更小的部分。"分割栅格"对话框如图 7.27 所示。

如果分块已经存在(如果存在同名文件),则不会覆盖此分块。如果分块仅包含 NoData 值,则不会创建此分块。

重采样技术如下。

(1)最近——最快的重采样方法,可最大程度减少像素值的变化,适用于离散数据,例如土地覆被。

(2)双线性法——采用平均化(距离权重)周围 4 个像素的值计算每个像素的值,适用于连续数据。

(3)三次——根据周围的 16 像素拟合平滑曲线来计算每个像素的值,生成平滑影像,可创建位于源数据中超出范围外的值,适用于连续数据。

8. 计算全色锐化权重

为新的或自定义的传感器数据计算一组最佳的全色锐化权重。"计算全色锐化权重"对话框如图 7.28 所示。

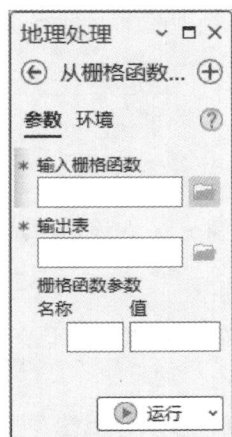

图 7.26 "从栅格函数生成表"对话框　　　图 7.27 "分割栅格"对话框　　　图 7.28 "计算全色锐化权重"对话框

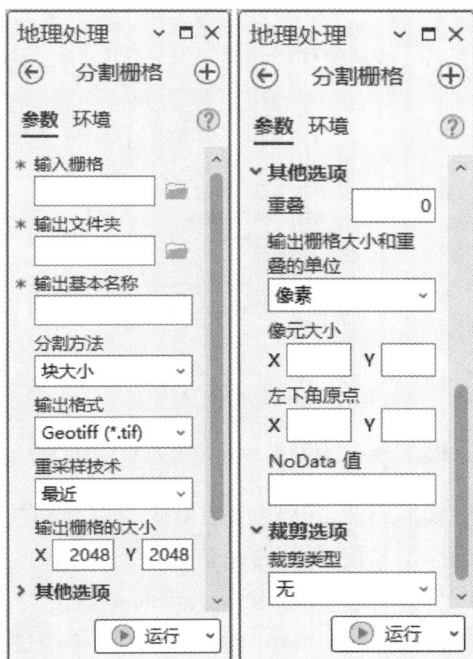

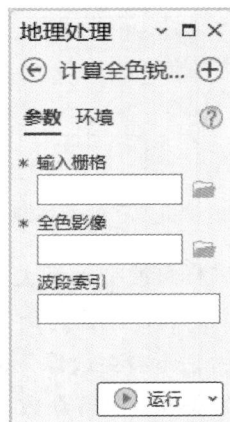

此工具将计算一组最佳的全色锐化权重,这些值可用于需要全色锐化权重的其他工具。如果将栅格产品用作"输入栅格",则应用栅格产品模板中的波段顺序。

9. 提取子数据集

根据对层次数据格式（HDF）或国家影像传输格式（NITF）数据集的选择，创建新栅格数据集。"提取子数据集"对话框如图 7.29 所示。

子数据集文件的格式可以是 HDF 或 NITF。此类文件格式的数据结构允许在一个父文件中包含多个数据集。此外，每个子数据集还可包含一个或多个波段。

如果不选择任何子数据集，则默认设置为只返回第一个子数据集。将栅格数据集存储到 JPEG 文件、JPEG 2000 文件或地理数据库时，可在环境设置中指定压缩类型和压缩质量。

10. 栅格转数字地形高程（DTED）

根据数字地形高程数据分块结构将栅格数据集分割成独立的文件。"栅格转数字地形高程"对话框如图 7.30 所示。

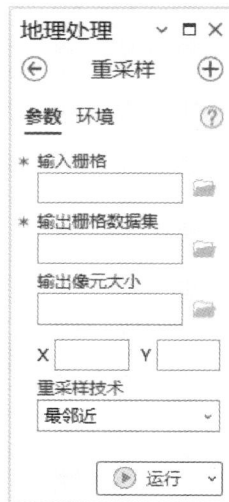

DTED 格式专用于表示高程的单波段数据，所以此工具无法用于多波段影像，只能输入单波段栅格数据集。

数字地形高程数据分块方案包含 3 种可用级别：DTED 级别 0、DTED 级别 1 和 DTED 级别 2。

输出空间参考为 GCS_WGS84。每个分块的范围在每个方向上都是一度，另外在每条边上再加上半个像素，这样相邻分块间便存在一个重叠列和一个重叠行。输出像素大小由 DTED 级别表示，数据以 16 位有符号整数形式进行转换和存储。

11. 重采样

更改栅格数据集的空间分辨率并针对所有新像素大小的聚合值或插值设置规则。"重采样"对话框如图 7.31 所示。

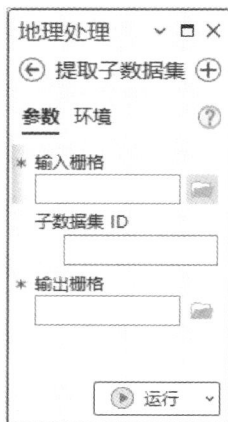

图 7.29 "提取子数据集"对话框　　图 7.30 "栅格转数字地形高程"对话框　　图 7.31 "重采样"对话框

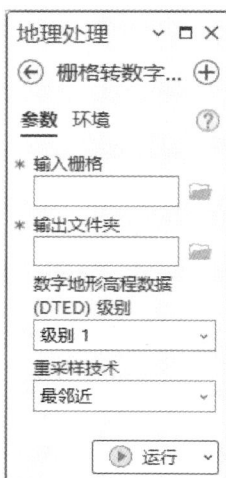

重采样可改变像元大小，但栅格数据集的范围将保持不变。重采样技术参数如下。

（1）最邻近。执行最邻近分配法，是速度最快的插值方法。此选项主要用于离散数据（如土地利用分类），因为它不会更改像元的值。最大空间误差将是像元大小的一半。

（2）众数。执行众数算法，可根据过滤器窗口中的最常用值来确定像元的新值。与最邻近选项一样，此选项主要用于离散数据；但与最邻近选项相比，众数选项通常可生成更平滑的结果。众数重采样方法将在与输出像元中心最接近的输入空间中查找相应的 4×4 像元，并使用 4×4 相邻点的众数。

（3）双线性。执行双线性插值并基于四个最邻近的输入像元中心的加权平均距离来确定像元的新值。双线性采样对连续数据非常有用并且会对数据进行一些平滑处理。

（4）三次卷积。执行三次卷积插值法，可通过拟合穿过 16 个最邻近输入像元中心的平滑曲线确定像元的新值。此选项适用于连续数据，但是所生成的输出栅格可能会包含输入栅格范围以外的值。如果无法接受此结果，可转而使用双线性选项。与通过运行最邻近重采样算法获得的栅格相比，三次卷积插值法的输出的几何变形程度较小。三次卷积选项的缺点是需要更多的处理时间。

双线性或三次卷积选项不得用于分类数据，因为像元值可能被更改。

7.4.2　栅格属性工具

1. 导出栅格坐标文件

根据左上角像素的像素大小和位置创建坐标文件。"导出栅格坐标文件"对话框如图 7.32 所示。

如果变换无法以坐标文件形式表示，该工具会将一个近似仿射变换写入坐标文件并在扩展名后附加字母 x。例如，含有此类近似仿射变换的 TIFF 图像的扩展名为.tfwx。这表示该文件不属于标准的坐标文件，只是一个近似的坐标文件。

2. 构建金字塔

为栅格数据集构建栅格金字塔。"构建金字塔"对话框如图 7.33 所示。

此工具也可用于删除金字塔。要删除金字塔，将"金字塔等级"参数设为 0 即可。构建金字塔可以改善栅格数据集的显示性能，只需为每个数据集构建一次金字塔，每次显示栅格数据集时都将访问金字塔。

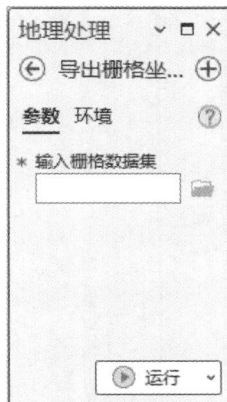

图 7.32　"导出栅格坐标文件"对话框

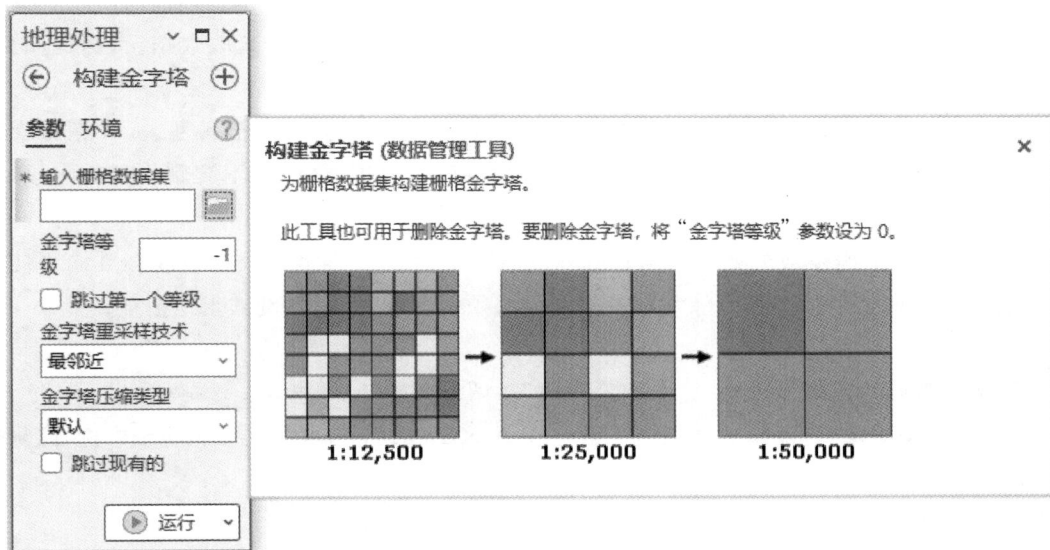

图 7.33　"构建金字塔"对话框

小波压缩栅格数据集（如 ECW 和 MrSID）无须构建金字塔。这些格式具有编码时创建的内部金字塔。默认情况下，金字塔压缩将根据给定的数据类型使用最佳的压缩类型，也可以手动选择压缩方法：LZ77、JPEG 或无压缩。

3. 构建金字塔和统计数据

遍历文件夹结构，从而为其所包含的所有栅格数据集构建金字塔并计算统计数据，也可以为镶嵌数据集中的所有项目构建金字塔并计算统计值。"构建金字塔"对话框参数设置如图 7.34 所示。

通过计算统计数据，ArcGIS Pro 应用程序能够适当地拉伸和符号化栅格数据以便于显示。如果工作空间包含镶嵌数据集，则将仅包含与镶嵌数据集相关联的统计数据，不包含与镶嵌数据集中的各项相关联的

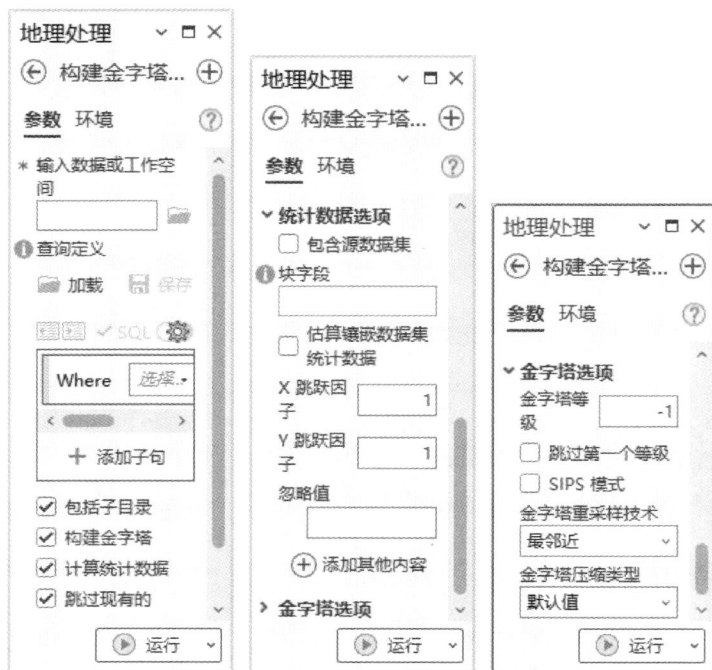

图 7.34 "构建金字塔"对话框参数设置

统计数据。

4. 构建栅格属性表

将栅格属性表添加到栅格数据集或更新现有的数据集,此方法主要用于离散数据。"构建栅格属性表"对话框如图 7.35 所示。

要删除现有表并创建一个新表,勾选"覆盖"复选框。将创建一个新的栅格属性表,并删除现有的栅格属性表。如果现已有一个表并且未勾选"覆盖"复选框,则将对该表进行更新,不会删除任何字段,但会更新表中的值。

32 位浮点像素类型的栅格数据集不能构建栅格属性表。针对多维镶嵌数据集或多维栅格使用此工具时,输出表将包含每个切片中每个类的像素计数。变量必须包含类别数据,例如土地覆被。

5. 获取像元值

使用 X、Y 坐标获取给定像素的值。"获取像元值"对话框如图 7.36 所示。

需要地理处理模型的像素值时,可使用此工具。在 ArcGIS Pro 中,从"地图"选项卡中选择【导航】按钮,然后单击像素,将返回每个可见波段的值。

6. 获取栅格属性

从元数据和栅格数据集的相关描述性统计数据中检索信息。"获取栅格属性"对话框如图 7.37 所示。

返回的属性值将显示在运行此工具所创建的"地理处理历史记录"项中。此工具的 Python 结果是地理处理结果对象。如果要获取字符串值,可使用结果对象的 getOutput 方法。

7. 计算统计数据

用于计算栅格数据集或镶嵌数据集的统计数据。"计算统计数据"对话框如图 7.38 所示。

栅格和镶嵌数据集统计后才可执行应用对比度拉伸、分类数据等任务。

在计算统计值时使用的那部分栅格由跳跃因子控制。特定输入值可指示水平或垂直跳跃因子,值为 1 时使用每个像素,值为 2 时则每隔一个像素使用一个。此跳跃因子的取值范围只能从 1 至栅格中列/行的数量。以 Esri Grid 和 RADARSAT-2 格式计算统计值时,跳跃因子将始终设为 1。

使用此工具来计算多维镶嵌数据集或多维栅格的统计数据时,将为数据集内的每个变量计算统计数

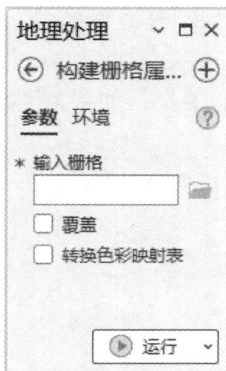

图 7.35 "构建栅格属性表"对话框

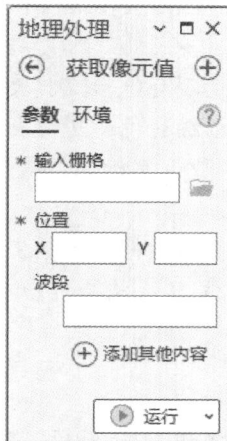

图 7.36 "获取像元值"对话框

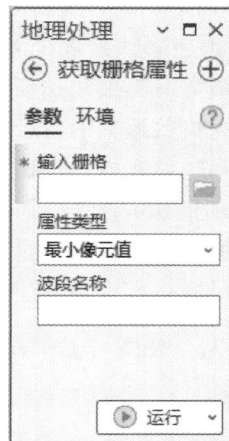

图 7.37 "获取栅格属性"对话框

据。"忽略值"选项可用于从统计值计算中排除特定值,如果某值为 NoData 或会影响计算,则最好忽略该值。

8. 设置栅格属性

为栅格数据集或镶嵌数据集设置数据类型、统计数据和 NoData 值。"设置栅格属性"对话框如图 7.39 所示。

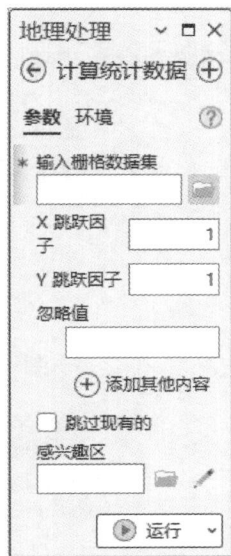

图 7.38 "计算统计数据"对话框

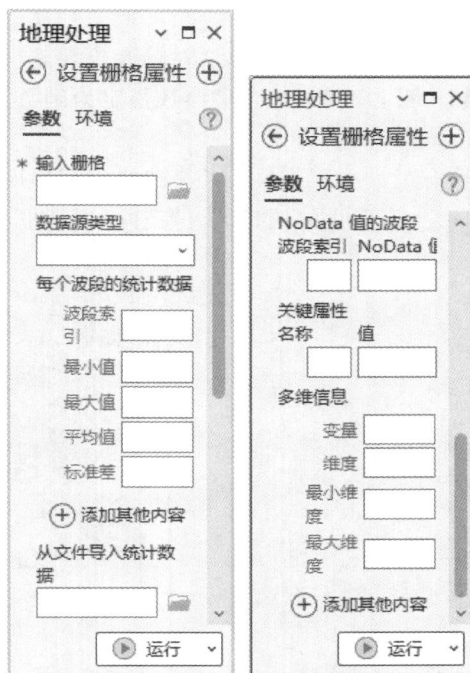

图 7.39 "设置栅格属性"对话框

此工具可用于定义栅格或镶嵌数据集的统计数据。通常,如果不希望计算这些数据,则可使用此工具。可以设置每个波段的最小值、最大值、标准差和平均值。可以从 .xml 文件中读取这些统计数据。

使用此工具设置的属性可确定 ArcGIS Pro 中的默认渲染设置,以及其他工具使用的统计数据。

可以设置属性如下。

(1) 数据源类型:此属性定义像元值是表示高程数据还是分类数据,或者该值是否已由其他方法处理且显示数据时不需要拉伸。

(2) 每个波段的统计数据:对于每个波段,均可定义最小值、最大值、平均值和标准差值。

（3）NoData 值的波段：对于每个波段，均可定义 NoData 值。

9. 添加色彩映射表

在栅格数据集上添加新色彩映射表或替换现有色彩映射表。"添加色彩映射表"对话框如图 7.40 所示。输入栅格数据集的色彩映射表可来源于已经有色彩映射表的栅格数据集、.clr 文件或.act 文件。

当色彩映射表内部存储于 IMG 或 TIFF 数据集的属性表中时，该工具将不工作。如果属性表中包含 Red、Green 和 Blue 字段，则无法使用此工具。

输入栅格数据集必须是整型值的单波段栅格数据集。该工具只能为像素深度为 16 位（或更少）无符号值的单波段栅格数据集创建色彩映射表，某些格式无法与色彩映射表相关联。

7.4.3 栅格综合工具

1. 融合

根据指定属性聚合要素。"融合"对话框如图 7.41 所示。

可使用各种统计对通过此工具聚合的要素属性进行汇总或描述。以"统计类型＋下划线＋输入字段名"为命名标准，将用来汇总属性的统计以单个字段的形式添加到输出要素类中。例如，如果对名为 POP 的字段使用 SUM 统计类型，则输出结果中将包含名为 SUM_POP 的字段。

融合可在输出要素类中创建超大型要素，当"融合字段"参数中存在少量唯一值时或将所有要素融合为单个要素时尤其如此。可勾选"创建多部件要素"复选框创建单部件要素，以便将可能较大的多部件要素分割为多个较小要素。

对于融合工具创建的超大型要素，必须使用切分工具来切割较大的要素，以解决处理、显示或性能上的问题。

融合工具可以使用适当的切片算法对输入要素进行分割和处理。要确定要素是否已被切片，可对此工具的结果运行频数工具，将"频数字段"参数指定为融合过程中所使用的字段。

2. 消除

通过将面与具有最大面积或最长共享边界的相邻面合并来消除面。消除通常用于移除叠加操作（如执行相交和联合工具）生成的小的狭长面。"消除"对话框如图 7.42 所示。

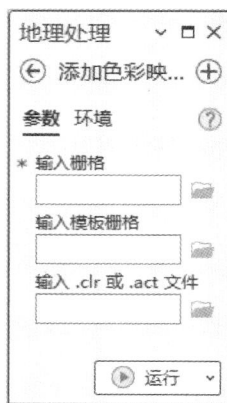

图 7.40 "添加色彩映射表"对话框　　图 7.41 "融合"对话框　　图 7.42 "消除"对话框

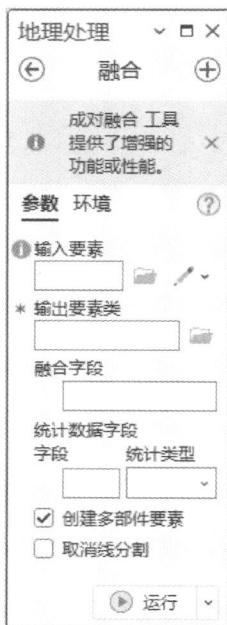

要消除的要素由应用于面图层的选择内容决定,且必须在之前的步骤中使用"按属性选择图层"工具或"按位置选择图层"工具,或者通过查询地图图层来确定选择内容。

消除工具可能不会删除所有选定要素,具体取决于数据集。所选要素无法与邻近的所选要素合并。例如,由其他选定要素包围的选定要素或仅边界位于其他所选要素上的所选要素无法被合并。要消除未合并的所选要素,须再次选择要素然后再次运行此工具。无共同边界的相邻要素的所选要素无法被合并。

"输入图层"参数必须包含选择内容,否则工具运行将失败。"排除表达式"和"排除图层"参数不会相互排斥,可将二者结合使用以对要消除的要素进行全面控制。

3. 消除面部件

创建一个新的输出要素类,包含从输入面上删除某些指定大小的部分或孔洞得到的要素。"消除面部件"对话框如图 7.43 所示。

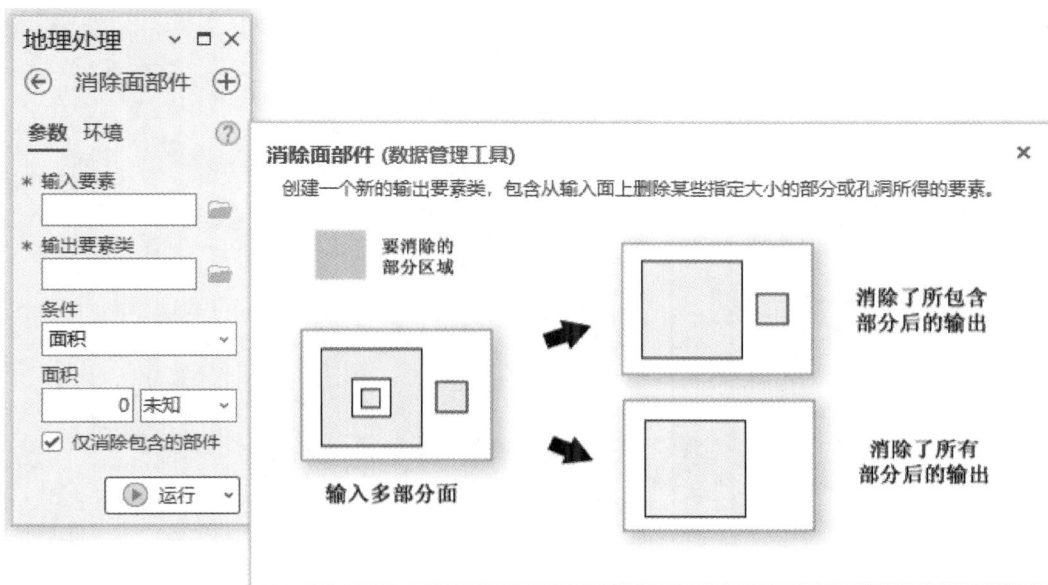

图 7.43 "消除面部件"对话框

由于可将面洞看作面的一部分,因此可使用此工具删除或填充面洞。如果洞面积小于指定尺寸,则该洞将被消除,并且在输出中填补该空间,删除的洞中的所有部分也都将在输出中被消除。

此部分的尺寸可以指定为面积、百分比或两者的结合,使用"条件"参数可确定指定部分尺寸的方式,条件参数 AREA_AND_PERCENT 和 AREA_OR_PERCENT 选项可使用面积和百分比条件来消除部分。

面部分百分比是以要素总外部面积(包括所有洞的面积)的百分比进行计算的。例如,如果某个具有洞的面的面积为 75 平方米,洞的覆盖面积为 25 平方米,则总的面外部面积为 100 平方米。要消除此洞,需要指定大于 25 平方米的面积,或指定大于 25% 的百分比。如果输入为多部件面,则要素的外部面积为所有面部分所覆盖的面积的总和。

对于多部件面,该工具会将各部分的面积与指定面积进行对比。如果某个面部分小于指定的大小,则该部分将在输出中被消除。

如果面要素的所有部分都小于指定的大小,则会在输出中保留最大的部分,而将其他所有部分消除。

7.5 要素工具

7.5.1 XY 表转点

根据表中的 X、Y 和 Z 坐标创建点要素类。"XY 表转点"对话框如图 7.44 所示。

扩展名为 .csv 或 .txt 的表格文本文件的标准分隔符是逗号,扩展名为 .tab 的表格文本文件的标准分隔符是制表符。要使用具有非标准分隔符的输入表格,必须首先使用 schema.ini 文件来指定表格的正确分隔符。

7.5.2　XY 转线

创建要素类,其中包含基于表的起点 X 坐标字段、起点 Y 坐标字段、终点 X 坐标字段和终点 Y 坐标字段中的值的大地测量和平面素。"XY 转线"对话框如图 7.45 所示。

7.5.3　点集转线

根据点创建线要素。"点集转线"对话框如图 7.46 所示。

图 7.44　"XY 表转点"对话框　　　　图 7.45　"XY 转线"对话框　　　　图 7.46　"点集转线"对话框

仅当线要素包含两个或更多折点时才会写入输出。可以从工具输出中创建面,首先可勾选"闭合线"复选框闭合所有输出要素。然后,可以使用输出要素类作为要素转面工具的输入。

7.5.4　多部件至单部件

创建包含通过分割多部件输入要素而生成的单部件要素的要素类。"多部件至单部件"对话框如图 7.47 所示。

将输入要素的属性保留在输出要素类中:向输出要素类添加新字段 ORIG_FID,并设置为输入要素 ID。要使用单部件要素根据公用字段值重新构建多部件要素(如 ORIG_FID),可使用"融合"工具。

7.5.5　复制要素

将输入要素类或图层中的要素复制到新要素类。"复制要素"对话框如图 7.48 所示。

如果输入要素为具有选择内容的图层,则只能将所选要素复制到输出要素类。输入要素的几何特征和属性特征都将被复制到输出要素类。

此工具可用于数据转换,因为它可以读取多种要素格式(任何可添加到地图中的格式),并且可将这些要素格式写入 shapefile 或地理数据库中。

7.5.6 计算几何属性

向要素的属性字段(表示各要素的空间或几何特性以及位置)添加信息,如长度,面积,X、Y、Z 坐标和 M 值。"计算几何属性"对话框如图 7.49 所示。

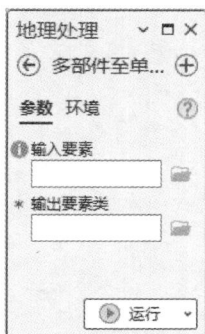

图 7.47　"多部件至单部件"对话框　　图 7.48　"复制要素"对话框　　图 7.49　"计算几何属性"对话框

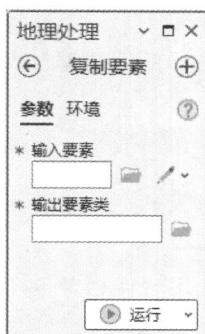

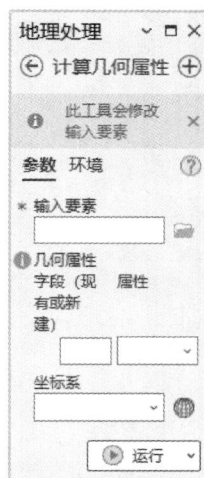

长度和面积将以输入要素坐标系的单位进行计算,除非在长度单位和面积单位参数中选择了不同的单位。如果已指定了坐标系参数,则长度和面积将以该坐标系的单位进行计算,除非在长度单位和面积单位参数中指定了不同的单位。

如果输入要素具有选择内容,则在添加的字段中,仅所选要素具有计算值,其他所有要素将保留其现有值。

7.5.7 面转线

创建的要素类中将包含由面边界转换而来的线(无论是否考虑邻近面)。"面转线"对话框如图 7.50 所示。

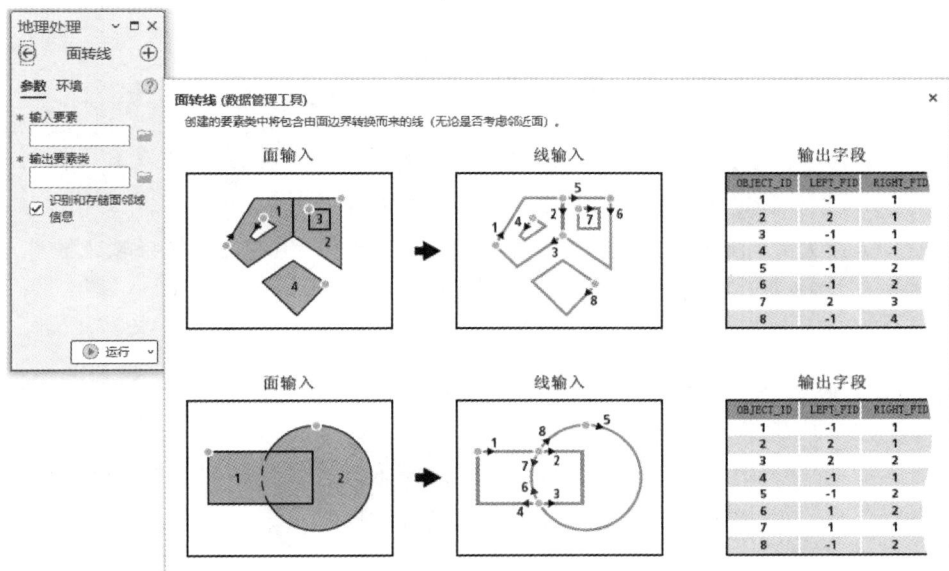

图 7.50　"面转线"对话框

如果勾选"识别和存储面邻域信息"复选框（在 Python 中将 neighbor_option 设置为 IDENTIFY_NEIGHBORS），则会分析面邻域关系。将边界转换为线时要考虑相交线段或公共线段；向输出要素类添加两个新字段 LEFT_FID 和 RIGHT_FID，然后将这两个字段分别设定为位于各输出线左右两侧的输入面的要素 ID。输入要素的属性并不会保留在输出要素类中。

如果未勾选"识别和存储面邻域信息"复选框（在 Python 中将 neighbor_option 设置为 IGNORE_NEIGHBORS），则会忽略面邻域关系。各输入面边界将写出为封闭线要素，多部件面在输出中将变为多部件线。向输出要素类添加新字段 ORIG_FID，并设置为各个线的输入要素 ID。输入要素的属性将保留在输出要素类中。

7.5.8 取消线分割

用于聚合具有重合端点及公共属性值（可选）的线要素。"取消线分割"对话框如图 7.51 所示。

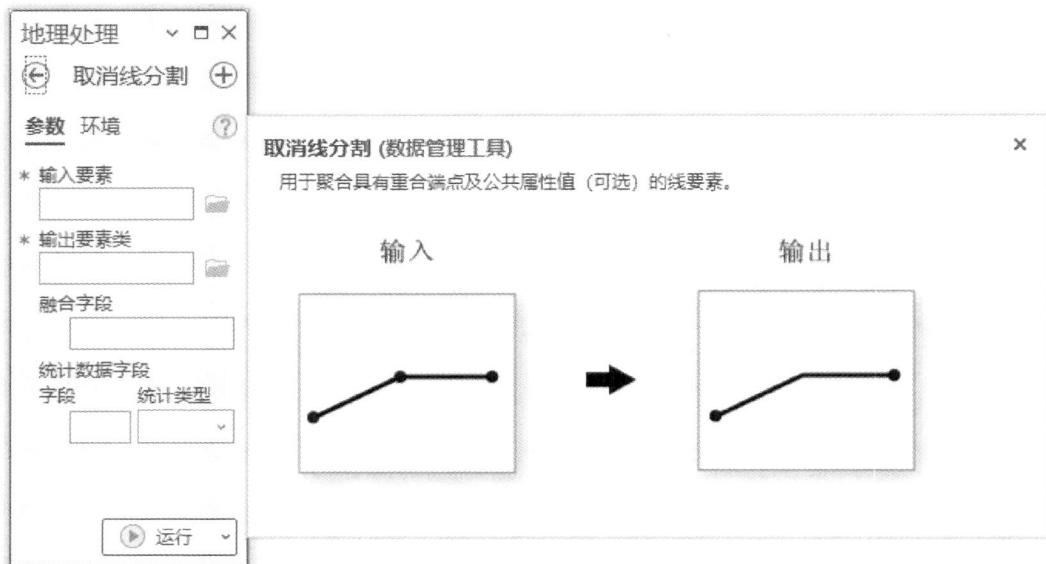

图 7.51 "取消线分割"对话框

可使用各种统计对通过此工具聚合的要素属性进行汇总或描述，以"统计类型＋下划线＋输入字段名"为命名标准，将用来汇总属性的统计以单个字段的形式添加到输出要素类中。

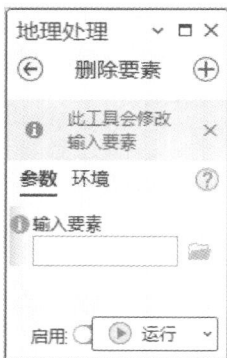

图 7.52 "删除要素"对话框

7.5.9 删除要素

从输入要素中删除所有要素或所选要素子集。该工具将同时删除输入要素的几何和属性。"删除要素"对话框如图 7.52 所示。

如果输入要素来自要素类，则将删除所有行；如果输入要素来自没有任何选择内容的图层，则将删除所有要素。

该工具接受具有选择内容的图层输入，且仅会删除所选要素。要从要素类中删除特定要素，可使用"创建要素图层"将要素类转换为图层，或通过将要素类添加到显示中来执行此操作。然后可使用"按属性选择图层"或"按位置选择图层"工具进行选择，或者通过查询地图图层或使用"地图"选项卡上"选择"组中的选择工具交互选择要素进行选择。

7.5.10 添加 XY 坐标

将字段 POINT_X 和 POINT_Y 添加到点输入要素并计算其值。如果启用了输入要素的 Z 值和 M 值,还将追加 POINT_Z 和 POINT_M 字段。"添加 XY 坐标"对话框如图 7.53 所示。

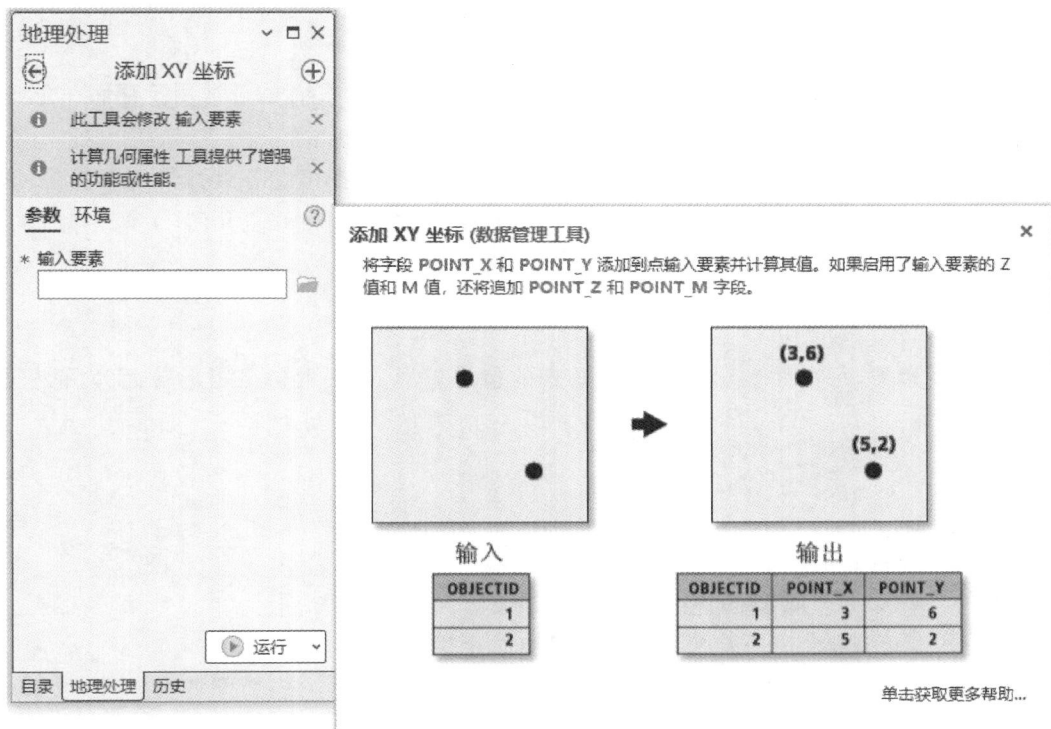

图 7.53 "添加 XY 坐标"对话框

如果存在 POINT_X、POINT_Y、POINT_Z 和 POINT_M 字段,则重新计算它们的值。

输出的 POINT_X 和 POINT_Y 值基于数据集的坐标系,而不是地图显示的坐标系。要强制 POINT_X 和 POINT_Y 值在坐标系而不是输入数据集中,则需要设置输出坐标系环境。

如果使用"添加 XY 坐标"工具后点发生了移动,则必须通过再次运行"添加 XY 坐标"工具来重新计算点的 POINT_X 和 POINT_Y 值以及 POINT_Z 和 POINT_M 值(如果存在)。

如果输入要素位于地理坐标系中,则 POINT_X 和 POINT_Y 分别表示经度和纬度。

7.5.11 细分面

用于将面要素分为若干等面积区域或部分。"细分面"对话框如图 7.54 所示。

一般使用欧氏计算或平面计算来确定细分面的面积。为获得最佳效果,使用等积投影坐标系可以最大限度地减少数据地理位置中面要素的面积变形。

输入要素类的属性值将被复制到输出要素类。但是,如果输入的是一个或多个通过"创建要素图层"工具创建的图层并且勾选字段的"使用比率策略"选项,那么计算输出属性值时将按输入属性值的一定比例进行计算。如果勾选"使用比率策略"选项,执行叠加操作时,对于任一要素的分割都将按照输入要

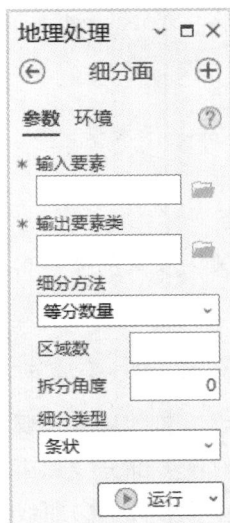

图 7.54 "细分面"对话框

素属性值的一定比率来生成输出要素的属性值。

7.5.12 修复几何

检查要素的几何问题并修复它们。如发现问题,将对其执行修复。

此工具将使用与检查几何工具相同的逻辑来修复几何问题。执行修复后,此工具将重新评估所得几何,如果发现了其他问题,将执行该问题的相关修复。例如,修复具有 Incorrect ring ordering 问题的几何可能会导致具有 Null geometry 问题的几何出现。

Esri 验证选项通过 Esri 简化方法确保几何在拓扑上是正确的,仅 Esri 验证适用于存储在企业级地理数据库中的数据。

使用 OGC 选项修复要素的几何问题后,任何后续的编辑或修改都可能导致几何不再符合 OGC 规范。修改要素后,运行检查几何工具以检查新几何问题。如有必要,重新运行"修复几何"工具。

使用 OGC 选项验证或修复后的几何将适用于 Esri 选项。

7.5.13 要素包络矩形转面

创建包含面的要素类,每个面表示一个输入要素的包络矩形。"要素包络矩形转面"对话框如图 7.55 所示。

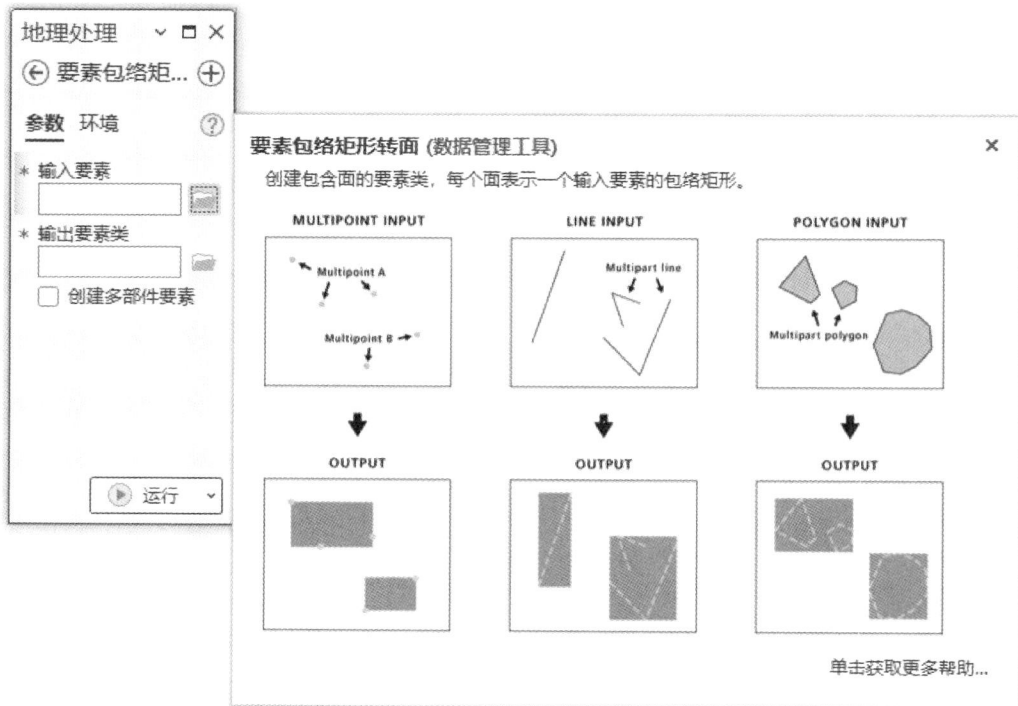

图 7.55 "要素包络矩形转面"对话框

输入要素的属性将保留在输出要素类中。向输出要素类中添加新字段 ORIG_FID,并设置为输入要素 ID。

7.5.14 要素折点转点

创建包含从输入要素的指定折点或位置生成的点的要素类。"要素折点转点"对话框如图 7.56 所示。

对于多部分线和面,每个部分都视为线。因此,每个部分有自己的起点、终点和中点,以及可能存在的悬挂点。参数(真)曲线只有起点和终点,而且不进行增密。

对于对话框中点类型参数的悬挂选项(Python 中的 point_location 参数),将在输出要素类中添加一个

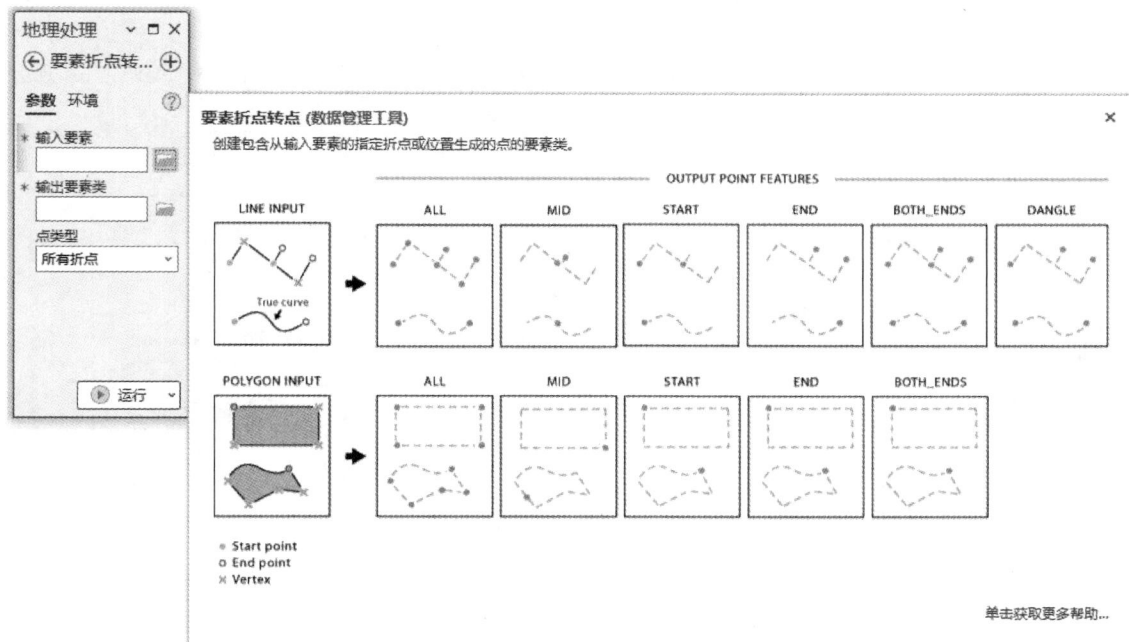

图 7.56 "要素折点转点"对话框

附加字段,DANGLE_LEN 将以要素单位保留悬挂长度值。孤立线的两个端点都是悬挂点,所以悬挂长度是线长度本身。对于其中一个端点与其他线相交的悬挂线,悬挂长度从悬挂终点到相交点进行测量。

7.5.15 要素转点

创建包含从输入要素质心生成的点或放置在输入要素内的点的要素类。"要素转点"对话框如图 7.57 所示。

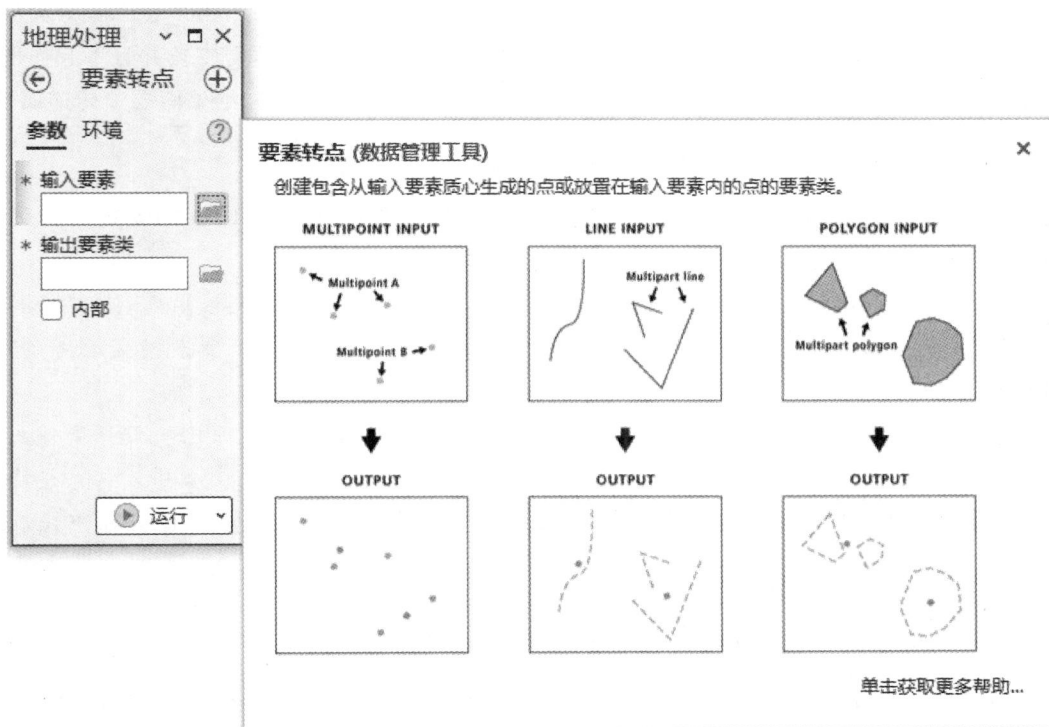

图 7.57 "要素转点"对话框

7.5.16　要素转面

创建包含从输入线或面要素所封闭的区域生成的面的要素类。"要素转面"对话框如图 7.58 所示。

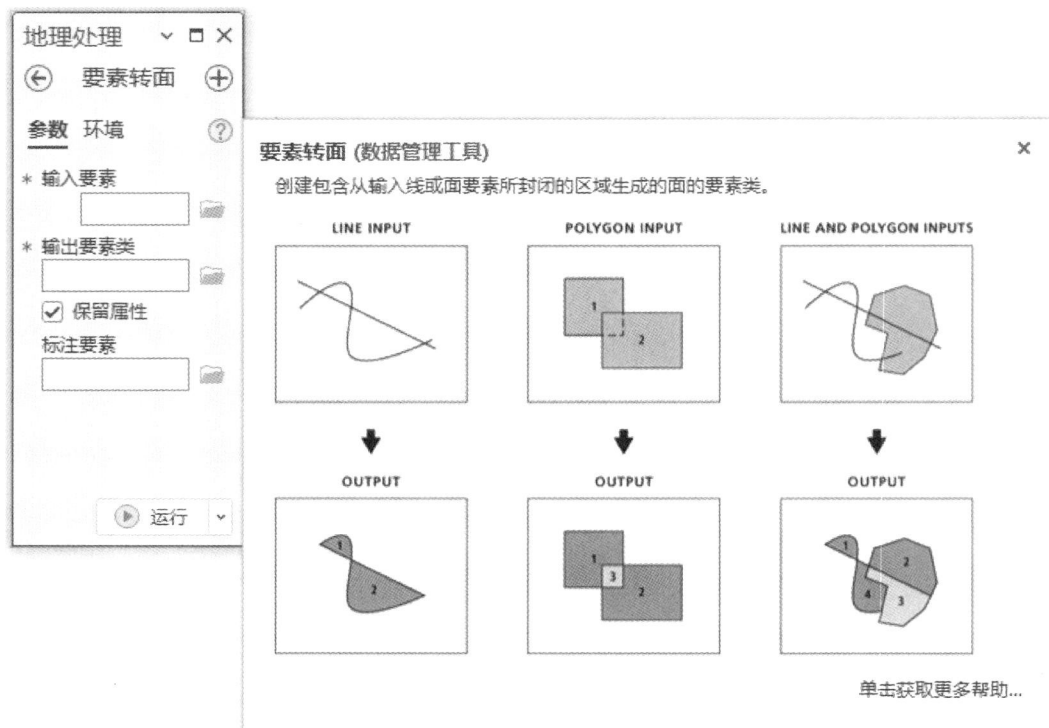

图 7.58　"要素转面"对话框

将在一个或多个输入要素形成的封闭区域处,构造一个新的面要素并将其写入输出要素类。输出属性将因保留属性参数值(Python 中的 attributes)和标注要素参数值(Python 中的 label_features)而异。

建议不要勾选"保留属性"复选框(Python 中的 attributes),因为其已不再受支持并且不起作用。

在输入面要素较小的输出面要素的位置,可使用标识工具从输入面要素向结果面要素传递属性。

7.5.17　要素转线

创建包含通过以下方式生成的线的要素类:将面边界转换为线,分割线、面,在两要素的相交处对两要素进行分割。"要素转线"对话框如图 7.59 所示。

如果输入线或面边界在除起始折点和结束折点之外的其他位置相接、相交或重叠,则它们将在相交处分割,每条分割线都会变成一个输出线要素。如果输入线或面边界未与另一个要素相交,则仍将以完整形状写出为线要素。

如果勾选了"保留属性"复选框(脚本中的 attributes 参数设置为 ATTRIBUTES),则所有输入条目中的属性都将按照输入列表中的顺序保留在输出要素类中。一个新字段 FID_×××(其中×××是特定输入条目的源要素类名称)将会添加到每个输入条目的输出要素类中,并被设置为源要素 ID。输出线将以如下方式与其属性相关联。

(1) 对于同一输入要素集内重合的线或面边界(如分隔两个面的边界),将在输出中写入几何相同的两个线要素。

(2) 对于两个不同输入要素集中重合的线或面边界(如与面边界重叠的一条线),只有同时具有两个源要素属性的那条线要素会写入到输出要素类。

(3) 如果某条输出线未与特定输入要素集中的任何要素重叠,则它在 FID_×××字段中的值将为−1,

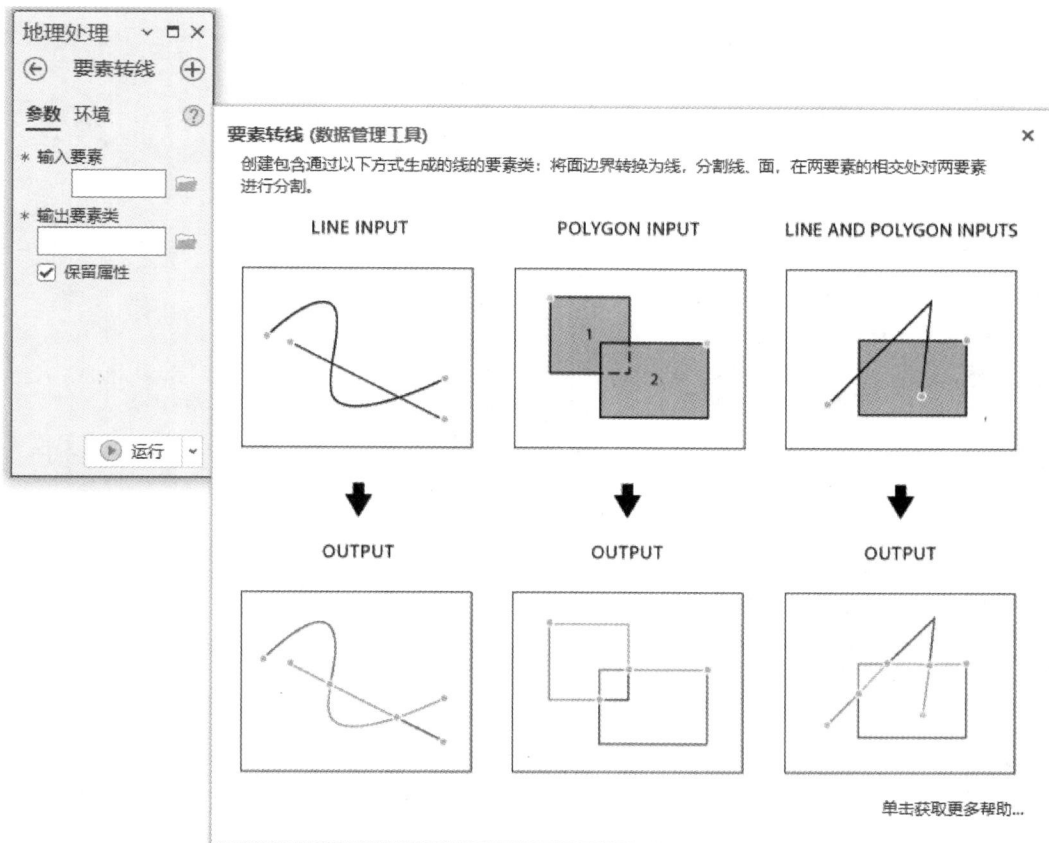

图 7.59 "要素转线"对话框

在该要素集的其他字段中的值将为零或空值。

当输入要素包含相邻面时,如果想要在输出要素类中将具有左右面要素 ID 的共享边界线作为属性,需使用面转线工具替代。

7.5.18 原点夹角距离定义线

创建要素类,该新要素类包含基于表的 X 字段、Y 字段、方位角字段和距离字段中的值的大地测量和平面线要素。"原点夹角距离定义线"对话框如图 7.60 所示。

当输出线是大地测量线时,X 和 Y 坐标与距离是在地球表面上测量的,方位角是从北开始测量的。当输出线为平面线时,X 和 Y 坐标与距离是在投影平面上测量的,方位角是从格网北(在地图中垂直向上)顺时针测量的。

7.5.19 在点处分割线

根据交叉点或与点要素的邻近性分割线要素。"在点处分割线"对话框如图 7.61 所示。

输入要素的属性将保留在输出要素类中。以下字段将被添加到输出要素类。

(1) ORIG_FID:存储输入要素 ID。

(2) ORIG_SEQ:按照从输入要素的起始折点开始的线段顺序存储每条输出线的序列号。

如果未指定搜索半径参数值,将使用最近的点分割线要素。这意味着,当多个点与线重合时,仅将使用其中一个点来分割线。如果已指定搜索半径参数值,将使用搜索半径内所有的点来分割线。

想要生成精确的结果,需要有针对性地输入使用投影坐标系。在使用"在点处分割线"工具之前,可以使用"投影"工具将空间数据从地理坐标系转化为投影坐标系。

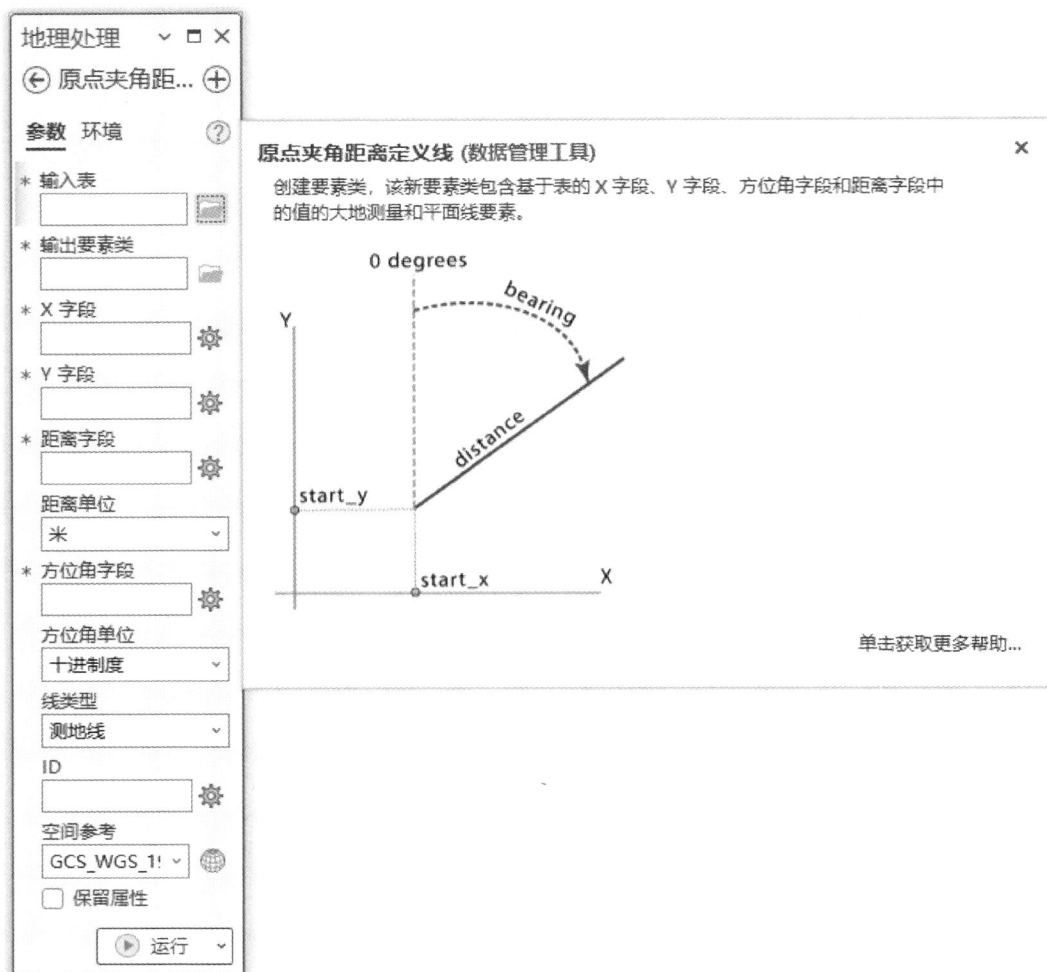

图 7.60 "原点夹角距离定义线"对话框

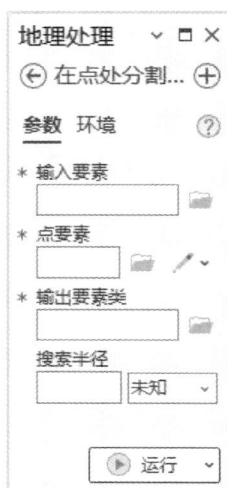

图 7.61 "在点处分割线"
对话框

7.5.20　在折点处分割线

通过在折点处分割输入线或面来创建折线要素类。"在折点处分割线"对话框如图 7.62 所示。

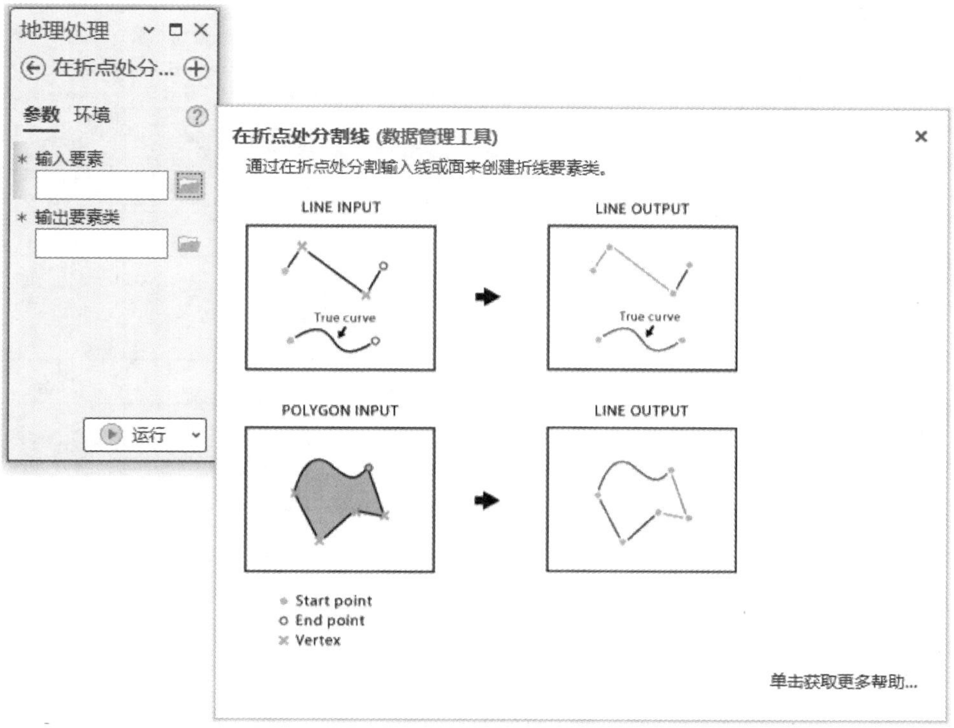

图 7.62　"在折点处分割线"对话框

输入要素的属性将保留在输出要素类中。以下字段将被添加到输出要素类。

（1）ORIG_FID：存储输入要素 ID。

（2）ORIG_SEQ：按照从输入要素的起始折点开始的线段顺序存储每条输出线的序列号。

如果输入线只有 2 个折点，则该线将按原样复制到输出要素类。否则，连续折点之间的每个线段都将成为输出要素类中的线要素。输出要素类可以是一个更大的文件，具体取决于输入要素所具有的折点数。

7.5.21　最小边界几何

创建包含若干面的要素类，用以表示封闭单个输入要素或成组的输入要素指定的最小边界几何。"最小边界几何"对话框如图 7.63 所示。

"组选项"参数（Python 环境下的 group_option 参数）将以如下方式影响输出面和属性。

（1）如果选择 None（无），则所有输入要素均不会被分组。每个输入要素分别创建一个输出面要素，生成的面可以重叠。输入要素的属性将保留在输出要素类中，并将向输出要素类添加新字段 ORIG_FID，并设置为输入要素 ID。

（2）如果选择 All，则将为所有输入要素只创建 1 个输出面要素。输入要素的属性不会保留在输出要素类中。

（3）如果选择 List，指定分组字段中字段值相同的每个输入要素集都将视为 1 个组。每组分别创建一个输出面要素，生成的面可以重叠。用作分组字段的输入要素属性将保留在输出要素类中。

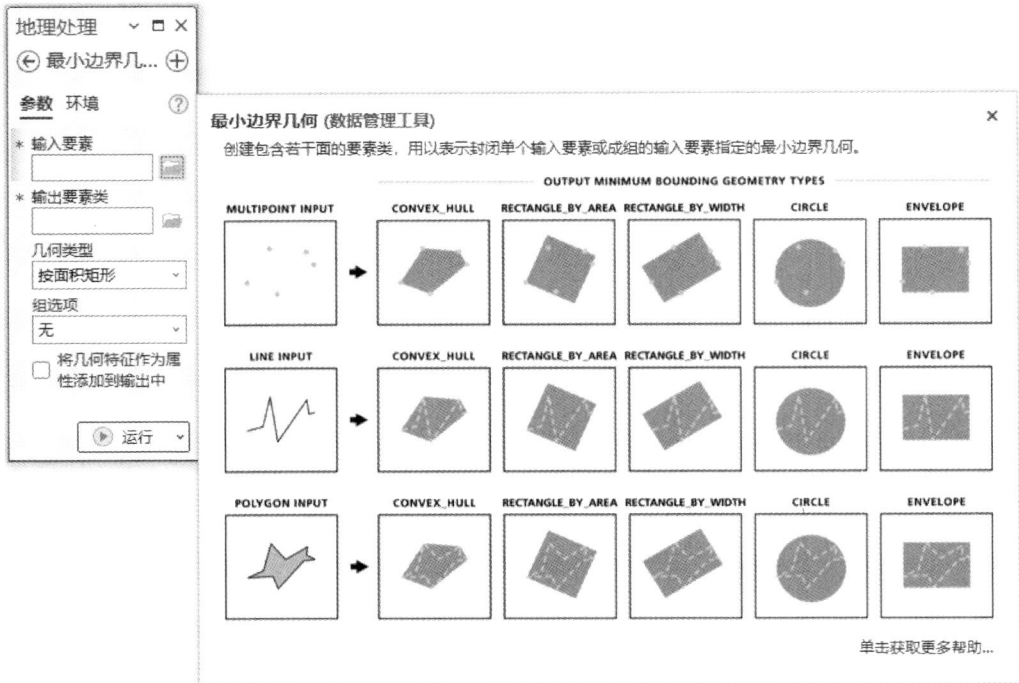

图 7.63 "最小边界几何"对话框

第 8 章　矢量数据分析

本章主要介绍矢量数据分析工具集,包括成对叠加、叠加分析、邻近分析、提取分析和统计数据,并通过案例来演示部分工具的组合应用。

单击"分析"菜单,选择🔧按钮,弹出"地理处理"工具条,选择"工具箱",找到"分析工具"。如果熟悉工具名称,可使用查找功能,如输入"成对",列出"成对叠加"工具集的多个分析工具。"地理处理"工具条如图8.1所示。

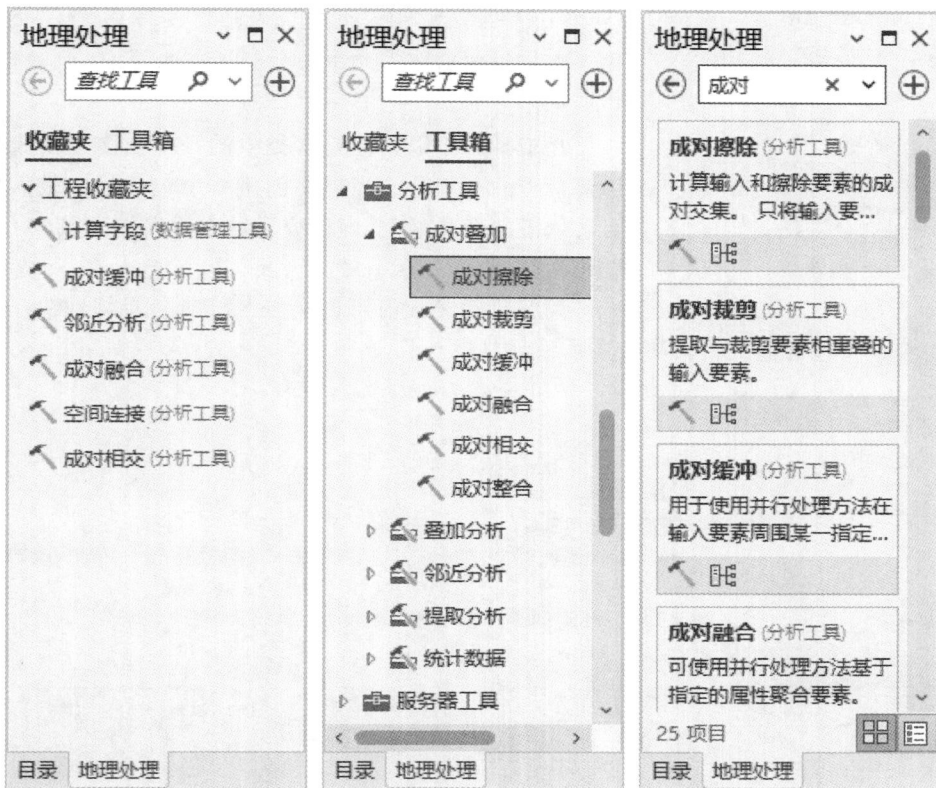

图 8.1　"地理处理"工具条

8.1　成对叠加

成对叠加工具集的一些工具,出于功能和性能方面的考虑,可作为许多经典叠加工具的替代工具使用。

在"地理处理"工具条上,单击"成对叠加"工具集,右击"成对叠加",弹出右键菜单(见图8.2)。可以选择打开、编辑、批处理、添加至分析库、添加至模型。如果此工具经常使用,可添加到工程收藏夹或添加到我的收藏夹。

将光标放在工具右上角的 ⑦ 图标,则弹出窗口,以文字或图示简介此工具的功能。单击图标 ⑦,则弹出 ArcGIS Pro 帮助文档,详细说明此工具的功能、使用情况和参数设置等。

8.1.1　成对擦除

计算输入和擦除要素的成对交集。只将输入要素处于擦除要素之外的部分复制到输出要素类。输入

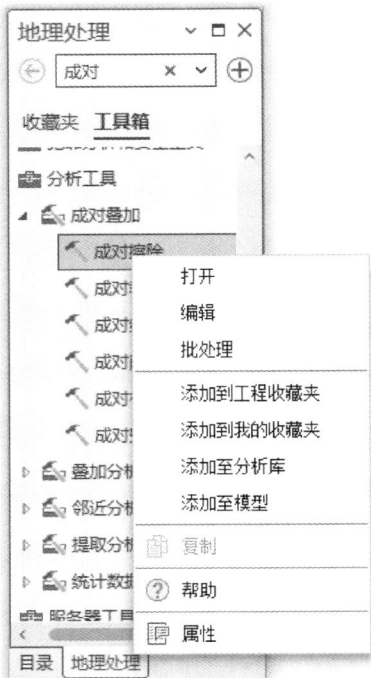

图 8.2 右键菜单

要素类的属性值将被复制到输出要素类。"成对擦除"对话框如图 8.3 所示。

要使用此工具,输入要素必须具有空间索引。使用"添加空间索引"工具创建索引(专门针对 shapefile)或重新构建现有索引(如果无法确定其是否正确)。

默认情况下,来自输入的曲线要素将在输出中进行增密。如果要支持输出中的曲线,则要用"保留曲线段"环境。

"成对擦除"工具与"擦除"工具的相似之处在于二者均计算几何交集,但其不同之处在于,"成对擦除"工具根据要素对而非所有要素组合来计算交集。如果输入或擦除要素类包含大量密集打包的要素,此工具非常有效。

8.1.2 成对裁剪

提取与裁剪要素相重叠的输入要素。"成对裁剪"对话框如图 8.4 所示。

此工具用于以其他要素类中的一个或多个要素作为模具来剪切要素类的一部分。当想要创建一个包含另一较大要素类的地理要素子集的新要素类[即研究区域或感兴趣区域(AOI)]时,裁剪工具尤为有用。

裁剪要素参数值可以是点、线和面,具体取决于输入要素参数值。输出要素类参数将包含输入要素参数的所有属性。

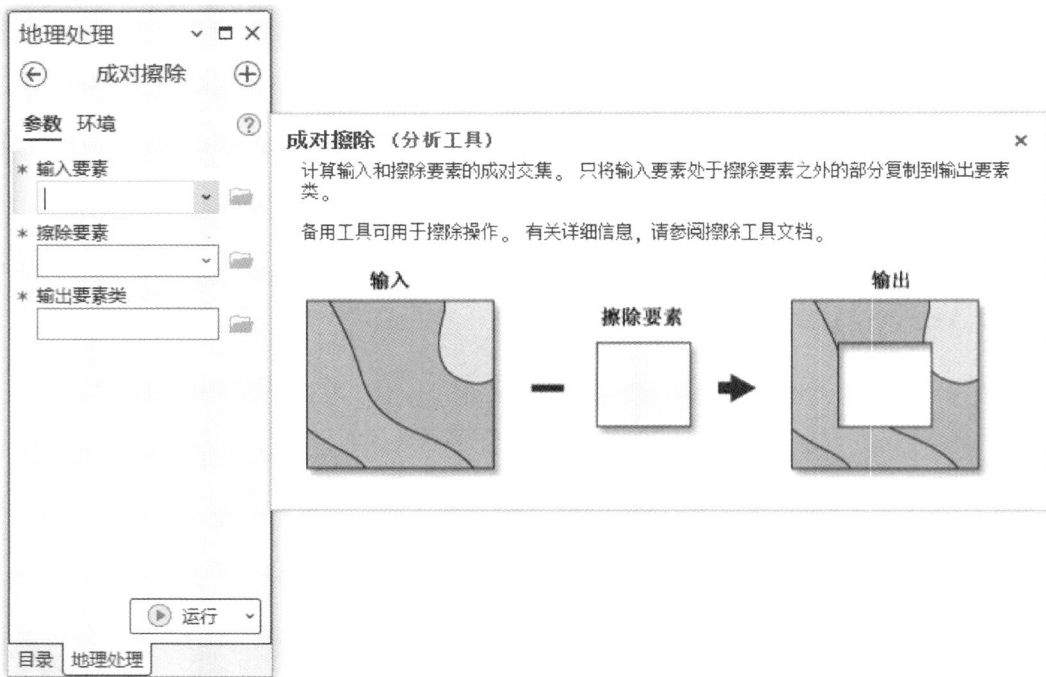

图 8.3 "成对擦除"对话框

8.1.3 成对缓冲

用于使用并行处理方法在输入要素周围某一指定距离内创建缓冲区多边形。"成对缓冲"对话框如图 8.5 所示。

如果对面要素进行缓冲,则可使用负缓冲距离在面要素内部创建缓冲区。使用负缓冲距离将会使面边

地理处理

← 成对裁剪 ＋

参数　环境 ？

＊ 输入要素

＊ 裁剪要素

＊ 输出要素类

▶ 运行

目录　地理处理

成对裁剪（分析工具）

提取与裁剪要素相重叠的输入要素。

此工具用于以其他要素类中的一个或多个要素作为模具来剪切要素类的一部分。 在您想要创建一个包含另一较大要素类的地理要素子集的新要素类［也称为研究区域或感兴趣区域（AOI）］时，裁剪工具尤为有用。

备用工具适用于矢量数据裁剪操作。 有关详细信息，请参阅裁剪工具。

输入　　　　　裁剪要素　　　　　输出

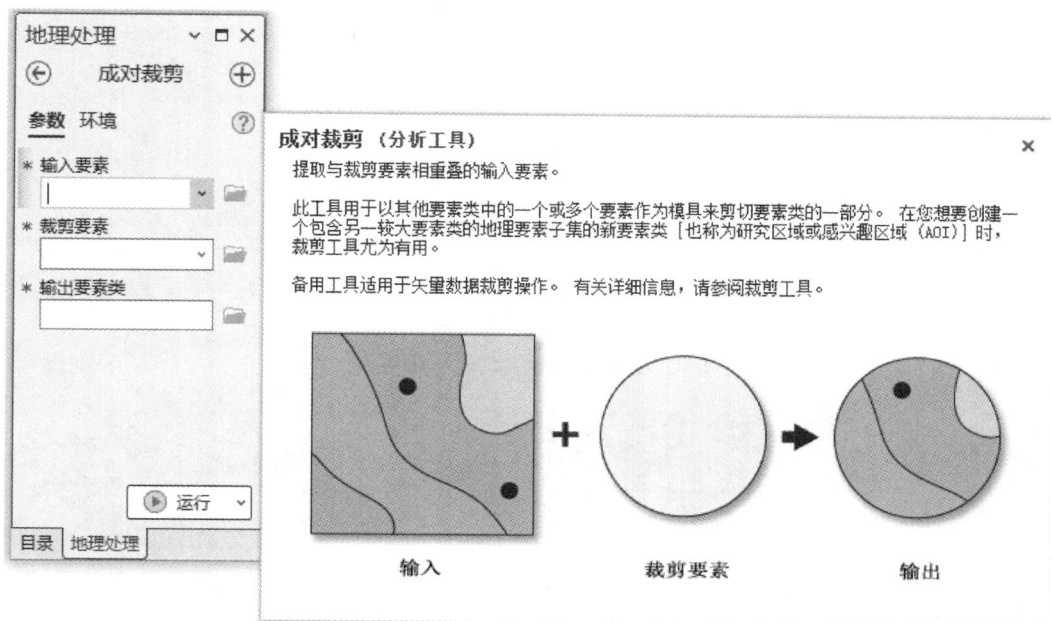

图 8.4 "成对裁剪"对话框

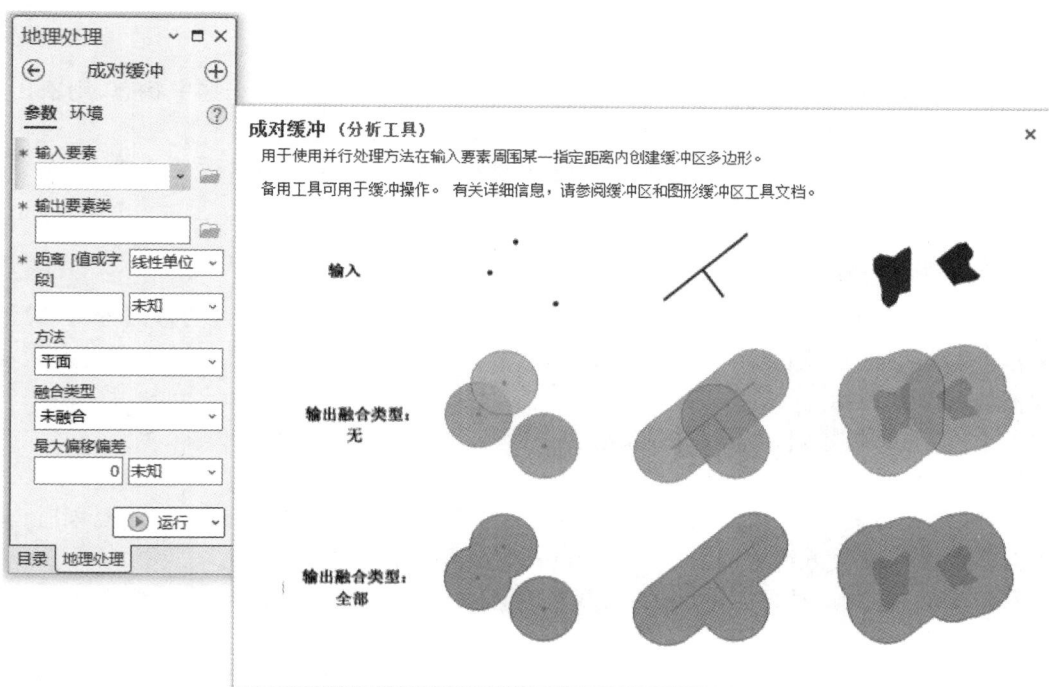

地理处理

← 成对缓冲 ＋

参数　环境 ？

＊ 输入要素

＊ 输出要素类

＊ 距离 [值或字段]　线性单位

未知

方法

平面

融合类型

未融合

最大偏移偏差

0　未知

▶ 运行

目录　地理处理

成对缓冲（分析工具）

用于使用并行处理方法在输入要素周围某一指定距离内创建缓冲区多边形。

备用工具可用于缓冲操作。 有关详细信息，请参阅缓冲区和图形缓冲区工具文档。

输入

输出融合类型：
无

输出融合类型：
全部

图 8.5 "成对缓冲"对话框

界向内缩减指定的距离。

　　此工具依赖于具有空间索引的输入要素，可使用"添加空间索引"工具创建索引（专门针对 shapefile）或重新构建现有索引（如果无法确定其是否正确）。

　　欧式缓冲区用于测量二维笛卡尔平面中的距离，适用于分析投影坐标系中相对较小的区域（如 1 个 UTM 带）内要素周围的距离。

　　测地线缓冲区表示地球的形状（即椭圆体，更准确地说是大地水准面），下列情况适用。

　　（1）输入要素处于分散状态（覆盖多个 UTM 带、大面积区域，甚至整个地球）。

　　（2）输入要素的空间参考（地图投影）为保留其他属性（如面积）使距离发生变形。那么，如果输入要素位于投影坐标系中,可以将环境设置为地理坐标系,以便创建测地线缓冲区。

8.1.4　成对融合

可使用并行处理方法基于指定的属性聚合要素。"成对融合"对话框如图8.6所示。

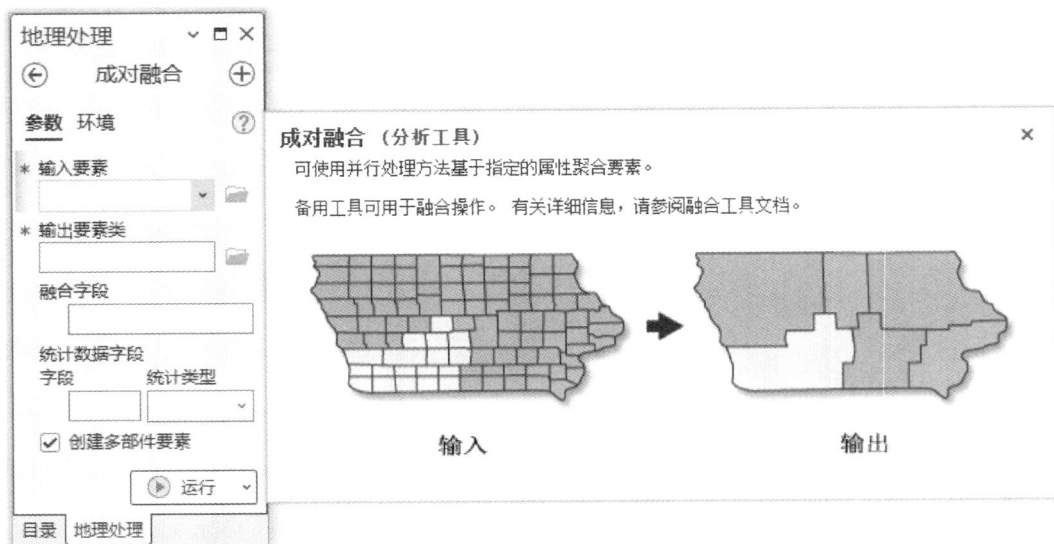

图8.6　"成对融合"对话框

如果输入要素参数值的几何类型为点或多点,且创建多部件要素参数处于选中状态,则输出将为多点要素类。如果未选中创建多部件要素参数,则输出将为点要素类。

默认情况下,来自输入的曲线要素将在输出中进行增密。如果要支持输出中的曲线,请在"环境"标签下勾选"维护曲线段"复选框。

8.1.5　成对相交

计算输入要素的成对交集。输入要素图层或要素类中相叠置的要素或要素的各部分将被写入输出要素类。成对交集是指从第一个输入中选择一个要素,然后将其与所重叠的第二个输入中的要素相交。"成对相交"对话框如图8.7所示。

"成对相交"工具根据要素对而非所有要素组合来计算交集,并有如下注意事项。

（1）仅适用于2个输入要素图层或要素类。

（2）从第一个输入要素图层中获取要素,使其与第二个输入要素图层中的各要素相交,同时创建表示相交的新要素。但是,第一个输入要素图层中要素间的相交不在计算之内。

输入要素参数值必须为简单要素（点、多点、线或面）,不能是诸如注记要素、尺寸要素或网络要素等复杂要素。

默认情况下,来自输入的曲线要素将在输出中进行增密,如果要支持输出中的曲线,请使用保留曲线段环境。

此工具依赖于具有空间索引的输入要素,可使用"添加空间索引"工具创建索引（专门针对 shapefile）或重新构建现有索引（如果无法确定其是否正确）。

8.1.6　成对整合

分析一个或多个要素类中要素之间的要素折点的坐标位置。彼此间距离在指定范围内的折点被认为表示同一个位置,并被指定一个共有坐标值（换句话说,将它们定位于同一点）。该工具还会在要素折点位于边的 X、Y 容差范围内以及线段相交的位置处添加折点。"成对整合"对话框如图8.8所示。

成对整合可执行以下处理任务。

（1）位于彼此 X、Y 容差内的折点将被分配相同的坐标位置。

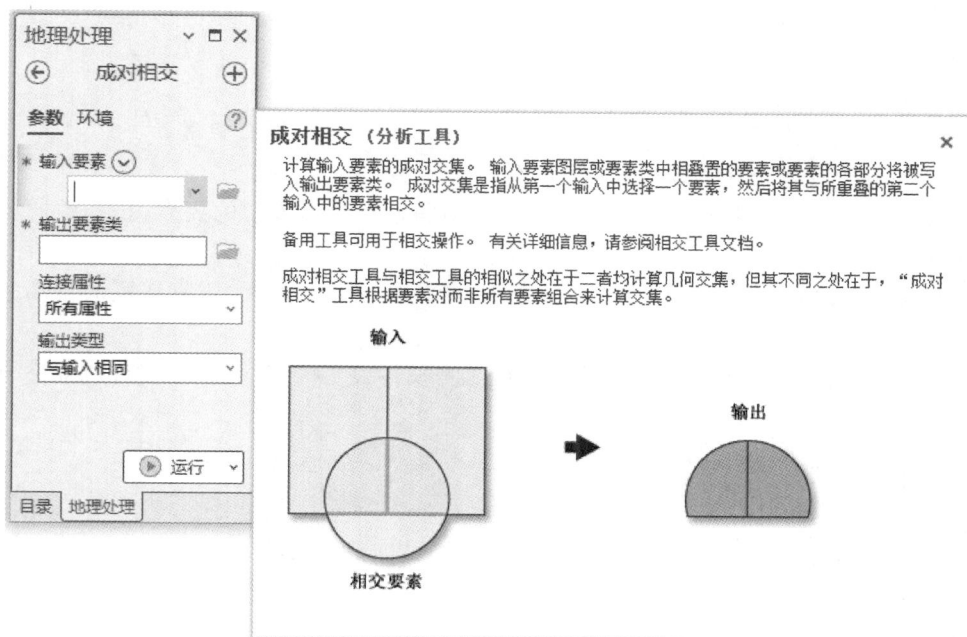

成对相交（分析工具）

计算输入要素的成对交集。 输入要素图层或要素类中相叠置的要素或要素的各部分将被写入输出要素类。 成对交集是指从第一个输入中选择一个要素，然后将其与所重叠的第二个输入中的要素相交。

备用工具可用于相交操作。 有关详细信息，请参阅相交工具文档。

成对相交工具与相交工具的相似之处在于二者均计算几何交集，但其不同之处在于，"成对相交"工具根据要素对而非所有要素组合来计算交集。

图 8.7　"成对相交"对话框

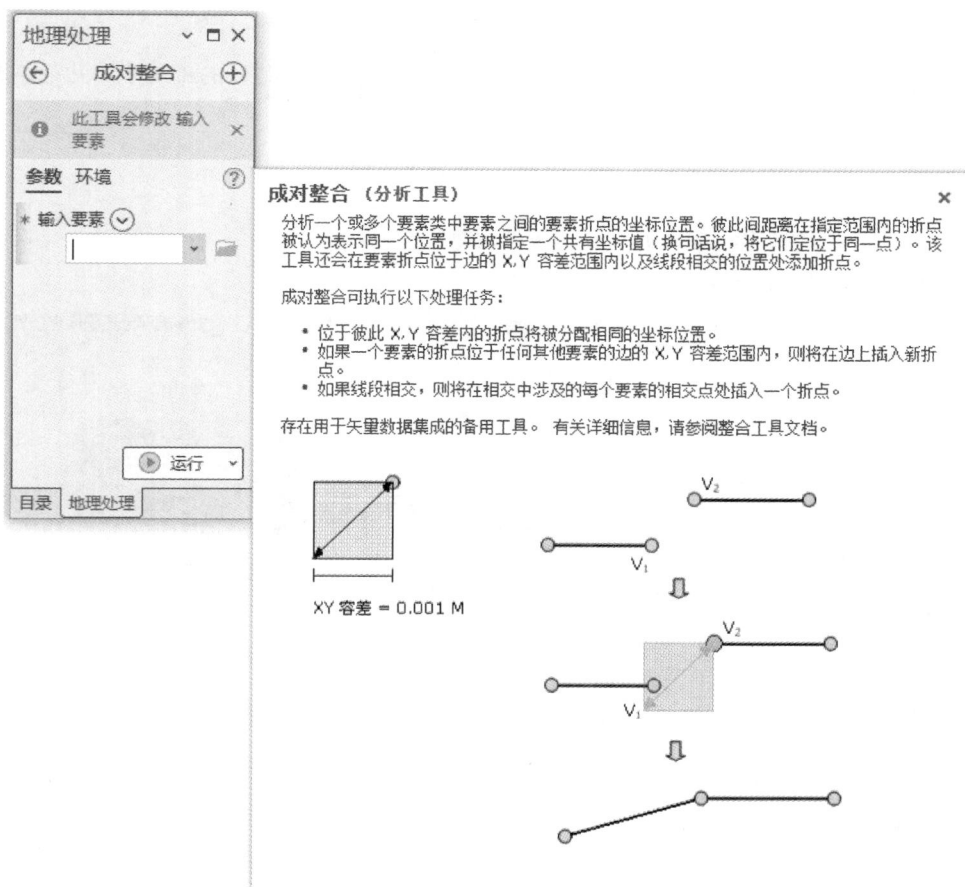

成对整合（分析工具）

分析一个或多个要素类中要素之间的要素折点的坐标位置。彼此间距离在指定范围内的折点被认为表示同一个位置，并被指定一个共有坐标值（换句话说，将它们定位于同一点）。该工具还会在要素折点位于边的 X,Y 容差范围内以及线段相交的位置处添加折点。

成对整合可执行以下处理任务：

- 位于彼此 X,Y 容差内的折点将被分配相同的坐标位置。
- 如果一个要素的折点位于任何其他要素的边的 X,Y 容差范围内，则将在边上插入新折点。
- 如果线段相交，则将在相交中涉及的每个要素的相交点处插入一个折点。

存在用于矢量数据集成的备用工具。 有关详细信息，请参阅整合工具文档。

图 8.8　"成对整合"对话框

（2）如果一个要素的折点位于任何其他要素的边的 X、Y 容差范围内,则将在边上插入新折点。

（3）如果线段相交,则将在相交中涉及的每个要素的相交点处插入一个折点。

在以下情况中可以选择使用成对整合而非拓扑。

（1）不需要指定要素的移动规则,只需要在指定的容差范围内合并所有要素。

（2）要在各条线的所有相交处都添加折点。

（3）处理的是非地理数据库要素(如 shapefile)或者不同地理数据库中的要素(拓扑中的要素必须全属于同一要素数据集)。

整合期间,可以解决数据中存在的许多潜在问题,其中包括极小的过失、重复线段的自动分离删除以及沿边界线的坐标稀疏化。

建议不要使用"XY 容差"参数,将输入要素类空间参考属性设置为默认值,并允许成对整合默认使用输入要素类属性。

8.2 叠加分析

"叠加分析"工具集中包含的工具用于叠加多个要素类,以合并、擦除、修改或更新空间要素,从而生成新要素类。下列问题经常使用叠加工具来解答。

（1）什么土地利用在什么土壤类型上?

（2）什么宗地在百年一遇的洪泛区之内?

（3）什么道路在什么国家中?

（4）什么井在废弃的军事基地中?

8.2.1 标识

计算输入要素和标识要素的几何交集。输入要素或其与标识要素重叠的部分将获得这些标识要素的属性。"标识"对话框如图 8.9 所示。

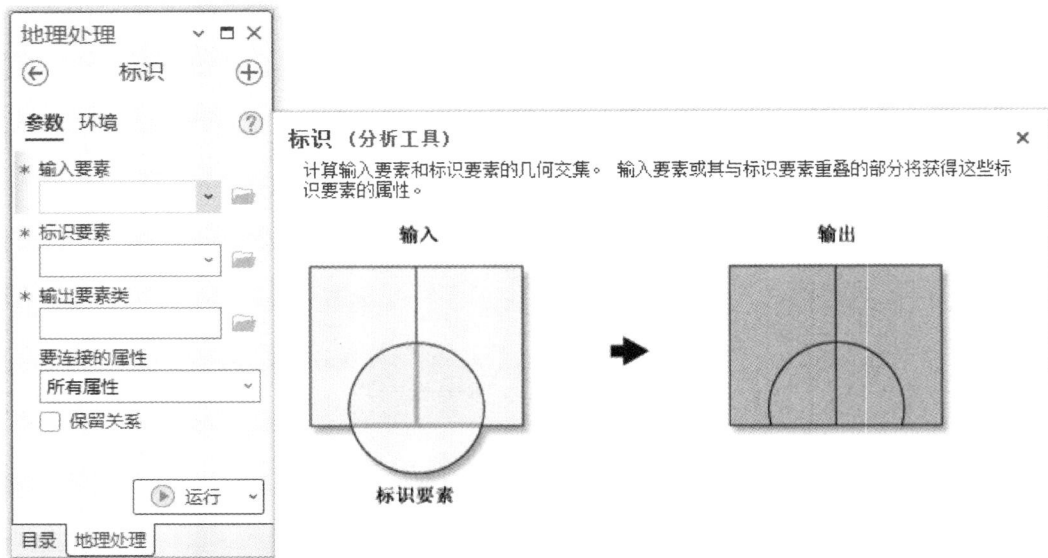

图 8.9 "标识"对话框

"输入要素"参数值可以是点、多点、线或面,但不能是注记要素、尺寸要素或网络要素。

"标识要素"参数值必须是面,或与"输入要素"参数值的几何类型相同。输入要素类的属性值将被复制到输出要素类。

即使所有输入要素均属于单部件要素,此工具仍可能在输出中生成多部件要素。如果不希望生成多部件要素,请对输出要素类使用"多部件至单部件"工具。

使用此工具时,若将点作为输入而将面作为标识要素值,那么直接落在面边界上的点将被添加到输出中两次,并为每个包含该边界的面各添加一次。在此情况下,对输出要素类运行相交工具可识别重复点,以确定要保留的点。

当"输入要素"参数值的几何为线而"标识要素"参数值的几何为面,并且勾选了"保留关系"复选框时,则输出线要素类将具有两个附加字段 LEFT_poly 和 RIGHT_poly。这些字段用于记录线要素左侧和右侧的标识要素参数值的要素 ID。

8.2.2 擦除

通过将输入要素与擦除要素相叠加来创建要素类。只用将输入要素处于擦除要素之外的部分复制到输出要素类。"擦除"对话框如图 8.10 所示。

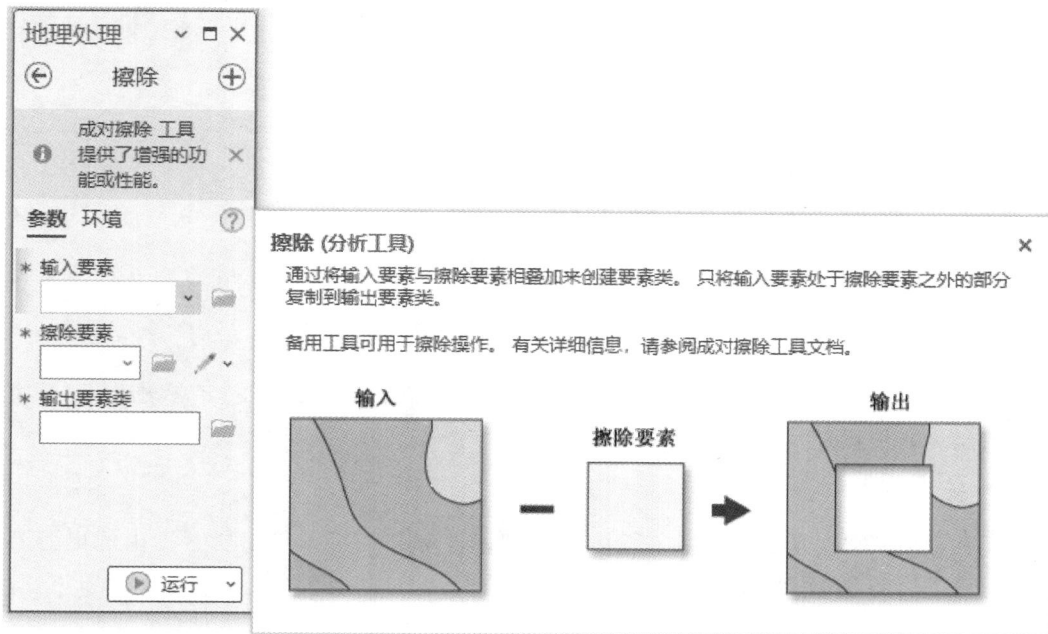

图 8.10 "擦除"对话框

面擦除要素可用于擦除输入要素中的面、线或点,线擦除要素可用于擦除输入要素中的线或点,点擦除要素仅用于擦除输入要素中的点。

如果启用了"使用比率策略"选项(仅适用于数值字段类型),执行叠加操作时,对于任一要素的分割都将按照输入要素属性值的一定比率来生成输出要素的属性值,输出值将根据输入要素几何被分割的比率得出。例如,如果输入几何被分割成相等的两部分,则每个新要素的属性值都等于输入要素属性值的一半。

即使所有输入要素均属于单部件要素,此工具仍可能在输出中生成多部件要素。如果不希望生成多部件要素,请对输出要素类使用"多部件至单部件"工具。

8.2.3 分配面

基于目标面图层的空间叠加来汇总输入面图层的属性,并将汇总的属性分配给目标面。目标面具有从每个目标重叠的输入面派生的求和数值属性。此过程通常称为分配。"分配面"对话框如图 8.11 所示。

可使用该工具基于一个要素与另一个要素的叠加百分比和已知人口估计该要素的人口。

默认情况下,由重叠面积百分比来确定所传输属性的百分比,系统将对来自输入面的权重字段进行归一化处理,并将其用于调整所传输的属性量。

如果将其指定,则系统将使用估计要素参数值(而非使用面积)来确定如何传输属性。估计要素必须与要计数的"输入面"参数值相交。如果估计要素还与"目标面"参数值相交,则属性将从输入要素传输到目标。

保留目标几何参数可用于在输出几何中保留目标几何或输入与目标几何的交集。

图 8.11 "分配面"对话框

"分配面"工具与"丰富图层"工具类似,"分配面"工具使用指定的分配,而"丰富图层"工具使用美国人口普查区块点或全球居住点进行分配。

8.2.4 更新

计算输入要素和更新要素的几何交集。输入要素的属性和几何根据输出要素类中的更新要素来进行更新。"更新"对话框如图 8.12 所示。

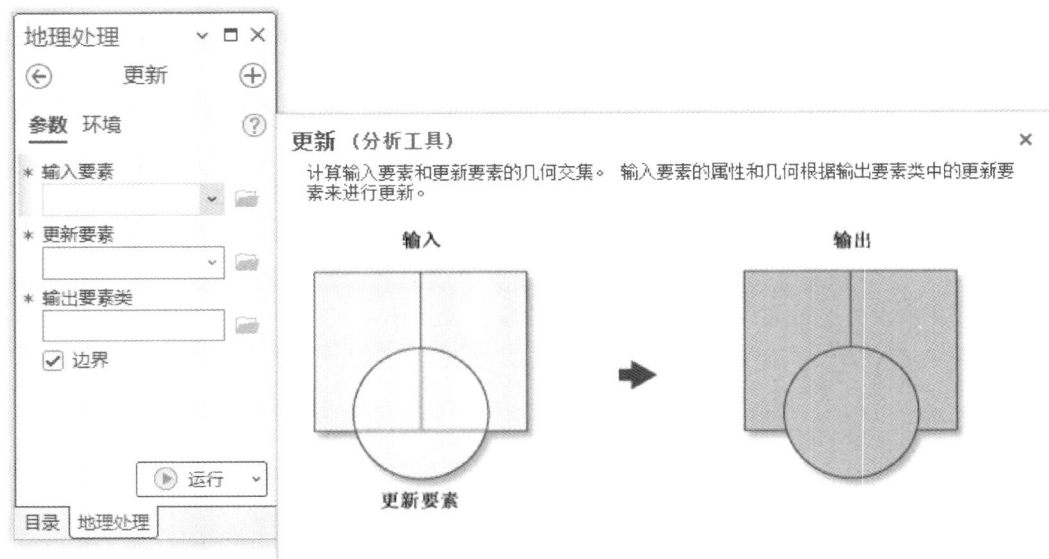

图 8.12 "更新"对话框

输入要素和更新要素参数值必须为面。输入要素类与更新要素类的字段名称必须保持一致,如果更新要素类缺少输入要素类中的一个或多个字段,则将从输出要素类中移除缺失字段的输入要素类字段值。

此工具将不修改输入要素类,工具的生成结果将写入到新要素类。如果未勾选"边界"复选框,则沿着更新要素外边缘的面边界将被删除。即使删除某些更新面的外边界,与输入要素重叠的更新要素的属性也会被指定给输出要素类中的面。

8.2.5　计算重叠要素

根据输入要素生成已打断的重叠要素。重叠要素的计数将写入输出要素。"计数重叠要素"对话框如图 8.13 所示。

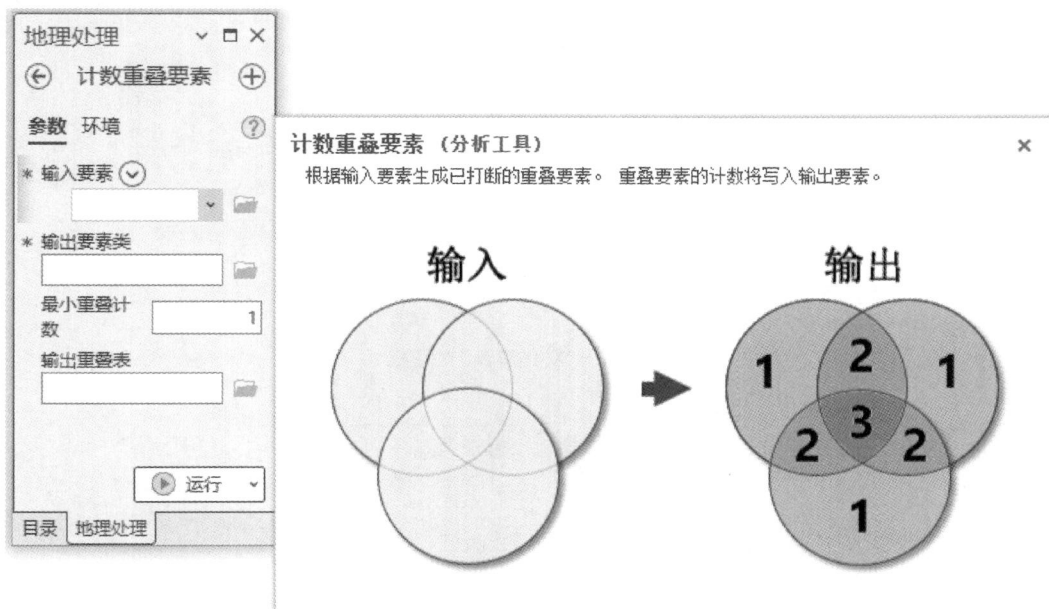

图 8.13　"计数重叠要素"对话框

该工具用于评估垂直偏移要素(具有各种 Z 值的几何)之间的重叠,就好像将所有要素都展平为同一平面。

下列字段将被包含在输出要素类中。

(1) COUNT_:输入要素中重叠要素的数量。

(2) COUNT_FC:与要素重叠的单个要素类的数量。

输入要素中的所有其他字段都将被排除在输出要素类之外。

当生成输出重叠表时,该表将针对每个重叠进行记录。例如,当 3 个输入要素与同一位置重叠时,该表将包含有关该位置的 3 个记录,其中每个记录对应 1 个重叠几何。输出重叠表中包括以下字段。

(1) OVERLAP_OID:相关输出要素类的 ObjectID。

(2) ORIG_OID:相关输入要素的 ObjectID。

(3) ORIG_NAME:如果存在多个输入要素,则将添加此字段。该字段将包含输入要素的名称。

8.2.6　交集取反

用于计算输入要素和更新要素的几何交集并返回未重叠的输入要素和更新要素。输入要素和更新要素中不叠置的要素或要素的各部分将被写入到输出要素类。"交集取反"对话框如图 8.14 所示。

即使所有输入要素均属于单部件要素,此工具仍可能在输出中生成多部件要素。如果不希望生成多部件要素,请对输出要素类使用"多部件至单部件"工具。

8.2.7　空间连接

根据空间关系将一个要素的属性连接到另一个要素。目标要素和来自连接要素的被连接属性将被写入到输出要素类。"空间连接"对话框如图 8.15 所示。

空间连接根据行的相对空间位置对连接要素值行与目标要素值行进行匹配。默认情况下,连接要素的

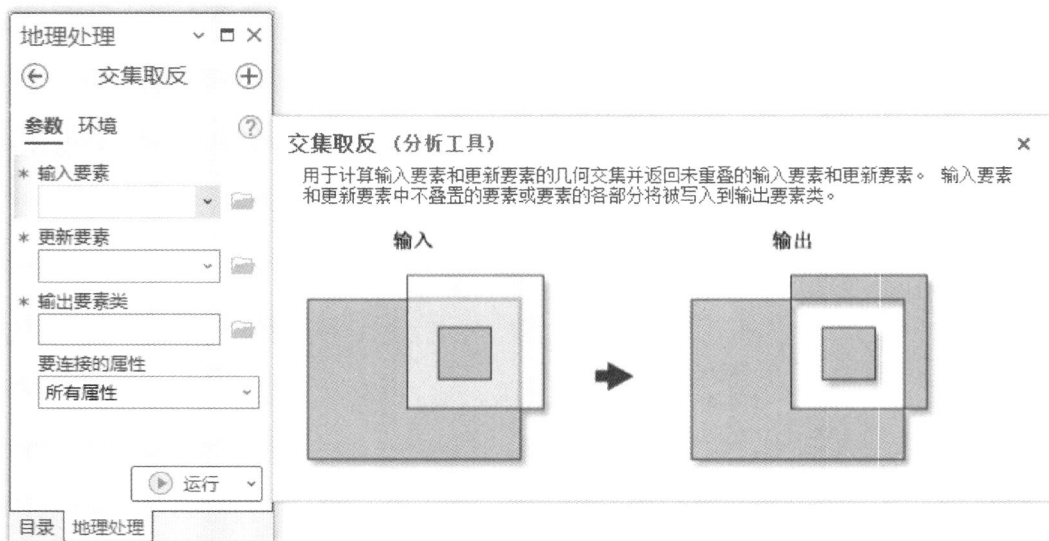

图 8.14 "交集取反"对话框

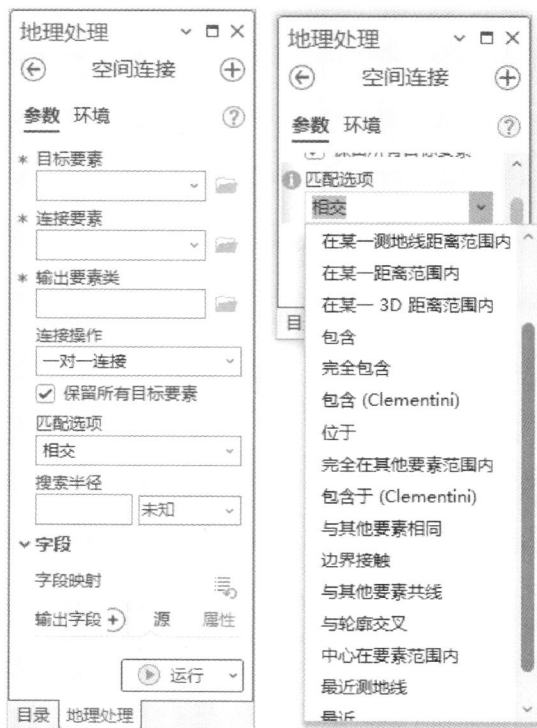

图 8.15 "空间连接"对话框

所有属性均附加到目标要素并复制到输出要素类,如果要定义将写入输出的属性,可通过在连接要素的字段映射参数中操作这些属性。

执行该操作后,两个新字段 JOIN_Count 和 TARGET_FID 会添加至输出要素类,JOIN_Count 表示与每个目标要素(TARGET_FID)匹配的连接要素数。

在"连接操作"参数中指定"一对多连接"时,会向输出要素类添加另一个新字段 JOIN_FID,输出要素类中的每个目标要素都可以包含多个行。使用 JOIN_FID 字段可确定将哪个要素连接到哪个目标要素(TARGET_FID)。JOIN_FID 字段的值为-1,表示没有任何要素符合使用目标要素指定的空间关系。

如果满足以下 2 个条件,则所有输入目标要素将被写入输出要素类。

（1）"连接操作"参数设置为"一对一连接"。

（2）勾选"保留所有目标要素"复选框。

如果连接要素与多个目标要素具有空间关系,则根据目标要素对其进行匹配时会进行多次计数。例如,如果点位于 3 个面内,则该点将计数 3 次,即每个面计数 1 次。

空间连接的匹配条件及其内涵如表 8.1 所示。

表 8.1　空间连接的匹配条件及其内涵

匹 配 条 件	匹 配 内 涵
相交	如果连接要素与目标要素相交,将匹配连接要素中相交的要素,为默认设置。在搜索半径参数中指定距离
3D 相交	如果连接要素中的要素与三维空间(X、Y 和 Z)中的某一目标要素相交,则将匹配这些要素。在搜索半径参数中指定距离
在某一距离范围内	如果连接要素在目标要素的指定距离之内,将匹配处于该距离内的要素。在搜索半径参数中指定距离
在某一测地线距离范围内	与"在某一距离范围内"相同,不同之处在于采用测地线距离而非平面距离。如果数据涵盖较大地理范围或输入的坐标系不适合进行距离计算,则选择此项
在某一 3D 距离范围内	在三维空间内,如果连接要素中的要素与目标要素间的距离在指定范围内,则匹配这些要素。在搜索半径参数中指定距离
包含	如果目标要素中包含连接要素中的要素,将匹配连接要素中被包含的要素。目标要素必须是面或折线。对于此选项,目标要素不能为点,且仅当目标要素为面时连接要素才能为面
完全包含	如果目标要素完全包含连接要素中的要素,将匹配连接要素中被包含的要素。面可以完全包含任意要素。点不能完全包含任何要素,甚至不能包含点。折线只能完全包含折线和点
包含(Clementini)	该空间关系产生的结果与"完全包含"相同,但有一种情况例外,即连接要素完全位于目标要素的边界上(没有任何一部分完全位于内部或外部),则不会匹配要素。Clementini 将边界面定义为用来分隔内部和外部的线,将线的边界定义为其端点,点的边界始终为空
位于	如果目标要素位于连接要素内,将匹配连接要素中包含目标要素的要素。它与"包含"相反。对于此选项,只有当连接要素也为面时目标要素才可为面。只有当点为目标要素时连接要素才能为点
完全在其他要素范围内	如果目标要素完全在连接要素范围内,则匹配连接要素中完全包含目标要素的要素。这与"完全包含"相反
位于(Clementini)	结果与"范围内"相同,但下述情况例外:如果连接要素中的全部要素均位于目标要素的边界上,则不会匹配要素。Clementini 将边界面定义为用来分隔内部和外部的线,将线的边界定义为其端点,点的边界始终为空
与其他要素相同	如果连接要素与目标要素相同,将匹配连接要素中相同的要素。连接要素和目标要素必须具有相同的形状类型,即点到点、线到线和面到面
边界接触	如果连接要素的边界具有与目标要素相接的要素,将匹配这些要素。如果目标和连接要素为线或面,则连接要素的边界只可接触目标要素的边界,且连接要素的任何部分均不可跨越目标要素的边界
与其他要素共线	如果连接要素中具有与目标要素共线的要素,将匹配这些要素。连接要素和目标要素必须是线或面

匹 配 条 件	匹 配 内 涵
与轮廓交叉	如果连接要素的轮廓具有与目标要素交叉的要素,则将匹配这些要素。连接要素和目标要素必须是线或面。如果将面用于连接或目标要素,则会使用面的边界(线)。将匹配在某一点交叉的线,而不是共线的线
中心在要素范围内	如果目标要素的中心位于连接要素内,将匹配这些要素。要素中心的计算方式如下:对于面和多点,将使用几何的质心;对于线,则会使用几何的中点。在搜索半径参数中指定距离
最近	匹配连接要素中与目标要素最近的要素。在搜索半径参数中指定距离
最近测地线	与"最近"相同,不同之处在于采用测地线距离而非平面距离。如果数据涵盖较大地理范围或输入的坐标系不适合进行距离计算,则选择此项
最大重叠	连接要素中的要素将与具有最大重叠的目标要素进行匹配

8.2.8 联合

计算输入要素的几何并集。将所有要素及其属性都写入输出要素类。"联合"对话框如图 8.16 所示。

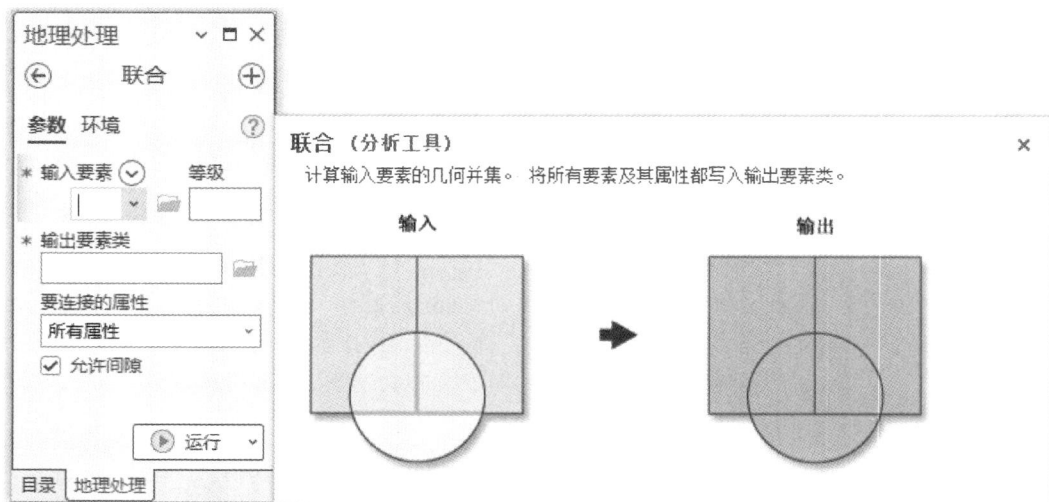

图 8.16 "联合"对话框

所有输入要素类和要素图层都必须有面几何。

"允许间隙"参数可与"要连接的属性"参数的"所有属性"或"仅要素 ID"设置一起使用,这样可以识别出被生成面完全包围的生成区域。这些 GAP 要素的 FID 属性将为-1。

输出要素类将包含各个输入要素类的 FID_<name>属性。例如,如果某个输入要素类的名称为 Soils,则输出要素类中将存在一个 FID_Soils 属性。对于与其他输入要素不相交的任何输入要素(或输入要素的任何部分),FID_<name>值均为-1。在这种情况下,未检测到任何交集的并集中的其他要素类的属性值将不会传递到输出要素。

即使所有输入要素均属于单部件要素,此工具仍可在输出中生成多部件要素。如果不希望生成多部件要素,请对输出要素类使用"多部件至单部件"工具。

8.2.9 相交

"相交"工具用于计算任意数量的要素类和要素图层的几何交集。所有输入的公共(即相交)要素或要素的一部分将被写入到输出要素类。"相交"对话框如图 8.17 所示。

"相交"工具用于执行以下操作。

(1)确定处理所需的空间参考。所确定的空间参考也是输出要素类的空间参考,所有输入要素将被投

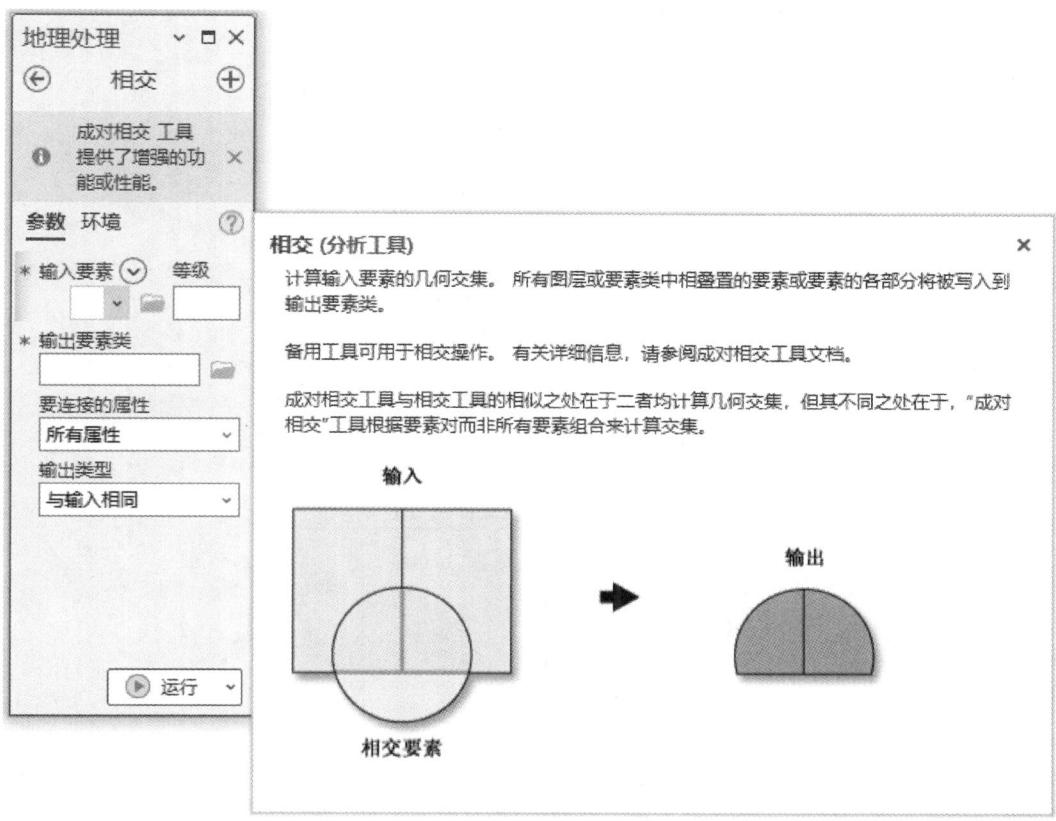

图 8.17 "相交"对话框

影到此空间参考中进行处理。

（2）对要素进行裂化和聚类。裂化操作将在要素边缘的交集处插入折点，聚类操作会将 XY 容差范围内的折点捕捉到一起。

（3）确认来自所有要素类或图层的要素之间的几何关系（交集）。

（4）将这些交集作为要素（点、线或面）写入输出要素类。

"相交"工具可以处理单个输入。在这种情况下，使用此工具不会查找来自不同要素类或图层的要素之间的交集，但会查找该输入中的要素之间的交集。使用此工具可以发现面叠置和线相交（相交为点或线）。

8.2.10 移除重叠

移除多个输入图层中包含的面之间的重叠。"移除重叠"对话框如图 8.18 所示。

输出要素类参数包含已消除重叠的输入面。如果输入面之间不存在重叠，则输出要素类将是输入的副本。

移除面之间的重叠的方法如下。

（1）中心线：将通过创建在面之间均匀分布相交区域的边界移除重叠，这是默认设置。

（2）泰森多边形：使用直线划分相交区域移除重叠。

（3）Grid：将通过创建用于定义面之间的自然划分的平行线格网移除重叠。

8.3 邻近分析

"邻近分析"工具集中包含用于确定一个或多个要素类中或两个要素类间的要素邻近性的工具。这些工具可识别彼此间最接近的要素，或计算各要素之间的距离。

"邻近分析"工具集主要用来分析"什么在什么附近？"类的问题。

（1）这口井距离某个垃圾填埋场有多远？

图 8.18 "移除重叠"对话框

（2）距离某条溪流 1000 米之内是否有道路通过？

（3）两个位置之间的距离是多少？

（4）距某物最近或最远的要素是什么？

（5）一个图层中的每个要素与另一图层中的要素之间的距离是多少？

（6）从某个位置到另一位置最短的街道网络路径是哪条？

8.3.1 创建泰森多边形

此工具用于将输入点要素覆盖的区域划分为泰森区域或邻近区域。这些区域表示其中任何位置到其关联点的距离都比到任何其他点输入要素的距离近的全部区域。"创建泰森多边形"对话框如图 8.19 所示。

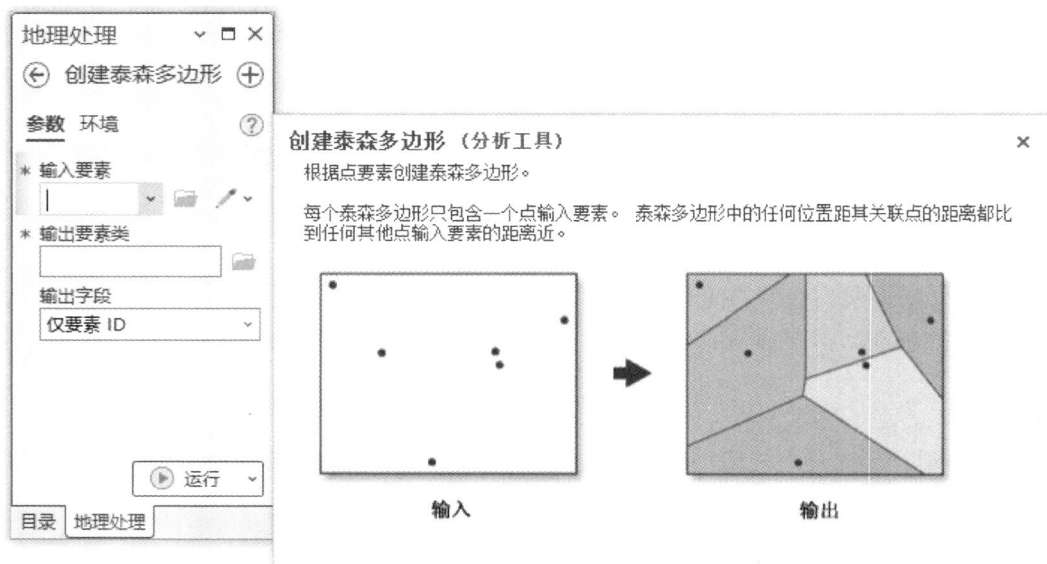

图 8.19 "创建泰森多边形"对话框

该工具使用的 Delaunay 三角测量方法最适用于投影坐标系中的数据，所以对于地理坐标系中的数据，使用该工具可能会产生意外的结果。

输出泰森多边形要素类的外部边界是点输入要素的范围另加 10%，如果范围环境设置为特定的范围窗口，则该工具将使用环境设置来设置其外部边界。

8.3.2 多环缓冲区

在输入要素周围的指定距离内创建多个缓冲区。使用缓冲距离值可以合并和融合这些缓冲区，以便创建非重叠缓冲区。"多环缓冲区"对话框如图 8.20 所示。

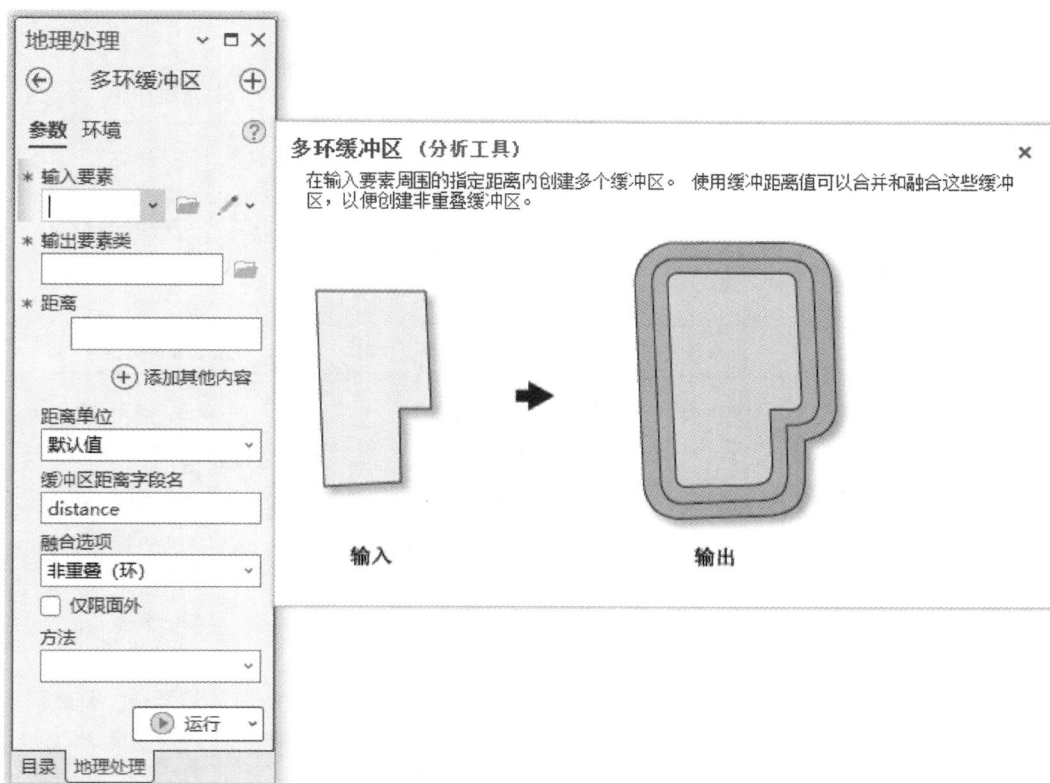

图 8.20 "多环缓冲区"对话框

如果指定了"融合选项"参数为"非重叠（环）"（Python 中的 Dissolve_Option＝"ALL"），则针对"距离"参数中指定的每个距离，输出要素类将包含一个要素，距输入要素相同距离的所有缓冲区都将被一起融合。

8.3.3 邻近分析

可计算输入要素与其他图层或要素类中的最近要素之间的距离和其他邻近性信息。"邻近分析"对话框如图 8.21 所示。

以下字段将添加到输入要素中，如果字段已存在，则将更新字段值，可以使用"字段名称（field_names）"参数配置这些字段名称。

（1）NEAR_FID：最近的邻近要素的对象 ID。如果未发现邻近要素，则该值为－1。

（2）NEAR_DIST：输入要素与邻近要素之间的距离。如果将"方法"参数设置为"测地线"且输入位于地理坐标系中，则该值采用输入要素坐标系的线性单位或者采用米作为单位。如果未发现邻近要素，则该值为－1。

（3）NEAR_FC：包含邻近要素的要素类的目录路径。仅在指定了多个邻近要素时，才会将此字段添加到输出表中。如果未发现邻近要素，则该值为空字符串或为空。

如果勾选"位置"复选框（在 Python 中将 location 参数设置为 LOCATION），则会向输入要素添加以下字段，如果字段已存在，将更新字段值。字段值单位取决于为"方法"参数选择的方法。如果其设置为"平面"，则该值将使用输入要素坐标系的线性单位；如果其设置为"测地线"，则该值将使用与输入要素坐标系相关联的地理坐标系。

（1）NEAR_X：邻近要素中距离输入要素最近位置的 X 坐标。如果未发现邻近要素，则该值为－1。

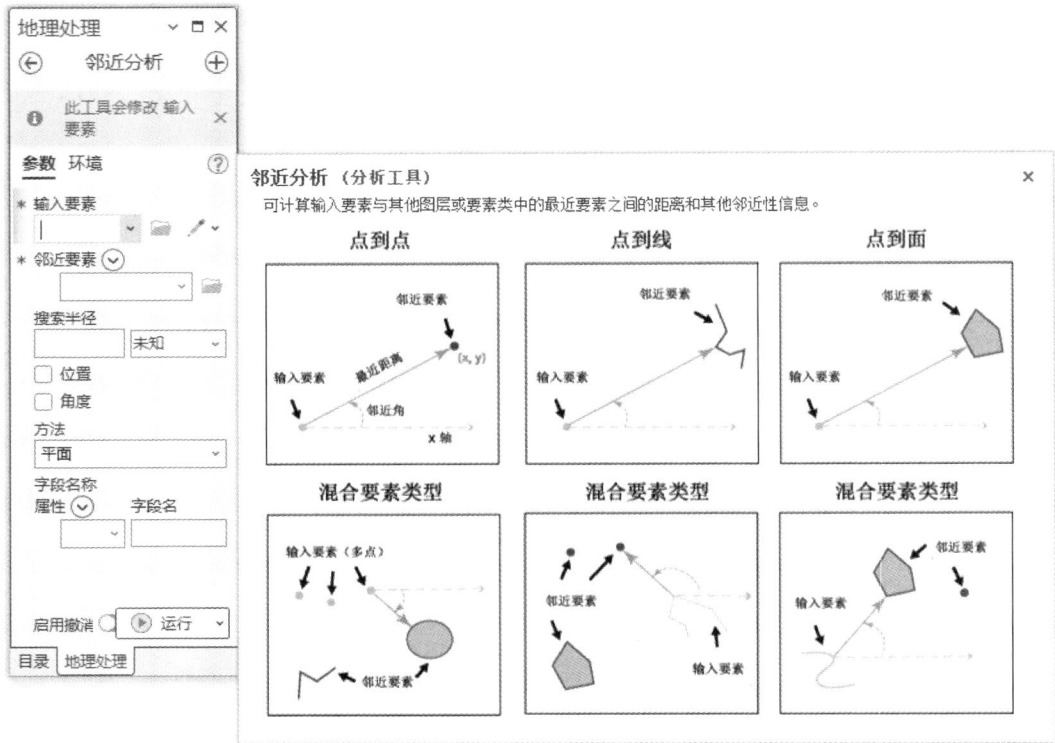

图 8.21 "邻近分析"对话框

（2）NEAR_Y：邻近要素中距离输入要素最近位置的 Y 坐标。如果未发现邻近要素，则该值为−1。

如果勾选"角度"复选框（在 Python 中将 angle 参数设置为 ANGLE），则将向输入要素添加以下字段，如果字段已存在，将更新字段值。

NEAR_ANGLE：连接输入要素和邻近要素的位于 FROM_X 和 FROM_Y 位置的线的角度。如果未找到任何邻近要素或者邻近要素与输入要素相交，则该值将为 0。

如果在搜索半径内未找到任何要素，则 NEAR_FID 和 NEAR_DIST 的值都将为−1。

同一要素类或图层可同时用作输入要素和邻近要素，这种情况下，所评估的输入要素将被排除在邻近要素候选项之外，以避免得出所有要素与其自身最接近的结果。

输入要素可以是已执行要素选择的图层，使用该工具执行操作时将使用并更新所选要素，其余要素会将新建字段（如 NEAR_FID 和 NEAR_DIST）的值设置为−1。

当多个邻近要素与输入要素的最短距离相同时，将随机选择其中一个邻近要素作为最近要素。

如果要显示 FROM_X、FROM_Y、NEAR_X 和 NEAR_Y 位置，可将输出表用作创建 XY 事件图层或 XY 转线工具的输入。

8.3.4 面邻域

根据面邻接（重叠、重合边或结点）创建统计数据表。输出表参数值可以是文件地理数据库表或.dbf 表。"面邻域"对话框如图 8.22 所示。

该工具通过汇总源面和邻域面之间的以下内容来分析面邻接。

（1）重叠面积[重叠邻域（可选）]。

（2）重合边的长度（边邻域）。

（3）边界在源面与邻域面之间的某一点处交叉或接触的次数（节点邻域）。

源面可能具有一个或多个邻域面，邻域面是以至少一种上述方式与源面相关联的空间。

此工具只分析和报告一阶邻接，不检查超出的关系，即不检查邻域的邻域（二阶邻接）。

输出表中还包含以下字段。

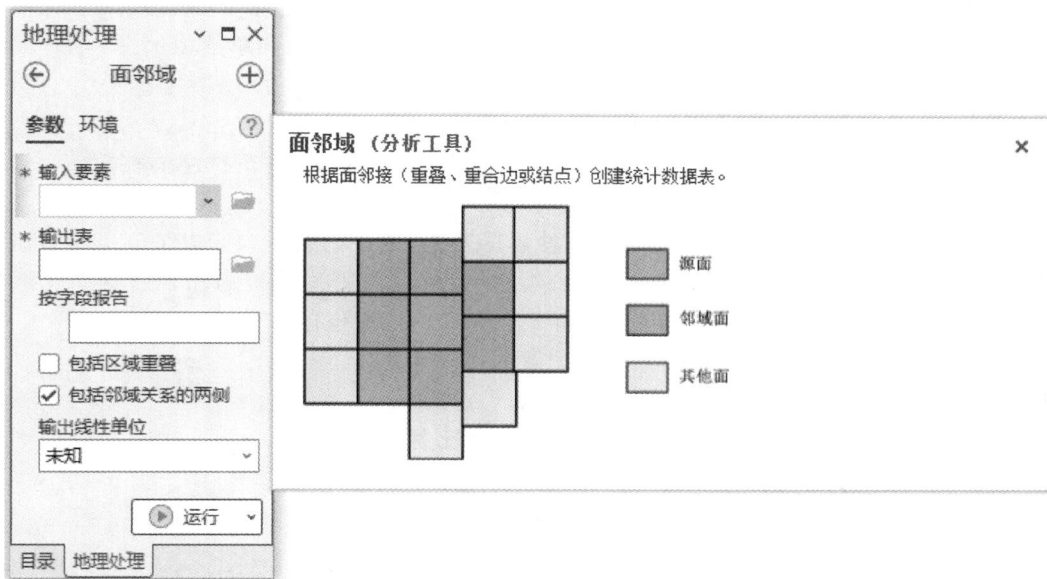

图 8.22 "面邻域"对话框

（1）AREA：此字段用于存储源面和邻域面（重叠邻域）的总重叠面积。仅当勾选"包括区域重叠"复选框时，输出表中才包括此字段（Python 中的 area_overlap＝"AREA_OVERLAP"）。

（2）LENGTH：此字段存储源面和邻域面之间重合边的总长度。

（3）NODE_COUNT：此字段存储源面和邻域面在某一点处交叉或接触的次数。

如果输入要素上有选择集，则将仅分析所选要素。

8.3.5 生成近邻表

计算一个或多个要素类或图层中的要素间距离和其他邻近性信息。与可修改输入的近邻分析工具不同，生成近邻表可将结果写入新的独立表中，并支持查找多个邻近要素。"生成近邻表"对话框如图 8.23 所示。

图 8.23 "生成近邻表"对话框

输出表将包含以下字段。

（1）IN_FID：输入要素的 ObjectID。

（2）NEAR_FID：最邻近要素的 ObjectID。

（3）NEAR_DIST：输入要素至邻近要素的距离。该字段值的距离单位采用输入要素坐标系的线性单位，当"方法"参数设置为"测地线"且输入采用地理坐标系时，该字段值的距离单位为米。

（4）NEAR_FC：包含邻近要素的要素类的目录路径。仅在指定了多个邻近要素值时，才会将此字段添加到输出表中。

（5）NEAR_RANK：将所有邻近要素根据其与单独输入要素的邻近性进行排序的整数值。最近的要素值为1，其次近的要素值为2，以此类推。

如果勾选"位置"复选框（在 Python 中 location 参数设置为 LOCATION），则以下字段将被添加到输出表中。字段值的单位取决于"方法"参数的方法。如果使用"平面"，则值单位为输入要素坐标系的线性单位。如果使用"测地线"，则值单位为与输入要素坐标系相关联的地理坐标系。

（1）FROM_X：输入要素中距离邻近要素最近位置的 X 坐标。

（2）FROM_Y：输入要素中距离邻近要素最近位置的 Y 坐标。

（3）NEAR_X：邻近要素中距离输入要素最近位置的 X 坐标。

（4）NEAR_Y：邻近要素中距离输入要素最近位置的 Y 坐标。

NEAR_DIST 字段的值将采用输入要素坐标系的线性单位，如果输入要素位于地理坐标系中，且方法参数设置为测地线，则 NEAR_DIST 字段将以米为单位。

输出表可使用 IN_FID 字段连接输入要素，或使用 NEAR_FID 字段连接邻近要素。

同一要素类或图层可同时用作输入要素和邻近要素。这种情况下，所评估的输入要素将被排除在邻近要素候选项之外，以避免得出所有要素都与其自身最接近的结果。

8.3.6 生成起点-目的地链接

用于在起点要素到目的地要素间生成连接线，通常被称为蛛网图。"生成起点-目的地链接"对话框如图8.24所示。

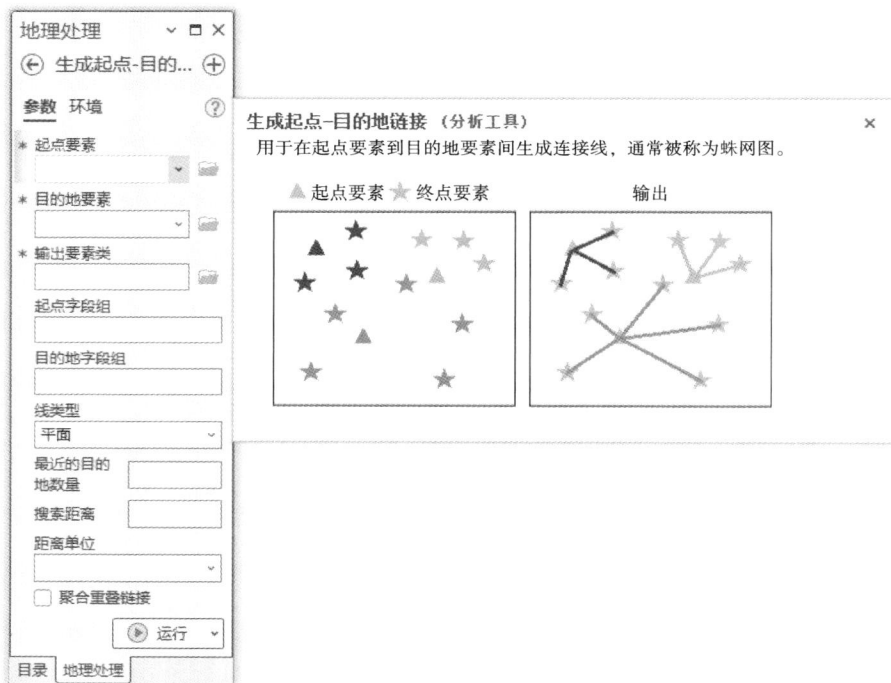

图 8.24 "生成起点-目的地链接"对话框

当起点要素或目的地要素为线或面时，要素质心将用于生成链接。

该输出要素将包含以下属性字段。

（1）ORIG_FID：起点要素的 ObjectID 字段。

（2）ORIG_X：起点要素（或质心）的 X 坐标。

（3）ORIG_Y：起点要素（或质心）的 Y 坐标。

（4）DEST_FID：目的地要素的 ObjectID 字段。

（5）DEST_X：目的地要素（或质心）的 X 坐标。

（6）DEST_Y：目的地要素（或质心）的 Y 坐标。

（7）LINK_DIST：输出链接的长度，以指定测量的距离单位。

（8）GROUP_ID：在起点要素和目的地要素的链接对之间共享分组字段值。仅当同时指定了起点和目的地字段组时，才会添加此字段。

（9）COLOR_ID：用于将原点或组符号化为最多 8 个唯一着色链接数值。该值为介于 1 到 8 之间的随机数。

（10）LINK_COUNT：重叠链接数。在指定聚合重叠链接时，将添加此属性字段。在聚合重叠链接时指定的任何统计数据字段也将添加到输出要素类。

此工具适用于"一对一"和"一对多"关系。例如，将机动车辆盗窃链接到找回位置（一对一），或者执行邻域分析以了解中央总部位置与多个区域办事处位置之间的距离（一对多）。

输出链接图层将包含以下图表，以帮助可视化分析结果。

（1）每个组 ID 计数的条形图（如果指定了组字段）。

（2）每个起点 ID 或组 ID 链接长度总和的条形图（如果指定了组字段）。这对于确定某些起点或组至目的地的总距离非常有用。

（3）每个起点 ID 或组 ID 平均链接长度的条形图（如果指定了组字段）。这对于确定起点要素或组与其链接目的地之间的平均距离非常有用。

（4）每个起点 ID 或组 ID 链接长度分布的箱形图（如果指定了组字段）。这对于确定起点或组的大多数链接至其目的地的长度，以及这些链接长度的范围和分布汇总非常有用。如果起点 ID 或组 ID 具有一个垂直短框，则意味着从该起点或组至所有链接的目的地的距离均相似。如果起点 ID 或组 ID 的框在 Y 轴上位于较高的位置，则大多数链接的长度较长。

8.3.7　圆形缓冲

在输入要素周围某一指定距离内创建缓冲区多边形。在要素周围生成缓冲区时，多种制图形状对缓冲区末端（端头）和拐角（连接）可用。"圆形缓冲"对话框如图 8.25 所示。

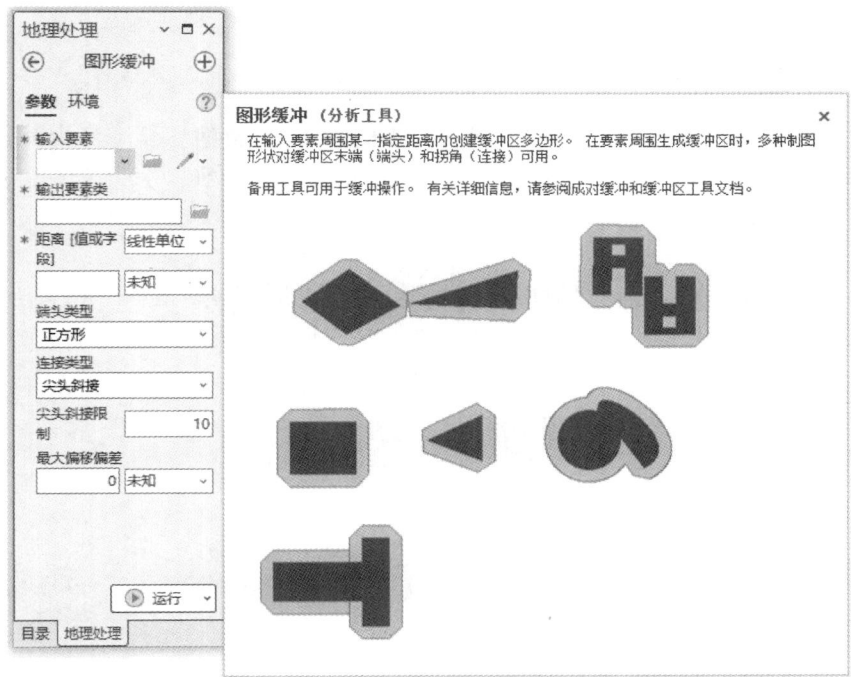

图 8.25　"圆形缓冲"对话框

此工具的输出仅适用于制图显示,不适用于执行进一步分析,原因在于使用它会导致结果错误。

8.4 提取分析

GIS 数据集中通常会包含超出实际需求的数据。"提取分析"工具集允许通过查询(SQL 表达式)或空间和属性提取操作来选择要素类或表中的要素和属性。输出要素和属性将存储在要素类或表中。

8.4.1 按属性分割

按唯一属性分割输入数据集,通过分割字段参数值为每个唯一的属性组合创建要素类或表。"按属性分割"对话框如图 8.26 所示。

8.4.2 表筛选

筛选与结构化查询语言(SQL)表达式匹配的表记录并将其写入输出表。"表筛选"对话框如图 8.27 所示。

图 8.26 "按属性分割"对话框   图 8.27 "表筛选"对话框

输入可以是 dBASE 表或地理数据库表、要素类、表视图或 VPF 数据集。表达式参数可使用查询构建器创建,也可以直接输入。

8.4.3 分割

分割具有叠加要素的输入要素以创建输出要素类的子集。"分割"对话框如图 8.28 所示。

分割字段参数的唯一值构成输出要素类的名称,保存在目标工作空间中。分割要素数据集必须是面。分割字段数据类型必须是字符,其唯一值生成输出要素类的名称。分割字段的唯一值必须以有效字符开头,如果目标工作空间是地理数据库,则字段值必须以字母开头。但是,shapefile 名称可以使用数字开头。此外,目标工作空间必须已经存在。

8.4.4 选择

从输入要素类或输入要素图层中提取要素[通常使用选择或结构化查询语言(SQL)表达式],并将其存储于输出要素类中。"选择"对话框如图 8.29 所示。

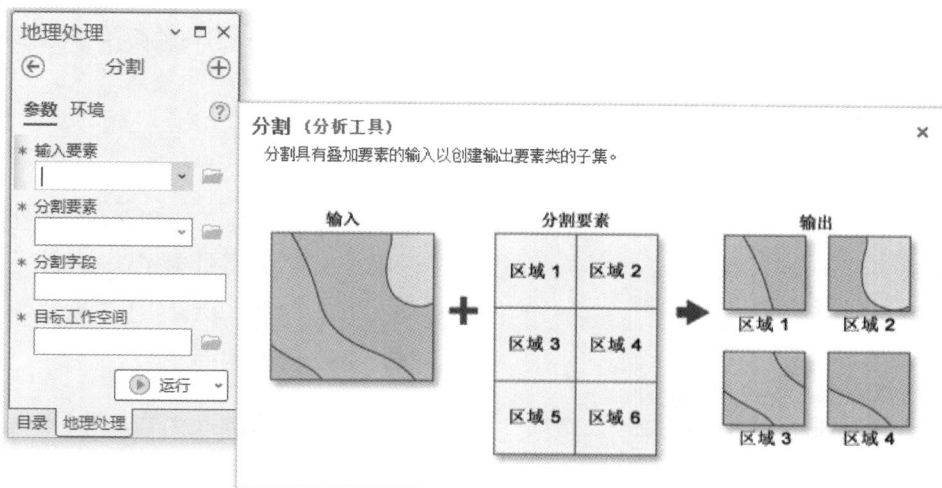

图 8.28　"分割"对话框

图 8.29　"选择"对话框

8.5　统计数据

"统计数据"工具集包含对属性数据执行标准统计分析(平均值、最小值、最大值和标准差等)的工具,也包含对重叠和相邻要素执行面积计算、长度计算和计数统计的工具,还包括丰富工具,用于向数据添加人口统计等人口状况信息,或森林百分比等景观信息。

8.5.1　范围内汇总

将一个面图层与另一个图层叠加,以便汇总各面内点的数量、线的长度或面的面积,并计算面内要素的属性字段统计数据。"范围内汇总"对话框如图 8.30 所示。

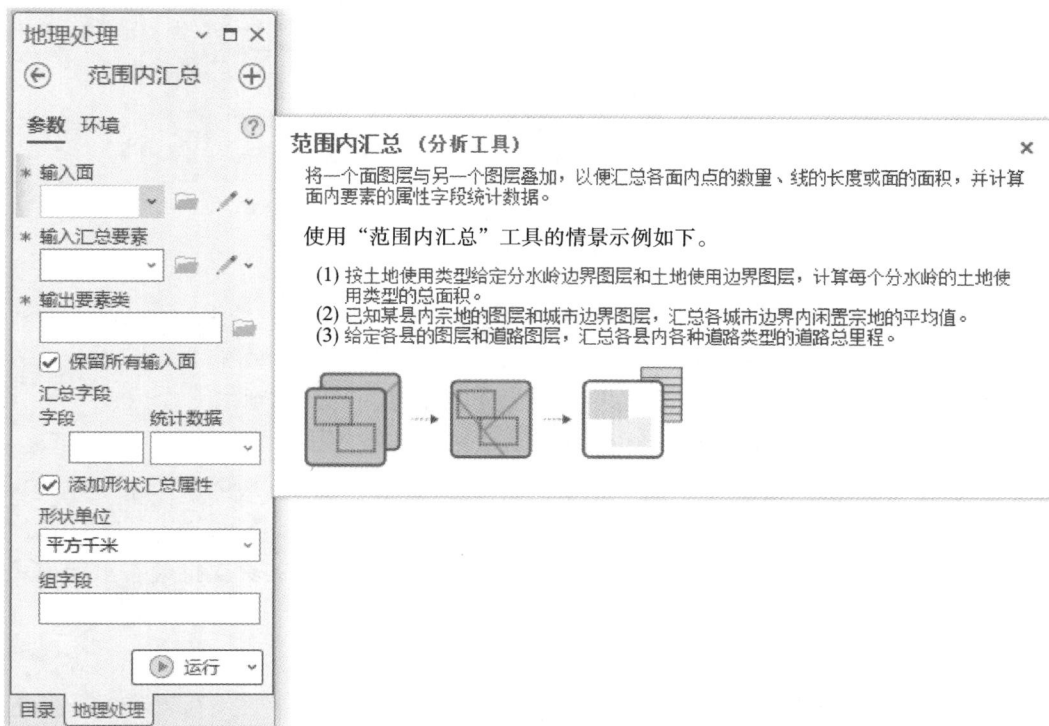

图 8.30　"范围内汇总"对话框

使用"范围内汇总"工具的情景示例如下。

（1）按土地使用类型给定分水岭边界图层和土地使用边界图层，计算每个分水岭土地使用类型的总面积。

（2）已知某县内宗地的图层和城市边界图层，汇总各城市边界内闲置宗地的平均值。

（3）给定各县的图层和道路图层，汇总各县内各种道路类型的道路总里程。

可以从输入点中指定分组字段来创建组。例如，如果要将犯罪事件汇总在邻近地区边界内，可能会有一个含有 5 种不同犯罪类型的 Crime_type 属性。各种唯一的犯罪类型构成一组，并将针对 Crime_type 的每个唯一值计算选择的统计数据。

8.5.2 丰富

可通过添加与数据位置周围的人员及地点相关的人口统计和景观信息来丰富数据。"丰富"对话框如图 8.31 所示。

图 8.31 "丰富"对话框

此工具提供的人口统计和景观信息可以来自 ArcGIS Online 或本地安装的 Business Analyst 数据。如果将 ArcGIS Online 设置为 Business Analyst 数据源，则"丰富"工具将消耗配额。

"丰富"工具将使用详细的聚合和分配设置来汇总数据，并有如下注意事项。

（1）必须登录到 ArcGIS Online 或已安装 Business Analyst Data。

（2）输出要素是所有要素以及输入要素中的属性的副本，其中附加了所选属性。

（3）可以通过地理处理数据源环境设置来指定用于汇总和报表中的 Business Analyst Data。

（4）如果已连接到 ArcGIS Online，则使用点作为输入要素时，"丰富"工具支持动态出行模式。出行模式用于构建面，如行驶时间或行走时间，然后使用数据对其进行丰富。

8.5.3 汇总统计数据

为表中字段计算汇总统计数据。"汇总统计数据"对话框如图 8.32 所示。

使用此工具可执行以下统计运算：总和、平均值、最小值、最大值、范围、标准差、计数、第一个、最后一个、中值、方差和唯一值。

如果已指定了"案例分组字段"参数值,则系统会单独为每个唯一属性值计算统计数据,并且每个唯一的"案例分组字段"参数值均有一条对应的记录。如果未指定"案例分组字段"参数值,则"输出表"参数值中将仅包含一条记录。

使用图层时,仅使用当前所选要素计算统计数据。

8.5.4 交集制表

计算两个要素类之间的交集并对相交要素的面积、长度或数量进行交叉制表。"交集制表"对话框如图 8.33 所示。

区域由"输入区域要素"参数值中与"区域字段"参数值相同的所有要素组成。同样,类由"输入类要素"参数值中与"类字段"参数值相同的所有要素组成。在同一区域或类中的要素不必相连。此工具用于按每个类计算相交区域的大小(面积和区域面积百分比)。

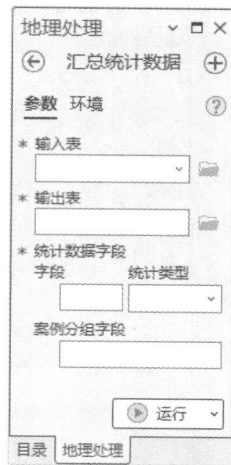

图 8.32　"汇总统计数据"对话框

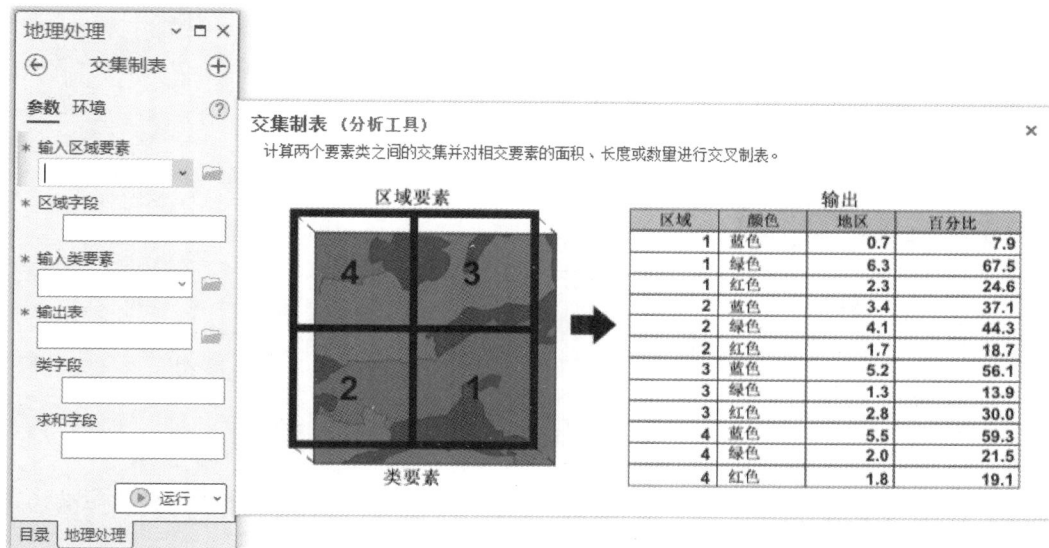

图 8.33　"交集制表"对话框

使用"求和字段"参数可按区域对"输入类要素"参数的数值属性进行求和。类的总和值表示类与区域相交的百分比。使用要素图层时,如果选中了任何要素,则计算中将只使用选中的要素。

使用"数据透视表"工具可将输出表转换成包含每个区域一条记录的、将类属性作为单独的属性字段的表。数据透视表工具的参数的填充方式如下。

(1)输入表:交集制表"输出表"。

(2)输入字段:交集制表"区域字段"。

(3)透视表字段:交集制表"类字段"。

(4)值字段:交集制表"求和字段"或 AREA、LENGTH、PERCENTAGE。

8.5.5 邻近汇总

查找输入图层中要素指定距离内的要素并计算邻近要素的统计数据。距离的测量方式可采用直线距离、行驶时间距离(如 10 分钟内)或行驶距离(5 千米内)。行驶时间和行驶距离的测量要求先使用网络分析权限登录到 ArcGIS Online 组织账户,然后消耗配额。"邻近汇总"对话框如图 8.34 所示。

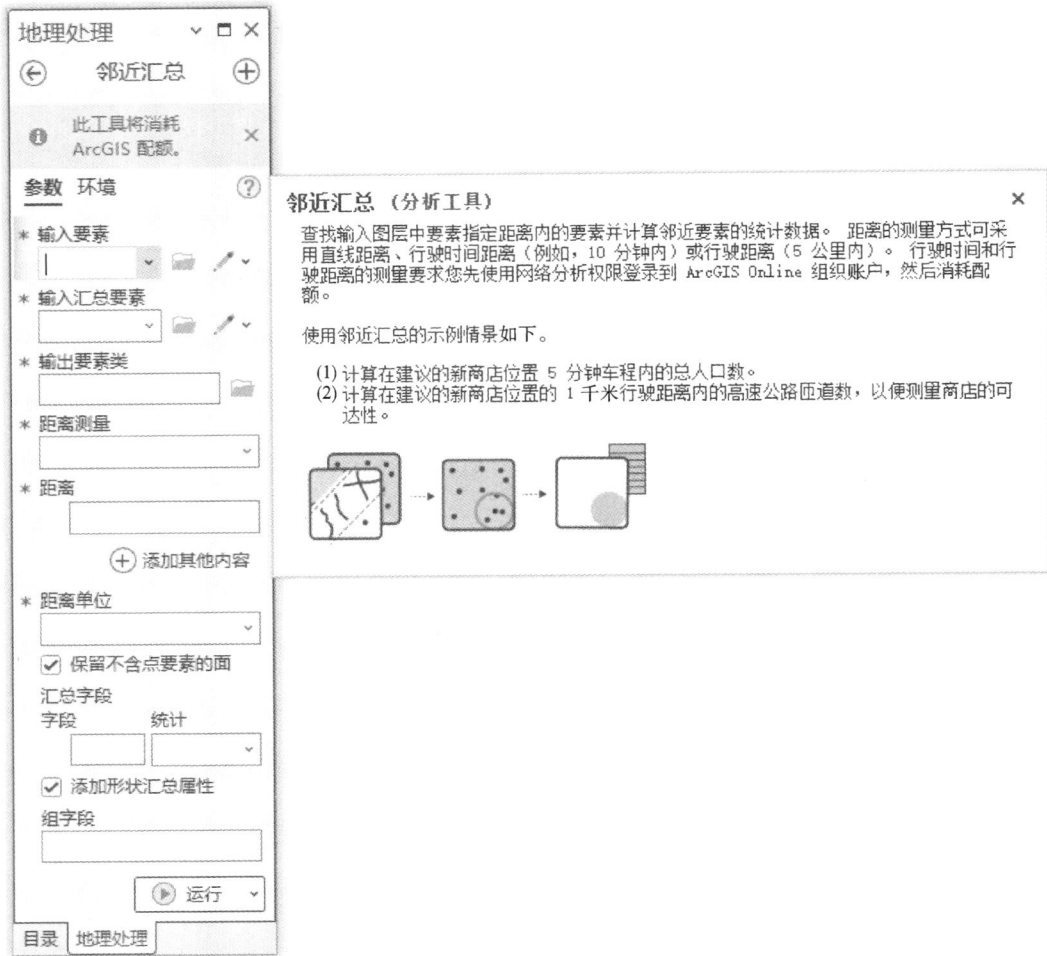

图 8.34 "邻近汇总"对话框

可以指定多个距离,并且各距离值将在各输入要素周围生成一片区域。例如,如果指定 2 个距离,则每个输入要素将被缓冲 2 次,并且输出要素类将包括 2 个区域(每个输入要素对应 1 个区域)。

"范围内汇总"和"邻近汇总"工具在概念上是相同的。使用"范围内汇总"工具,可以在现有面内汇总要素,而使用"邻近汇总"工具,可以在点、线或面周围生成区域并在那些派生的区域内汇总要素。

可以通过从输入点中指定分组字段来创建组。例如,如果要将犯罪事件汇总在邻近地区边界的指定距离范围内,可能会有一个含有 5 种不同犯罪类型的属性 Crime_type。

使用邻近汇总的示例情景如下。

(1)计算在建议的新商店位置 5 分钟车程内的总人口数。

(2)计算在建议的新商店位置的 1 千米行驶距离内的高速公路匝道数,以便测量商店的可达性。

8.5.6 频数

读取一个表和一组字段并创建一个包含唯一字段值和每个唯一字段值出现次数的新表。"频数"对话框如图 8.35 所示。

输出表将包含字段 Frequency、输入表所指定的频数字段和汇总字段,以及指定频数字段各种唯一组合的频数。如果指定了汇总字段,则将按照每个汇总字段的数值属性值汇总频率计算的唯一属性值。

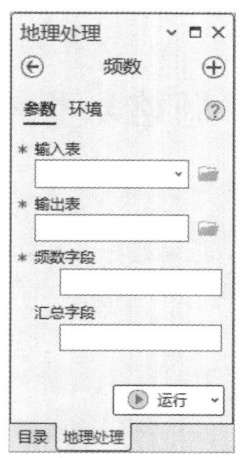

图 8.35 "频数"对话框

第9章 栅格数据空间分析

本章集中介绍栅格空间分析工具,即进行栅格数据分析和运算的各类工具。这些工具集中在"Spatial Analyst 工具箱"。打开这些工具的方式,就是在工具箱标签下,从"Spatial Analyst 工具箱"中找到所需要的工具。如果记得工具名称,可以从"地理处理"工具条顶部检索框中输入工具名称,马上就能找到。

在分析菜单下找到栅格组的【栅格函数 】按钮,单击,打开"栅格函数"工具条(见图 9.1),其中有分类、转换、数据管理、距离分析、重分类、数学分析、水文分析等所需要的许多工具。找到一个工具,单击就可打开。

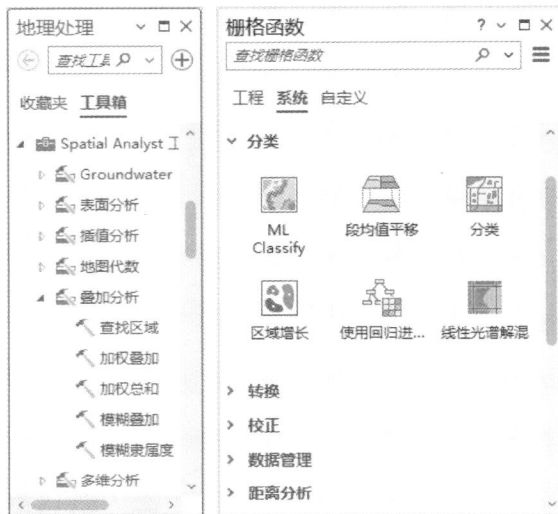

图 9.1 "栅格函数"工具条

在分析菜单下找到栅格组的【函数编辑器 】按钮,单击,打开"栅格空间分析"对话框,新建栅格函数模板 1。单击窗格左上端"栅格函数模板 1"并按住鼠标左键拖拉,可以移动窗格到任意位置,调整窗格大小。单击窗格右上端【 】按钮,打开"栅格函数"窗格,找到要用的函数并拖拉到"栅格空间分析"对话框中(见图 9.2)。像这样,通过组合多个栅格函数完成复杂的空间分析工作。

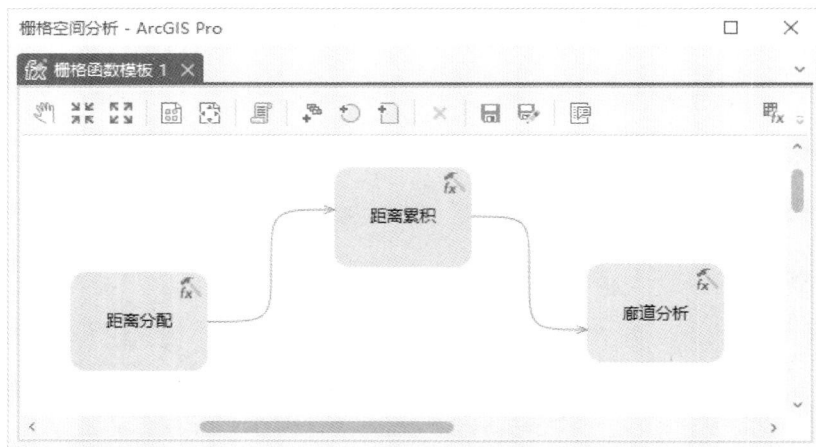

图 9.2 "栅格空间分析"对话框

9.1 空间分析工具概述

本章将介绍"Spatial Analyst 工具箱"中的栅格函数工具,并将逐一介绍每个栅格函数工具的功能和使用要点。

9.2 表面分析

表面分析工具可以量化及可视化以数字高程模型表示的地形地貌。

将栅格高程表面作为输入元素,利用这些工具,通过生成可识别原始数据集中特定模式的新数据集来获取信息。可以得到在原始表面中不容易表现的模式,如等值线、坡度、最陡下坡方向(坡向)、地貌晕渲(山体阴影)和可见性等。

各表面分析工具可进行深入的表面分析,也可作为其他分析的输入。

9.2.1 表面参数

确定栅格表面的参数,例如坡向、坡度和曲率等。"表面参数"对话框如图 9.3 所示。

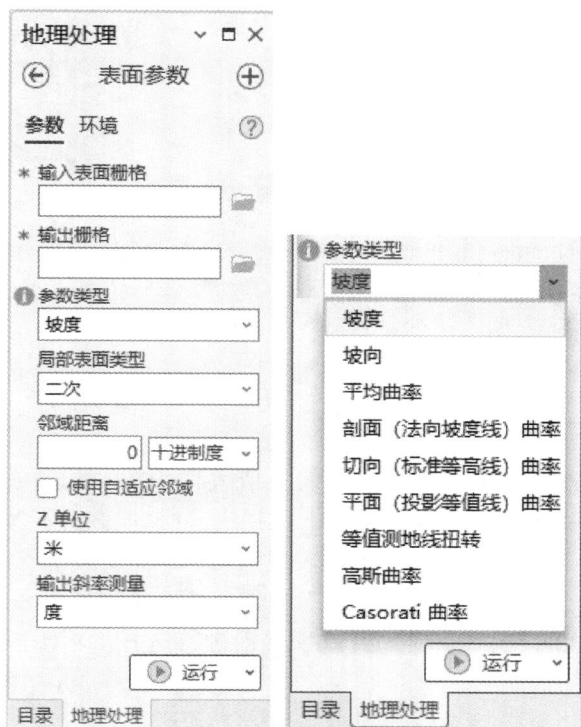

图 9.3 "表面参数"对话框

通过在目标像元周围拟合局部表面来逐个像元地计算输出参数。"参数类型"参数(Python 中的 parameter_type)的可用表面参数选项包括坡度、坡向、平均曲率、切向(标准等值线)曲率、剖面(法向坡度线)曲率、平面(投影等值线)曲率、等值测地线扭转、高斯曲率和 Casorati 曲率。所有输出参数均使用测地坐标和方程式进行计算。

当为"参数类型"参数指定"坡度"(Python 中的 SLOPE)选项时,输出栅格用于表示每个数字高程模型(DEM)像元的高程变化率,且它是 DEM 的一阶导数。坡度输出值的范围取决于测量单位的类型。

当为"参数类型"参数指定"坡向"(Python 中的 ASPECT)选项时,可识别每个位置下坡所面对的罗盘方向。坡向由 0 到 360 度之间的正度数表示,以北为基准方向按顺时针进行测量。

曲率用于描述曲面的形状,当将曲率应用于地球科学时,可以用于了解重力、侵蚀以及其他因素对表面的影响。将其与其他表面参数结合使用,可识别地形并对其进行分类。

9.2.2 测地线视域

"测地线视域"工具使用测地线方法,确定对一组点或折线观察点可见的栅格表面位置。该工具将高程表面转换到地心 3D 坐标系中,并对每个转换的像元中心运行 3D 视线。"测地线视域"对话框如图 9.4 所示。

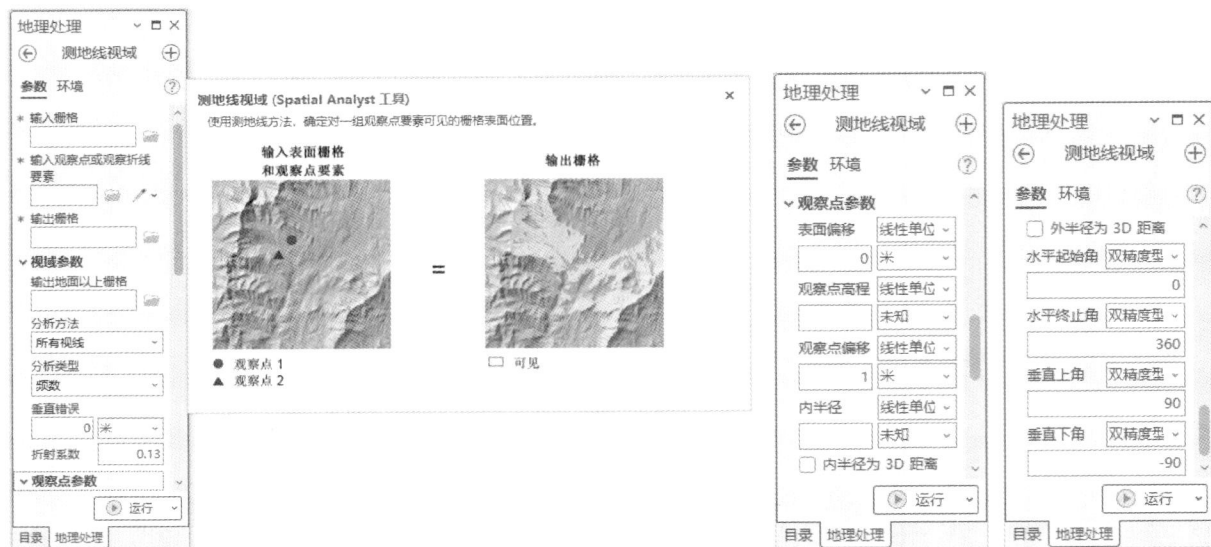

图 9.4 "测地线视域"对话框

该工具将利用图形处理器(GPU)(如果系统上可用),可以有选择地容纳输入高程表面中的垂直不确定性或错误,还可以有选择地为最多 32 个可关联回输入观察点要素类的观察点(点、多点或折线),用来生成观察点-区域关系表。

因此,"测地线视域"工具比"视域"工具能生成更准确的可视性和地面以上(AGL)表面。

9.2.3 插值 Shape

"插值 Shape"工具可通过为表面的输入要素插入 Z 值来将 2D 点、折线或面要素类转换为 3D 要素类。输入表面可以是栅格、不规则三角网(TIN)或 Terrain 数据集。"插值 Shape"对话框如图 9.5 所示。

"方法"参数用来指定要使用的插值类型。当输入表面为栅格时,"方法"参数只能使用"双线性",该选项使用插值点周围 4 个最近的像元中心之间的加权平均值。当输入表面为 TIN 或 Terrain 时,"方法"参数可以在"线性""默认""自然邻域法"或"四个合并"选项之间进行选择。不同插值方法的采样距离设置如表 9.1 所示。

表 9.1 不同插值法的采样距离设置

插 值 方 法	采 样 距 离	描 述
TIN/Terrain 表面-线性插值方法	添加值(打开)	插值主要集中在指定的采样距离及边的相交处
TIN/Terrain 表面-线性插值方法	留空(关闭)	插值仅在边的相交处增密。对于线性插值法,不建议使用采样距离
TIN/Terrain 表面-自然邻域插值方法	添加值(打开)	插值主要集中在指定的采样距离以及硬边相交处。使用自然邻域插值方法时,建议设置采样距离
TIN/Terrain 表面-自然邻域插值方法	留空(关闭)	插值主要集中在边的相交处
栅格表面-双线性插值方法	留空(打开)	插值中心默认为像元大小
栅格表面-双线性插值方法	添加值(打开)	插值主要集中在指定的采样距离处

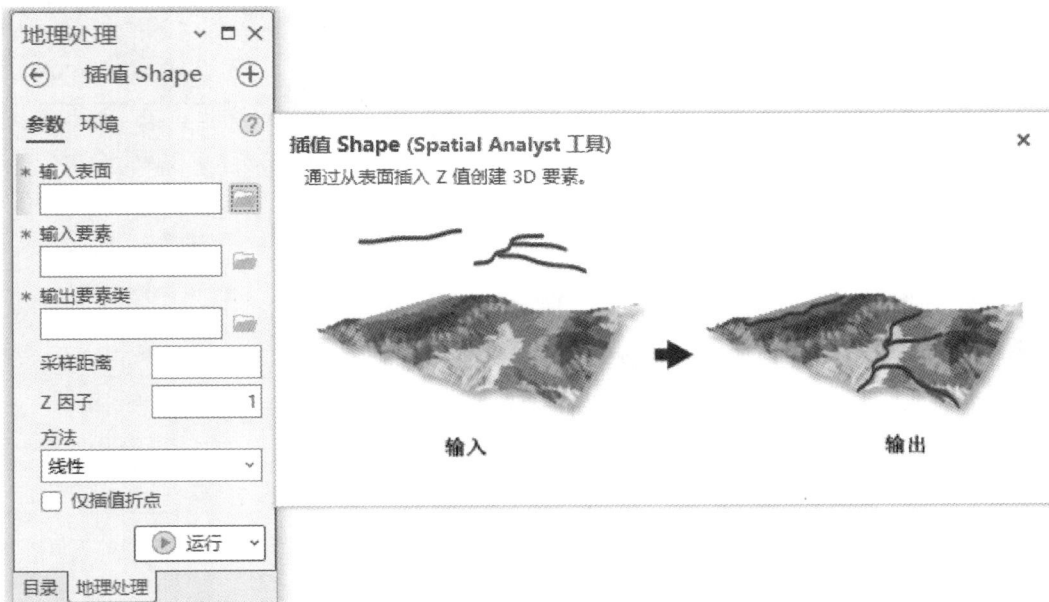

图 9.5 "插值 Shape"对话框

9.2.4 等值线

根据栅格表面创建等值线的要素类。"等值线"对话框如图 9.6 所示。

输出要素类可以将等值线表示为线或面,面有多个选项,例如,如果栅格的值介于 0 和 575 之间,等值线间隔为 250,等值线类型和生成方法如表 9.2 所示。

表 9.2 等值线类型和生成方法

等值线类型	生成等值线或面	生成方法举例
等值线	等值线(等高线)的折线要素类,为默认设置。	值为 250 和 500 处的等值线
等值线面	填充等值线的面要素类	0~250、250~500 和 500~575 之间的非重叠面
等值线壳	面要素类,其中面的上限按间隔值累积增加,下限在栅格最小值处保持不变	0~575、0~500 和 0~250 之间的重叠面
等值线上壳	面要素类,其中面的下限从栅格最小值开始按间隔值累积增加,上限在栅格最小值处保持不变	0~575、250~575 和 500~575 之间的重叠面

9.2.5 等值线列表

根据栅格表面创建所选等值线值的要素类。"等值线列表"对话框如图 9.7 所示。

9.2.6 含障碍的等值线

根据栅格表面创建等值线,如果输入栅格包含障碍要素,则允许在障碍两侧独立生成等值线。"含障碍的等值线"对话框如图 9.8 所示。

计曲线间距可用于生成附加等值线,且其类型值在输出要素类中的编码为 2。例如,想要从 10 米处开始每隔 15 米创建等值线时可使用起始等值线。此处的 10 用于起始等值线,而 15 则为等值线间距。绘制的等值线值为 10、25、40、55,依此类推。

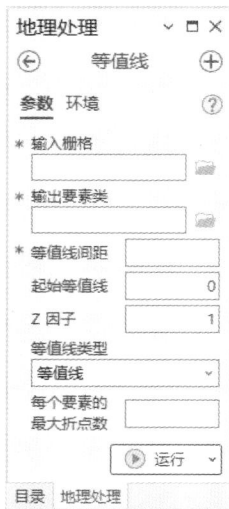

<table>
<tr><td>图 9.6 "等值线"对话框</td><td>图 9.7 "等值线列表"对话框</td><td>图 9.8 "含障碍的等值线"对话框</td></tr>
</table>

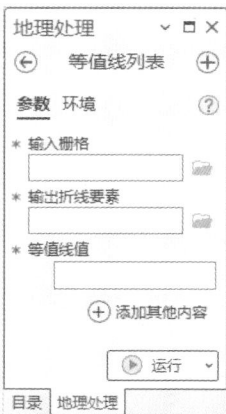

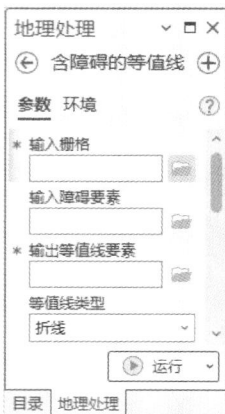

指定起始等值线不会阻止等值线以高于或低于该值的值创建。

9.2.7 山体阴影

通过考虑光照源的角度和阴影,根据表面栅格创建地貌晕渲。"山体阴影"对话框如图 9.9 所示。

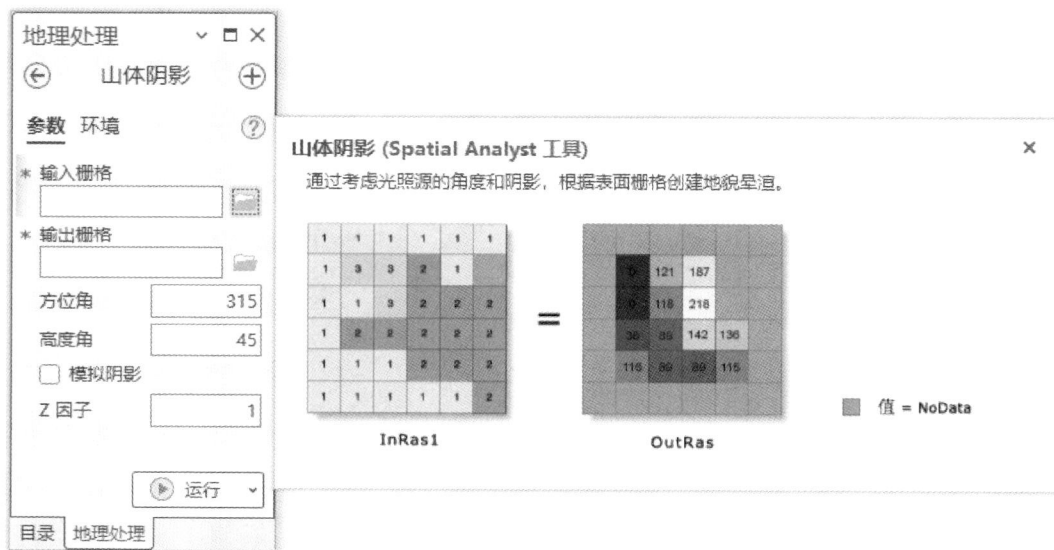

图 9.9 "山体阴影"对话框

通过将高程栅格放置在山体阴影栅格的上方,然后对高程栅格的透明度进行调整,可创建外观精美的地表地貌图。

"山体阴影"工具通过为栅格中的每个像元确定照明度,来获取表面的假定照明度。该工具可以显著增强用于分析或图形显示的表面的可视化效果,尤其是在使用透明度时。

默认情况下,阴影和光是与从 0 到 255(从黑色到白色递增)的整数关联的灰色阴影。

若要对输入栅格进行重采样,需使用双线性技术。例如,当输出栅格与输入栅格的坐标系、范围或像元大小不同时,可对输入栅格进行重采样。

9.2.8 添加表面信息

将获取自表面的统计数据添加到要素属性中。"添加表面信息"对话框如图 9.10 所示。

图 9.10　"添加表面信息"对话框

所有属性都基于 TIN 表面计算,该表面用于为输入要素插入 Z 信息。非 TIN 表面将转换为中间 TIN 数据集。要素将被剪裁到此 TIN 表面的边界,并且仅评估要素和表面共有的区域。

当输入是密集的 LAS 数据集或高分辨率栅格时,此 TIN 的构建时间可能大大增加。如果使用较低分辨率的 TIN 进行分析,可使用"栅格转 TIN"或"LAS 数据集转 TIN"工具生成细化 TIN 表面,以方便用此工具。

"输出属性"参数选项会写入输入要素的属性表中。要素几何的表面属性对应关系如表 9.3 所示。

表 9.3　要素几何的表面属性对应关系

要素几何	表面属性
点	从表面上点的 X、Y 坐标插入的点高程
多点	多点记录中所有点的最小、最大、平均高程
折线	(1) 沿着表面的线的 3D 距离; (2) 沿着表面的线的最小、最大、平均高程和坡度
面	(1) 与面重叠的表面的 3D 区域; (2) 来自表面的最小、最大、平均高程和坡度

9.2.9　填挖方

计算两表面间体积的变化。该工具通常用于填挖操作,"填挖方"对话框如图 9.11 所示。

"填挖方"工具可基于操作前后两个输入表面创建一个地图,以便显示出由于移除或添加表面材料而发生变化的表面材料的面积和体积。两个输入栅格表面必须重叠,即必须具有公共原点、相同的像元行数和列数以及相同的像元大小。若要对输入栅格进行重采样,需使用双线性技术。例如,当输出栅格与输入栅格的坐标系统、范围或像元大小不同时,可对输入栅格进行重采样。

执行填挖操作时,默认情况下,将对图层使用专用渲染器来高亮显示执行填挖操作的位置。输出栅格的属性表用于确定显示方式,并且分别将正体积和负体积视为挖出材料的位置(已移除)和填充材料的位置

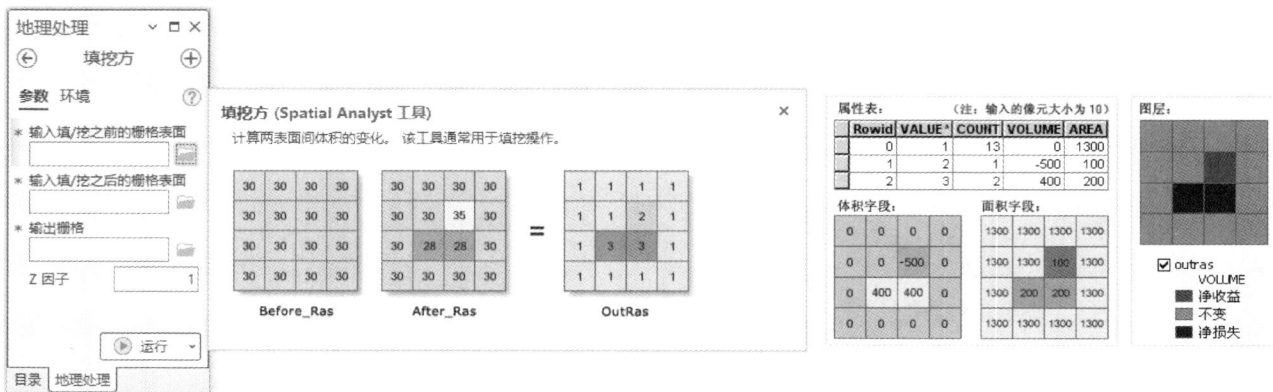

图 9.11 "填挖方"对话框

（已添加）。

"填挖方"工具的应用情景如下。

（1）识别河谷中出现泥沙侵蚀和沉淀的区域。

（2）计算要移除的地表材料的体积以及要填充的面积，以便将某一场地用作建筑施工场地。

（3）研究在泥石流期间经常被地表材料淹没的区域，以确定可用于建造房屋的安全区域。

9.3 插值分析

"插值分析"工具集用于根据采样点值创建连续（或预测）表面。对分散的采样位置进行测量，然后可将预测值指定给其他所有位置。输入点的间距可以是随机的或固定的，也可以根据采样方案来确定。

栅格数据集的连续表面表示某些测量值，如高度、密度或量级（如高程、酸度、噪点级别）。表面插值工具会根据输出栅格数据集中所有位置的采样测量值进行预测，而无论是否已在该位置进行了测量。

得出每个位置的预测值的方法有很多种，且每种方法都被称为一个模型。使用各个模型时，会对数据进行各种假设，并且特定的模型适用于某些特定的数据。例如，对于本地变量来说，一个模型可能比另一个模型更适合。每个模型在生成预测值时使用的计算方法是不同的。

插值工具通常分为确定性插值方法和地统计插值方法。

确定性插值方法将根据周围测量值和表面平滑度的指定数学公式将值指定给位置。确定性插值方法包括反距离权重法（inverse distance weighting，IDW）、自然邻域法、趋势面法和样条函数法。

地统计插值方法以包含自相关（测量点之间的统计关系）的统计模型为基础，因此地统计方法不仅具有生成预测表面的功能，而且能够对预测的确定性或准确性提供某种度量。克里金法是一种地统计插值方法。

插值工具"地形转栅格"和"依据文件实现地形转栅格"将使用专为从等值线创建连续表面而设计的插值方法，此类方法还可以创建水文分析表面的属性。

9.3.1 地形转栅格

"地形转栅格"工具属于一种插值方法，专门用于创建符合真实地表的数字高程模型（DEM）。"地形转栅格"对话框如图 9.12 所示。

在施加约束的同时，"地形转栅格"工具会为栅格内插高程值，从而确保地形结构连续及准确呈现输入等值线数据中的山脊和河流。因此，它是唯一专门用于智能处理等值线输入的 ArcGIS Pro 插值器。

容差 2 应至少比容差 1 大 6 倍。容差 1 和容差 2 设置的典型值如下。

（1）对于比例为 1∶100000 的点数据，容差典型值分别使用 5.0 和 200.0。

（2）对于比例高达 1∶500000 的较不密集的点数据，容差典型值分别使用 10.0 和 400.0。

（3）对于等值线间距为 10 的等值线数据，容差典型值分别使用 5.0 和 100.0。

图 9.12 "地形转栅格"对话框

要使带有输入和参数的实验更简便，可使用"地形转栅格"工具创建一个输出参数文件，此文件可在任何文本编辑器中进行修改，然后通过文件实现"地形转栅格"工具的输入。

此工具运行时会占用大量内存，因此不能创建较大的输出栅格，当需要创建较大的输出栅格时，可使用"边距"参数生成较小的输出栅格。

输入要素数据类型及说明如表 9.4 所示。

表 9.4 输入要素数据类型及说明

输入要素类型	说　　明
点高程	表示表面高程的点要素类。"字段"用于存储点的高程
等值线	表示高程等值线的线要素类。"字段"用于存储等值线的高程
河流	河流位置的线要素类。所有弧线必须指向下游，要素类中应该仅包含单条弧线组成的河流。此输入类型没有"字段"选项
汇	表示已知地形凹陷的点要素类。此工具不会试图将任何明确指定为汇的点从分析中移除。所用"字段"应存储了合理的汇高程。如果选择了 NONE，将仅使用汇的位置
边界	包含表示输出栅格外边界的单个面的要素类。在输出栅格中，位于此边界以外的像元将为 NoData。此选项可用于在创建最终输出栅格之前沿海岸线裁剪出水域。此输入类型没有"字段"选项
湖泊	指定湖泊位置的面要素类。湖面内的所有输出栅格像元均将指定为使用沿湖岸线所有像元高程值中最小的那个高程值。此输入类型没有"字段"选项
悬崖	悬崖的线要素类。必须对悬崖线要素进行定向以使线的左侧位于悬崖的低侧，线的右侧位于悬崖的高侧。此输入类型没有"字段"选项
排除	其输入数据是应被忽略的区域的面要素类。这些面允许从插值过程中移除高程数据，通常将其用于移除与堤壁和桥相关联的高程数据，这样就可以内插带有连续地形结构的基础山谷。此输入类型没有"字段"选项

输入要素类型	说　明
海岸	包含沿海地区轮廓的面要素类。位于这些面之外的最终输出栅格中的像元会被设置为小于用户所指定的最小高度限制的值。此输入类型没有"字段"选项

9.3.2　反距离权重法

使用反距离权重法(IDW)将点插值成栅格表面。"反距离权重法"对话框如图 9.13 所示。

反距离权重法使用一组采样点的线性权重组合来确定像元值。权重是一种反距离函数,进行插值处理的表面应当是具有局部因变量的表面。

此方法假定所映射的变量与其采样位置的距离越远,则影响越小。例如,为分析零售网点而对购电消费者的表面进行插值处理时,在较远位置购电影响较小,这是因为人们更倾向于在家附近购物。

反距离权重法主要依赖于反距离的幂值。"幂"参数可基于距输出点的距离来控制已知点对内插值的影响,且其是一个正实数,默认值为 2。

通过定义更高的幂值,可进一步强调最近点。作为常规准则,认为值为 30 的幂是超大幂,因此不建议使用。此外还需牢记一点,如果距离或幂值较大,则可能生成错误结果。

9.3.3　含障碍的样条函数

利用障碍将点插值成栅格表面,障碍以面要素或折线要素的形式输入。"含障碍的样条函数"对话框如图 9.14 所示。

图 9.13　"反距离权重法"对话框

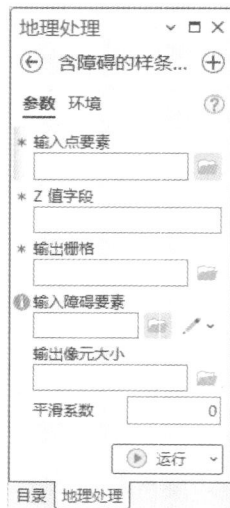

图 9.14　"含障碍的样条函数"对话框

"含障碍的样条函数"工具应用了最小曲率样条法,通过单向多格网技术,以初始的粗糙格网(如按输入数据的平均值进行初始化的格网)为起点在一系列精细格网间移动,直至目标行和目标列的间距足以使表面曲率接近最小值。

应用于各像元的变形通过分子求和公式计算得出,即将 12 个相邻像元的加权求和结果与中心目标像元的当前值相比,从而为目标像元计算出一个新值。

某些输入数据集可能包含多个具有相同 X、Y 坐标的点。如果共有位置处的点的值相同,则将其视为重复项,但并不影响输出;如果值不同,则将这些点视为重合点。

各种插值工具可在不同条件下以不同方式处理此数据。例如,在某些情况下,使用遇到的第一个重合点进行计算;而在其他情况下,则使用遇到的最后一个点进行计算。这可能导致输出栅格中某些位置的值与预期值不同,解决办法就是在准备数据时移除这些重合点。"空间统计"工具箱中的"收集事件"工具可用于识别数据中所有的重合点。

9.3.4　经验贝叶斯克里金法

经验贝叶斯克里金法(EBK)是一种地统计插值方法,可自动执行构建有效克里金模型过程中的那些最困难的步骤,再通过反复模拟,对基础半变异函数估算中的错误进行说明。"经验贝叶斯克里金法"对话框如图9.15所示。

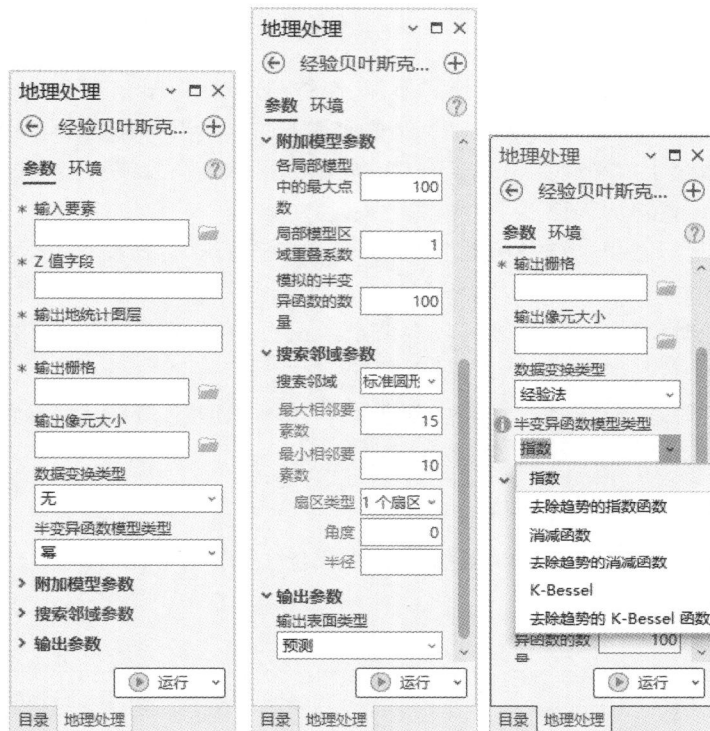

图 9.15　"经验贝叶斯克里金法"对话框

与其他插值方法相比,经验贝叶斯克里金法具有如下优点。
(1) 极少的交互式建模。
(2) 预测标准误差比其他克里金方法更准确。
(3) 可准确预测一般程度上不稳定的数据。
(4) 对于小型数据集,比其他克里金法更准确。

每种半变异函数都具有其各自的优缺点,选择半变异函数时,应考虑函数模型的计算时间和灵活性(精确覆盖广大范围数据集的能力)。大多数情况下,应根据下列条件明确选择半变异函数。

(1) 如果愿意耐心等待获取最准确的结果,应选择 K-Bessel 或去除趋势的 K-Bessel 函数。应根据是否存在趋势选择相应的函数。

(2) 如果需要快速获得结果,并愿意牺牲一定的精度,应选择线性函数或薄板样条函数。如果不存在趋势或趋势很弱,则更适合选择线性函数。

(3) 如果需要平衡精度和速度,幂函数是个不错的选择。

(4) 如果需要进行变换,但又无法长时间等待结果,应选择指数或消减函数(或未去除趋势的对应函数)。另外还应考虑进行交叉验证。

9.3.5　趋势面法

将点插值成栅格表面。"趋势面法"对话框如图9.16所示。

"趋势面法"工具通过全局多项式插值法将由数学函数(多项式)定义的平滑表面与输入采样点进行拟合,使趋势表面可以逐渐变化,并捕捉数据中的粗尺度模式。

使用趋势面法可获得感兴趣区域表面渐进趋势的平滑表面。此种插值法适用于以下情况。

(1)感兴趣区域的表面在各位置间出现渐变时,可将该表面与采样点拟合,例如,工业区的污染情况。

(2)检查或排除长期趋势或全局趋势的影响。

在趋势面法中,将通过可描述物理过程的低阶多项式创建渐变表面,例如,污染情况和风向。但使用的多项式越复杂,为其赋予物理意义就越困难。此外,计算得出的表面对异常值(极高值和极低值)非常敏感,尤其是在表面的边缘处。

9.3.6 样条函数法

使用二维最小曲率样条法将点插值成栅格表面。"样条"对话框如图 9.17 所示。

"样条"工具应用的插值方法是利用最小化表面总曲率的数学函数来估计值,从而生成恰好经过输入点的平滑表面。此方法最适合生成平缓变化的表面,如高程、地下水位高度或污染程度。

"点数"的值越大,输出栅格的表面越平滑。

使用"样条函数法类型"的"规则样条函数"选项所生成的表面通常比使用"张力样条函数"选项创建的表面更平滑。

使用"规则样条函数"时,"权重"参数输入较高值可生成更加平滑的表面,且该参数输入的值必须大于或等于 0,典型值为 0、0.001、0.01、0.1 和 0.5。

使用"张力样条函数"时,"权重"参数输入较高值会产生略微粗糙的表面,但表面与控制点紧密贴合,且输入的值必须大于或等于 0,典型值为 0、1、5 和 10。

9.3.7 依据文件实现地形转栅格

通过文件中指定的参数将点、线和面数据插值成符合真实地表的栅格表面。"依据文件实现地形转栅格"对话框如图 9.18 所示。

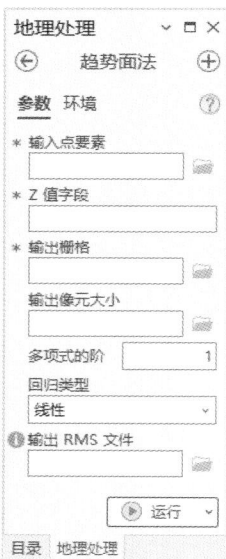

图 9.16 "趋势面法"对话框　　图 9.17 "样条"对话框　　图 9.18 "依据文件实现地形转栅格"对话框

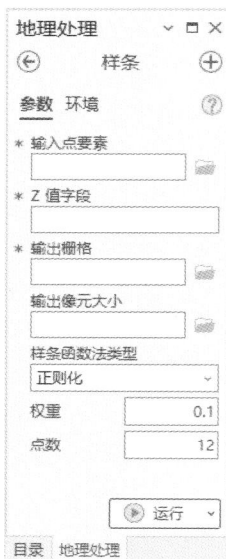

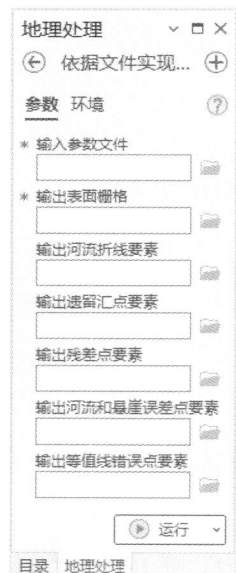

"依据文件实现地形转栅格"工具在多次执行"地形转栅格"工具的情况下非常有用,因为更改参数文件中的单个条目然后重新运行工具通常要比每次都重新填充工具对话框方便。

参数文件的结构:首先列出输入数据集,然后列出各种参数设置,最后列出输出选项。

输入数据用于识别输入数据集及各个字段(如果适用)。有 9 种输入类型:等值线、点高程、汇、河流、湖泊、边界、悬崖、排除和海岸。根据需要选择使用合理数量的输入。输入数据的顺序不会对结果造成任何影响。＜Path＞表示到数据集的路径，＜Item＞表示字段名，而＜♯＞则表示要输入的值。

9.3.8　自然邻域法

使用自然邻域法将点插值成栅格表面。"自然邻域法"对话框如图9.19(a)所示。

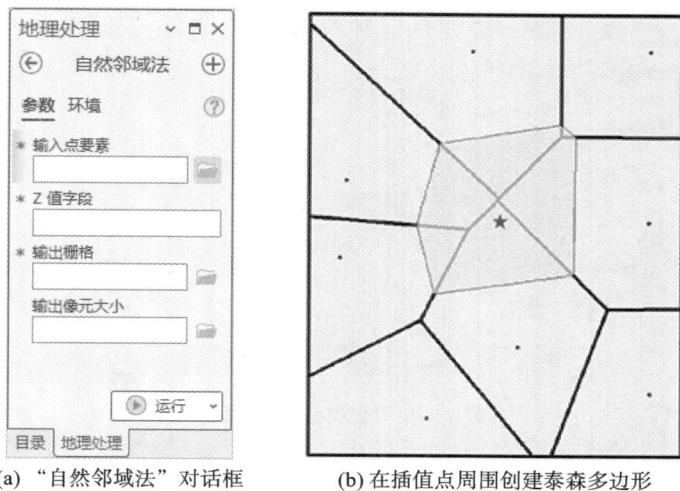

(a)　"自然邻域法"对话框　　(b) 在插值点周围创建泰森多边形

图 9.19　"自然邻域法"对话框及在插值点周围创建泰森多边形

"自然邻域法"工具使用的算法可找到距查询点最近的输入样本子集，并基于区域大小按比例对这些样本应用权重来进行插值。

所有点的自然邻域都与邻近泰森(Voronoi)多边形相关。最初，泰森多边形由所有指定点构造而成，并由橄榄色的多边形表示。然后会在插值点(红星)周围创建米色的新泰森多边形。这个新的多边形与原始多边形之间的重叠比例将用作权重[见图9.19(b)]。

该插值方法根据输入数据的结构进行局部调整，而无须用户输入与搜索半径、样本计数或形状有关的数据。对于规则和不规则分布的数据，它的效果一样好。

9.4　叠加分析

"叠加分析"工具集将权重应用到多个输入图层，把它们合并成一个输出图层，同时遵守分布与形状规范，并标识该结果范围内的首选位置，常用于适宜性建模。

有多种方法可执行叠加分析。使用此工具集中的工具以及 Spatial Analyst 工具箱中的其他工具执行此类分析时，可遵循此系列一般步骤。每种方法基于不同的假设，因此它们都有各自特定的数字含义和分析技术。选择何种方法取决于要解决的问题。

"加权叠加"和"加权总和"工具利用常规的方法对叠加分析中的多个输入栅格进行重新分类和加权，"模糊叠加"及"模糊隶属度"工具将模糊逻辑作为一种机制来解决属性及空间数据集中几何的固有不精确问题。

"查找区域"工具允许标识组合表面中能满足特定需求的最佳位置或区域，可以控制所需总面积、面积应分布的区域数、区域形状以及区域之间距离。

9.4.1　查找区域

"查找区域"工具可识别输入栅格中符合特定大小要求和空间约束的最佳区域，区域是含有相同值的连续像元组，可在此工具中定义一些要求和约束，其中包括要选择的总面积、总面积将分布的区域数、所需区域的形状以及区域间的最小距离和最大距离。"查找区域"对话框如图9.20所示。

"查找区域"工具经常与"成本连通性"工具结合使用，以通过最有效的方式选择和连接最佳可用区域。要进行此项分析，首先需要一个适宜性表面，该表面可通过使用此工具集中的其他工具进行创建；其次使用

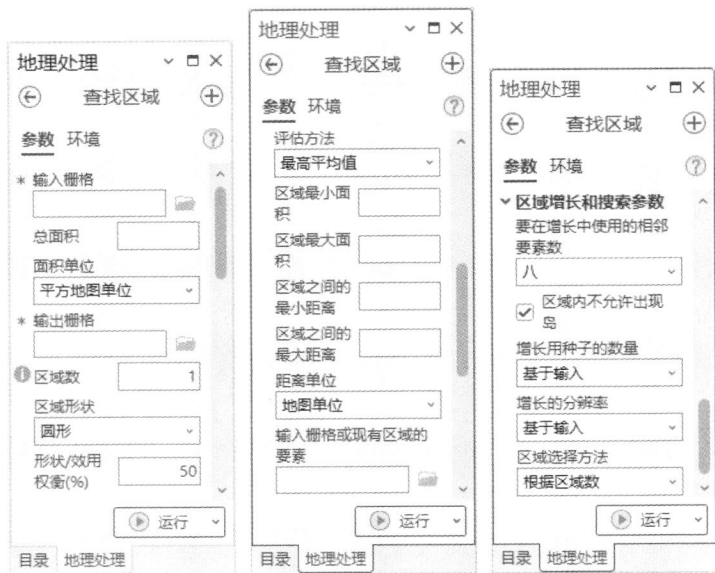

图 9.20　"查找区域"对话框

"查找区域"工具识别最佳可用区域;最后使用"成本连通性"工具确定区域间成本最低的路径网络。

适宜性模型创建的表面在下列情况中能够识别最佳区域。

(1)要保护鹿最为偏爱的栖息地。为了维持种群活力,需要 8 个栖息地(区域),且每个区域必须为 50 英亩(约 0.34 平方千米)左右的连续地块。为了维持兽群内的繁育机会,这些区域间的距离需要足够近,以便彼此之间可通过野生动物廊道相连。

(2)采伐作业中取得木材的最佳位置。为使其具有经济可行性,采伐的面积(区域)必须至少达到连续的 250 英亩(约 1.01 平方千米),且相邻区域间的距离必须在 1 英里(约 1.61 千米)以内。

(3)新建购物中心的理想位置。购物中心的最佳面积为 60 英亩(约 0.24 平方千米),而建造用地应为连续区域,且建筑用地(区域)的形状应尽量紧凑。

9.4.2　加权叠加

"加权叠加"工具采用最常用的叠加分析方法,来解决多准则问题,如地点选择和适宜性建模。在加权叠加分析中,将执行所有的常规叠加分析步骤。"加权叠加"对话框如图 9.21 所示。

在加权叠加分析中,必须定义问题、将模型分解为子模型并确定输入图层。

"加权叠加"工具允许在一个工具中执行整个常规叠加分析过程的所有步骤,具体如下。

(1)将输入栅格中的值进行重分类,使其具有相同的评估等级(适宜性或优先级和风险)或一些类似的统一等级。

(2)将每个输入栅格的像元值乘以栅格的重要性权重。

(3)将上述各结果像元值相加以生成输出栅格。

该工具只接受整型栅格作为输入,如土地利用或土壤类型栅格,连续(浮点型)栅格必须重分类为整型栅格才能使用。

9.4.3　加权总和

"加权总和"工具可以对多个输入栅格进行加权及组合,以创建整合式分析。该函数可以轻松地将多个栅格输入(代表多种因素)与组合权重或相对重要性结合。换言之,加权总和可将每个输入栅格的指定字段值与指定权重相乘,然后将所有输入栅格相加来创建输出栅格。"加权总和"对话框如图 9.22 所示。

"加权总和"工具与"加权叠加"工具类似,两种工具主要区别如下。

(1)"加权总和"工具不会将重分类值重设到评估等级。

(2)"加权总和"工具允许使用浮点值和整型值,而"加权叠加"工具仅接受整型栅格作为输入栅格。

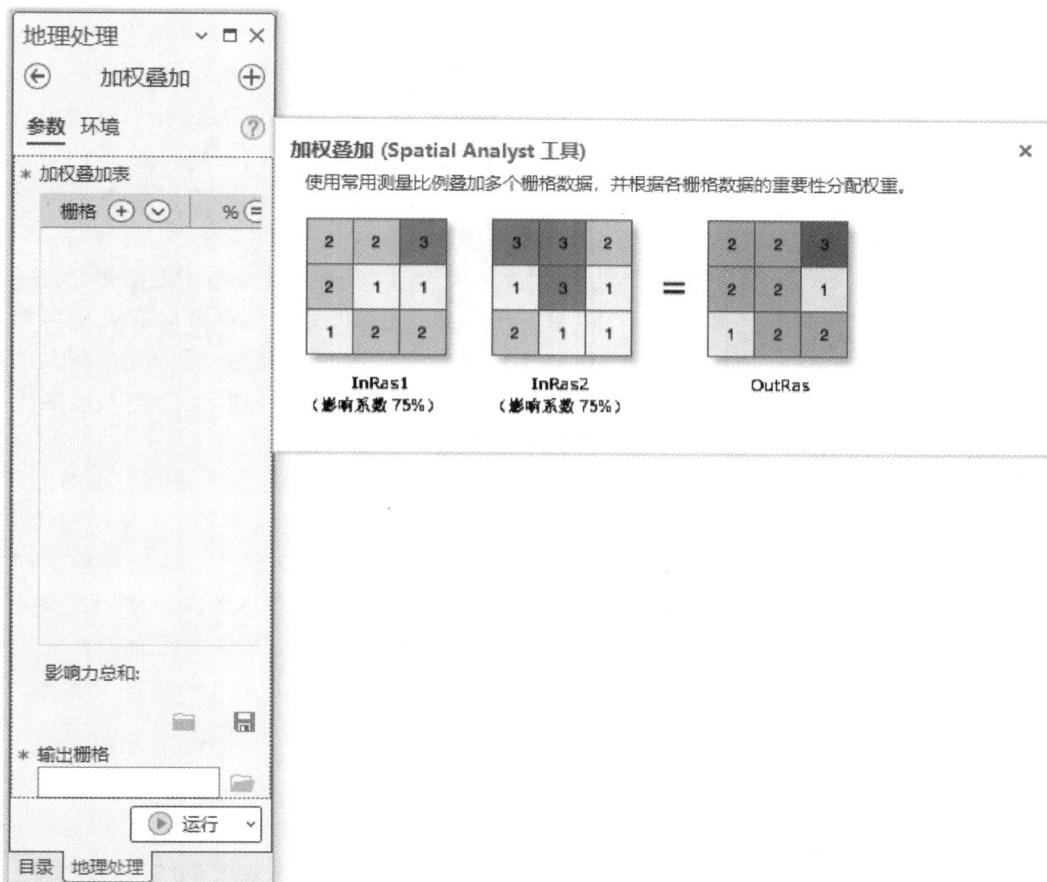

图 9.21 "加权叠加"对话框

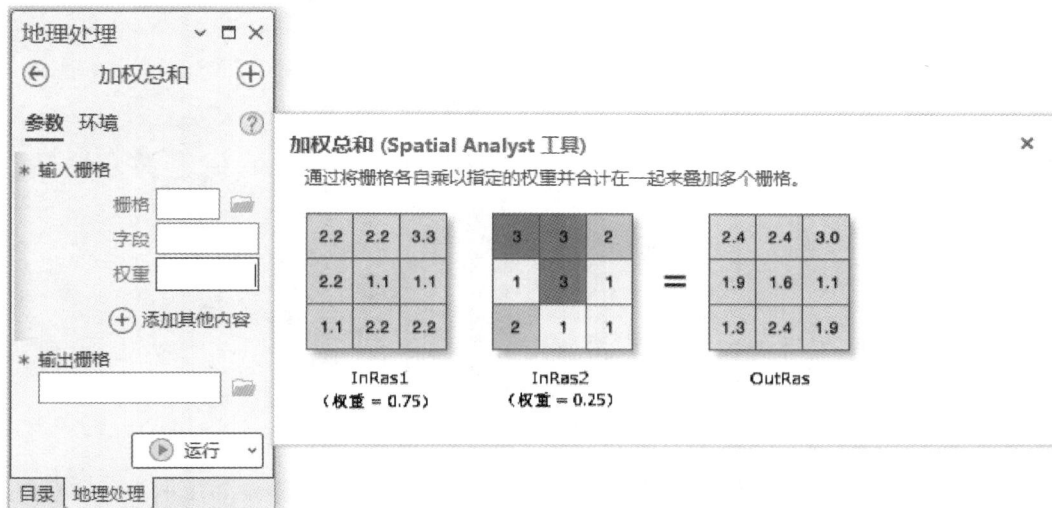

图 9.22 "加权总和"对话框

（3）"加权叠加"工具最常用于适宜性建模，并且可用于确保遵循的方法是正确的。"加权总和"工具在需要保持模型分辨率，或需要浮点型输出或小数权重时很有用。

不将重分类值重设到评估等级，分析可保持其分辨率。例如，在适宜性模型中，如果有 10 个重新分类到 1 至 10 等级的输入条件（10 为最佳），并且未对其指定权重，则加权总和输出值的范围为 10 到 100。对于相同的输入，加权叠加会将 10 至 100 的重分类分析范围规范化到评估等级，如返回到 1 至 10 等级。当只需要识别少数几个最适合的位置或指定数量的地点时，在加权总和中保持模型分辨率会很有用。

9.4.4 模糊叠加

基于所选叠加类型组合模糊分类栅格数据。"模糊叠加"对话框如图 9.23 所示。

图 9.23 "模糊叠加"对话框

"模糊叠加"工具可以对多准则叠加分析过程中某个现象属于多个集合的可能性进行分析,模糊叠加可以确定某个现象可能属于哪个集合,还可以分析多个集合的成员之间的关系。

"叠加类型"参数列出了适用于根据集合理论分析来合并数据的一些方法,每种方法都可以对属于各种输入准则的每个单元的成员进行探究。可用方法有与、或、产品、总和以及 Gamma。每种方法都向多个输入准则提供了每个单元的成员的不同方面。

(1)与:输入模糊栅格中模糊隶属度栅格的最小值。

(2)或:输入栅格中模糊隶属度栅格的最大值。

(3)产品:递减函数。当多个证据栅格的组合的重要性或该组合小于任何单个输入栅格时使用此函数。

(4)总和:递增函数。当多个证据栅格的组合的重要性或该组合大于任何单个输入栅格时使用此函数。

(5)Gamma:以总和与产品为底,以 Gamma 为指数的代数乘积。

9.4.5 模糊隶属度

根据指定的模糊化算法,将输入栅格转换为 0 到 1 数值范围内以指示其对某一集合的隶属度。值 1 表示完全隶属于模糊集,而当值降为 0 时,则表示不是模糊集的成员。"模糊隶属度"对话框如图 9.24 所示。

图 9.24 "模糊隶属度"对话框

如果没有输入值的模糊隶属度为 1,这种情况下,可能需要重新调整模糊隶属度的大小以反映出新的范围。例如,如果输入值的最大隶属度为 0.75,则把每个模糊隶属度乘以 0.75 来获得新的范围。

要将分类数据包括在模糊叠加分析中,必须执行预处理步骤。首先,使用"重分类"工具获得新的值范围(如 1 到 100)。然后,将结果除以某个因子(如 100),以便将输出值归一化为介于 0.0 和 1.0 之间的值。

"隶属度类型"的某些设置使用"散度"参数来确定模糊隶属度从 1 变为 0 的下降速度,其值越大,模糊化在中点附近变化越急剧。隶属度类型如表 9.5 所示。

表 9.5　隶属度类型

隶属度类型	说　明	中点/平均值乘数	散度/标准差乘数
高斯函数	在中点处指定隶属度值 1。对于沿正态曲线偏离中点的值,隶属度将降为 0。高斯函数与邻近(Near)函数类似,但高斯函数的散度更小	默认值为输入栅格值范围的中点	默认值是 0.1。通常,值在 0.01～1 的范围内变化
小值	用于指示输入栅格中的小值在模糊集内的隶属度。在中点处指定隶属度值 0.5	默认值为输入栅格值范围的中点	默认值是 5
大值	用于指示输入栅格中的大值在模糊集内的隶属度。在中点处指定隶属度值 0.5	默认值为输入栅格值范围的中点	默认值是 5
邻近	计算距离某个中间值较近的值的隶属度。在中点处指定隶属度值 1,对于偏离中点的值,隶属度将降为 0	默认值为输入栅格值范围的中点	默认值是 0.1。通常,值在 0.001～1 的范围内变化
MS 大值	根据输入数据的平均值和标准差计算隶属度,输入数据中的大值具有较高隶属度。计算结果可能与"大值"函数类似,具体取决于如何定义平均值和标准差的乘数	默认值是 1	默认值是 2
MS 小值	根据输入数据的平均值和标准差计算隶属度,输入数据中的小值具有较高隶属度,此为默认隶属度类型。计算结果可能与"小值"函数类似,具体取决于如何定义平均值和标准差的乘数	默认值是 1	默认值是 2

定义"障碍"参数将增大或减小可修改模糊集含义的模糊隶属度值,"障碍"参数在帮助控制条件或重要属性时非常有用。"障碍"参数的设置如下。

(1) 无:不应用模糊限制语。这是默认设置。

(2) Somewhat:也称为膨胀,被定义为模糊隶属度函数的平方根。该"障碍"参数可增大模糊隶属度函数。

(3) Very:也称为收缩,被定义为模糊隶属度函数的平方。该"障碍"参数可减小模糊隶属度函数。

9.5　局部分析

"局部分析"工具集的输出栅格上每个像元位置的值是该位置所有输入栅格中的值的函数。

要使用本地工具执行该计算,仅知道各个输入栅格在该位置上的值即可,某些情况下还要知道比较值。生成结果后,将继续针对下一个像元位置进行计算,迭代此过程,直至处理完所有的像元。

利用这些局部分析工具,可以合并输入栅格,计算输入栅格上的统计数据,还可以根据多个输入栅格上各个像元的值,为输出栅格上的每个像元设定一个评估标准。

本地工具执行的分析包括以下 5 个常规类别。

(1) 计算每个位置的统计数据(如最小值)。

(2) 为每个位置的每个唯一值组合分配唯一值。

(3) 分配位置的像元位置输入值相对于另一个输入值满足指定条件的次数。

(4) 分配像元位置处相对于其他输入值满足指定条件的值。

(5) 分配包含相对于另一个输入值满足指定条件的像元值的栅格位置。

9.5.1　大于频数

逐个像元评估一组栅格大于其他栅格的次数。"大于频数"对话框如图 9.25 所示。

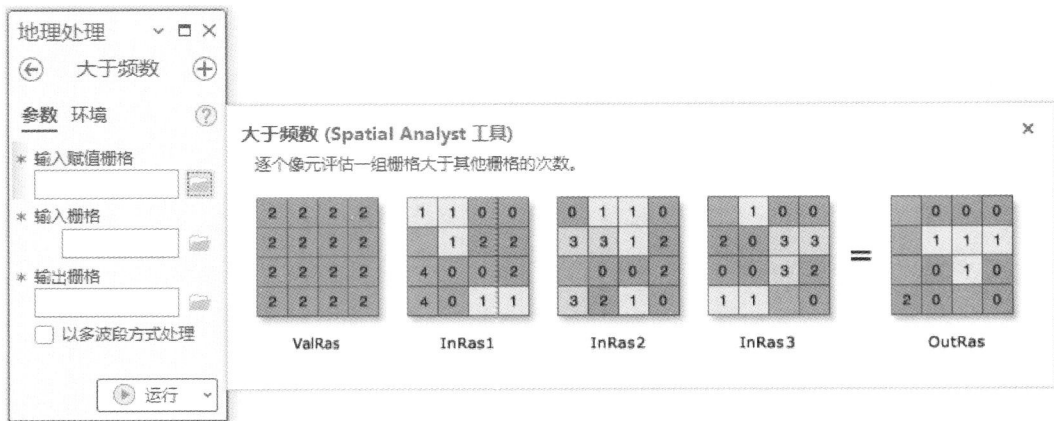

图 9.25 "大于频数"对话框

针对输入值栅格中的每个像元位置,计算输入列表中的栅格具有较大值的次数(频数)。如果任意输入栅格上的像元位置包含 NoData,则会在输出栅格的该位置分配 NoData。

9.5.2 等级

逐个像元地对一组输入栅格中的值进行排名,并根据排名确定返回哪些值。"等级"对话框如图 9.26 所示。

图 9.26 "等级"对话框

例如,考虑 3 个输入栅格中的像元值为 17、8 和 11 的特定位置,该位置的等级值将被定义为 3,该工具将先对输入值进行排序,由于所要请求的等级值为 3,因此输出值将为 17。

在输入栅格列表中,顺序无关紧要,但定义等级的栅格必须排在它们之前。

如果任意输入栅格上的像元位置包含 NoData,则会在输出栅格的该位置分配 NoData。

如果等级栅格值大于输入栅格数,则将 NoData 分配给输出栅格中的每个像元位置。

如果未勾选"以多波段方式处理"复选框,将仅使用多波段的第一个波段作为"输入等级栅格数据或常量值"。来自多波段的每个波段作为"输入栅格"将被单独处理为单波段栅格。

如果勾选"以多波段方式处理"复选框,每个多波段栅格输入都将作为多波段栅格处理。

如果等级栅格是单波段,则输出栅格上的波段数将与来自输入栅格的所有多波段栅格的最大波段数相同。如果等级栅格是多波段,则输出栅格将具有与等级栅格相同的波段数。

如果任何输入栅格是波段数少于输出栅格波段数的栅格,则缺失波段将被解释为填充了 NoData 的波段。如果等级栅格的像元值从缺失波段中选择值 1,输出栅格将收到 NoData。如果任何输入栅格是常量,则将其解释为波段栅格,其中所有波段的像元值与常量相同,并且波段数与输出栅格相同。

9.5.3 等于频数

逐个像元评估一组栅格中的值与其他栅格相等的次数。"等于频数"对话框如图 9.27 所示。

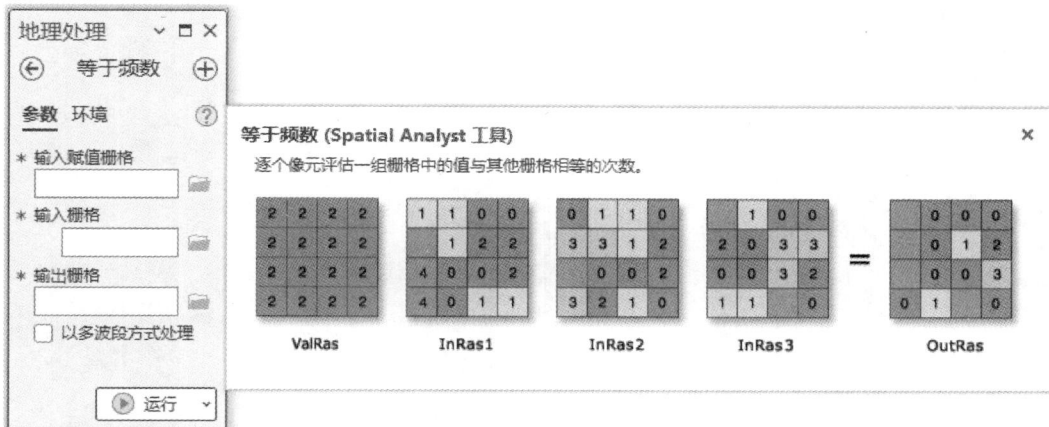

图 9.27 "等于频数"对话框

如果任意输入栅格上的像元位置包含 NoData,则会在输出栅格的该位置分配 NoData。

9.5.4 合并

合并多个栅格,从而为输入值的各种唯一组合生成唯一输出值。"合并"对话框如图 9.28 所示。

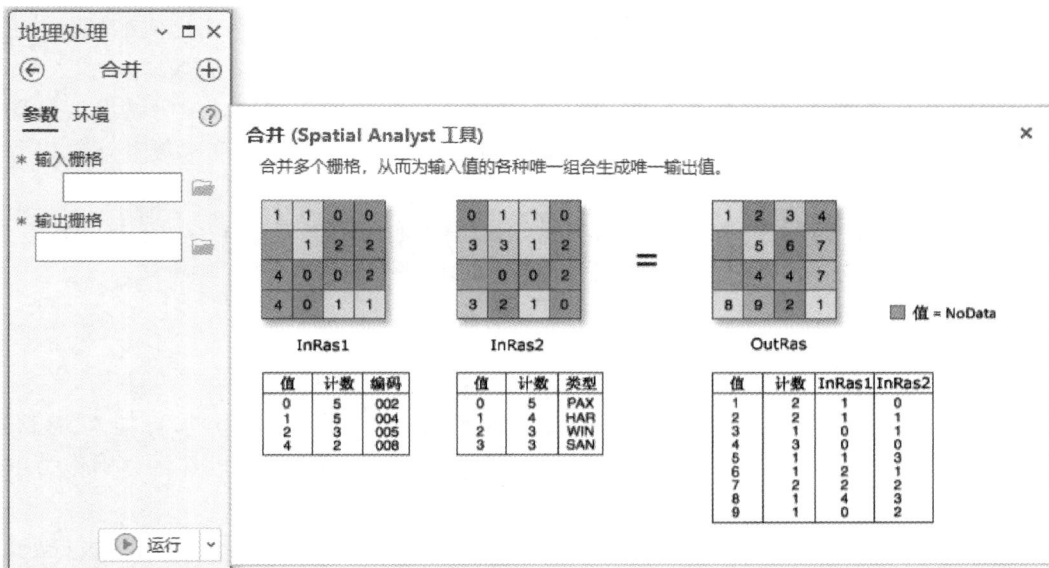

图 9.28 "合并"对话框

"合并"工具可用于处理整数值及其关联属性表,如果输入值为浮点型,则它们将被自动截断、测试相对于其他输入值的唯一性并发送到输出属性表。

"合并"工具与"组合或"工具类似,它们都可为输入值的各种唯一组合指定新数值。但是,在"合并"工具中可以指定栅格列表,而在"组合或"工具中只能指定 2 个输入,它们可以是栅格或常量值。

将多波段栅格指定为"输入栅格"参数值之一时,将使用所有波段。

要处理一系列来自多波段栅格的波段,可先用"波段合成"工具创建由这些特定波段组成的栅格数据集,并在"输入栅格"参数中的列表中使用该结果。

9.5.5 频数取值

逐个像元地确定参数列表中具有特定频数级别的值。特定的频数级别（每个值的出现次数）由第一个参数指定。"频数取值"对话框如图 9.29 所示。

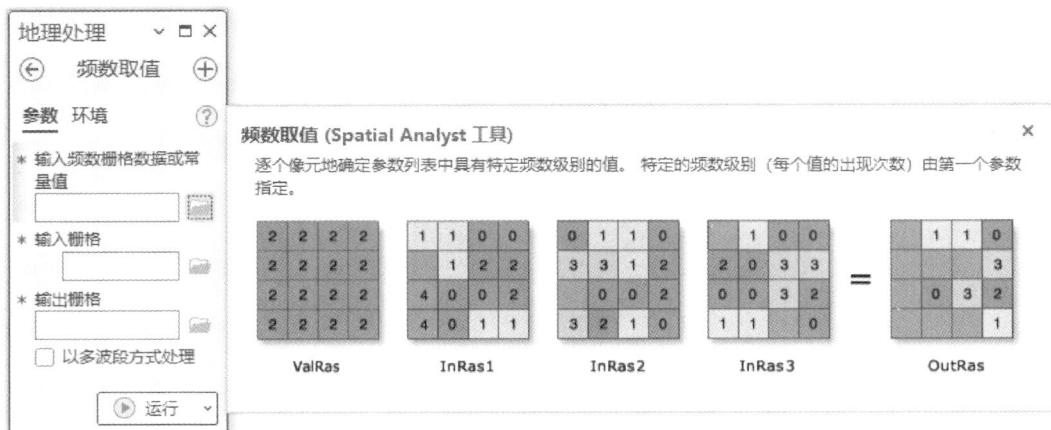

图 9.29 "频数取值"对话框

该工具为每个位置计算输入栅格数据值的出现次数，然后排定它们的等级顺序，即最高频数、次高频数，依此类推，并返回由频数栅格数据值定义的指定第 n 高频数值的值。

在输入栅格列表中，顺序无关紧要，但定义频数位置的栅格必须排在它们之前。

如果任何像元位置的输入值都相同，则无论指定的频数为何，该像元位置的输出值都与输入值相同。

如果任意输入栅格上的像元位置包含 NoData，则会在输出栅格的该位置分配 NoData。

如果未找到第 n 高频的单一值，则将 NoData 分配给输出栅格上的该位置。这种情况会出现在某一位置的所有输入栅格值均不相同时，或者在两个或更多输入栅格值具有相同的出现次数且该次数为第 n 高频数时。

如果频数值大于输入栅格数，则会将 NoData 分配给输出中的每个像元位置。如果将 0 指定为频数值，输出值将为 NoData。频数级别 1 是众数值，类似于"像元统计"工具的"众数"选项。

9.5.6 像元统计

根据多个栅格计算每个像元的统计数据。"像元统计"对话框如图 9.30 所示。

可用的统计数据包括众数、最大值、平均值、中值、最小值、少数、百分比数、范围、标准差、总和及变异度。

如果未勾选"以多波段方式处理"复选框，则来自多波段栅格输入的每个波段都将分别作为单波段栅格进行处理，且输出栅格将是单波段栅格。

如果勾选"以多波段方式处理"复选框，每个多波段栅格输入都将被作为多波段栅格进行处理，而输出栅格将是多波段栅格。如果输入栅格是多波段栅格和常量的组合，则输出栅格也将是多波段，每个多波段栅格输入中的波段数必须相同。

如果勾选"以多波段方式处理"复选框，该工具将使用另一个输入栅格的相应波段对输入栅格的每个波段执行操作。如果输入栅格之一是多波段栅格，而另一个输入栅格是常量，则该工具将使用多波段输入栅格中每个波段的常量值执行操作。

9.5.7 小于频数

逐个像元评估一组栅格小于其他栅格的次数。"小于频数"对话框如图 9.31 所示。

对于输入值栅格中的各个像元位置，计算输入列表中栅格具有较小值（与另一个栅格相比）的次数（频数）。

如果任意输入栅格上的像元位置包含 NoData，则会在输出栅格的该位置分配 NoData。

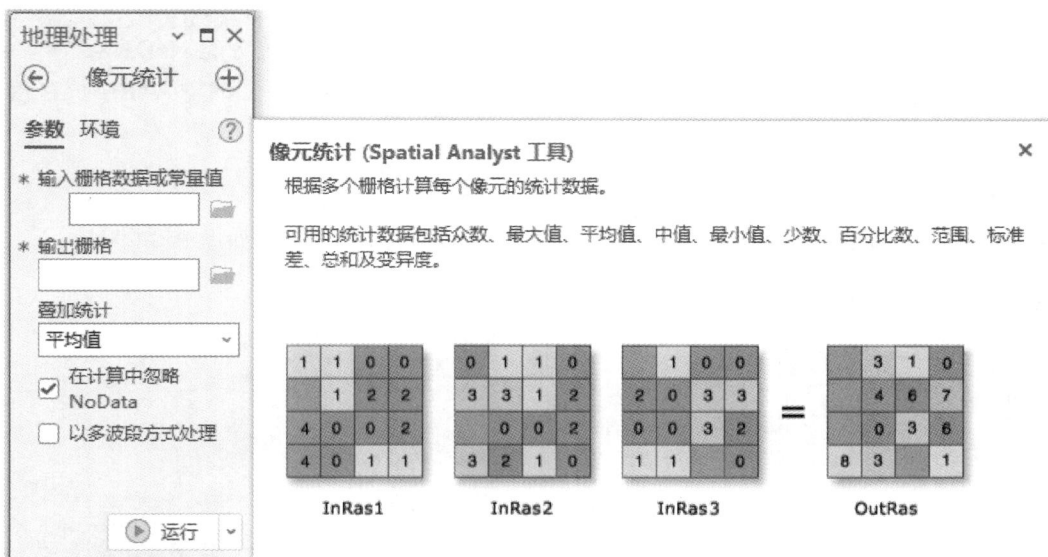

图 9.30 "像元统计"对话框

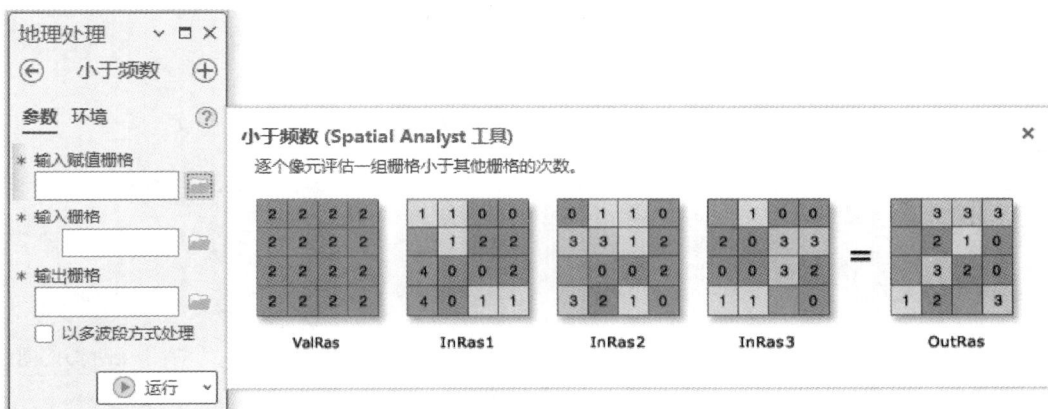

图 9.31 "小于频数"对话框

9.5.8 最低位置

逐个像元确定一组栅格中具有最小值的栅格的位置。"最低位置"对话框如图 9.32 所示。

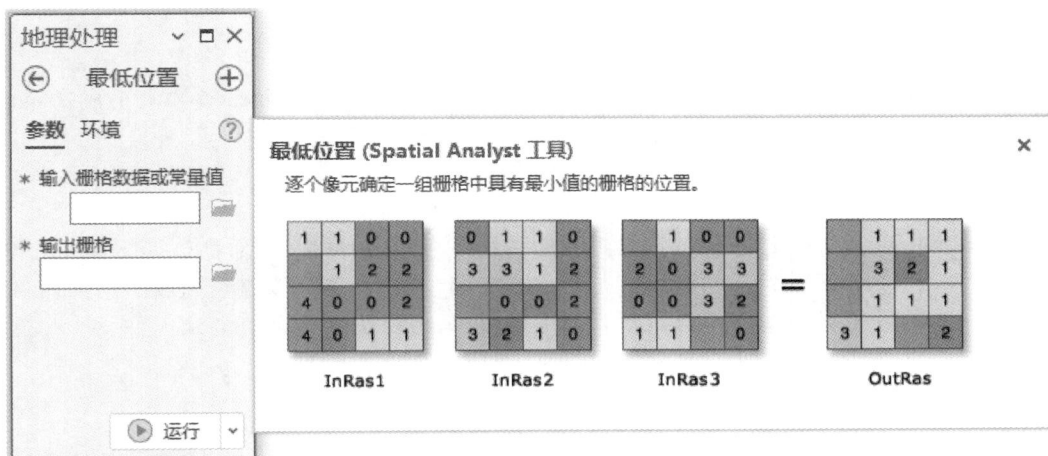

图 9.32 "最低位置"对话框

将多波段栅格指定为"输入栅格数据或常量值"参数值之一时,将使用所有波段。

如果任意输入栅格上的像元位置包含 NoData,则会在输出栅格的该位置分配 NoData。

如果某特定像元位置的最小值包含两个或多个输入栅格,则会将最先确定的输入栅格位置返回到输出栅格中。

9.5.9 最高位置

逐个像元确定一组栅格中具有最大值的栅格的位置。"最高位置"对话框如图 9.33 所示。

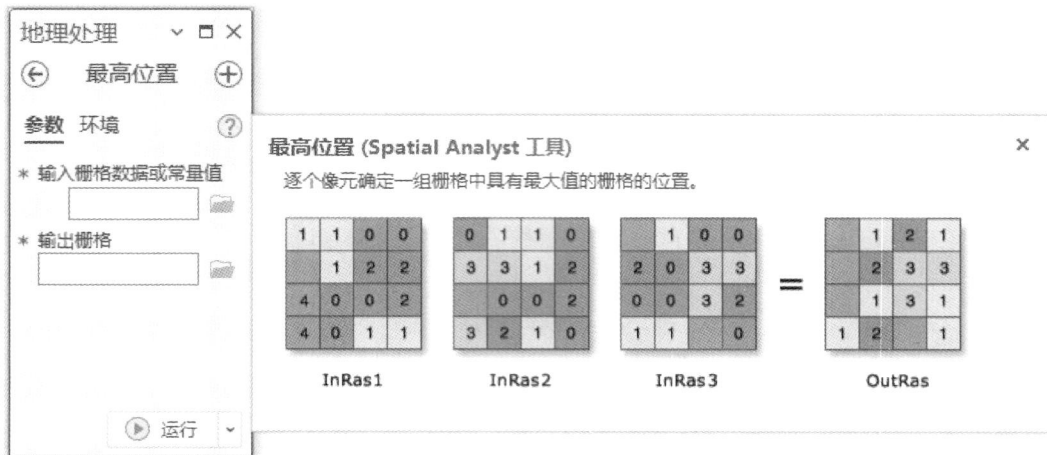

图 9.33 "最高位置"对话框

如果两个或更多的输入栅格包含某个特定像元位置的最大值,则在输出栅格中返回第一个输入栅格的位置。

9.6 距离分析

"距离"工具箱中的工具可用于执行考虑直线(欧氏)距离或加权距离的分析(见图 9.34)。距离可以通过简单的成本(摩擦)表面或以考虑对移动的垂直和水平限制的方式进行加权。

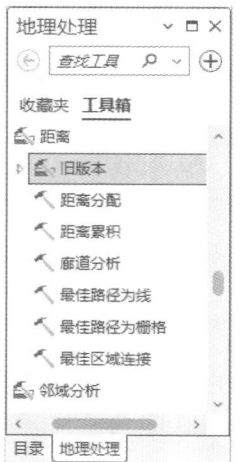

图 9.34 "距离"工具条

从概念上将距离分析分为以下相关功能领域。

(1) 计算直线距离,可以选择性地使用障碍或表面栅格调整计算。

(2) 可以选择使用成本表面、源特征、垂直系数和水平系数来确定遇到距离的比率。创建累积距离栅格。

(3) 通过最佳网络、特定路径或廊道连接生成累积距离表面的区域。

9.6.1 距离分配

根据直线距离、成本距离、真实表面距离以及垂直和水平成本系数,计算每个单元到源的距离分配。"距离分配"对话框如图 9.35 所示。

9.6.2 距离累积

计算每个像元到源的累积距离。"距离累积"对话框如图 9.36 所示。

在许多距离分析中,"距离累积"工具是计算直线或成本距离栅格的主要工具。输出栅格可以直接使用,也可以作为其他工具的输入栅格。与该工具配合使用的工具为"距离分配"工具。

9.6.3 廊道分析

"廊道分析"工具可计算两个输入累积成本栅格的累积成本总和,并从该结果中选择值小于成本阈值的像元以定义廊道。廊道包含所有小于指定累积成本的可能成本路径。"廊道分析"对话框如图 9.37 所示。

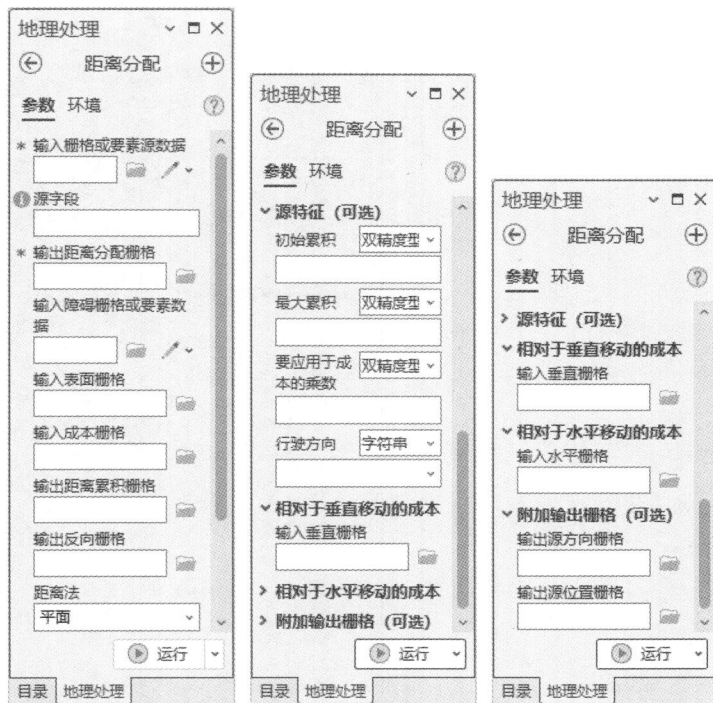

图 9.35 "距离分配"对话框

图 9.36 "距离累积"对话框

可以使用"最佳区域连接""最佳路径为线"和"最佳路径为栅格"工具,以最佳方式将位置与路径连接在一起。但是,结果可能不仅限于狭窄的折线或宽度为一个像元的路径,因此需要一个更大的二维区域,其中位置之间的总行进成本低于特定阈值,该区域称为廊道。

廊道计算示例如下。

(1)在养鹿计划中,将两片鹿栖息地与最佳廊道连接起来。

(2)标识拟建地下管道的可能路径。

(3)在连接两个公园时必须保留拟建自行车道的可行区域。

9.6.4 最佳路径为线

"最佳路径为线"工具用于生成作为从源到目的地的最佳路径的输出折线要素。"最佳路径为线"对话框如图 9.38 所示。

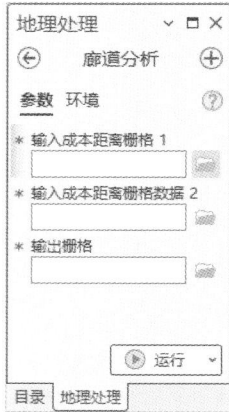

图 9.37 "廊道分析"对话框　　　　图 9.38 "最佳路径为线"对话框

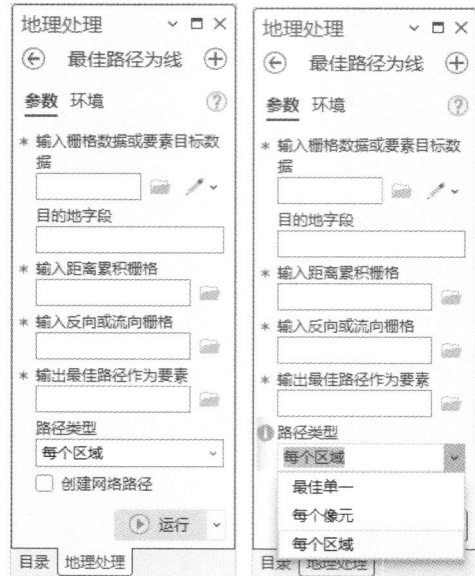

在生成最佳路径之前,通常使用以下工具之一来创建距离累积栅格和反向栅格:"距离累积"工具、"距离分配"工具。

要生成最佳路径,将忽略像元大小环境设置,并且使用输入成本回溯链接栅格值计算输出栅格。

路径类型的关键字及说明如下。

(1) 每个区域:对于输入目标数据上的每个区域,系统会确定最小成本路径并将该路径保存在输出栅格上。利用此选项,每个区域的最低成本路径起点将位于区域内成本距离权重最低的像元处。

(2) 最佳单一:对于输入目标数据上的所有像元,最小成本路径派生自距源像元具有最小成本路径的最小值的像元。

(3) 每个像元:对于输入目标数据上每一个具有有效值的像元,系统会确定最小成本路径并将该路径保存在输出栅格上。利用该选项,系统会分别处理输入目标数据中的每个像元,并确定每个像元的最小成本路径。

9.6.5 最佳路径为栅格

将从源到目的地的最佳路径计算为栅格。"最佳路径为栅格"对话框如图 9.39 所示。

在生成最佳路径之前,通常使用以下工具之一来创建距离累积栅格和反向栅格:"距离累积"工具、"距离分配"工具。

要生成最佳路径,将忽略像元大小环境设置,并且使用输入成本回溯链接栅格值计算输出栅格。

请注意,如果要将某个特定位置连接到另一个特定位置,或者位置之间的行驶方向至关重要,应当使用"最佳路径为线"工具或"最佳路径为栅格"工具。

9.6.6 最佳区域连接

在两个或多个输入区域之间计算最佳连通性网络。"最佳区域连接"对话框如图 9.40 所示。

"最佳区域连接"工具可通过最佳路径网络连接一系列输入区域,区域连接由最低成本计算确定。区域之间的行驶方向并不重要,这意味着从区域 A 行驶到区域 B 产生的累积距离与从区域 B 行驶到区域 A 产生的累积距离相同。

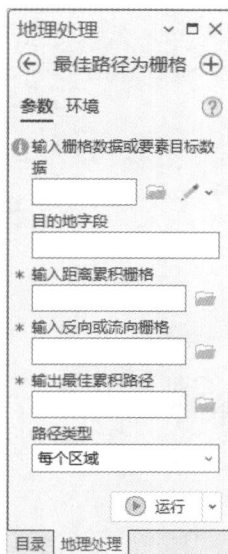

图 9.39 "最佳路径为栅格"对话框

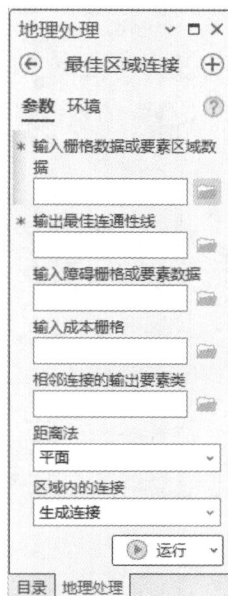

图 9.40 "最佳区域连接"对话框

9.7 邻域分析

"邻域分析"工具集基于自身位置值以及指定邻域内识别的值为每个像元位置创建输出值。邻域类型可为移动邻域或搜索半径邻域。

移动邻域可以是重叠的,也可以是非重叠的。"焦点统计"工具采用重叠邻域为每个输入像元周围指定邻域内的像元计算指定统计数据。例如,想要找出在某个输入栅格中每个像元周围 3×3 邻域内的平均值或最大值。"滤波器"工具是一种特定类型的焦点运算工具,使用高通滤波器或低通滤波器来锐化或平滑数据。使用非重叠邻域工具块统计时,可在指定的非重叠邻域中计算统计数据。"滤波器"工具在将栅格分辨率更改为较粗糙的像元时十分有用。分配给较粗糙像元的值可以基于其他计算方法得出,如使用默认最邻近插值法计算的较粗糙像元中的最大值。

搜索半径邻域将基于距离点或线状要素指定距离内的要素执行各种计算,如"点统计"和"线统计"工具。

9.7.1 点统计

对每个输出像元周围的邻域中的点计算统计数据。该工具有多种邻域形状和统计数据类型可供选择,可用统计数据的选择取决于指定字段的类型。"点统计"对话框如图 9.41 所示。

可用邻域类型的形式如下。

(1) 环形,内半径,外半径,单位类型。

由内半径或外半径定义的环形(圆环形)邻域。默认环形具有 1 个像元的内半径以及 3 个像元的外半径。

(2) 圆,半径,单位类型。

具有给定半径的圆形邻域。默认半径为 3 个像元。

(3) 矩形,高度,宽度,单位类型。

由高度和宽度定义的矩形邻域。默认设置是高和宽为 3 个像元的正方形。

(4) 楔形,半径,起始角度,终止角度,单位类型。

由半径、起始角度和终止角度定义的楔形邻域。楔形按逆时针方向从起始角延伸到终止角。角度以度为单位进行指定,0 或 360 的值表示东方,也可使用负角度。默认楔形起始角度为 0 度,终止角度为 90 度,半径为 3 个像元。

参数的单位类型可指定为"像元"单位或"地图"单位,默认设置为"像元"单位。

9.7.2 焦点流

确定输入栅格中每个像元的直接邻域内值的流量。"焦点流"对话框如图9.42所示。

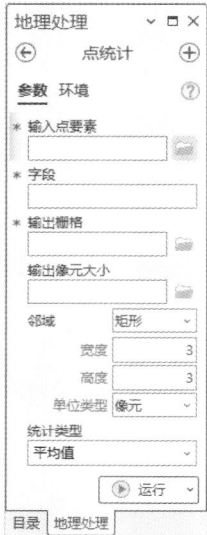

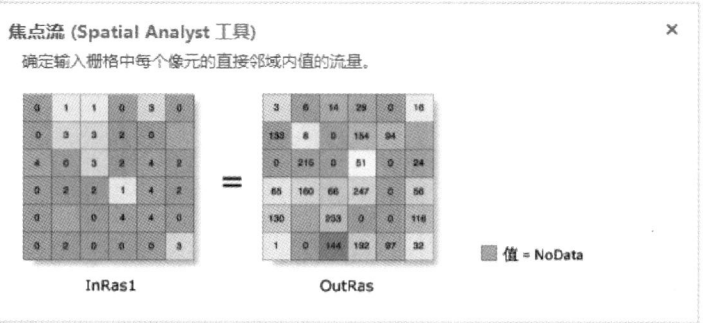

图 9.41 "点统计"对话框　　　　　　图 9.42 "焦点流"对话框

"焦点流"工具使用每个像元周围的3×3邻域来确定其8个相邻像元中将流入的像元。焦点流由邻域中的任意像元来定义,此像元的值比待处理像元的值要高。大多数情况下,该值代表液体移动(如水沿着高程或者倾斜的表面流动),但是焦点流也可以是定义的任何移动(如污染物向污染浓度较低的地方流动)。焦点流使用"移动窗口"方法来处理整个数据集,类似于"焦点统计"工具的工作原理,且计算输出值的方式与之相同。

9.7.3 焦点统计

为每个输入像元位置计算其周围指定邻域内的值的统计数据。"焦点统计"对话框如图9.43所示。

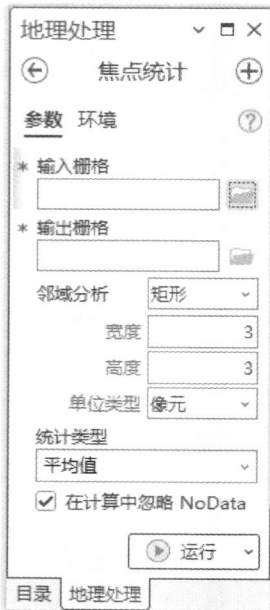

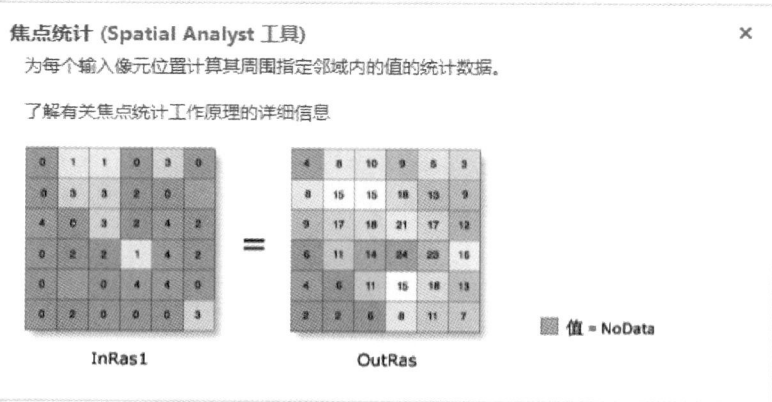

图 9.43 "焦点统计"对话框

"焦点统计"工具执行的运算可为一组重叠窗口或邻域中的输入像元的计算统计数据(如平均值、最大值或总和)。

9.7.4　块统计

将输入栅格分割放入非重叠块中,然后计算每个块中值的统计数据。在输出栅格中,将值分配给每个块中的所有像元。"块统计"对话框如图9.44所示。

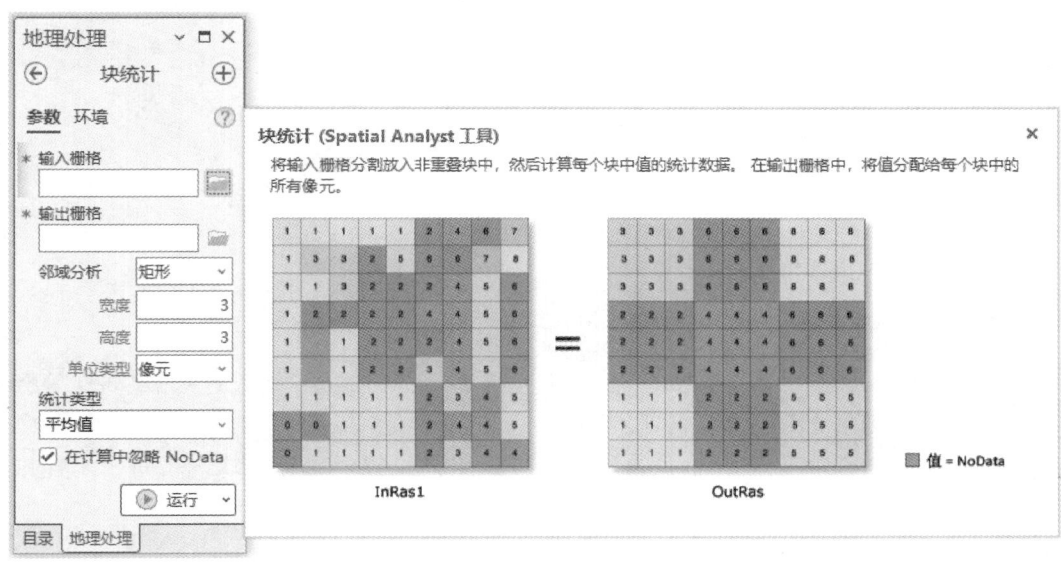

图 9.44　"块统计"对话框

"块统计"工具执行的运算可为一组固定的非重叠窗口或邻域中的输入像元计算统计数据(如平均值、最大值或总和)。将单个邻域或块的结果值分配给指定邻域的最小边界矩形中的所有像元。

"块统计"工具可用于替代"重采样"工具将栅格从精细分辨率重采样转变为粗糙分辨率重采样。与使用最邻近法重采样、双线性重采样或三次卷积重采样技术相比,更好的做法是为较粗糙的栅格像元分配较粗糙像元所包含的新地理范围中值的最大值、最小值或平均值。要执行此操作,需要对块应用适当的统计数据,如平均值或最大值。

9.7.5　滤波器

"滤波器"工具既可用于消除不必要的数据,也可用于增强数据中不明显的要素显示。实际上,滤波器通过移动、叠置的3×3像元邻域窗口扫描输入栅格来创建输出值。滤波器经过每个输入像元时,该像元及其8个直接相邻位置的值将用于计算输出值。"滤波器"对话框如图9.45所示。

低通滤波器通过减少局部变化和移除噪声来平滑数据。它用于计算每个3×3邻域的平均值。其目的就是对每个邻域内的高数值和低数值进行平均处理,以减少数据中的极端值出现。

高通滤波器着重强调某个像元值与其相邻元素数值之间的相对差异。它的作用是突出要素之间的边界(如水体与森林的交界处),从而锐化对象的边缘。高通滤波器通常被称作边缘增强滤波器。

可使用"焦点统计"工具创建符合规范的自定义滤波器。例如,低通滤波器基本上等同于含平均值统计选项的"焦点统计"工具;高通滤波器本质上等同于含总和统计选项和特定加权核的"焦点统计"工具。

9.7.6　线统计

"线统计"工具用于计算每个输出栅格像元周围的圆形邻域内所有线的指定字段值的统计信息。"线统计"对话框如图9.46所示。

9.8　密度分析

"密度分析"工具集包含用于计算每个输出栅格像元周围邻域内输入要素密度的工具。

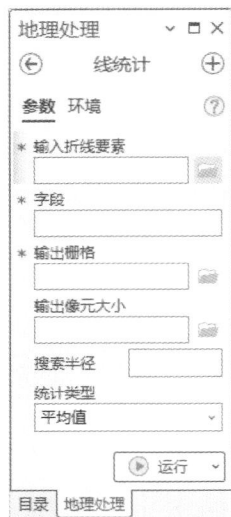

图 9.45　"滤波器"对话框　　　　图 9.46　"线统计"对话框

通过计算密度,可以将(输入)值分散到一个表面上,将每个采样位置(线或点)的重要性等级分布在整个研究区域,并计算输出栅格中每个像元的密度值。

对于密度地图,将应用圆形搜索区域,此区域决定搜索采样位置(线或点)或围绕每个采样位置散开值及计算密度值的距离。

9.8.1　点密度分析

"点密度分析"工具用于计算每个输出栅格像元周围的点要素的密度。从概念上讲,每个栅格像元中心的周围都定义了一个邻域,将邻域内点的数量相加,然后除以邻域面积,即得到点要素的密度。"点密度分析"对话框如图 9.47 所示。

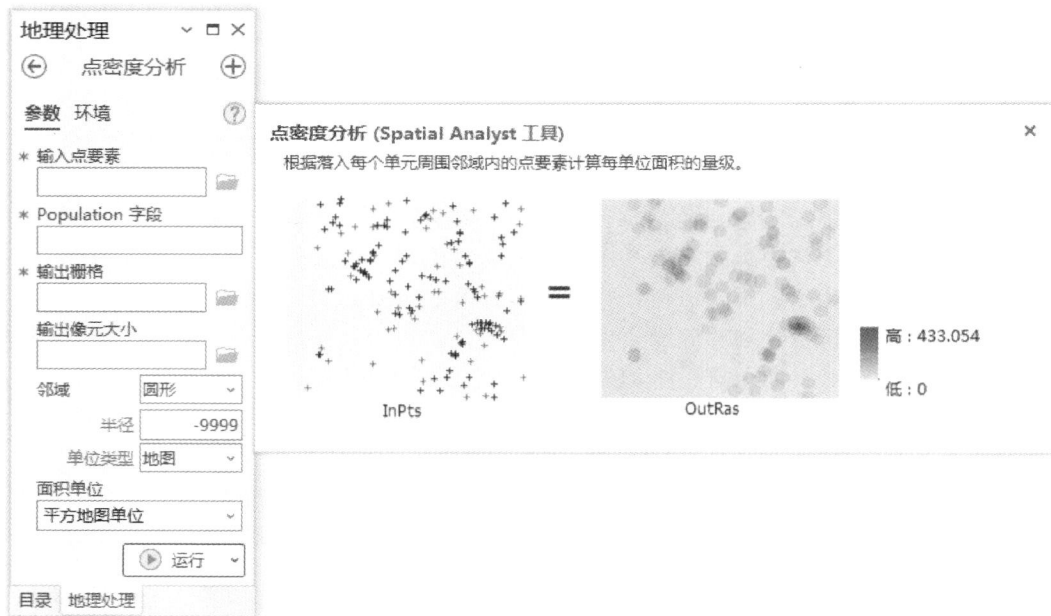

图 9.47　"点密度分析"对话框

计算密度时,仅考虑落入邻域范围内的点。如果没有点落入特定像元的邻域范围内,则为该像元分配 NoData。

该工具可用于查明房屋、野生动物观测值或犯罪事件的密度。

9.8.2 核密度分析

"核密度分析"工具用于计算要素在其周围邻域中的密度。此工具既可计算点要素的密度,也可计算线要素的密度。"核密度分析"对话框如图 9.48 所示。

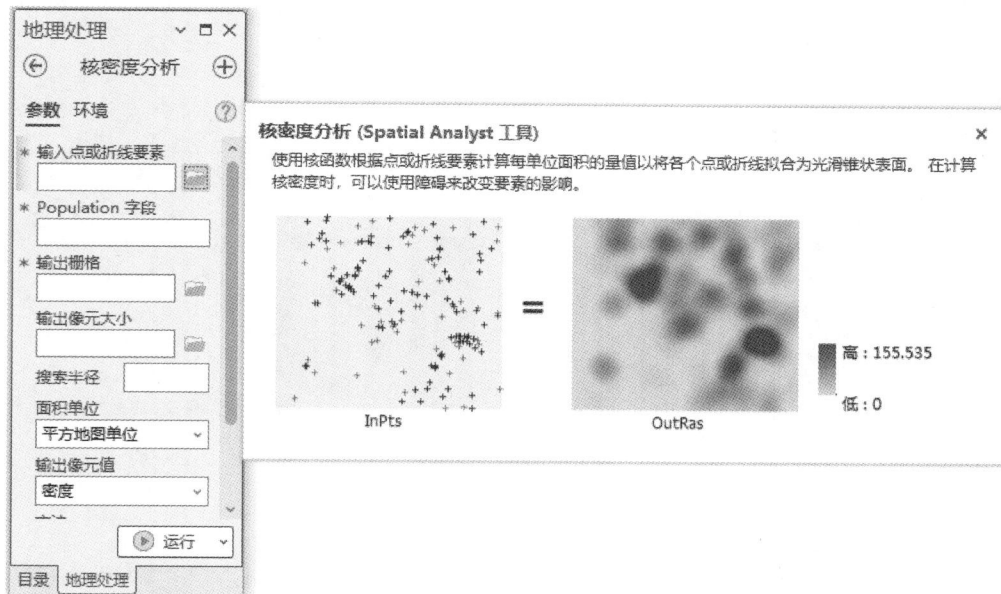

图 9.48 "核密度分析"对话框

计算密度时,仅考虑落入邻域范围内的点或线段,如果没有点或线段落入特定像元的邻域范围内,则会为该像元分配 NoData。

可能的用途包括针对社区规划分析房屋密度或犯罪行为,或探索道路或公共设施管线如何影响野生动物栖息地。

9.8.3 计算核密度比

使用两个输入要素数据集计算空间相对风险表面。核密度比的分子代表案例(如犯罪数量或患者人数),而分母代表对照(如总人口)。"计算核密度比"对话框如图 9.49 所示。

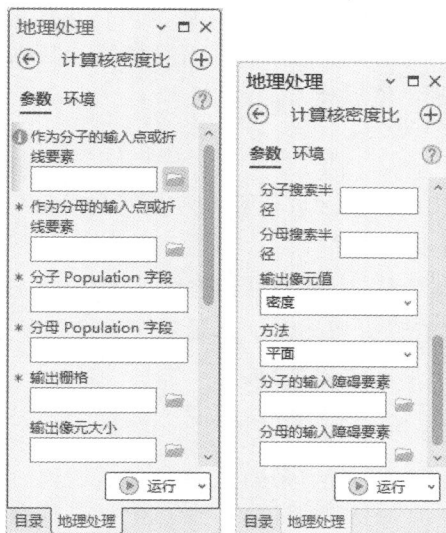

图 9.49 "计算核密度比"对话框

此工具使用与"核密度分析"工具相同的方式计算来创建密度表面,即在计算比率之前,将使用"核密度分析"工具计算各个密度表面。因此,"计算核密度比"工具的输出是归一化的值,它显示的是一个比例值。

9.8.4　线密度分析

"线密度分析"工具用于计算每个输出栅格像元邻域内的线状要素的密度。密度的计量单位为长度单位/面积单位。"线密度分析"对话框如图 9.50 所示。

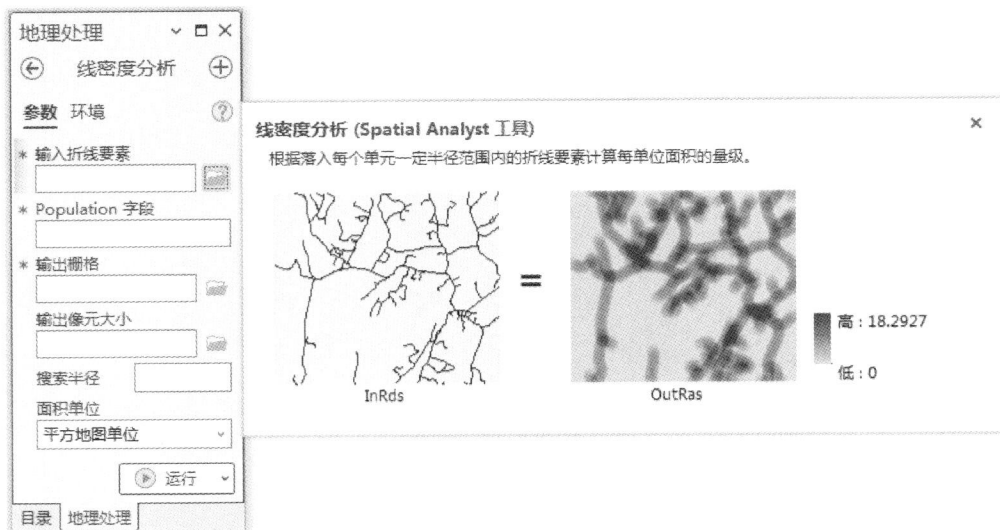

图 9.50　"线密度分析"对话框

"线密度分析"工具可用于了解对野生动物栖息地造成影响的道路密度,或者城镇内公用设施管线的密度。

9.9　区域分析

"区域分析"工具集用于对每个输入区域的所有像元执行分析,输出是执行计算后的结果。虽然区域可以定义为具有特定值的单个区域,但它也可由具有相同值的多个断开元素或区域组成。区域也可以定义为栅格或要素数据集,栅格的类型必须为整型,要素必须具有整型或字符串属性字段。

有些区域分析工具会对输入区域的某些几何或形状属性进行量化,并且不需要其他输入。有些区域分析工具则会使用区域输入来定义用于计算其他参数的位置,如统计数据、面积或值频数等。还有一种区域分析工具会使用沿区域边界找到的最小值填充指定区域。

9.9.1　分区几何统计

"分区几何统计"工具为数据集中的各个区域计算指定几何测量值(面积、周长、厚度或椭圆的特征值)。"分区几何统计"对话框如图 9.51 所示。

区域(zone)不必是单个连续实体,可以由多个不相连的区域(area 或 region)组成。如果区域数据集为要素数据集,则将在其内部转换为具有输出像元大小分辨率的栅格。在分析环境中更改像元大小会由于重采样和累积的取整误差而对输出值造成一定的影响。

9.9.2　分区统计

分区统计是一种用于计算由数据集定义的区域内的栅格(值栅格)的像元值的统计操作。"分区统计"对话框如图 9.52 所示。

"分区统计"工具一次仅计算一个统计数据,并创建一个栅格输出。

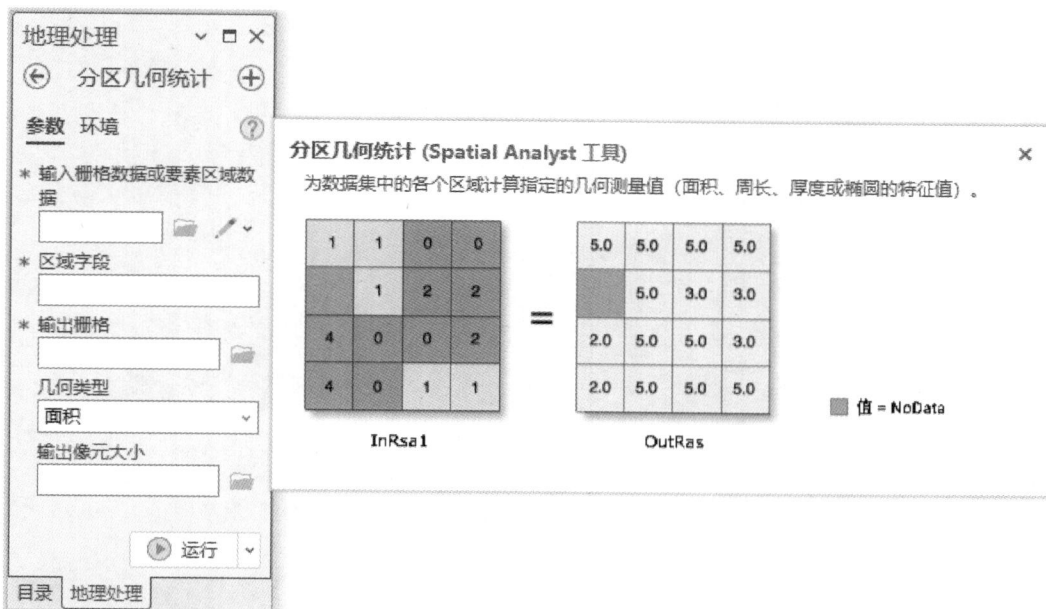

图 9.51 "分区几何统计"对话框

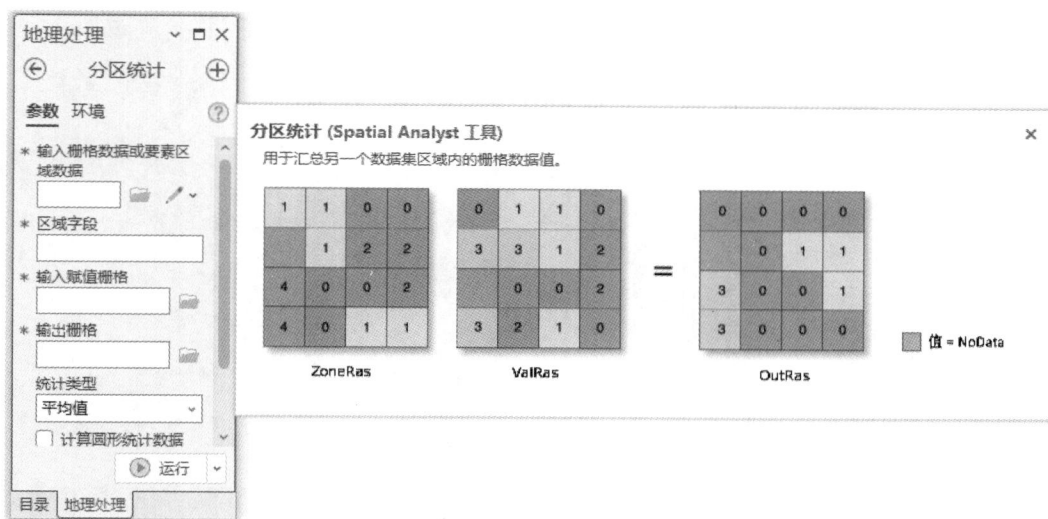

图 9.52 "分区统计"对话框

9.9.3 区域填充

使用权重栅格数据的最小像元值沿区域边界填充区域。"区域填充"对话框如图 9.53 所示。

"输入区域栅格数据"参数可以为整型或浮点型。请注意,这点与其他分区工具有所不同,其他分区工具要求区域输入为整型。输出的数据类型与输入权重栅格的数据类型相同。

区域填充可用作水文分析的一部分,用作将注地填充至分水岭边界的最小高程。

9.9.4 区域直方图

创建显示各唯一区域值输入中的像元值频数分布的表和直方图。"区域直方图"对话框如图 9.54 所示。

"区域直方图"工具可对一个数据集中的值在另一个数据集类中的频数分布进行研究。例如,土地利用类中的坡度分布、高程类中的降雨分布、警务区附近的犯罪分布等。

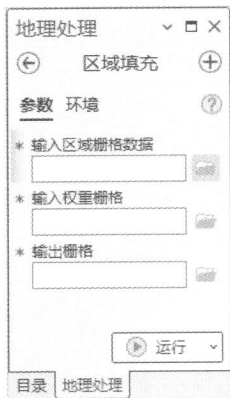

图 9.53 "区域填充"对话框　　图 9.54 "区域直方图"对话框

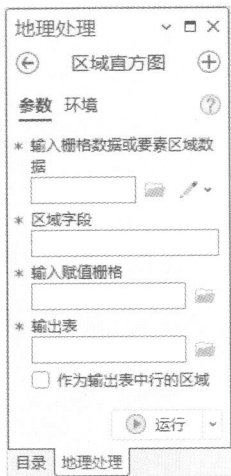

9.9.5 区域制表

计算两个数据集之间交叉制表的区域并输出表。"区域制表"对话框如图 9.55 所示。

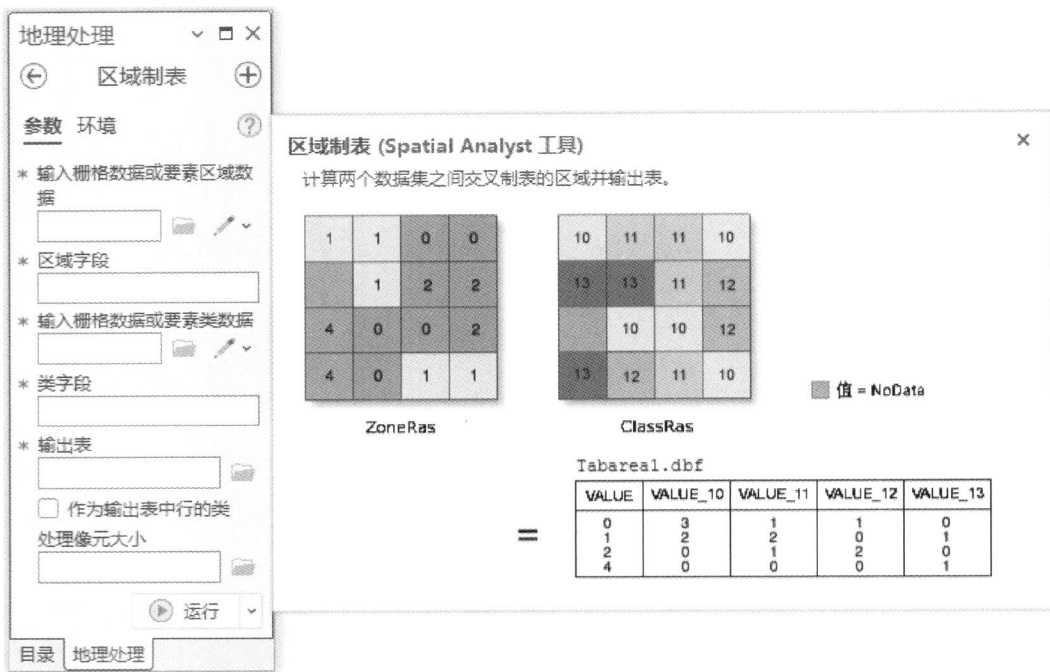

图 9.55 "区域制表"对话框

区域定义为输入中具有相同值的所有区域,各区域无须相连,栅格和要素都可用于区域输入。

如果任一输入数据集为栅格,则该栅格必须为整型数据类型。如果输入数据集具有重叠要素,则将为每一个单独要素执行区域分析。

9.9.6 以表格显示分区几何统计

为数据集中的各个区域计算几何测量值(面积、周长、厚度和椭圆的特征值),并以表的形式显示结果。"以表格显示分区几何统计"对话框如图 9.56 所示。

9.9.7 以表格显示分区统计

汇总另一个数据集区域内的栅格数据值并以表的形式显示结果(见图 9.57)。

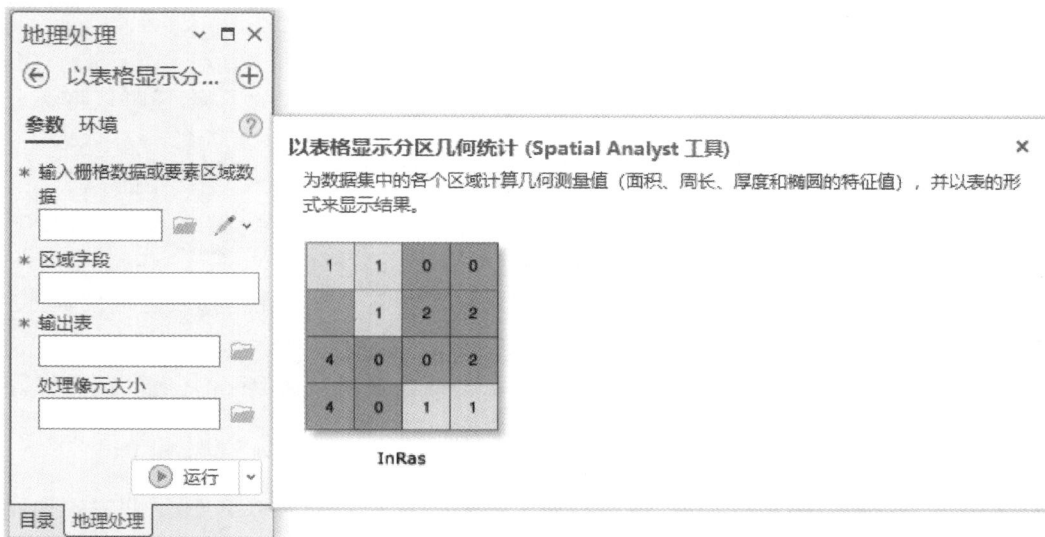

图 9.56 "以表格显示分区几何统计"对话框

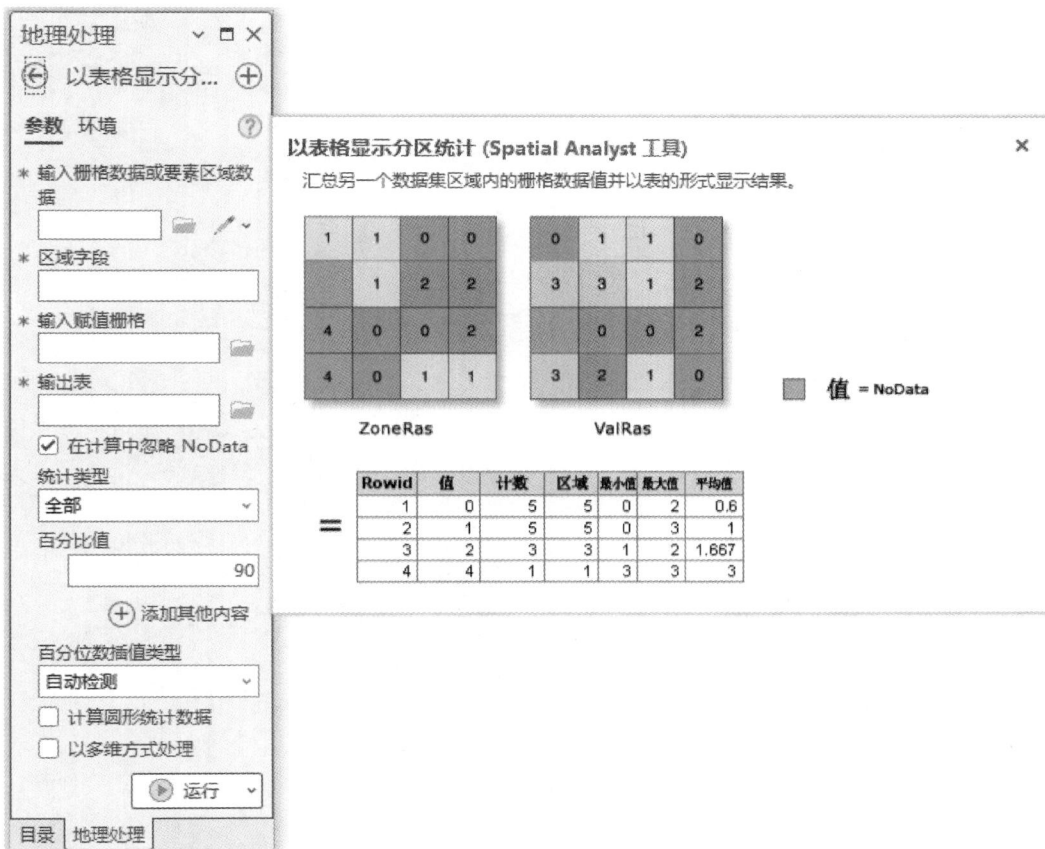

图 9.57 "以表格显示分区统计"对话框

与"分区统计"工具相同,得到的统计数据是每个区域的单个值。输出表中每个区域都有一条记录,并且统计值是在预定义字段中进行报告。如果区域输入是要素,并且包含重叠区域,则将计算所有区域的统计数据,并在每个区域的单独记录中输出。

9.10 提取分析

"提取分析"工具集可根据像元的属性或其空间位置从栅格中提取像元的子集,还可以将特定位置的像元值提取为点要素类中的属性或表格。

根据像元的属性或空间位置,将像元值提取到一个新栅格的方式如下。

(1) 按照属性值提取像元(按属性提取)时,可通过一个 Where 子句来完成。例如,在分析中可能需要从高程栅格中提取高程高于 100 米的像元。

(2) 按照像元空间位置的几何提取像元时,要求像元组必须位于指定几何形状的内部或外部(按圆提取、按多边形提取、按矩形提取)。

(3) 按照指定位置提取像元时,需要根据像元的 X、Y 坐标位置来识别像元的位置(按点提取),或通过使用掩膜栅格数据来识别像元的位置(按掩膜提取)。

将像元值提取到属性表或常规表中的像元位置的方式如下。

(1) 通过点要素类识别的像元值可以记录为新输出要素类的属性(值提取至点)。此方式仅可以从一个输入栅格中提取像元值。

(2) 通过点要素类识别的像元值可以追加到要素类的属性表中(多值提取至点)。此方式可识别来自多个栅格的像元值。

(3) 所识别位置(栅格和要素)的像元值可记录在表中(采样)。

9.10.1 按点提取

基于一组坐标点提取栅格的像元。"按点提取"对话框如图 9.58 所示。

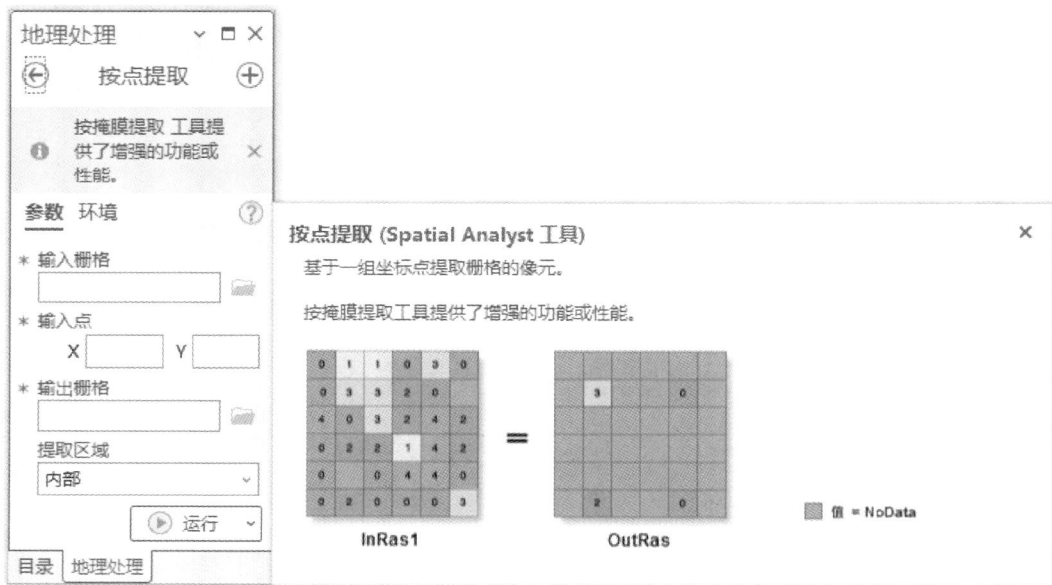

图 9.58 "按点提取"对话框

输入栅格中的其他属性(若有的话)将按照原样添加到输出栅格属性表。分析记录的栅格属性表,某些属性值可能需要重新计算。

将多波段栅格指定为"输入栅格"(Python 中的 in_raster)值时,将使用所有波段。

如果要处理一系列来自多波段栅格的波段,首先使用"波段合成"工具创建由这些特定波段组成的栅格数据集,然后将结果用作"输入栅格"(Python 中的 in_raster)值。

默认输出格式为地理数据库栅格。

9.10.2　按多边形提取

通过指定多边形顶点，基于多边形提取栅格像元。"按多边形提取"对话框如图 9.59 所示。

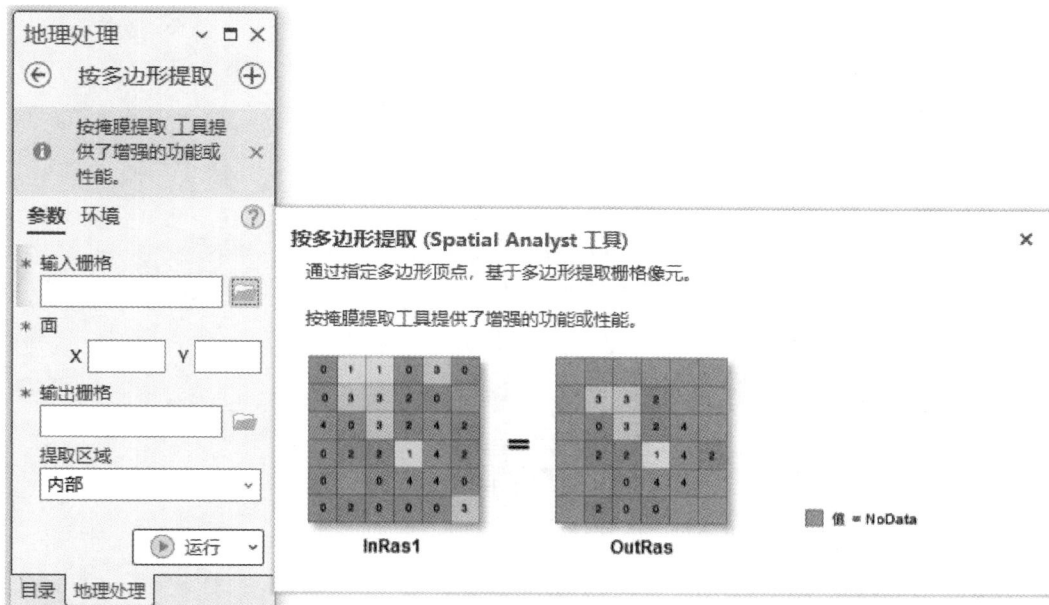

图 9.59　"按多边形提取"对话框

若要基于要素类中的多边形提取像元，而不是提供一系列 X、Y 坐标对，则可以使用"按掩膜提取"工具。

多边形对象可以仅包含一个部分，也可以作为一个多边形类包含多个部分。对于后一种情况，多边形的各个部分必须连续，这样才能用一个多边形来呈现其轮廓。若要基于包含多个断开部分的多边形要素提取像元，可使用"按掩膜提取"工具。

通过像元的中心可确定该像元是位于多边形的内部还是多边形的外部，如果像元中心位于多边形的内部，则即使部分像元落在多边形之外，也会将此像元视为完全处于多边形之内。

9.10.3　按矩形提取

通过指定矩形范围，基于矩形提取栅格像元。"按矩形提取"对话框如图 9.60 所示。

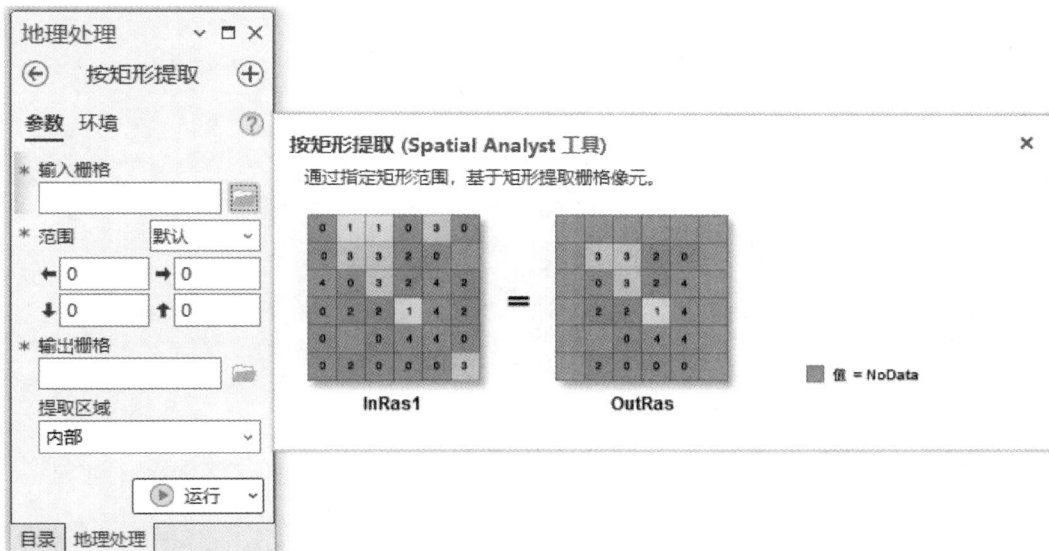

图 9.60　"按矩形提取"对话框

将为未选择的像元位置分配一个 NoData 值,并指定是将输入矩形内部还是外部的像元写入输出栅格。

9.10.4 按属性提取

基于逻辑查询提取栅格的像元。"按属性提取"对话框如图 9.61 所示。

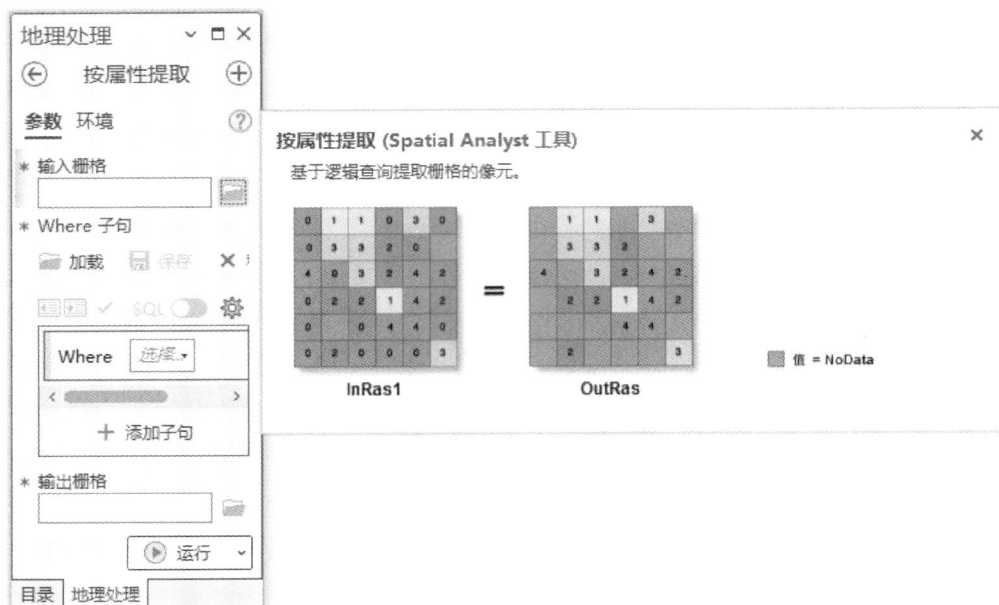

图 9.61 "按属性提取"对话框

输入栅格中的其他属性(若有的话)将按照原样添加到输出栅格属性表。根据所记录的属性,某些属性值可能需要重新计算。

如果 Where 子句的求值结果是 True,则将为该像元位置返回初始输入值;如果求值结果是 False,则将为像元位置指定 NoData。

如果在查询中指定了除输入栅格的 Value 以外的某一项,则将为该像元位置返回初始输入值。

9.10.5 按掩膜提取

提取掩膜所定义区域内的相应栅格像元。"按掩膜提取"对话框如图 9.62 所示。

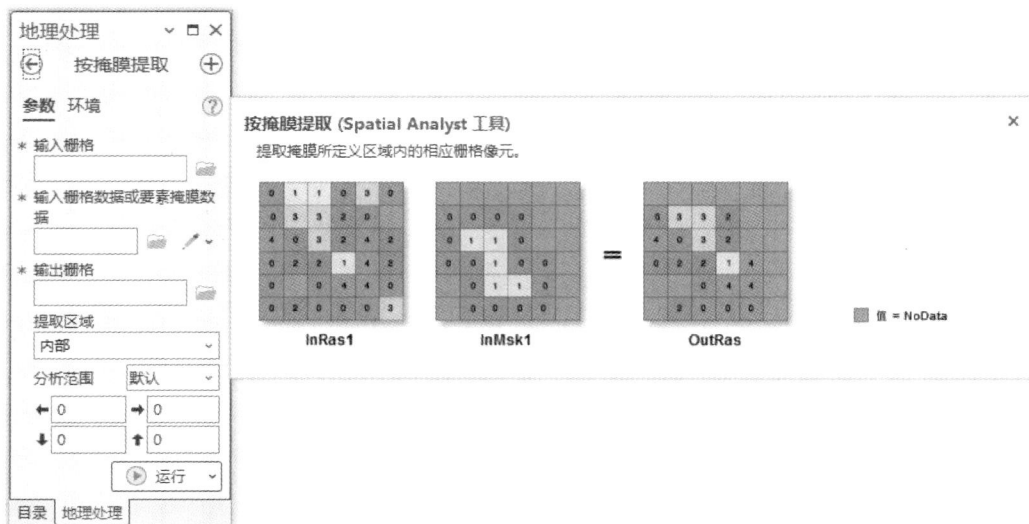

图 9.62 "按掩膜提取"对话框

当为输入栅格掩膜指定多波段栅格时,将只在运算中使用第一个波段。

默认情况下,如果掩膜输入为一个要素,将使用"输入栅格"值中的像元大小和像元对齐(捕捉栅格)从内部将其转换为栅格。

运行"按掩膜提取"工具时,如果在"环境"设置中指定了掩膜,则输出栅格仅包含位于环境掩膜和输入掩膜数据交集区域内的像元值。

默认"分析范围"值是根据"输入栅格"值与"输入栅格数据或要素掩膜数据"值的交集计算得出的。

如果未将分析范围显式指定为参数值,则将从分析环境设置中获取。

9.10.6 按圆提取

通过指定圆心和半径,基于圆提取栅格像元。"按圆提取"对话框如图 9.63 所示。

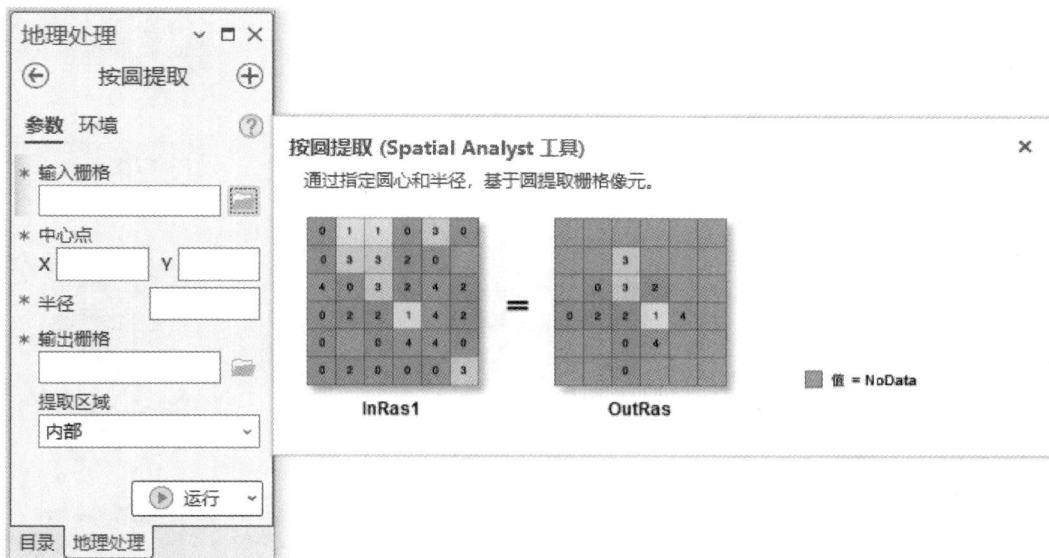

图 9.63 "按圆提取"对话框

9.10.7 采样

创建一个表或点要素类,显示从一个栅格或一组栅格提取的已定义位置的像元值,该位置由栅格像元、点、折线或面进行定义。"采样"对话框如图 9.64 所示。

系统将从每个位置的所有输入栅格(Python 中的 in_rasters)中提取像元值。系统将使用包含每个输入栅格像元值的字段创建一个表格或点要素类。

输入栅格表中的其他属性(若有的话)将不会包含在输出表中。将多波段栅格指定为输入栅格之一时,将使用该输入栅格中的所有波段。

用作"输入位置栅格数据或要素"(Python 中的 in_location_data)的参数值如下。

(1) 栅格:包含有效值(非 NoData)的像元将用于从所有输入栅格中提取像元值,且像元的中心将用作点位置。

(2) 点:将在每个点位置对值进行采样。

(3) 折线或面:如果输入栅格是二维栅格或多个栅格,则将计算与每个折线或面相交的所有像元的平均值。如果输入栅格为多维栅格并进行处理,则可以指定其他统计类型。

9.10.8 多值提取至点

在点要素类的指定位置提取一个或多个栅格像元值,并将这些值记录到点要素类的属性表中。"多值提取至点"对话框如图 9.65 所示。

此工具可修改输入点要素,并可更改其内部要素 ID(可将其命名为 ObjectID、FID 或 OID)。在执行分析之前,属性表要包含唯一的 ID 字段。

系统将从每个位置的所有输入栅格中提取像元值,包含将每个输入栅格像元值的新字段追加到输入点要素类。输入栅格表中的其他属性(若有的话)将不会追加到输入点要素类。

如果使用 XY 事件图层定义了"输入点要素"(Python 中的 in_point_features)值,则基础事件表将直接更新,如果基础表为只读,则该工具将失效。

该工具无法使用多点要素执行,如果要使用多点要素执行分析,请将其转换为单点要素,然后在提取工具中使用。

若勾选了"点位置值的双线性插值法"复选框,则相邻像元的有效值将使用双线性插值法计算像元值,且将在插值中忽略 NoData 值,除非所有相邻像元均为 NoData。

9.10.9 值提取至点

根据一组点要素提取栅格的像元值,并将值记录在输出要素类的属性表中。"值提取至点"对话框如图 9.66 所示。

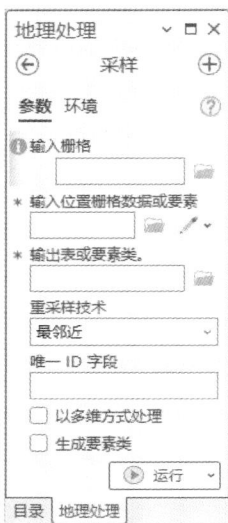

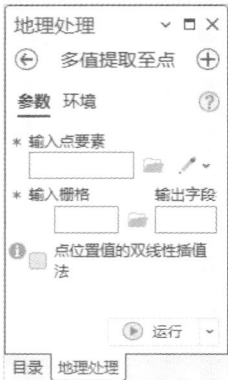

图 9.64 "采样"对话框　　　　图 9.65 "多值提取至点"对话框　　　　图 9.66 "值提取至点"对话框

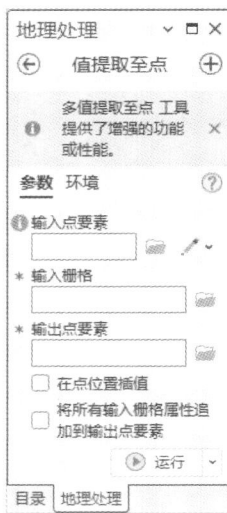

要从多个栅格或某个多波段栅格数据集提取值,可使用"多值提取至点"工具。输入点要素类中的所有字段均将添加到输出点要素类中。

将名为 RASTERVALU 的新字段添加到输出,以存储提取值。如果输入要素的属性表中已存在具有此名称的字段,则该工具将无法执行。

9.11　条件分析

"条件分析"工具集允许在输入值上应用条件对输出值进行控制,其可应用的条件类型有 2 种:对属性查询或基于列表中条件语句的位置条件。

属性查询工具将显式识别被评估为 True 的像元,可将这些像元保留原始值、设置为其他值或设置为 NoData。可将被评估为 False 的像元设置为一组与 True 条件不同的值。例如,如果输入栅格中的值大于 10 时,返回 1,否则返回 100。

"条件函数"和"设为空函数"工具可使用 Where 子句作为逻辑表达式来定义属性查询。

位置条件需要输入参数(栅格或常量)来指定应该用于输出的条件语句的位置(栅格或常量)。例如,如果输入栅格指定像元的值为 1,则返回列表中第一个输入指定的值;如果输入栅格中的像元值为 2,则返回列表中第二个输入指定的值,依此类推。

"选取"工具通过指定输入列表,根据位置输入的值提供输出值。

9.11.1 设为空函数

"设为空函数"工具根据指定条件将所识别的像元位置设置为 NoData。如果条件评估为真,则返回 NoData;如果条件评估为假,则返回由另一个栅格指定的值。"设为空函数"对话框如图 9.67 所示。

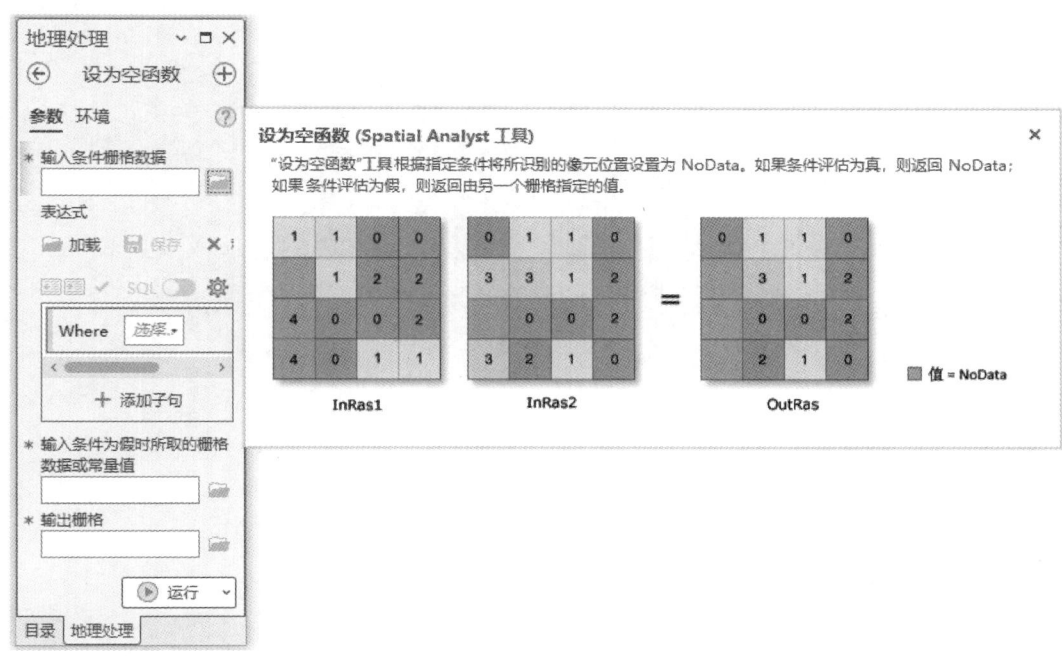

图 9.67 "设为空函数"对话框

如果 Where 子句的评估结果为真,则为输出栅格上的像元位置赋予 NoData;如果评估结果为假,则输出栅格将由假栅格数据或常量值进行定义。

如果未指定 Where 子句,则只要条件栅格不为 0,则输出栅格将具有 NoData。

9.11.2 条件函数

针对输入栅格的每个输入像元执行 if/else 条件评估。"条件函数"对话框如图 9.68 所示。

如果表达式的评估结果非 0,则将被视为 true。

如果未指定"输入条件为假时所取的栅格数据或常量值"参数,则将为表达式结果不为 True 的那些像元分配 NoData。如果 NoData 不满足表达式,则像元不会接收输入条件为假时所取的栅格数据值,像元值仍是 NoData。

9.11.3 选取

位置栅格数据的值用于确定要从输入栅格列表中的哪一个栅格获取输出像元值。"选取"对话框如图 9.69 所示。

"输入位置栅格数据"(Python 中为 in_position_raster)的每个像元的值用于确定要使用哪一个输入的值获取输出栅格值。例如,如果"输入位置栅格数据"中的一个像元的值为 1,则将栅格列表中第一个输入的值用于输出像元值,如果位置输入的值为 2,则输出值将来自栅格列表中的第二个输入的值,依此类推。

"输入栅格数据或常量值"(Python 中为 in_rasters_or_constants)的顺序对此工具很重要,如果栅格的顺序发生变化,结果也将随之改变。

如果"输入位置栅格数据"上的像元值为 0 或负数,结果将为 NoData;如果位置值大于列表中的栅格数目,结果将为 NoData。

如果"输入位置栅格数据"是浮点型,则处理这些值之前要将其截断为整型。

在位置栅格上值为 NoData 的任何像元在输出栅格上都将接收 NoData。

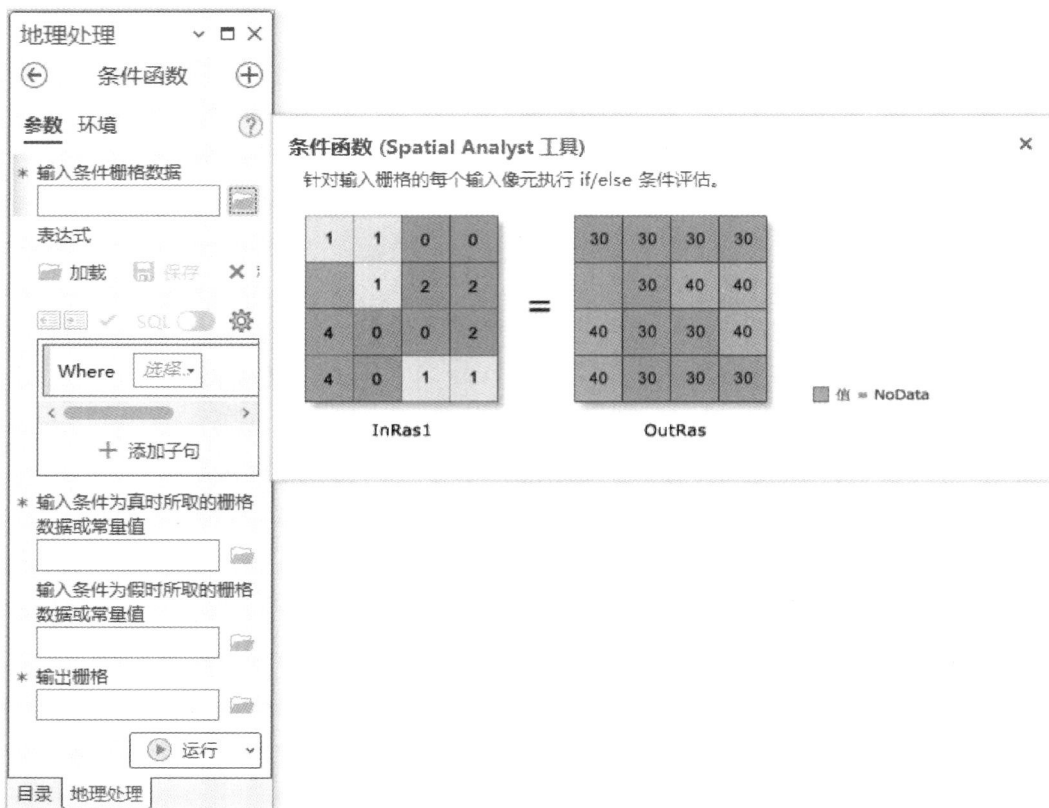

图 9.68 "条件函数"对话框

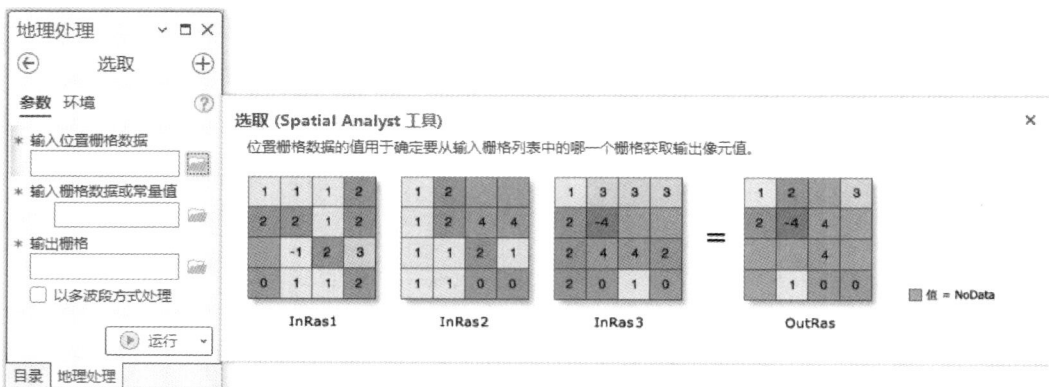

图 9.69 "选取"对话框

如果输入列表中有任何栅格是浮点型,输出栅格将为浮点型;如果它们都是整型,则输出栅格将为整型。

9.12 栅格创建

通过"栅格创建"工具集生成新栅格,在新栅格中输出值将基于常量分布或统计分布。

这些工具在确定现象分布上十分有用,如分析熊的已知出没点是否在研究地点中随机分布。

设置工具中的"输出像元大小"和"输出范围"参数将覆盖从分析环境中获得设置的值。

9.12.1 创建常量栅格

基于分析窗口的范围和像元大小创建值为常量的栅格。"创建常量栅格"对话框如图 9.70 所示。

"创建常量栅格"工具可将指定值分配到输出栅格的每个像元中,且常量值必须是数值。

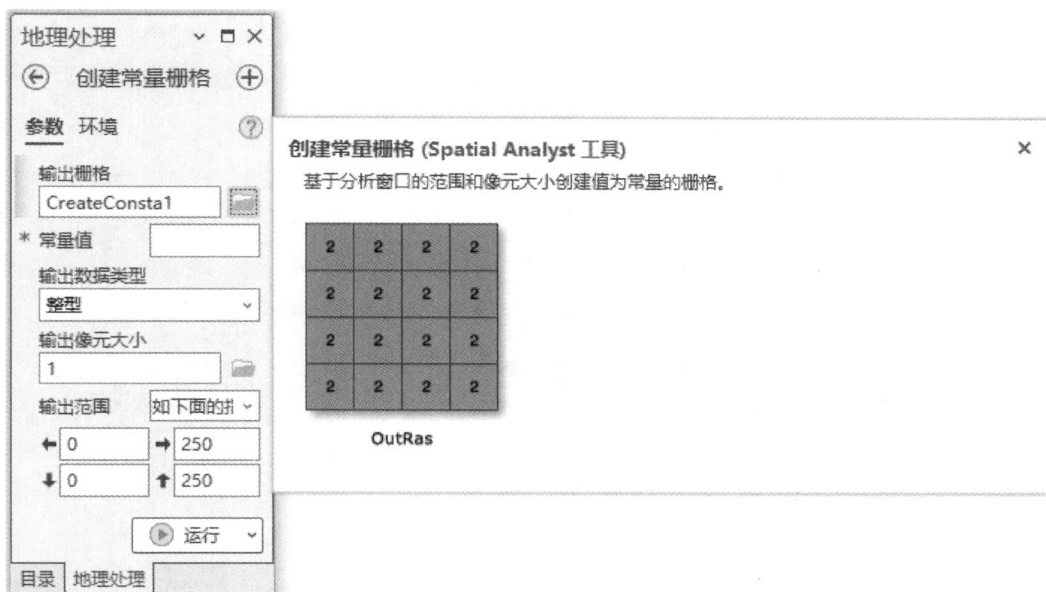

图 9.70 "创建常量栅格"对话框

由于该工具未包含任何输入，因此输出空间参考将以特定顺序从其他设置中获取。首先，将使用输出坐标系环境（如果已指定），随后使用地图视图的坐标系。如果上述条件都不满足，则输出空间参考将被设置为"未知"。

如果使用数值指定输出像元大小，则该工具会直接将其用于输出栅格；如果使用栅格数据集指定输出像元大小，则该参数将显示栅格数据集的路径而不是像元大小。

9.12.2 创建随机栅格

基于"分析"窗口的范围和像元大小创建一个介于 0.0 与 1.0 之间的随机浮点值的栅格。"数据管理"工具箱中的"创建随机栅格"工具可为值的分布提供更多选项。"创建随机栅格"对话框如图 9.71 所示。

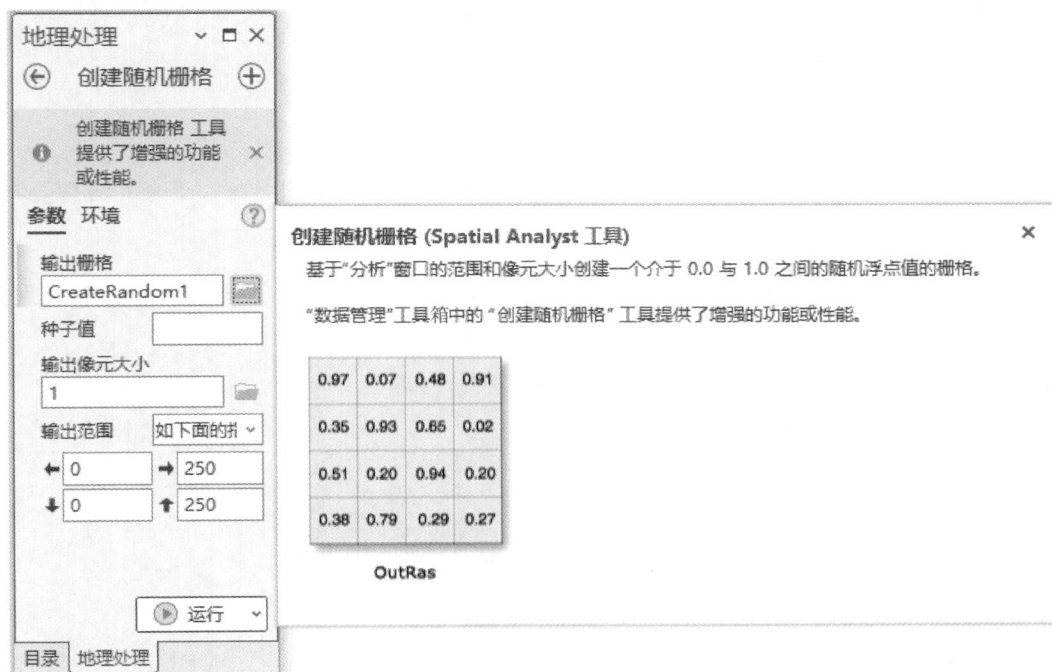

图 9.71 "创建随机栅格"对话框

9.12.3 创建正态栅格

基于"分析"窗口的范围和像元大小创建具有正态（高斯）分布随机值的栅格。"创建正态栅格"对话框如图 9.72 所示。

图 9.72 "创建正态栅格"对话框

随机数生成器会使用系统时钟的当前值（自 1970 年 1 月 1 日后的秒数）来进行自动播种，对"创建随机栅格"工具执行种子重新设定将导致创建的正态栅格的种子重新设定。

9.13 栅格综合

"栅格综合"工具集可用于清理栅格中较小的错误数据，或者用于概化数据以便删除常规分析中不需要的详细信息。

错误数据常见的来源有以下几种。

（1）经过分类的卫星影像可能包含许多小的误分类的像元区域。

（2）纸质地图的扫描图像可能包含一些不需要的线或文本。

（3）可能存在不同格式、不同分辨率或不同投影方式的栅格转换问题。

"栅格综合"工具集可以帮助您识别类似上述的区域，并对组成这些区域的像元自动分配更可靠的值。

9.13.1 边界清理

"边界清理"工具可通过对区域之间的边界进行平滑处理来概化或简化栅格。"边界清理"对话框如图 9.73 所示。

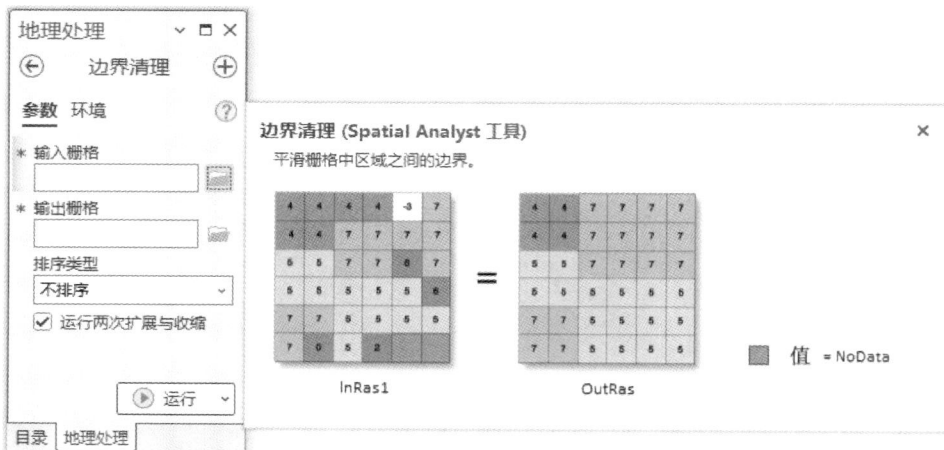

图 9.73 "边界清理"对话框

该工具使用每个像元的直接邻域，并应用扩展和收缩方法来评估每个像元，系统提供多个选项用于控制区域像元对平滑效果和平滑程度的影响。

9.13.2　蚕食

用最邻近点的值替换掩膜范围内的栅格像元的值。"蚕食"对话框如图 9.74 所示。

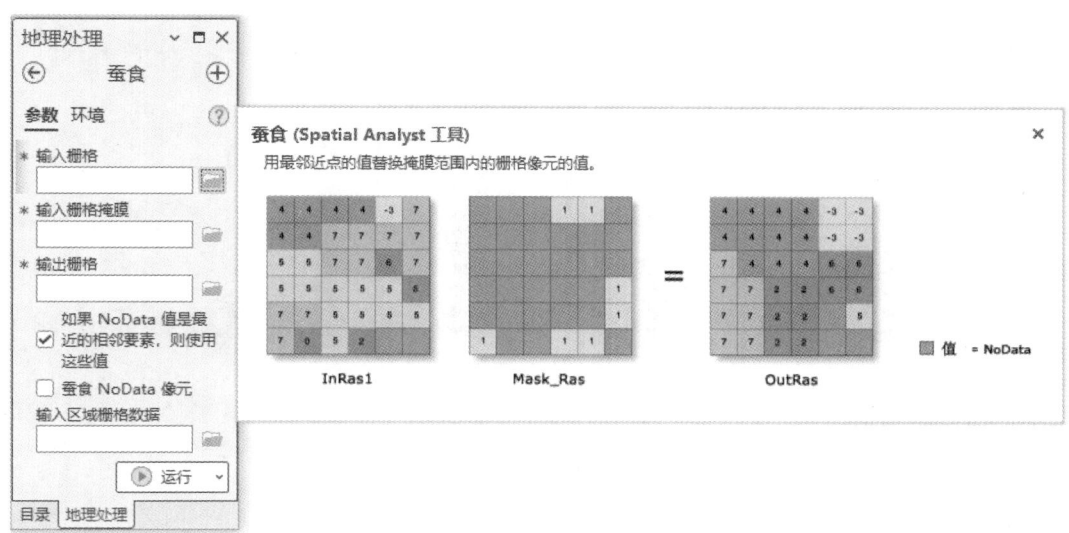

图 9.74　"蚕食"对话框

通过"蚕食"工具可将最近邻域的值分配给栅格中的所选区域，可使用该工具将几个单独的像元替换为紧邻的值。掩膜区域越大，可替换的带状像元越大。该工具适用于编辑某栅格中已知数据存在错误的区域。

输入栅格掩膜中值为 NoData 的像元用于定义哪些像元被蚕食，输入栅格中任何不在掩膜区域内的位置均不会被蚕食，因此它们的输出值和输入值相同。

输入栅格中不在掩膜内的 NoData 像元不会被蚕食，无论两个 NoData 参数设置为什么，这些像元都将保持为 NoData。

9.13.3　聚合

生成分辨率降低版本的栅格。每个输出像元包含此像元范围内所涵盖的输入像元的总和、最小值、最大值、平均值或中值。"聚合"对话框如图 9.75 所示。

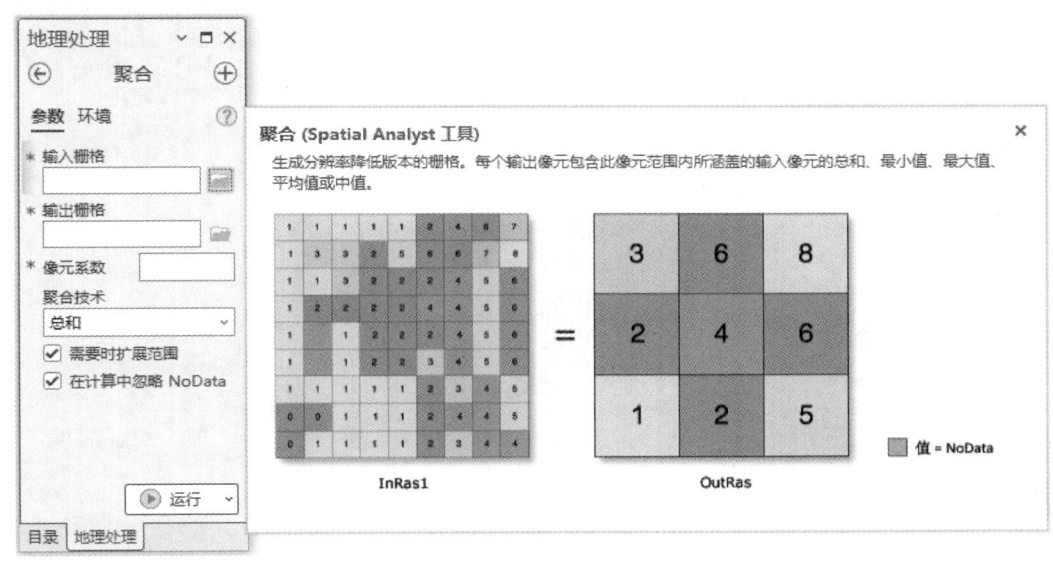

图 9.75　"聚合"对话框

9.13.4 扩展

按指定的像元数目扩展指定的栅格区域。"扩展"对话框如图 9.76 所示。

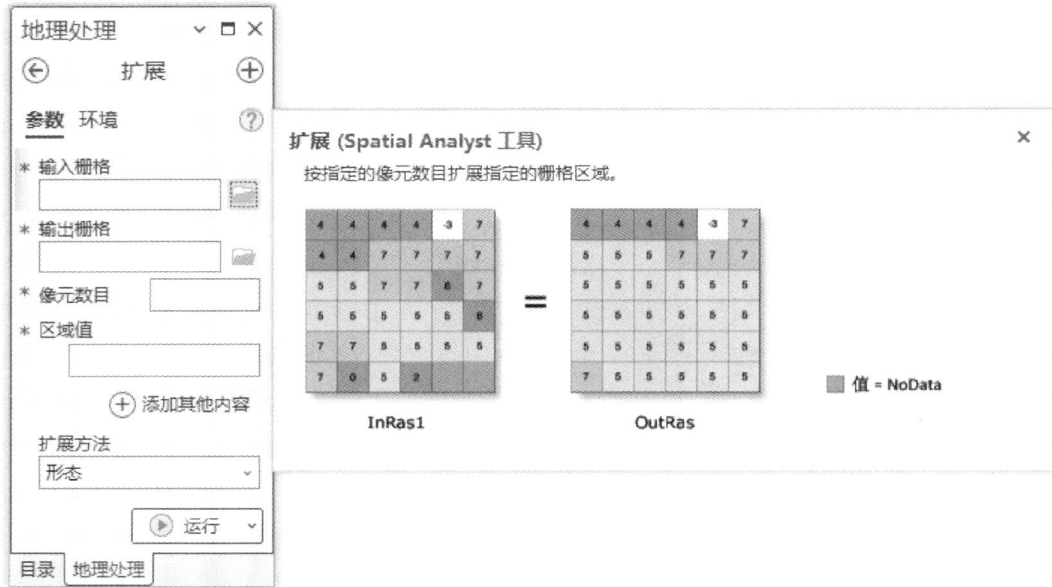

图 9.76 "扩展"对话框

使用"扩展"工具时,所选区域通过扩展到其他区域来增加大小。从概念上讲,所选区域值可视为前景区域,而其他值将仍保留为背景区域,且前景区域可扩展到背景区域。

NoData 像元将始终被视为背景像元,因此,任何值的相邻像元都可以扩展到 NoData 像元,但 NoData 像元不会扩展到它们的相邻像元。

9.13.5 区域分组

记录输出中每个像元所属的连接区域的标识。系统将会为每个区域分配唯一编号。"区域分组"对话框如图 9.77 所示。

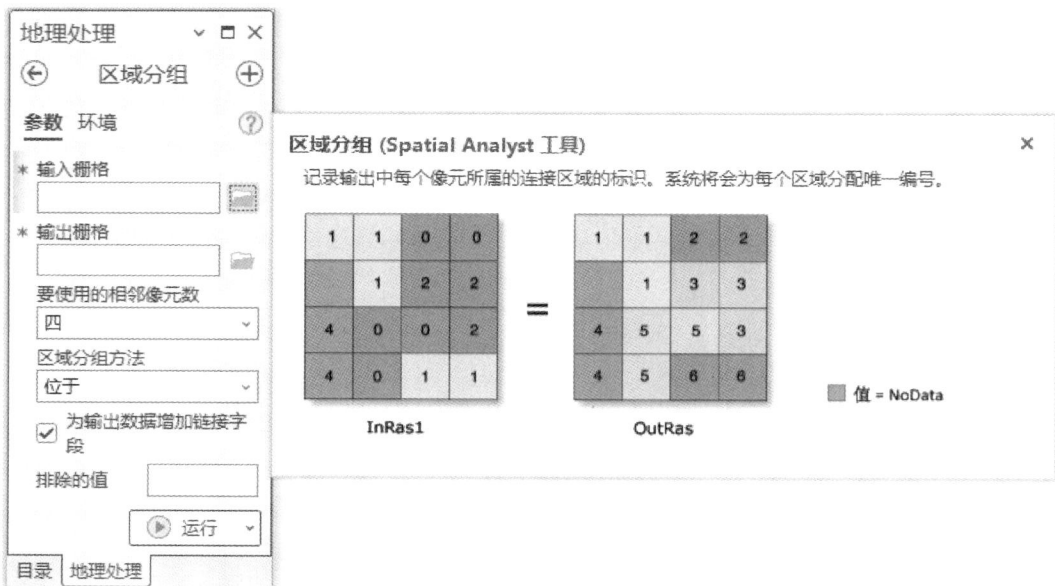

图 9.77 "区域分组"对话框

"区域分组"工具用于为栅格中的每个区域指定新值,并通过扫描过程来指定值,扫描从栅格的左上角开始,然后从左向右移动,再从上向下移动,当遇到新区域时,为其指定一个唯一的值。此过程将持续执行到所有区域都分配有了一个值为止。

9.13.6 收缩

按指定像元数目收缩所选区域,方法是用邻域中出现最频繁的像元值替换该区域的值。"收缩"对话框如图9.78所示。

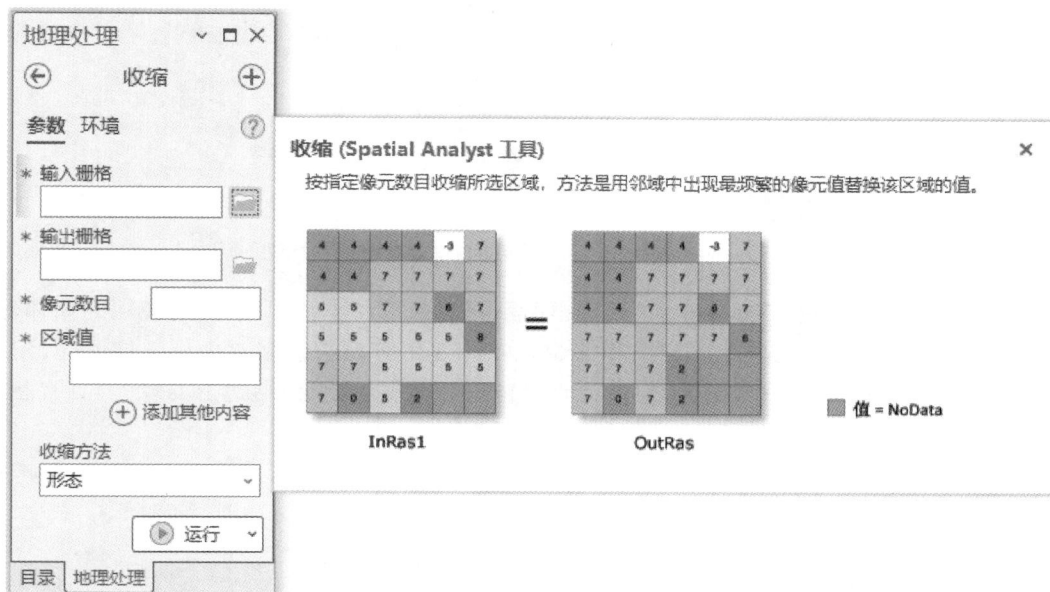

图9.78 "收缩"对话框

使用"收缩"工具时,所选区域将相对于扩展到其中的其他区域按像元收缩或减小。从概念上讲,所选区域值视为前景区域,而其余区域值视为背景区域。通过此工具,允许使用背景区域中的像元替换前景区域中的像元。

此外,还可以替换区域中的小岛屿(可被视为与区域共用边界),如果所选值与NoData相邻,则收缩后可能会变为NoData。

9.13.7 细化

通过减少表示要素宽度的像元数来对栅格化的线状要素进行细化。"细化"对话框如图9.79所示。

"细化"工具的典型应用是对扫描的等高线地图进行处理。由于扫描仪分辨率和原始地图中线宽度的原因,等值线将在生成的栅格中表示为5至10个像元宽度的线状元素。运行细化工具后,各个等值线将表示为单个像元宽度的线状要素。

9.13.8 众数滤波

根据相邻像元数据值的众数替换栅格中的像元。"众数滤波"对话框如图9.80所示。

"众数滤波"工具必须满足两个条件才能执行替换:第一个条件是具有近似值的相邻像元数必须足够多(达到所有像元的半数及以上),并且这些像元在滤波器内核周围必须是连续的;第二个条件与像元的空间连通性有关,目的是将像元空间模式的破坏程度降到最低。

使用四个相邻像元会保留矩形区域的拐角,使用八个相邻像元将使矩形区域的拐角变得平滑。

将"要使用的相邻像元数"设置为"八"时,相邻的定义是共享一条边。将"要使用的相邻像元数"设置为"四"时,相邻的定义是共享一个角。

如果将"替换阈值"设置为"半数",并且两个值作为相等部分出现,则当处理的像元值与半数中某一像元值相同时将不会发生替换。"半数"选项比"众数"选项允许的过滤范围更广。

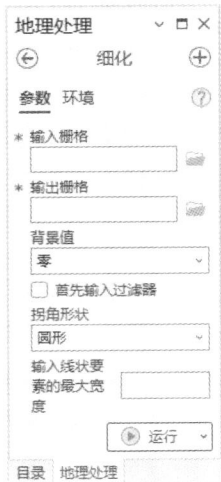

图 9.79 "细化"对话框

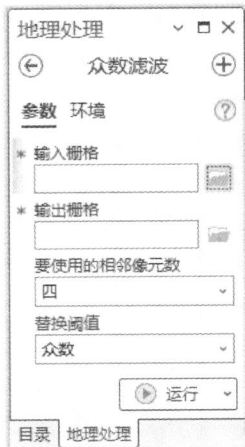

图 9.80 "众数滤波"对话框

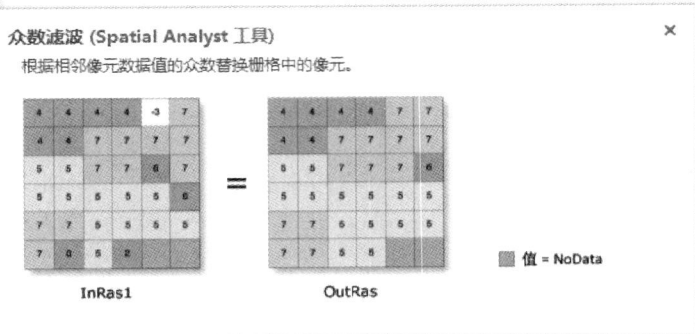

当边和角栅格像元的相邻条件相同时,它们会遵循不同的众数和半数规则。"要使用的相邻像元数"为"四"时,边或角像元始终要求存在两个匹配的相邻像元才能发生替换。使用八个相邻像元时,角像元在所有相邻像元均具有相同值时才能发生更改,而边像元需要三个相邻像元(包括边上的像元)具有相同值时才发生更改。

9.14 重分类

对数据进行重分类是为了达到以下目的。

(1) 根据新信息替换值。

(2) 将某些值分组。

(3) 将值重分类为常用等级(例如,用于适宜性分析或创建用于距离累积工具的成本栅格)。

(4) 将特定值设置为 NoData,或将 NoData 像元设置为值。

可通过多种方式对数据进行重分类,重分类的方法以及执行这些方法的工具如下。

(1) 单个值(查找表、重分类)。

(2) 值的范围(使用 ASCII 文件重分类、使用表重分类、重分类)。

图 9.81 "按函数重设等级"对话框

(3) 间隔(分割)。

(4) 连续值使用函数执行(按函数重设等级)。

9.14.1 按函数重设等级

重设输入栅格值的等级,应用所选变换函数,然后将结果值变换为指定的连续评估等级。"按函数重设等级"对话框如图 9.81 所示。

与其他重分类方法相比,此工具的主要优势是对输入值的重分类有更高级别的控制,体现在如下方面。

(1) 接收并直接处理连续输入值,而无须将这些值分为不同类别。

(2) 允许对输入数据应用线性和非线性连续函数。

(3) 将输入值等级重设为连续浮点型评估等级。

9.14.2 查找表

通过在输入栅格数据表中查找其另一个字段的值来创建栅格。"查找表"对话框如图 9.82 所示。

数值(整型或浮点型)或字符串字段类型均受支持。如果字段为整型或字符串,则输出栅格将为整型栅格,否则输出栅格将为浮点型栅格。

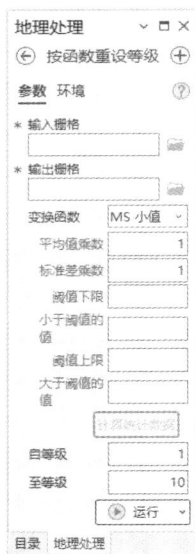

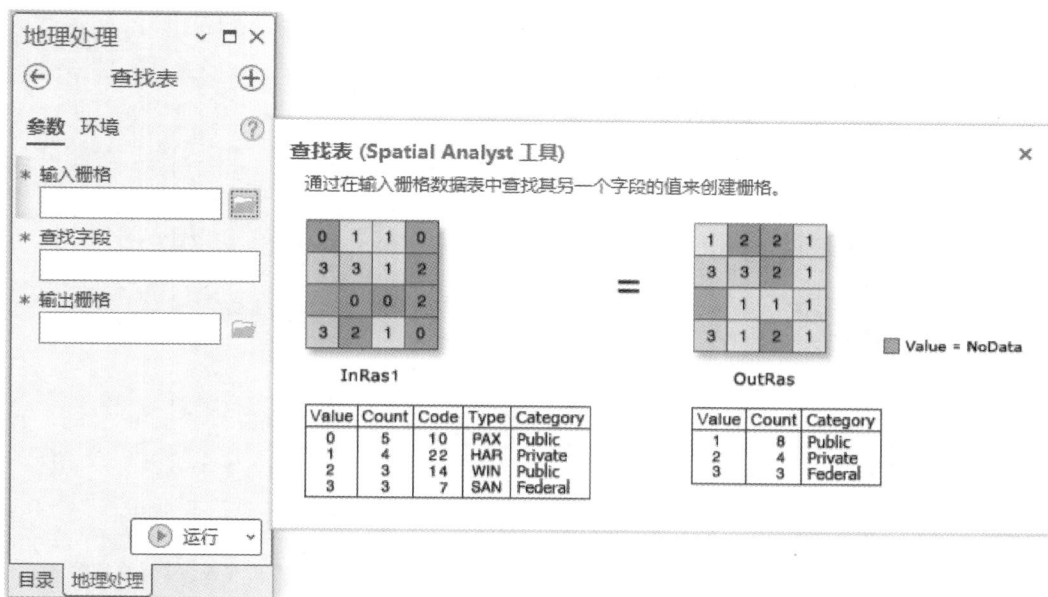

图 9.82 "查找表"对话框

如果查找字段为整型字段,则该字段的值将写入到输出栅格属性表中作为 Value 字段的值。输入栅格属性表中的其他项将不会传递到输出栅格属性表。

如果查找字段是字符串类型,则此查找字段将显示在输出栅格属性表中,并且 Value 字段将与输入栅格的 Value 字段具有相同的数值类型。输入栅格属性表中的其他任何项将不会传递到输出栅格属性表。

9.14.3 分割

将输入像元值的范围分割或重分类为区域。可用的数据分类方法包括相等间隔、相等面积(分位数)、自然间断、标准偏差(以平均值为中心)、标准偏差(平均值作为间断)、定义间隔和几何间隔。"分割"对话框如图 9.83 所示。

可以使用"将 NoData 更改为输出的值"参数,在输出中使用整数值替换 NoData 值。如果需要防止 NoData 像元与任何输出区域组合,请指定一个超出预期输出区域范围的整数值。例如,对于范围从 1 到 5 的输出区域,指定一个小于 1 或大于 5 的值,候选值包括 0、100 和 −99。要将 NoData 值合并到现有区域中,请使用该区域的整数值。如果未设置此参数,则输入 NoData 像元将在输出栅格中保留为 NoData。

9.14.4 使用 ASCII 文件重分类

通过使用 ASCII 重映射文件重分类(或更改)输入栅格像元的值(见图 9.84)。

对 ASCII 文件进行正确格式化的详细信息如下。

(1) 可以使用 ♯ 符号作为起始字符输入注释行。输入的注释数不受限制。

(2) 每个分配行都可将输入栅格内的某一个值或将一定范围内的值映射为输出值。分配行只接受数值。

(3) ASCII 重映射文件中所有分配行的格式都必须相同。支持两种格式:一种用于对指定的输入值逐个进行重新分类,另一种用于对一定范围内的输入值进行重新分类。要将单个值重新分类为其他值,应先指定该值,后接空格,然后是冒号(:),再空格,最后是要分配到输出的像元上的值。

(4) 如果要对一定范围内的值进行重新分类,则应先指定范围中的最小值,后跟空格,然后是范围中的最大值,后接冒号(:),再加空格,最后接输出值。

(5) 对于单个输入值分配行而言,如果输入值并非直接指定的值,则输出将为原始输入值或 NoData,具体取决于是否勾选"将缺失值更改为 NoData"复选框(数据或 NoData)。

9.14.5 使用表重分类

通过使用重映射表重分类(或更改)输入栅格像元的值。"使用表重分类"对话框如图 9.85 所示。

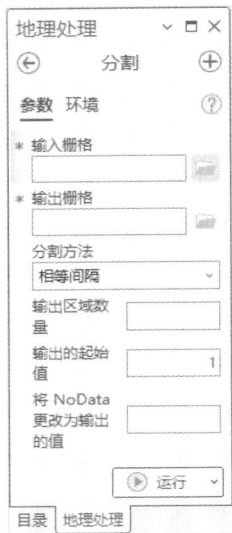

图 9.83　"分割"对话框

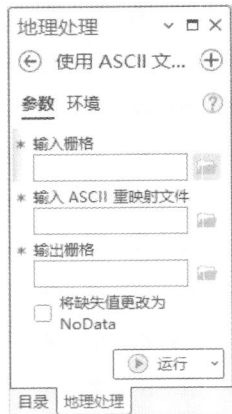

图 9.84　"使用 ASCII 文件重分类"对话框

重映射表可以是地理数据库表、文本文件或 DBASE 文件。输入栅格必须具有有效的统计数据。如果统计数据不存在,则可使用"数据管理"工具箱中的"计算统计数据"工具来创建这些统计数据。

"起始值字段""终止值字段"和"输出值字段"是表中用来定义重映射的字段名。

要重分类各个值,请使用含有两项的简单重映射表。其中一项用来识别要重分类的值,另一项用来识别要指定给它的值。将"终止值字段"设置为与"起始值字段"相同。分配给输出的值是"输出值字段"。

要重分类值范围,重映射表必须含有定义每个范围的起始值和结束值的项,还必须包含要分配给该范围的值。定义范围起始值的项是"起始值字段",而定义范围结束值的项是"终止值字段"。分配给输出的值是"输出值字段"。

9.14.6　重分类

重分类(或更改)栅格中的值。"重分类"对话框如图 9.86 所示。

图 9.85　"使用表重分类"对话框

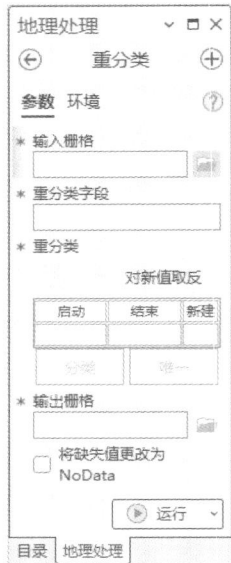

图 9.86　"重分类"对话框

如果要对值的范围重新分类,除两个输入范围的边界外,范围不应重叠。当发生重叠时,较低输入范围的最大值将包含在取值范围中,而较高输入范围的最小值将不包含在取值范围中。

在该工具对话框中,可以使用"重分类"参数中的"分类"或"唯一"选项,根据输入栅格的值生成重映射表。"分类"选项将打开一个对话框,并允许您根据其中一种数据分类方法和类数量指定一种方法。"唯一"选项将使用输入数据集中的唯一值来填充重映射表。

如果输入栅格具有属性列表,则它将用于创建初始重分类表。如果输入栅格没有属性表,则可以运行"数据管理"工具箱中的"构建栅格属性表"工具,在将栅格输入重分类工具之前构建一个属性表。否则,当您输入栅格时,则将通过首次应用"范围"和"像元大小"等地理处理环境设置扫描栅格来创建重分类表。

第 10 章　多元分析、影像分割和分类、变化检测、多维分析

本章内容包括多元分析、影像分割和分类、变化检测、多维分析工具集,它们的主要功能是影像的聚类、分割和分类等图像处理运算,是以遥感影像处理为主。这些工具存放在地理处理窗格的 Spatial Analyst 工具集和影像分析工具集中。

当在地图窗口中添加栅格影像后,单击【影像】选项卡,其功能区中影像分类组的影像分类向导和分类工具都将被激活可用(见图 10.1)。实际工作中,可把地理处理窗格中的工具集与影像分类向导和分类工具组结合使用。

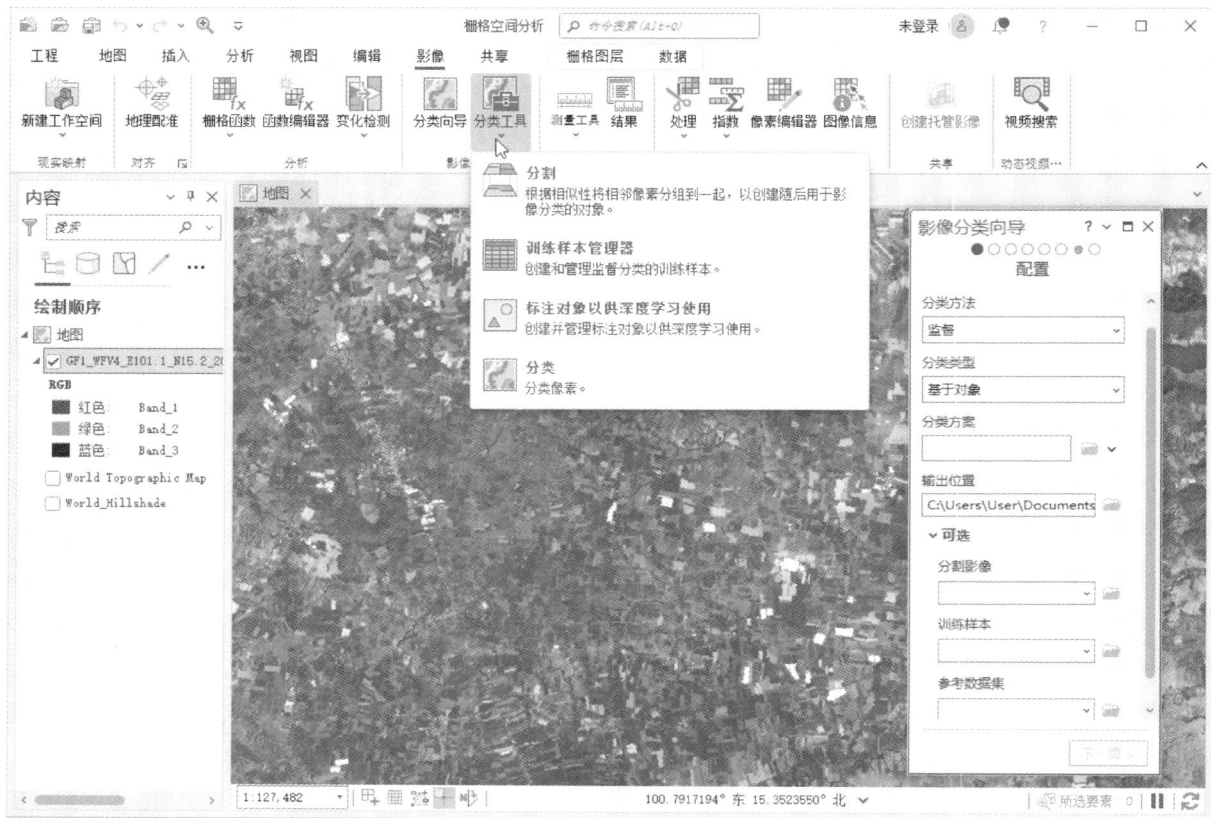

图 10.1　Spatial Analyst 主界面

10.1　多元分析

通过多元分析可以探查许多不同类型属性之间的关系。多元分析的类型有两种:分类(监督和非监督)和主成分分析(PCA)。

分类的目的是将研究区域中的每个像元都分配到类或目录。用监督分类需要了解研究区域的具体情况,并且能够识别每个类的代表性区域或样本。非监督分类使用数据中自然产生的统计分组来确定将数据分入哪个聚类。

监督分类与非监督分类的常规步骤如下。

(1)识别输入波段。

(2)创建类或聚类。可以使用提取工具集中的创建特征文件、Iso 聚类或采样工具。

（3）评估并编辑类或聚类。使用树状图或编辑特征文件工具。

（4）执行分类。使用最大似然法分类或类别概率工具。

借助"Iso 聚类非监督分类"工具，将上述步骤合并到一个工具可方便地执行非监督分类。

要消除数据冗余并使其更容易理解，可通过 PCA 转换多元数据。

10.1.1 波段集统计

计算一组栅格波段的统计信息。"波段集统计"对话框如图 10.2 所示。

"波段集统计"工具用于为栅格波段集的多元分析提供统计值。勾选"计算协方差和相关矩阵"复选框时，协方差和相关矩阵与基本统计参数（如每个图层的最小值、最大值、平均值和标准差）会一同输出。

栅格波段必须具有一个公共交集，如果不存在公共交集，则会出现错误，且不会创建任何输出。

统计数据以 ASCII 文本格式写入输出文件，该输出文件的扩展名必须为 .txt。

10.1.2 类别概率

创建概率波段的多波段栅格，并为输入特征文件中所表示的每个对类应创建一个波段。"类别概率"对话框如图 10.3 所示。

"类别概率"工具输出多元栅格，输入特征文件中的每个类或聚类都有一个波段，每个波段存储像元属于该类的概率。对于在完成分类后合并类，该工具将非常有用。

如果发现分类中的某些区域被分配给某一类的概率不高，则说明可能存在混合类。例如，根据分类概率波段，一个已被分类为森林的区域属于森林类的概率只有 55%；又发现同一区域属于草地类的概率却有 40%。显然，该区域既不属于森林类也不属于草地类，它更可能是一个森林草地混合类。对于使用"类别概率"工具生成的分类概率，最好检查分类结果。

10.1.3 创建特征文件

创建由输入样本数据和一组栅格波段定义的类的 ASCII 特征文件。"创建特征文件"对话框如图 10.4 所示。

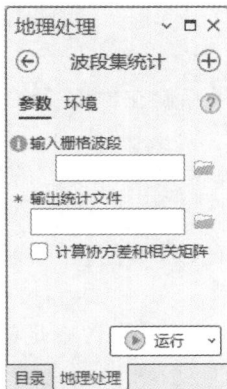

图 10.2 "波段集统计"对话框   图 10.3 "类别概率"对话框   图 10.4 "创建特征文件"对话框

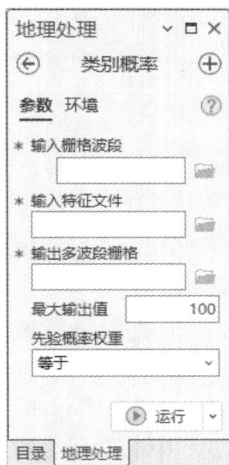

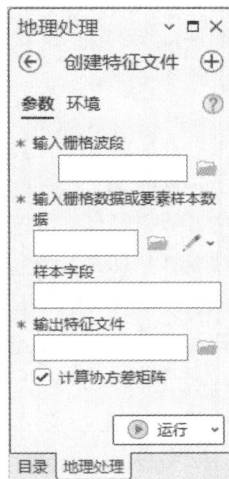

"创建特征文件"工具是有关派生自样本（在输入栅格数据或要素样本数据上进行识别）的类的统计描述。该文件由以下两部分组成。

（1）所有类的常规信息，如图层数、输入栅格名称和类别数。

（2）每个类别的特征文件，由样本数、平均值和协方差矩阵组成。

该工具可创建用作其他多元分析工具的输入参数的文件。例如，"最大似然法分类"工具需要特征文件提供类平均值矢量和协方差矩阵才能执行最大似然法分类。

如果特征文件将用于使用协方差矩阵的其他多元分析工具（如"最大似然法分类"工具和"类别概率"工具），则必须存在协方差矩阵。勾选对话框中的"计算协方差矩阵"复选框或在脚本中指定 COVARIANCE 选项时会生成此信息，此为默认设置。

10.1.4 树状图

构造可显示特征文件中连续合并类之间的属性距离的树示意图（树状图）。"树状图"对话框如图 10.5 所示。

"树状图"工具采用等级聚类算法，程序首先会计算输入特征文件中每对类之间的距离，然后迭代合并最近的一对类，完成后继续合并下一对最近的类，直到合并完所有的类。在每次合并后，每对类之间的距离会更新。合并类特征时采用的距离将用于构建树状图。

为避免线交叉，示意图将以图形的方式进行排布，使得要合并的每对类的成员在示意图中相邻。

树状图的输出是一个 ASCII 文本文件。该文件包含两部分：表和图形，说明如下。

（1）第一部分是以合并顺序显示各对类之间距离的表。特征文件中某对类的邻近程度可通过属性距离来测量。

（2）第二部分是使用类的 ASCII 字符的图形表达，用来演示合并关系和等级。图形说明了特征文件中合并对类之间的相对距离，这些距离均基于统计得到的相似度。这些类本身表示像元簇或提取自研究区域的训练样本中的像元。

通过分析图形和关联表，可确定合并类的可能性。要使树状图的显示内容具有意义，应采用非比例字体（如 Courier 字体）来显示 ASCII 文件。

10.1.5 编辑特征文件

通过合并、重新编号和删除类特征来编辑和更新特征文件。"编辑特征文件"对话框如图 10.6 所示。

"编辑特征文件"工具用于修改现有特征文件。该工具最常见的用途在于减少类的数量。如要确定对哪些类特征进行更改以生成一个更精确的分类，可使用"树状图"工具查看树示意图。

该工具主要包括以下操作。

（1）合并一组类的特征。

（2）重新编号特征类 ID。

（3）删除多余特征。

10.1.6 Iso 聚类

使用 IsoData 聚类算法来确定多维属性空间中像元自然分组的特征并将结果存储在输出 ASCII 特征文件中。"Iso 聚类"对话框如图 10.7 所示。

"Iso 聚类"工具采用改进的迭代优化聚类过程，也称为迁移平均值法。此算法在输入波段的多维空间中将所有像元分隔成用户指定数量的不同单峰组。

"Iso 聚类"工具对输入波段列表中组合的多元数据执行聚类，所生成的特征文件可用作生成非监督分类栅格的分类工具（如"最大似然法分类"工具）的输入。

如果要提供充足的必要统计数据，生成特征文件以供将来分类使用，每个聚类都应当含有足够的像元。"最小类大小"输入的值应大约比"输入栅格波段"中的图层数大 10 倍。

10.1.7 Iso 聚类非监督分类

"Iso 聚类"工具和"最大似然法分类"工具是对一系列输入栅格波段执行非监督分类，并输出经过分类的栅格。该工具也可以输出特征文件。"Iso 聚类非监督分类"对话框如图 10.8 所示。

此工具生成的特征文件可用作其他分类工具（如"最大似然法分类"工具）的输入，从而更好地控制分类参数。

10.1.8 最大似然法分类

对一组栅格波段执行最大似然法分类并创建分类的输出栅格数据。"最大似然法分类"对话框如图

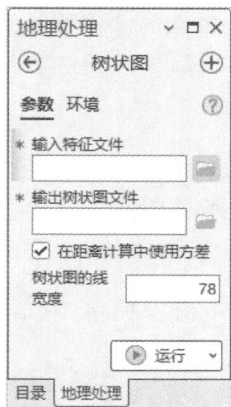

图 10.5 "树状图"对话框

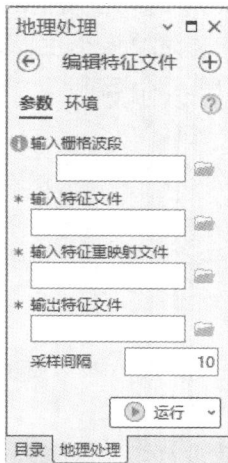

图 10.6 "编辑特征文件"对话框

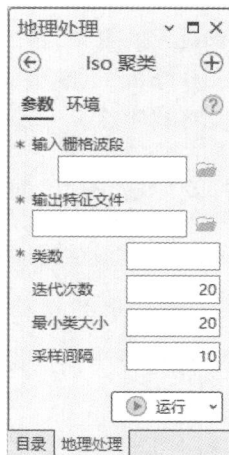

图 10.7 "Iso 聚类"对话框

10.9 所示。

通过创建特征、编辑特征,或通过"Iso 聚类"工具创建的任何特征文件,均为有效条目。它们都具有 .gsg 扩展名。

默认情况下,该工具会对输出栅格中的所有像元进行分类,每个具有相等概率权重的类都会附加到相应的特征中。

"最大似然法分类"工具所用的算法基于两个原则:在多维空间中每个类样本中的像元呈正态分布;贝叶斯决策理论。

10.1.9 主成分分析

对一组栅格波段执行主成分分析(PCA)并生成单波段栅格作为输出。"主成分分析"对话框如图 10.10 所示。

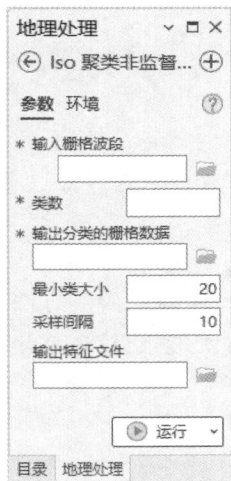

图 10.8 "Iso 聚类非监督分类"对话框

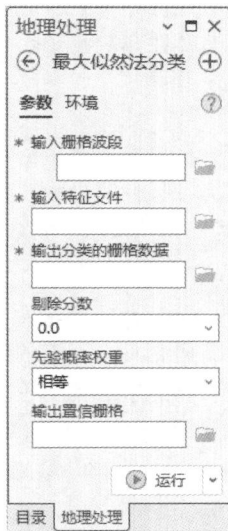

图 10.9 "最大似然法分类"对话框

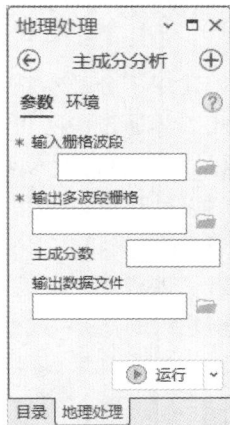

图 10.10 "主成分分析"对话框

为主成分数指定的值可用于确定输出多波段栅格中的主成分波段数,且该数目不得大于输入栅格的波段总数。

"主成分分析"工具用于将输入多元属性空间中的输入波段内的数据转换到轴相对于原始空间旋转而得到新的多元属性空间。新空间中的轴(属性)互不相关。在主成分分析中对数据进行变换的原因是希望通过消除冗余的方式压缩数据。

此工具生成的是波段数与指定成分数相同(新多元空间中每个轴或成分就有一个波段)。第一个主成分将具有最大的方差,第二个主成分将具有未通过第一个主成分描述的第二大方差,依此类推。多数情况下,"主成分分析"工具生成的多波段栅格中的前三个或前四个栅格将对 95% 以上的方差进行描述,其余各栅格波段将被删除。

10.2 影像分割和分类

"影像分割和分类"工具集可用于在创建分类栅格数据集时使用。每个工具功能简介如下。

10.2.1 分类栅格

根据 Esri 分类器定义文件(.ecd)和栅格数据集输入对栅格数据集进行分类。"分类栅格"对话框如图 10.11 所示。

.ecd 文件包含执行 Esri 支持的特定类型分类所需的所有信息,对此工具的输入必须与用于生成所需 .ecd 文件的输入相匹配。

.ecd 文件可通过任何分类器训练工具(如"训练随机树分类器"工具或"训练支持向量机分类器"工具)生成。

要使用连续变化检测和分类(CCDC)方法对栅格数据的时间序列进行分类,运行"使用 CCDC 分析变化"工具以生成变化分析栅格。在分类器训练工具中使用变化分析栅格和训练样本数据,然后提供生成的 .ecd 文件和变化分析栅格作为分类栅格工具的输入。

10.2.2 计算混淆矩阵

使用漏分误差和错分误差计算混淆矩阵,然后派生出分类地图与参考数据之间的一致性 kappa 指数、交并比(IoU)和整体精度。"计算混淆矩阵"对话框如图 10.12 所示。

10.2.3 计算分割影像属性

计算一组与分割影像相关的属性,输入栅格可以是单波段或 3 波段的 8 位分割影像。"计算分割影像属性"对话框如图 10.13 所示。

该工具可为影像中存在的各分割影像生成属性,属性包括平均数字值、标准差、像素计数、垂直度、聚合颜色以及紧密度。

10.2.4 创建精度评估点

创建用于分类后精度评估的随机采样点。"创建精度评估点"对话框如图 10.14 所示。

此工具通过参考可靠源(如外业工作或高分辨率影像的人工解释)随机选择数百个点并对其分类类型进行标注,然后将参考点与同一位置的分类结果进行比较。

此工具还可以使用先前已分类的影像或要素类来向一组点分配类。

当"输入栅格或要素类数据"参数值为多维栅格时,生成的随机点将使用时间序列中的所有图像,包括用于指示生成点的图像的日期字段。要为图像子集生成点,可在使用此工具之前使用"创建多维栅格图层"工具创建中间图层,或使用"子集多维栅格"工具创建中间数据集。

运行此工具后,要手动向某些或所有点分配类,才可以编辑表格。

10.2.5 导出训练数据进行深度学习

使用遥感影像将标注的矢量或栅格数据转换为深度学习训练数据集,输出结果将是影像芯片文件夹和指定格式的元数据文件文件夹。"导出训练数据进行深度学习"对话框如图 10.15 所示。

该工具将创建训练数据集以支持第三方深度学习应用程序,如 Google TensorFlow、Keras、PyTorch 和 Microsoft CNTK。

该工具使用现有的分类训练样本数据或 GIS 要素类数据(如建筑物覆盖区图层)生成包含源影像的类样本的影像片。

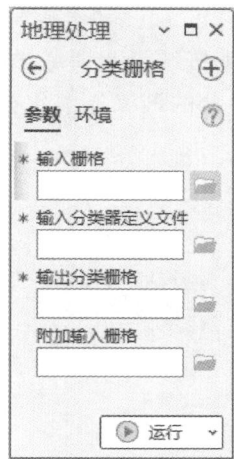

图 10.11　"分类栅格"对话框

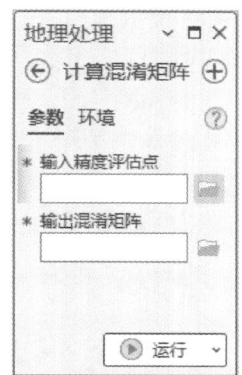

图 10.12　"计算混淆矩阵"对话框

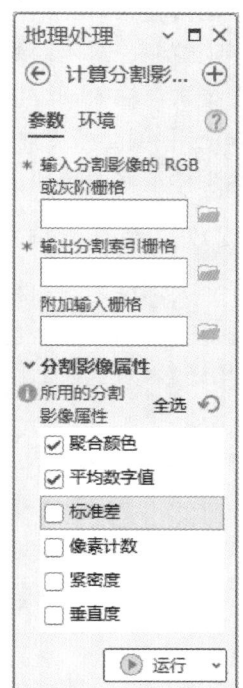

图 10.13　"计算分割影像属性"对话框

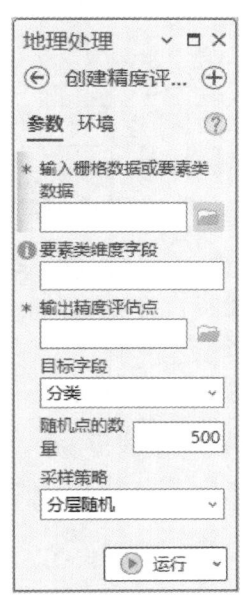

图 10.14　"创建精度评估点"对话框

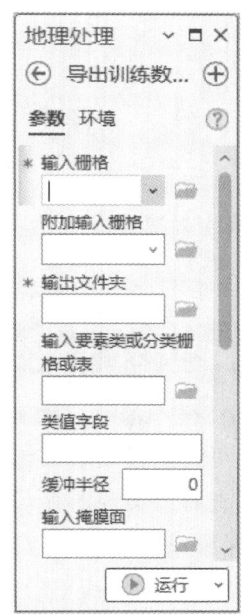

图 10.15　"导出训练数据进行深度学习"对话框

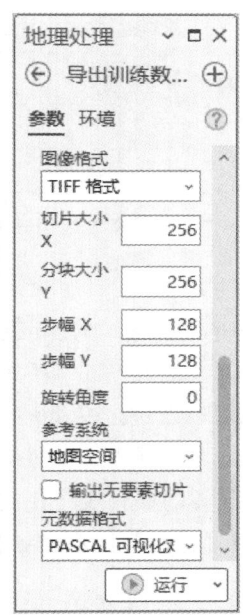

通过指定"参考系统"参数值,可以将训练数据导出到地图空间、影像空间或像素空间(原始影像空间)中,以便将其用于深度学习模型训练。

10.2.6　从种子点生成训练样本

从种子点(如精度评估点或训练样本点)生成训练样本。典型用例是从现有源(如专题栅格或要素类)生成训练样本。"从种子点生成训练样本"对话框如图 10.16 所示。

此工具可将第三方数据源导入到 ArcGIS Pro 分类工具集中。识别类方案以指导训练样本生成的输入包括专题栅格数据集或面(如之前的分类地图、建筑物覆盖区、公路或其他 GIS 数据)。

对于栅格输入,在所有像素均具有相同值的条件下,此工具将从种子点执行区域增长。区域增长由最大采样半径控制。遥感的最佳训练样本应为同类样本,且样本的大小应代表目标要素。

对于要素类输入,此工具将从与点要素类相交的输入数据中选择要素,而非使用区域增长。

可以使用"创建精度评估点"工具来生成训练样本点,此工具提供了有关要使用的点数和用于生成随机点的一些采样策略的选项。

10.2.7 检查训练样本

估计个人训练样本的精度。交叉验证精度是使用.ecd 文件中先前生成的分类训练结果及训练样本进行计算的,输出内容包括:包含误分类类值的栅格数据集、包含每个训练样本精度得分的训练样本数据集。"检查训练样本"对话框如图 10.17 所示。

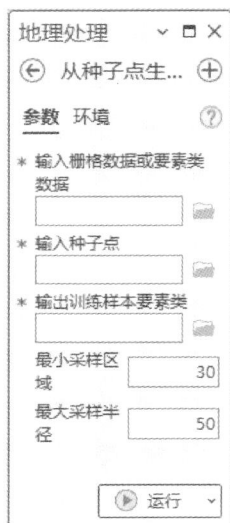

图 10.16 "从种子点生成训练样本"对话框

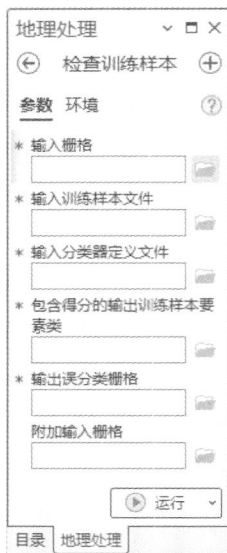

图 10.17 "检查训练样本"对话框

此工具使用输入栅格、附加输入栅格和.ecd 分类器定义文件来生成动态分类图层。然后,将此分类图层用作参考并与所有训练样本面或点进行比较。由于理想的训练样本应仅包含其所表示类的像素,因此,比较每个训练样本所有正确分类的像素与所有错误分类的像素来计算精度。

把计算结果用来改进定义类的训练样本的要点如下。

(1) 使用输出训练样本的属性表可按照精度对训练要素进行排序,并缩放至每个要素。

(2) 使用误分类的栅格类地图可查看分类混淆存在的位置以及产生的原因。

(3) 通过这些信息,可以决定是保留、移除还是编辑训练要素。

10.2.8 线性光谱分离

用于执行亚像素分类和计算单个像素的不同土地覆被类型的分数丰度。"线性光谱分离"对话框如图 10.18 所示。

此工具可为包含多种土地覆被类型的单个像素计算分数覆盖度,还可生成多波段栅格,其中每个波段均与每个土地覆被类的分数丰度相对应。例如,使用该工具对多光谱图像执行土地覆被分类,以识别光合作用植被、裸土、枯死植被和非光合作用植被。

不同土地覆被类的光谱信息,可通过以下形式提供:面要素、由"训练样本管理器"工具生成的训练样本要素类、从"训练最大似然法分类器"工具生成的分类器定义文件(.ecd)或包含类光谱图的 JSON 文件(.json)。

从"训练最大似然法分类器"工具生成的分类器定义文件(.ecd)是当前唯一受支持的分类器输出。

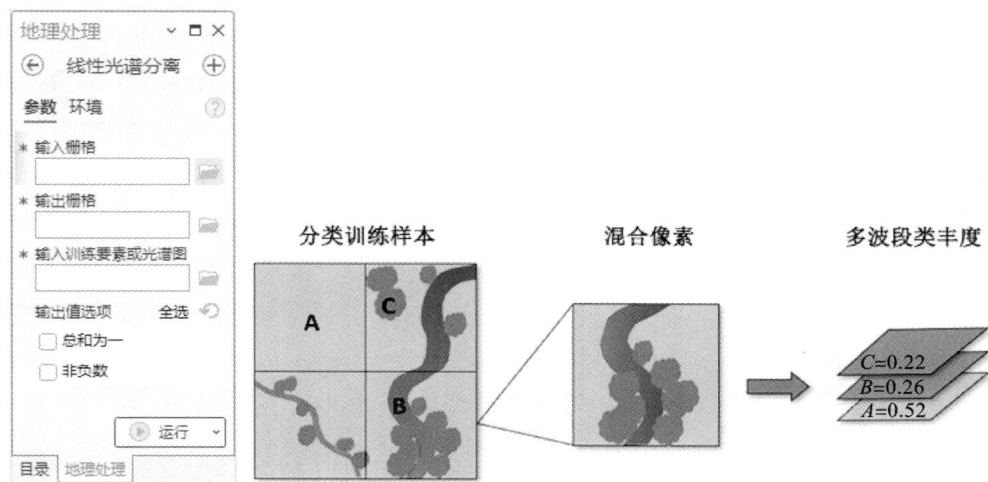

图 10.18 "线性光谱分离"对话框

在计算每个土地覆被类的分数丰度时,解决方案中可以包含负系数或分数。如果发生这种情况,可查看输入光谱图中的训练样本,以确认这些样本准确表示了每个类。如果样本看上去正确无误,则"输出值选项"勾选了"非负数"复选框。

10.2.9　移除栅格影像分割块伪影

校正栅格函数执行分割过程中被切片边界切割的线段或对象。该工具对于影像切片边界附近存在不一致现象的某些区域过程(例如影像分割)有帮助。"移除栅格影像分割块伪影"对话框如图 10.19 所示。

加工过程只应在非该工具制作的分割影像上使用。

此工具也可与"使用栅格函数生成栅格"工具配合使用,以便在并行处理环境中使用影像分割栅格函数,并将其输出写入磁盘中。

10.2.10　Mean Shift 影像分割

将相邻并具有相似光谱特征的像素组合到一个分割块中。"Mean Shift 影像分割"对话框如图 10.20 所示。

输入栅格可以是任意 Esri 支持的栅格,可具有任意有效的位深度。

要获得最佳结果,可使用数据集属性中的符号系统选项卡交互拉伸输入栅格,从而使您希望分类的要素变得清晰明了。然后使用拉伸栅格函数中的这些最佳设置增强影像以便获得最佳结果,并从常规选项卡中将输出像素类型指定为 8 bit unsigned。

先前执行的拉伸栅格函数中的输出图层可以是"Mean Shift 影像分割"工具的输入栅格。

10.2.11　使用回归模型预测

使用"训练随机树回归模型"工具的输出结果来预测数据值。"使用回归模型预测"对话框如图 10.21 所示。

如果输入栅格值为多波段栅格,则每个波段代表一个解释变量。多波段栅格中的波段顺序必须与使用"训练随机树回归模型"工具训练模型的输入一致。

如果输入栅格值是多维栅格(多维栅格图层、多维 CRF 或多维镶嵌数据集),则所有多维变量均必须为单波段并具有 StdTime 或 StdZ 维度值。每个多维变量均被视为预测变量,且会使用所有多维变量。

回归模型将在 Esri 回归定义文件(.ecd)中定义,文件将包含特定数据集或一组数据集以及一个回归模型的所有信息。该文件将由"训练随机树回归模型"工具等回归模型训练工具生成。

输入栅格的形式必须与训练回归模型时的形式相同。例如,输入栅格必须以相同的顺序在列表中包含相同数量的项目,并且每个项目都必须匹配(包括多维栅格的变量)。

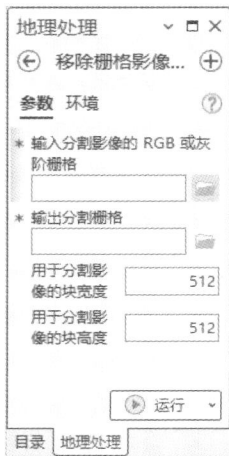

图 10.19　"移除栅格影像分割块伪影"对话框

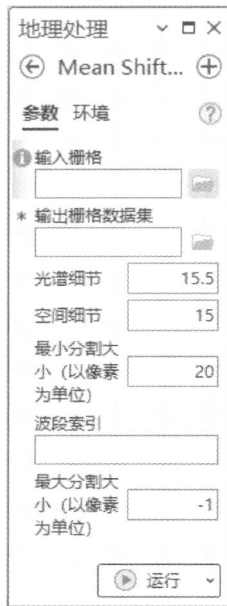

图 10.20　"Mean Shift 影像分割"对话框

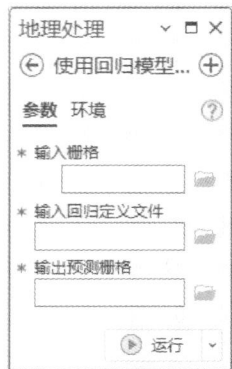

图 10.21　"使用回归模型预测"对话框

如果某个位置的任何解释变量为 NoData，则输出中的对应像素将为 NoData。

如果输出是多维栅格，则使用 CRF 或 netCDF 格式；其他栅格格式（如 TIFF）可以存储单个栅格数据集；无维度栅格无法存储多维栅格输出信息。

10.2.12　训练 ISO 聚类分类器

使用 ISO 聚类分类定义生成 Esri 分类器定义文件（.ecd）。"训练 ISO 聚类分类器"对话框如图 10.22 所示。

此工具用于执行非监督分类。任何 Esri 支持的栅格都可用作输入，包括栅格产品、分割栅格、镶嵌、影像服务或通用栅格数据集。分割栅格必须为 8 位 3 波段栅格。

仅在一个栅格图层输入分割影像的情况下才会激活"分割影像属性"参数，默认属性为聚合颜色、像素计数、紧密度和垂直度。

10.2.13　训练 K 最近邻域分类器

使用 K 最近邻域分类方法生成 Esri 分类器定义文件（.ecd）。"训练 K 最近邻域分类器"对话框如图 10.23 所示。

K 最近邻域分类器是一种非参数分类方法，它通过其邻域的多数票对像素或线段进行分类。K 是投票中所用邻域的数量。

此工具将训练样本分配到相应类别，输入像素的类别取决于 K 最近邻域的多数票。

此工具的输出为 .ecd 文件，用于在"分类栅格"工具中对新栅格进行分类。然后，"分类栅格"工具将计算从每个输入像素或线段到所有训练样本的距离。

训练样本数据必须已使用"训练样本管理器"进行多次采集，每个样本的尺寸值将在训练样本要素类的一个字段中列出，而该值是在"维度值字段"参数中指定。

10.2.14　训练最大似然法分类器

使用最大似然法分类器（MLC）分类定义生成 Esri 分类器定义文件（.ecd）。"训练最大似然法分类器"对话框如图 10.24 所示。

要完成最大似然法分类流程，请在"分类栅格"工具中使用相同的输入栅格和此工具输出 .ecd 文件。

输入栅格可以是任意 Esri 支持的栅格，可具有任意有效的位深度。

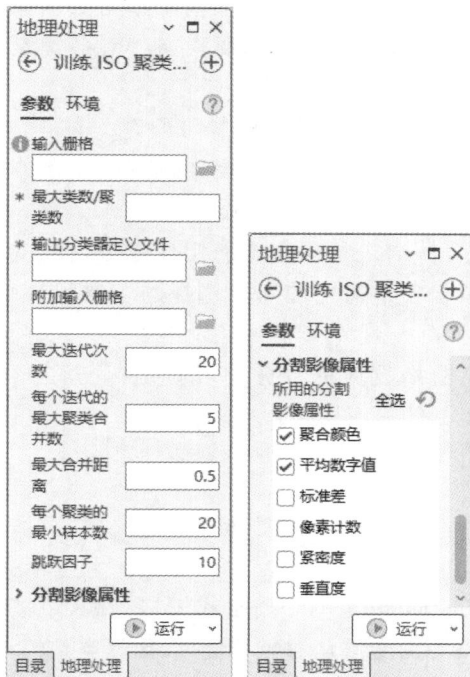

图 10.22 "训练 ISO 聚类分类器"对话框

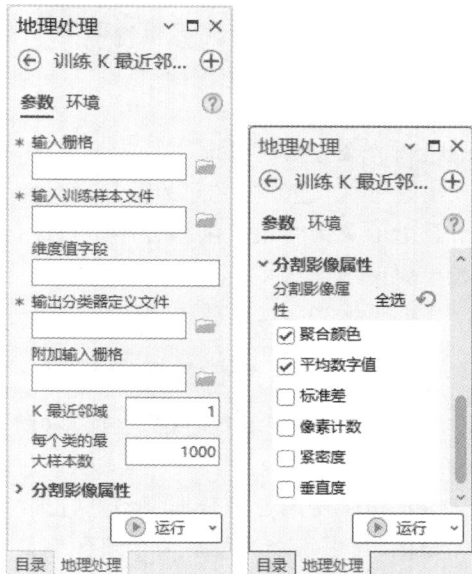

图 10.23 "训练 K 最近邻域分类器"对话框

要创建分割栅格数据集,可使用"均值漂移影像分割"工具。要创建训练样本文件,可使用"分类工具"下拉菜单中的"训练样本管理器"工具。要使用连续变化检测和分类(CCDC)算法对时间序列栅格数据进行分类,首先运行"使用 CCDC 分析变化"工具,然后使用输出变化分析栅格作为此训练工具的输入栅格。

训练样本数据必须已使用"训练样本管理器"进行多次采集。每个样本的尺寸值将在训练样本要素类的一个字段中列出,而该值是在"维度值字段"参数中指定。

10.2.15 训练随机树分类器

使用随机树分类方法生成 Esri 分类器定义文件(.ecd)。"训练随机树分类器"对话框如图 10.25 所示。

图 10.24 "训练最大似然法分类器"对话框

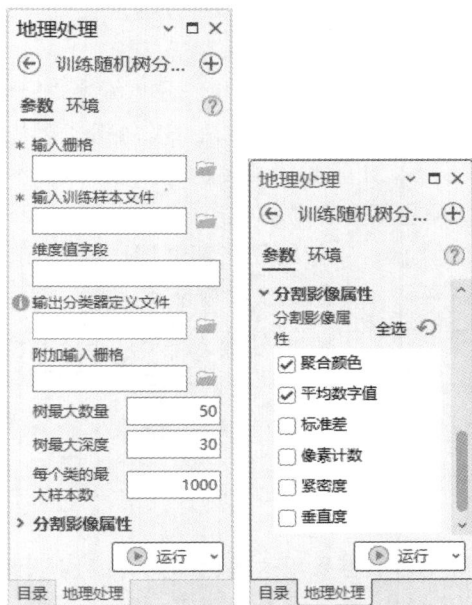

图 10.25 "训练随机树分类器"对话框

随机树分类器是一种图像分类技术,可防止过度拟合,并可处理分割影像及其他辅助栅格数据集。对于标准影像输入,该工具接受具有任意位深度的多波段影像,它还会基于输入训练要素文件对各像素或分割影像执行随机树分类。

随机树分类方法是各个决策树的集合,其中每个树都生成不同自训练数据的样本和子集。这是一种机器学习分类器,它基于大量决策树进行执行、每个树变量子集会随机选择,以及将最常用的树输出用作整体分类依据。

随机树分类方法将针对决策树与其训练样本数据的过度拟合倾向进行更正。使用此方法,将按类、森林生长出多个树,这些树之间的差异通过将训练数据映射到在拟合各个树之前随机选择的子空间来引入。每个节点上的决策将通过随机程序进行优化。

如果要使用连续变化检测和分类(CCDC)算法对时间序列栅格数据进行分类,则应首先运行"使用CCDC 分析变化"工具,然后使用输出变化分析栅格作为此训练工具的输入栅格。

10.2.16 训练随机树回归模型

对解释变量(自变量)和目标数据集(因变量)之间的关系进行建模。"训练随机树回归模型"对话框如图 10.26 所示。

该工具用于使用各种数据类型进行训练。输入栅格(解释变量)可以是一个栅格或栅格列表、单波段或多波段栅格(其中每个波段是一个解释变量)、多维栅格(其中栅格中的变量是解释变量)或数据类型的组合。

输入镶嵌数据集将被视为栅格数据集(而非栅格集合)。如果使用栅格集合作为输入,则要为镶嵌数据集构建多维信息,才能将结果作为输入。

如果输入目标是多维的,则对应的输入解释变量必须至少具有一个多维栅格。那些与目标维度相交的栅格将用于训练;列表中的其他无维度栅格将应用于所有维度。如果解释变量不相交,或者它们均无维度,则不会进行训练。

要创建预测值和训练值的散点图,可以使用"采样"工具从预测的栅格中提取预测值,然后使用"采样"工具输出中的 LocationID 字段和目标字段类中的 ObjectID 字段连接表。如果目标输入是栅格,可以从输入目标栅格和预测栅格中生成随机点和提取值。

10.2.17 训练支持向量机分类器

使用支持向量机(SVM)分类定义生成 Esri 分类器定义文件(. ecd)。"训练支持向量机分类器"对话框如图 10.27 所示。

SVM 分类器是一种监督分类方法,非常适合处理分割栅格输入,还可以处理标准影像。

相比最大似然分类方法,SVM 分类器有如下优点。

(1) SVM 分类器需要的样本较少,且不需要样本呈正态分布。

(2) 它更不容易被噪声、关联波段以及每个类中不平衡的训练场数量或大小所影响。

任何 Esri 支持的栅格都可用作输入,包括栅格产品、分割栅格、镶嵌、影像服务或通用栅格数据集。分割栅格必须为 8 位 3 波段栅格。

如果要使用连续变化检测和分类(CCDC)算法对时间序列栅格数据进行分类,则首先运行"使用 CCDC 分析变化"工具,然后使用输出变化分析栅格作为此训练工具的输入栅格。

10.2.18 更新精度评估点

更新属性表中的 Target 字段,将参考点与分类的影像进行比较。"更新精度评估点"对话框如图 10.28 所示。

精度评估将采用这些已知点,并将其用于评估分类模型的有效性。

使用此工具来更新用于表示精度评估点的要素类属性表。如果使用"创建精度评估点"工具创建了要素类,则表中将包含一个 GROUND_TRUTH 字段和一个 CLASSIFIED 字段。该工具可以从参考数据开始,并将其与分类输出进行比较,也可以从分类输出开始,并将其与参考数据进行比较。可以使用"计算混

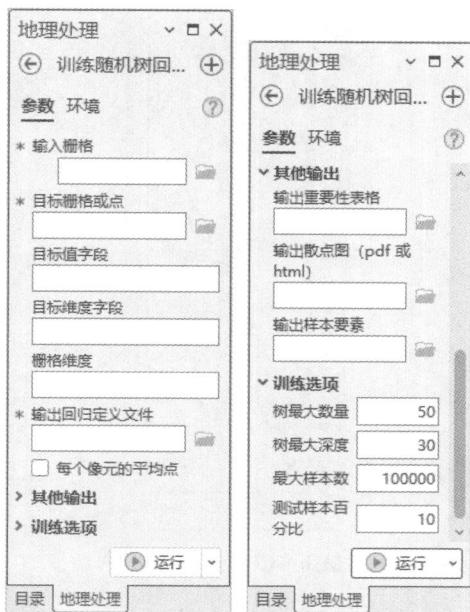

图 10.26　"训练随机树回归模型"对话框　　图 10.27　"训练支持向量机分类器"对话框　　图 10.28　"更新精度评估点"对话框

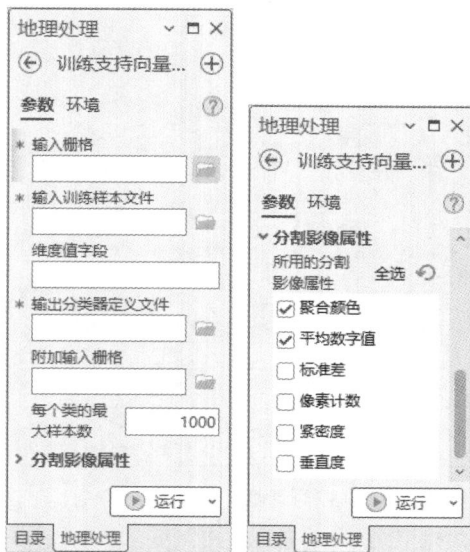

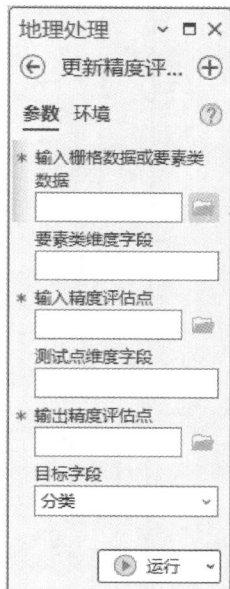

淆矩阵"工具比较这两个字段。

如果要更改或标识一组点,可以手动更新 GROUND_TRUTH 字段。

10.3　变化检测

"使用 CCDC 分析变化"工具使用连续变化检测和分类(CCDC)算法来评估堆叠图像的像素值随时间的变化。将其与"使用更改分析栅格检测更改"工具配合使用,可用于识别像素值随时间的变化,以指示土地使用或土地覆被的变化。

10.3.1　计算变化栅格

计算两个栅格数据集之间的绝对、相对、分类或光谱差异。"计算变化栅格"对话框如图 10.29 所示。

该工具可对两个栅格进行比较,生成包含两者之间差异的新栅格。例如,使用此工具可以了解碳储量像素值在 2001 年至 2020 年间如何变化,或查看 2010 年至 2015 年土地覆被变化。

以下计算类型可用于计算变化栅格。

(1)差异:起始栅格参数中的像素值和目标栅格参数中的像素值的数学差或两者做减法。输出＝目标栅格－起始栅格

(2)相对差异:像素值的差异(考虑要比较的值的数量)。输出＝(目标栅格－起始栅格)/max(目标栅格,起始栅格)

(3)类别差异:两个类别或主题栅格之间的差异,其输出可以显示在两个栅格之间发生的各个类过渡。

(4)光谱欧氏距离:将计算两个多波段栅格的像素值之间的欧氏距离。

(5)光谱角度差:将计算两个多波段栅格的像素值之间的光谱角度。输出以弧度为单位。

(6)变化最大的波段:将计算两个多波段栅格之间每个像素中变化最大的波段。

在计算两个分类栅格之间的差异时,可将分析限制为特定的类。例如,如果要可视化城市发展,可在"起始类"列表中包括所有类,而在"目标类"列表中仅包括城市类。

10.3.2　使用 CCDC 分析变化

使用连续变化检测和分类(CCDC)方法评估像素值随时间的变化,并生成包含模型结果的变化分析栅格。"使用 CCDC 分析变化"对话框如图 10.30 所示。

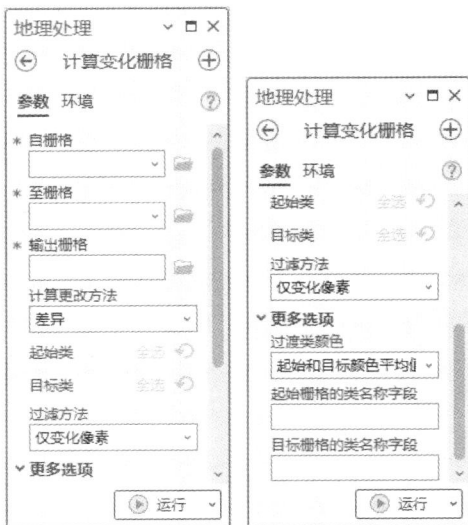

图 10.29 "计算变化栅格"对话框   图 10.30 "使用 CCDC 分析变化"对话框

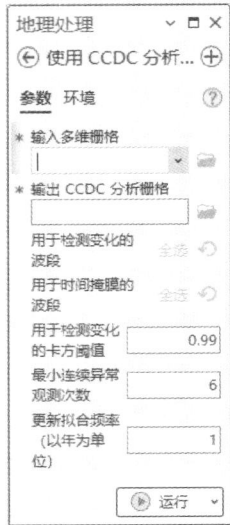

将"使用 CCDC 分析变化"工具与"使用更改分析栅格检测更改"工具配合使用,可用于识别像素值随时间的变化,以指示土地使用或土地覆被的变化。

连续变化检测和分类(CCDC)算法是一种用于识别像素值随时间变化的方法,它最初是针对多波段 Landsat 影像的时间序列开发的,用于检测变化以及对在变化发生之前和之后的土地覆盖进行分类。该工具适用于来自受支持的传感器影像,也可用于检测单波段栅格中的变化。例如,该工具可用于检测 NDVI 栅格时间序列中的变化,以识别森林砍伐事件。

输出变化分析栅格也可以用于分类。首先,运行此工具生成变化分析栅格;然后,创建具有时间字段的训练样本,指出样本表示土地覆盖的时间;接下来,运行训练工具生成分类器定义文件(.ecd);最后,使用.ecd 文件和变化分析栅格作为输入,并运行"分类栅格"工具,生成多维分类栅格。

"使用 CCDC 分析变化"工具的输出是包含模型系数的变化分析栅格,这很难直观地解释,因此还有如下几种解释数据的方式。

(1)创建一个时间分布图探索像素随时间的变化。如果变化像素具有相似的变化模式,则变化分析栅格将显示具有相似颜色的像素。

(2)使用变化分析栅格作为"使用更改分析栅格检测更改"工具的输入,以确定像素被标记为土地覆被变化的时间和频率。

(3)创建训练样本并使用变化分析栅格以执行图像分类。除模型系数外,变化分析栅格还包含分类土地覆被类型所需的光谱信息。

该工具可能需要很长时间才能运行,并且需要大量磁盘空间来存储结果。为缩短处理时间并减少存储空间量,建议执行以下步骤。

(1)关闭金字塔环境。取消选中环境窗格中的构建金字塔框或在 Python 中将环境设置为 NONE。

(2)将压缩环境设置为 LERC 并将最大误差设置为 0.000001。

(3)如果希望在此工具的输出上运行"使用变化分析检测变化"函数多次,建议您在结果上构建多维转置。

10.3.3 使用 LandTrendr 分析变化

使用基于 Landsat 的干扰和恢复趋势检测(LandTrendr)方法评估像素值随时间的变化,并生成包含模型结果的变化分析栅格。"使用 LandTrendr 分析变化"对话框如图 10.31 所示。

LandTrendr 算法是一种用于识别像素值随时间变化的方法,是针对多波段 Landsat 影像的时间序列开发的,用于检测变化以及对在变化发生之前和之后的土地覆盖进行分类。

LandTrendr 算法使用单一光谱波段或光谱指数中的像素值信息来提取每个像素随时间变化的时间序

列轨线。然后,对轨线进行分段以捕获并建模无变化、变化以及从变化中恢复的时间段。

该工具适用于来自受支持的传感器影像,可用于检测单波段栅格中的变化。例如,可用于检测 NDVI 栅格时间序列中的变化,以识别森林砍伐事件。

在分析中使用该算法时,一年只需一张影像,建议在使用此工具时至少准备 6 年的数据,并使用年影像以云栅格格式(.crf)生成多维镶嵌数据集或多维栅格数据集,然后将其用作工具的输入。

"使用 LandTrendr 分析变化"工具的输出包含模型系数的变化分析栅格。分析中每年对应一个剖切片,因此每个像素包含每年的一组不同的模型系数,并在输出中包含一个名为 FittedValue 的波段,用于在拟合到该时间点处的建模线段时提供像素值。

模型系数很难直观地解释,可以使用如下工具来解释数据。

(1)创建时间分布图以使用 FittedValue 波段探索像素随时间的变化。这将显示使用 LandTrendr 算法为像素提取的线段。

(2)使用变化分析栅格作为"使用更改分析栅格检测更改"工具的输入来提取变化日期信息。

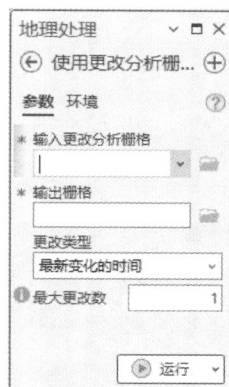

10.3.4 使用更改分析栅格检测更改

可以利用"使用 CCDC 分析变化"工具或"使用 LandTrendr 分析变化"工具的输出变化分析栅格来生成包含像素变化信息的栅格。"使用更改分析栅格检测更改"对话框如图 10.32 所示。

图 10.31 "使用 LandTrendr 分析变化"对话框　　　图 10.32 "使用更改分析栅格检测更改"对话框

此工具输出是一个多波段栅格,其中每个波段都包含变化信息,具体取决于所选的变化类型和指定的最大变化次数。例如,如果"更改类型"参数设置为"最早变化的时间",且"最大更改数"参数设置为 2,则在整个时间序列中每个像素发生变化时,该工具都会计算两个最早的日期。输出结果为栅格,其中第一个波段包含每个像素最早变化的日期,第二个波段包含每个像素第二早的变化日期。

10.4 多维分析

多维数据是在多个时间、深度和高度捕获的数据。多维栅格数据可以通过卫星观测来捕获,其数据是按照特定时间间隔收集的,或者是由其他数据源聚合、插值或模拟数据的数值模型生成。在 ArcGIS Pro 中,可以管理、可视化和分析多种格式的多维栅格数据,包括 netCDF、HDF、GRIB、多维镶嵌数据集和 Esri 的云栅格格式(CRF)等。

"多维分析"工具集中包含用于对多个变量和维度的科学数据执行分析的工具。可利用"多维分析"工具集中提供的工具进行时间聚合数据、识别异常、探索趋势以及检测变化等分析。

许多多维分析工具也可以用于 ArcGIS Spatial Analyst 扩展模块。

10.4.1 聚合多维栅格

通过沿维度组合现有多维栅格变量来生成多维栅格数据集。"聚合多维栅格"对话框如图 10.33 所示。

受支持的多维栅格数据集包括云栅格格式(CRF)、多维镶嵌数据集或由 netCDF、GRIB、HDF 格式文件生成的多维栅格图层。

该工具将生成云栅格格式(CRF)的多维栅格数据集,尚不支持其他输出格式。

使用"聚合定义"参数可按关键字、值或值范围选择间隔。例如,依次聚合介于 0 到 25 米之间、25 到 50 米之间、50 到 100 米之间的温度数据。选择间隔范围,然后将最小深度和最大深度指定为 0、25;25、50;50、100。

10.4.2 维度移动统计数据

在沿指定维度的多维数据的移动窗口上计算统计数据。"维度移动统计数据"对话框如图 10.34 所示。

移动统计也可以称为移动窗口统计、滚动统计或运行统计。各维度值周围的预定义窗口用于在移动到下一个维度值前计算各种统计数据。"向后窗口"和"向前窗口"参数允许定义维度两侧的窗口大小。

输入栅格只能是云栅格格式(CRF)的多维栅格。

此工具只会处理一个维度,默认情况下,除 X、Y 之外的第一个维度将用作处理维度。

10.4.3 查找参数统计信息

为多维或多波段栅格中的每个像素提取达到给定统计量的维度值或波段指数。"查找参数统计信息"对话框如图 10.35 所示。

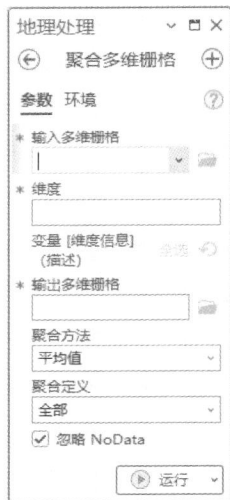

图 10.33 "聚合多维栅格"对话框

图 10.34 "维度移动统计数据"对话框

图 10.35 "查找参数统计信息"对话框

"查找参数统计信息"工具可提取在多维栅格数据集的栅格堆栈中达到特定统计数据的维度值(如日期、高度或深度),或查找在多波段栅格中达到该统计数据的波段号。

例如,可以查找在超过 30 年的数据采集过程中,每个像素达到最高海面温度的月份;拥有一个八波段遥感图像,并且想知道每个像素达到最小反射率值的波段是什么。

10.4.4 生成多维异常

用于计算现有多维栅格中每个剖切的异常,以生成新的多维栅格。异常是观察值与其标准值或平均值的偏差。"生成多维异常"对话框如图 10.36 所示。

该工具仅支持具有时间维度的多维栅格数据集。

可计算多维栅格中一个或多个变量随时间的异常,如果除时间维度外还有非时间维度,则将计算附加维度中每个时间步长的异常。

10.4.5　生成趋势栅格

用于面向多维栅格中一个或多个变量估计每个像素沿维度的趋势。"生成趋势栅格"对话框如图 10.37 所示。

例如,有 40 年的月度海洋温度数据,且希望为每个像素拟合趋势线,以查看温度随时间变化的位置和方式。

该工具可用于沿线性、谐波或多项式趋势线拟合数据,也可使用 Mann-Kendall 或 Seasonal-Kendall 测试执行趋势检测。Mann-Kendall 或 Seasonal-Kendall 测试的输出可用于确定多维时间序列中的哪些像素具有统计显著性趋势,并可将此信息与线性、谐波或多项式趋势分析结合使用,以提取时间序列中的重要趋势。

如果使用该工具执行线性、谐波或多项式趋势分析,则可以将输出趋势栅格用作使用趋势栅格预测工具的输入。趋势栅格为多维栅格,其中每个剖切均为包含趋势线相关信息的多波段栅格。

该工具可以生成模型拟合优度统计数据作为线性、谐波和多项式趋势栅格的可选输出;可以计算均方根误差(RMSE)、R 平方和斜率系数的 P 值,并在输出栅格的属性窗口的统计数据部分中显示;也可以使用 RGB 符号系统符号化输出趋势栅格,并将统计数据指定为红色、绿色和蓝色波段来显示统计数据。

10.4.6　多维主成分分析

将多维栅格转换为其主成分、负载和特征值。该工具可将数据转换为可解释数据方差的数量减少的成分,以便轻松识别空间和时间模式。"多维主成分分析"对话框如图 10.38 所示。

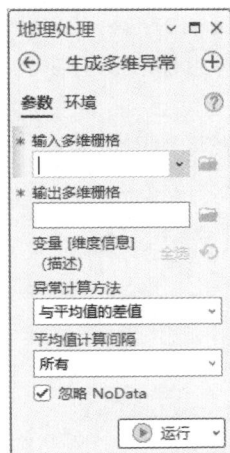

图 10.36　"生成多维异常"对话框　　　图 10.37　"生成趋势栅格"对话框　　　图 10.38　"多维主成分分析"对话框

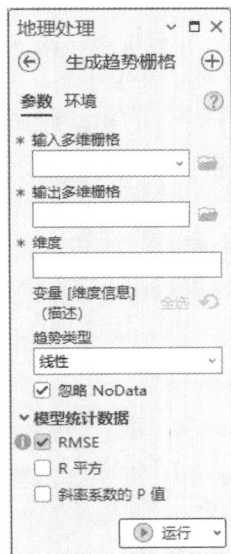

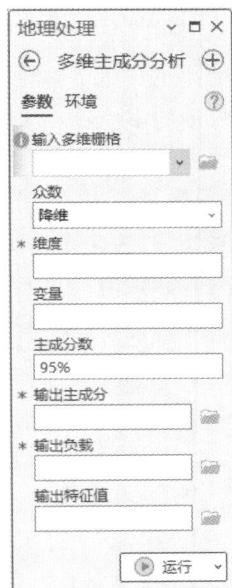

该工具使用输出特征值表中的特征值和累积方差百分比来确定数据所需的主成分数,而不会丢失基本信息。

"众数"参数的"降维"选项将数据作为一组图像进行分析,它将数据转换并减少为一组可以捕获主要要素和模式的图像,其主成分是存储在多波段数据集的一组栅格。

"众数"参数的"空间缩减"选项将数据作为一组像素时间序列进行分析,它将找到主要时间模式和这些时间模式的关联空间位置,其主成分是存储在表中的一组一维数组。

"主成分数"参数可指定输出中的波段数,为了避免输出不必要的大栅格,请使用适当的百分比或成分数。通常,前几个成分将涵盖数据的最大方差。

10.4.7　使用趋势栅格预测

使用来自"生成趋势栅格"工具的输出趋势栅格来计算预测多维栅格。"使用趋势栅格预测"对话框如图 10.39 所示。

该工具将生成云栅格格式(CRF)的多维栅格数据集,尚不支持其他输出格式。

10.4.8　汇总分类栅格

用于生成一个表,其中包含输入分类栅格的每个剖切片中、每个类的像素计数。"汇总分类栅格"对话框如图 10.40 所示。

图 10.39　"使用趋势栅格预测"对话框　　　　图 10.40　"汇总分类栅格"对话框

使用此工具可为多维分类栅格数据集中的每个切片计算每个类别中的像素数。例如,对于包含 30 年土地覆被数据的多维栅格,计算每个土地覆被类别中的像素数。

输入栅格数据集必须是整数类型栅格。如果存在栅格属性表,该工具将使用表中的唯一值来计算像素数;如果栅格属性表不存在,该工具将扫描像素以查找唯一值。可以使用构建栅格属性表工具来构建输入栅格的属性表。

如果输入栅格是带有 Class_Name 或 ClassName 字段的栅格属性表,则输出表将使用该字段中列出的名称,否则输出表将使用来自 Class_Value 或 ClassValue 字段的类值。字段名称不区分大小写。

第11章 空间统计分析

（1）空间统计工具箱简介。

空间统计工具箱包含一系列用于分析空间分布、模式、过程和关系的统计工具。与传统的非空间统计分析方法不同，空间统计方法是专门为处理地理数据而开发的，是将地理空间（邻域、区域、连通性及其他空间关系）直接融入数学逻辑中。

可以使用空间统计工具箱中的工具对空间分布的显著特征进行汇总（如确定平均中心或总体方向趋势）、识别具有统计显著性的空间聚类（热点/冷点）或空间异常值、评估聚类或离散的总体模式、根据属性相似性对要素进行分组、确定合适的分析尺度以及探究空间关系。

（2）打开空间统计工具操作界面。

方式一：在地图窗口，选择"分析"菜单，单击【工具】按钮，在"地理处理"工具条单击"工具箱"标签，找到"空间统计工具"，其共有 5 个工具集：度量地理分布、分析模式、聚类分布制图、空间关系建模和实用工具。每个工具集中又有若干工具，选择一个单击就可以打开这个工具集。

方式二：在地图窗口，选择"视图"菜单，单击【地理处理】按钮，打开"地理处理"工具条，单击"工具箱"标签，找到"空间统计工具"，其共有 5 个工具集：度量地理分布、分析模式、聚类分布制图、空间关系建模和实用工具。每个工具集中又有若干工具，选择一个单击就可以打开这个工具集。

空间统计工具操作界面如图 11.1 所示。

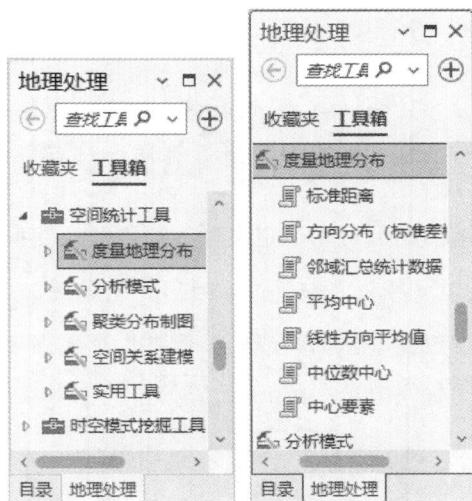

图 11.1 空间统计工具操作界面

11.1 度量地理分布

可通过度量一组要素的分布来计算各类用于表现分布特征的值（如中心、密度、方向），这些特征值可对一段时间内的分布变化进行追踪或对不同要素的分布进行比较。

度量地理分布工具集可以解决如下问题。

（1）中心在哪里？

（2）数据的形状和方向如何？

（3）要素如何分散布局？

11.1.1 标准距离

测量要素在几何平均中心周围的集中或分散程度。"标准距离"对话框如图 11.2 所示。

标准距离是一种非常有用的统计数据，它可提供有关中心周围要素分布的单一汇总度量值（此方法类似于通过标准差测量统计平均值周围数据值的分布）。

"标准距离"工具可为每个案例创建包含以平均值为中心的圆面或球多面体的新要素类。绘制每个圆面或球多面体时使用的半径均等于标准距离，每个圆面或球多面体的属性值即为其标准距离值。

当指定了"案例分组字段"时，会首先根据案例分组字段值对输入要素进行分组。然后计算每个组的标准距离圆。案例分组字段可以为整型、日期型或字符串型，并以属性形式显示在输出标准距离要素类中。

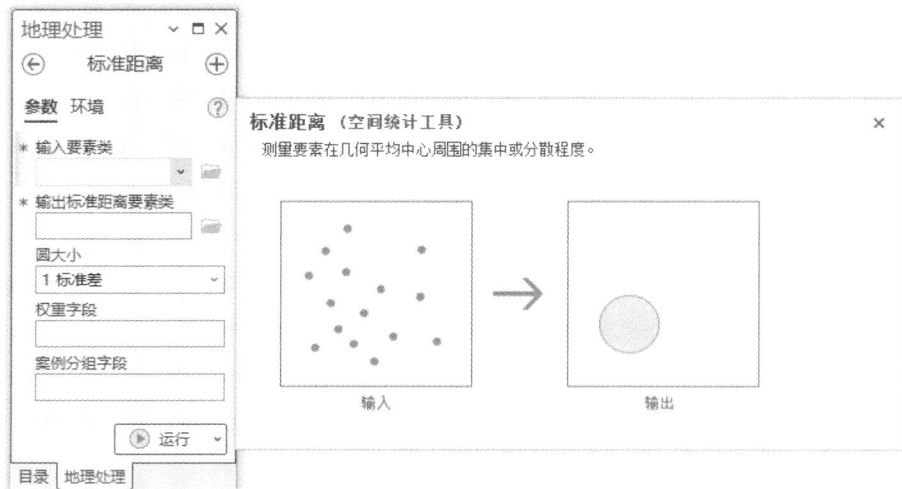

图 11.2 "标准距离"对话框

对于线和面要素,距离计算会使用要素的质心。对于多点、折线或由多部分组成的面,将会使用所有要素部分的加权平均中心来计算质心。点要素的加权项是 1,线要素的加权项是长度,面要素的加权项是面积。

地图图层可用于定义输入要素类。在使用带有选择内容的图层时,分析只会包括所选的要素。

11.1.2 分布方向(标准差椭圆)

创建标准差椭圆或椭圆体来汇总地理要素的空间特征:中心趋势、离散和方向趋势。"方向分布(标准差椭圆)"对话框如图 11.3 所示。

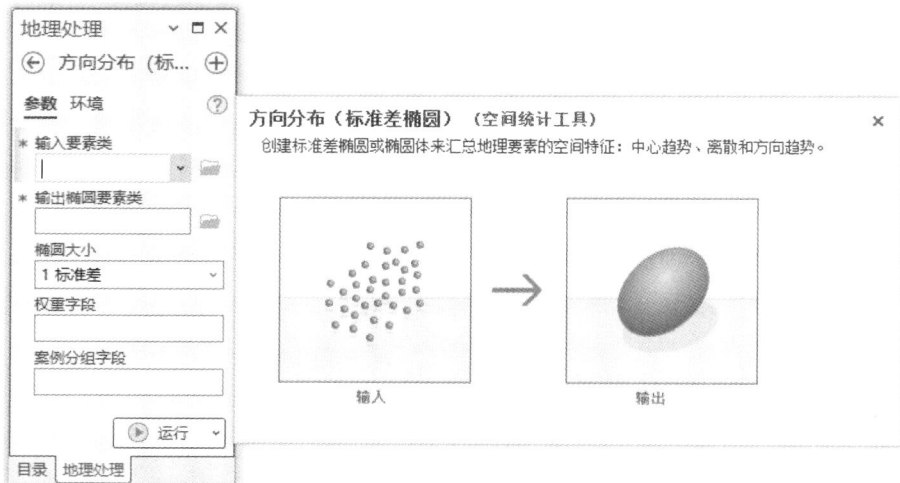

图 11.3 "方向分布(标准差椭圆)"对话框

测量一组点或区域趋势的一种常用方法便是分别计算 X、Y 和 Z 方向上的标准距离。该方法以平均中心作为起点,对 X 坐标和 Y 坐标的标准差进行计算,从而定义椭圆的轴,因此该椭圆被称为标准差椭圆。

可以根据要素的位置点或与要素关联的某个属性值影响的位置点来计算标准差椭圆,后者称为加权标准差椭圆。

该工具的潜在应用如下。

(1)在地图上标示一组犯罪行为的分布趋势,确定该行为与特定要素(一系列酒吧或餐馆、某条特定街道等)的关系。

(2)在地图上标示地下水井样本的特定污染,指示毒素的扩散方式,这在部署减灾策略时非常有用。

（3）对各个种族或民族所在区域的椭圆的大小、形状和重叠部分进行比较可以提供与种族隔离或民族隔离相关的深入信息。

（4）绘制一段时间内疾病暴发情况的椭圆,建立疾病传播的模型。

（5）当调查大气状况和飞行事故间的关联时,某一类暴风的高程分布是需要考虑的一个重要因素。

11.1.3 邻域汇总统计数据

使用每个要素周围的局部邻域来计算一个或多个数值字段的汇总统计数据。局部统计数据包括平均值、中位数、标准差、四分位距、偏度和分位数不平衡。"邻域汇总统计数据"对话框如图 11.4 所示。

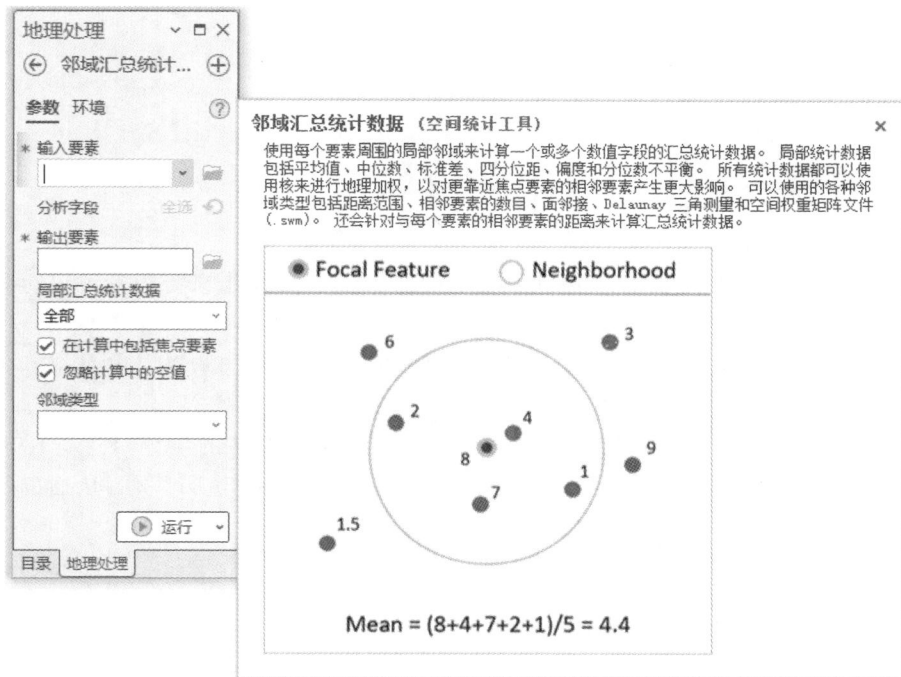

图 11.4 "邻域汇总统计数据"对话框

所有统计数据都可以使用核来进行地理加权,以对更靠近焦点要素的相邻要素产生更大影响。可以使用的各种邻域类型包括距离范围、相邻要素的数目、面邻接、Delaunay 三角测量和空间权重矩阵文件（.swm）。还会针对与每个要素的相邻要素的距离来计算汇总统计数据。

默认情况下,对于所有邻域类型,焦点要素将用作其自身的相邻要素。取消勾选"在计算中包括焦点要素"复选框,可以在相邻要素中排除焦点要素。

当将"邻域类型"参数指定为"距离范围"或"相邻要素的数目"时,可以使用"局部汇总统计数据"参数对所有统计数据进行地理加权。如果将"邻域类型"参数指定为"通过文件获取空间权重",则文件中指定的权重将用作权重方案。如果应用权重方案,则会对所有汇总统计数据进行加权,使更靠近焦点要素的相邻要素在计算中获得更高的权重,随着与焦点要素的距离变大,权重会变低。

11.1.4 平均中心

识别一组要素的地理中心(或密度中心)。

"平均中心"工具用于研究区域中所有要素的平均 X 坐标、Y 坐标和 Z 坐标(如果可用)。"平均中心"工具对于追踪分布变化,以及比较不同类型要素的分布非常有用。"平均中心"对话框如图 11.5 所示。

对于线和面要素,距离计算中会使用要素的质心。对于多点、折线或由多部分组成的面,将会使用所有要素部分的加权平均中心来计算质心。点要素的加权项是 1,线要素的加权项是长度,面要素的加权项是面积。

该工具的潜在应用如下。

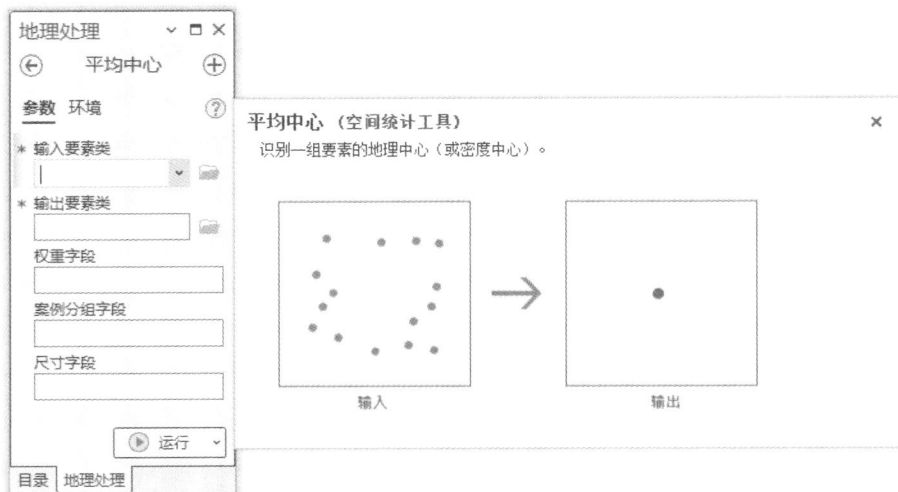

图 11.5 "平均中心"对话框

（1）犯罪分析师在对白天事件点与夜间事件点进行对比评估时，可能想要查看盗窃行为的平均中心是否发生变化，从而帮助公安部门更好地分配资源。

（2）野生生物学家可以计算某个公园若干年内麋鹿观测值的平均中心，以了解夏季和冬季麋鹿分别会在何处聚集，从而为公园游客提供更好的信息。

（3）GIS 分析师可以通过将 110 紧急呼叫的平均中心与紧急响应站的位置点进行比较来评估服务水平。此外，GIS 分析师还可以对由超过 65 岁的个人加权所得的平均中心进行评估，从而确定提供用于为老人服务的理想位置。

11.1.5 线性方向平均值

识别一组线的平均方向、长度和地理中心。"线性方向平均值"对话框如图 11.6 所示。

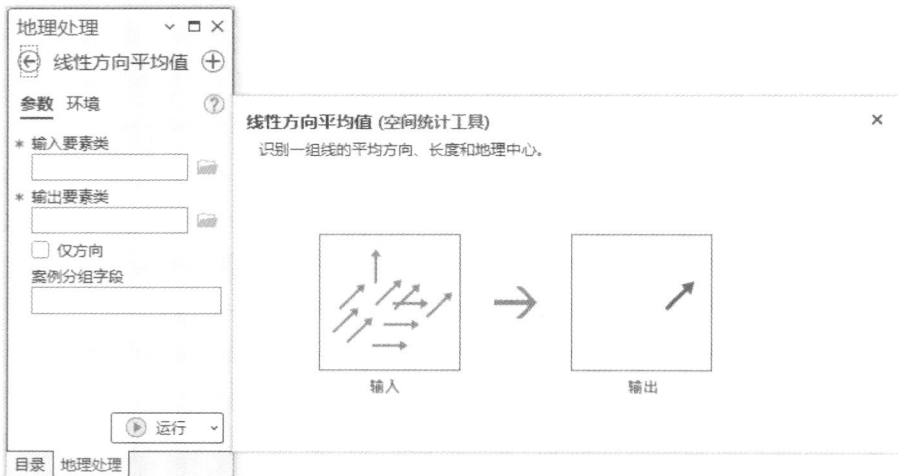

图 11.6 "线性方向平均值"对话框

一组线要素的趋势可通过计算这些线的平均角度进行度量，用于计算该趋势的统计量称为方向平均值。尽管统计量本身被称为方向平均值，但它实际用于测量方向或方位。

尽管大多数线在起点和终点之间具有多个折点，此工具只使用起点和终点来确定方向。

许多线状要素指向某一方向（它们都具有一个起点和一个终点）通常可表示移动对象（如飓风）的路径；其他没有起点和终点的线状要素（如断层线）则被认为具有方位而不具有方向。例如，断层线可能具有西北—东南方位。"线性方向平均值"工具可用于计算一组线的平均方向或平均方位。

此工具支持点数据的 3D 特性,在提供 Z 值的情况下,将在其计算中使用 X、Y 和 Z 值。因为这些结果本质上是 3D 要素,因此需要在场景中进行可视化。如果要正确可视化分析结果,请确保在场景中运行分析或将结果图层复制到场景中。

该工具的潜在应用如下。

(1)比较两组或多组线。例如,研究河谷中麋鹿和驼鹿迁移状况的野生生物学家可计算这两个物种迁徙路径的方向趋势。

(2)比较不同时期的要素。例如,鸟类学家可逐月计算猎鹰迁徙的趋势。方向平均值可汇总多个个体的飞行路径并对其每日的迁徙路径进行平滑处理。这样便可很容易地了解鸟类在哪个月行进得最快,以及迁徙在何时结束。

(3)评估森林中的伐木状况以了解风型和风向。

(4)分析可以指示冰川移动方式的冰擦痕。

(5)标识汽车失窃及被盗车辆追回的大体方向。

11.1.6 中位数中心

识别使数据集中要素之间的总欧氏距离达到最小的位置点。"中位数中心"对话框如图 11.7 所示。

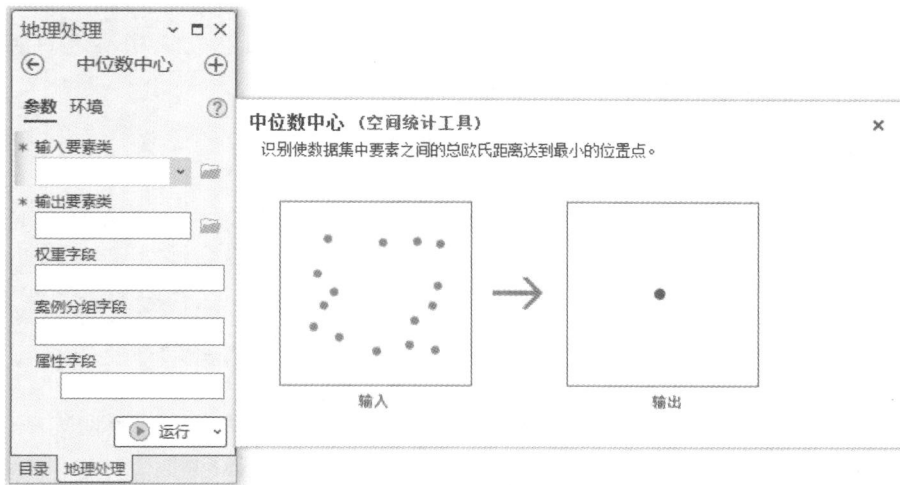

图 11.7 "中位数中心"对话框

"中位数中心"是一种对异常值反应较为稳健的中心趋势的量度工具,该工具可标识数据集中要素到其他所有要素行程最小的位置点。

"中位数中心"工具可指定权重字段,可将权重视为与每个要素关联的行程个数(例如,如果要素的权重为 3.2,则行程数将为 3.2)。加权中位数中心是所有行程的距离之和最小的位置点。

该工具的潜在应用如下。

例如,如果不希望少数外围火灾使得实际的火灾中心位置远离火灾核心区,则可以使用该工具计算火灾区的中位数中心。通常,对平均中心与中位数中心的结果进行比较来查看外围要素对最终结果的影响。与平均中心相比,中位数中心是一种更为典型的中心趋势量度。

11.1.7 中心要素

识别点、线或面要素类中位于最中央的要素。"中心要素"对话框如图 11.8 所示。

"中心要素"工具执行过程中会首先计算数据集中每个要素质心与其他各要素质心之间的距离并求和,然后选择与所有其他要素的最小累积距离相关联的要素(如果指定权重,则为加权),并将其复制到一个新创建的输出要素类中。

该工具的潜在应用如下。

例如,要构建一个表演艺术中心,可能要计算区块要素类的中心要素(以人口加权),以识别出地理位置

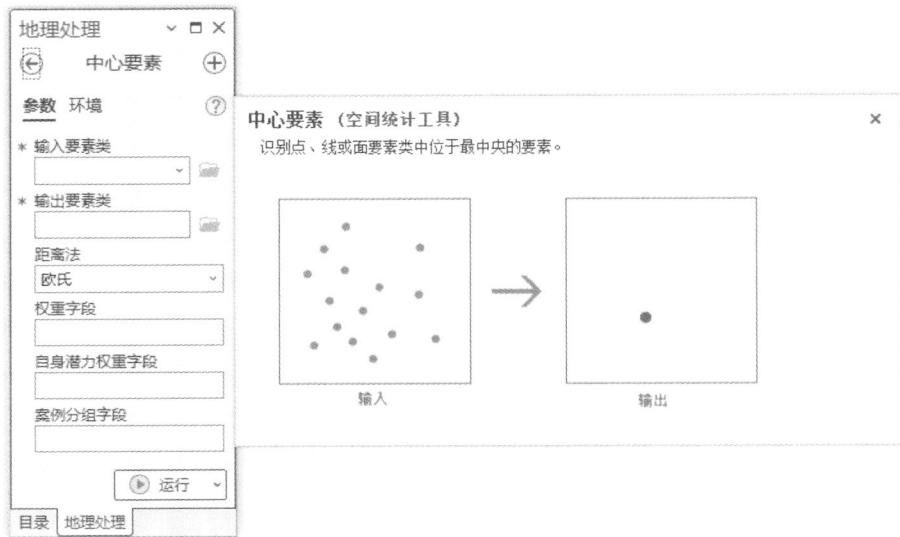

图 11.8 "中心要素"对话框

最便利的城镇区块,并将这个人口普查区块作为首选。如果希望所有要素与该中心之间的距离(欧氏距离或曼哈顿距离)最小,则"中心要素"工具对于查找该中心是非常有用的。

11.2 分析模式

识别地理模式对于理解地理现象非常重要,通常会先使用"分析模式"工具集中的工具进行初始分析,然后再进行更深入的分析。

"分析模式"工具集中的工具都采用推论式统计,它们以零假设为起点,假设要素或与要素相关的值都表现为空间随机模式。然后再计算出一个 p 值用来表示零假设的正确率(观测到的模式只不过是完整空间随机性的许多可能版本之一)。

"分析模式"工具集可提供对宏观空间模式进行量化的统计数据,可以解答"数据集中的要素或与数据集中要素关联的值是否发生空间聚类"和"聚类程度是否会随时间变化"等问题。

11.2.1 多距离空间聚类分析(Ripley's K 函数)

确定要素(或与要素相关联的值)是否显示某一距离范围内统计意义显著的聚类或离散。"多距离空间聚类分析(Ripley's K 函数)"对话框如图 11.9 所示。

Ripley's K 函数可表示要素质心的空间聚集或空间扩散在邻域大小发生变化时的变化规律。如果有兴趣研究要素的聚类/扩散如何相对于不同距离(不同的分析规模)进行变化,可以使用此工具。

K 函数统计对研究区域的大小非常敏感,根据点所在研究区域大小的不同,相同的点排列可以表现为聚类或离散。因此,认真考虑研究区域的边界非常有必要。

K 函数对位于研究区域边界附近的要素会出现统计缺漏偏差,"边界校正方法"参数提供了解决这一偏差的方法。

11.2.2 高/低聚类(Getis-Ord General G)

使用高/低聚类统计可度量高值或低值的聚类程度。"高/低聚类(Getis-Ord General G)"对话框如图 11.10 所示。

高/低聚类统计是一种推论统计,意味着分析结果将在零假设的情况下进行解释。高/低聚类统计的零假设规定不存在要素值的空间聚类。此工具返回的 p 值较小且在统计学上显著,则可以拒绝零假设。如果零假设被拒绝,则 Z 的得分符号将变得十分重要。如果 Z 得分值为正数,则观测的 General G 指数会比期望的 General G 指数要大一些,表明属性的高值将在研究区域中聚类;如果 Z 得分值为负数,则观测的 General

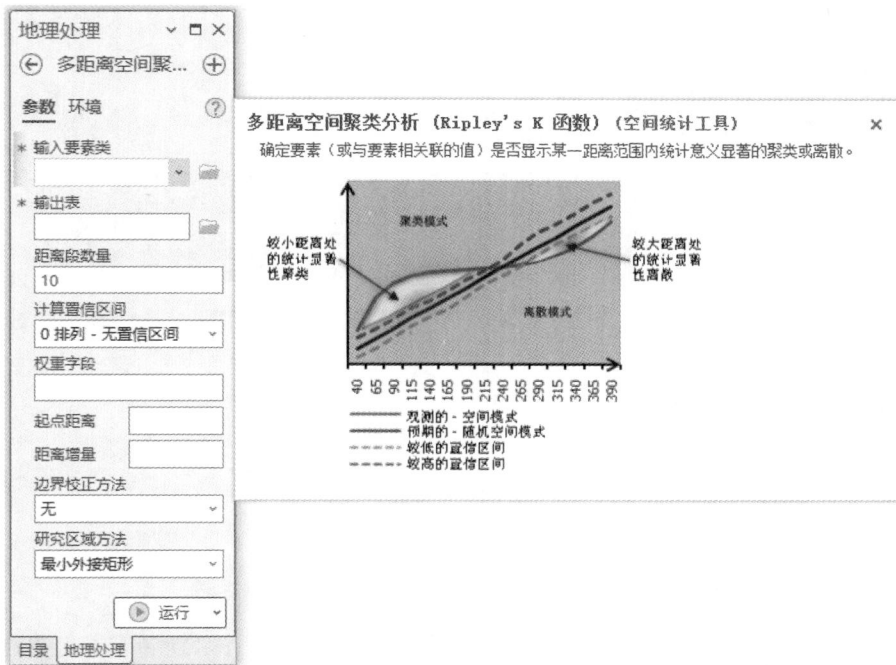

图 11.9　"多距离空间聚类分析(Ripley's K 函数)"对话框

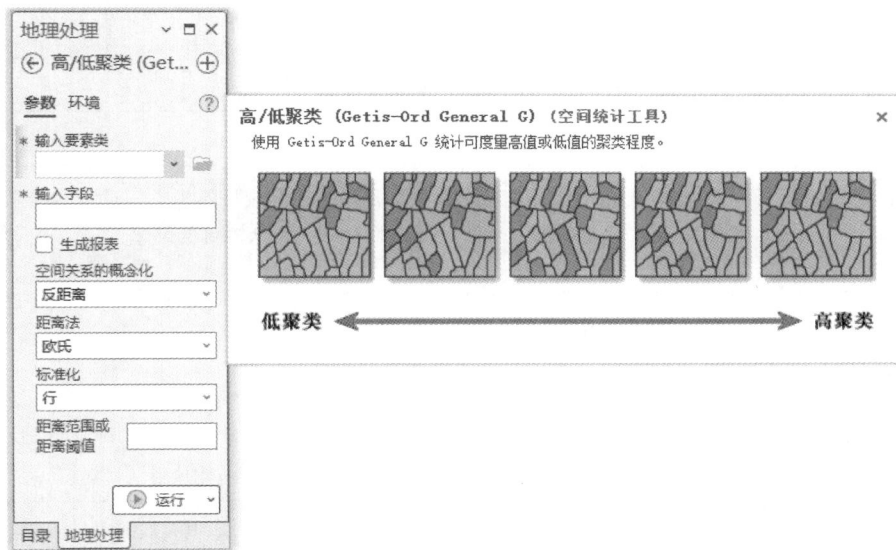

图 11.10　"高/低聚类(Getis-Ord General G)"对话框

G 指数会比期望的 General G 指数要小一些,表明属性的低值将在研究区域中聚类。

Z 得分值和 p 值是统计显著性的量度,用来判断是否拒绝零假设。对于此工具,零假设表示与要素相关的值随机分布。

Z 得分值越高(或越低),聚类程度就越高。如果 Z 得分值接近零,则表示研究区域内不存在明显的聚类。Z 得分值为正表示高值的聚类,Z 得分值为负表示低值的聚类。

"高/低聚类(Getis-Ord General G)"工具是全局统计工具,用于对数据的总体模式和趋势进行评估。如果空间模式在研究区域内保持一致,则这个全局统计量会非常有效。

11.2.3　空间自相关(Global Moran's I)

根据要素位置和属性值使用 Global Moran's I 统计量测量空间自相关性。"空间自相关(Global Moran's I)"对话框如图 11.11 所示。

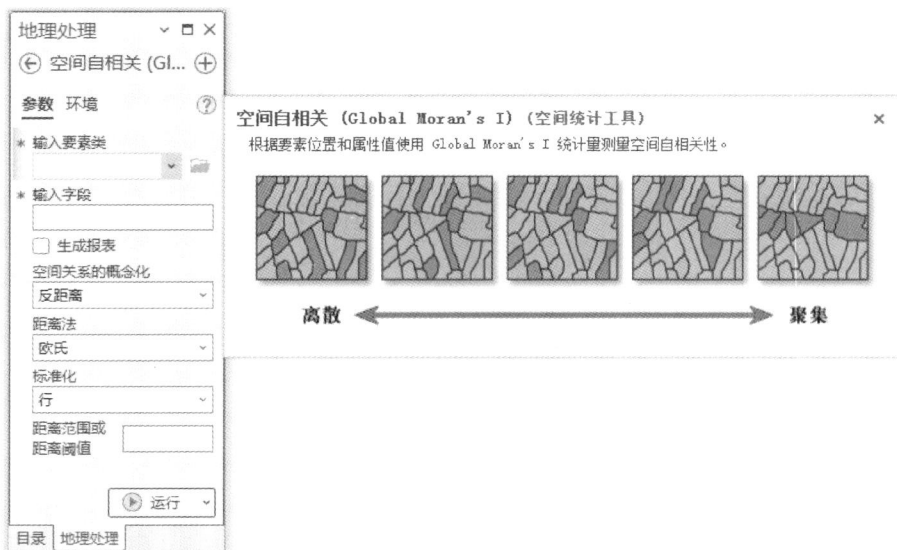

图 11.11 "空间自相关(Global Moran's I)"对话框

"空间自相关(Global Moran's I)"工具同时根据要素位置和要素值来度量空间自相关,在给定一组要素及相关属性的情况下,该工具用于评估所表达的模式是聚类模式、离散模式还是随机模式。

"空间自相关(Global Moran's I)"工具计算了 Moran's I 指数值后,将计算期望指数值,然后再将期望指数值与观察指数值进行比较。在给定数据集中的要素个数和全部数据值的方差的情况下,该工具将计算 Z 得分值和 p 值,用来指示此差异是否具有统计学上的显著性。p 值统计学显著性解释如表 11.1 所示。

表 11.1 p 值统计学显著性解释

p 值特征	解 释
p 值不具有统计学上的显著性	不能拒绝零假设。要素值的空间分布很有可能是随机空间过程的结果。观测到的要素值空间模式可能只是完全空间随机性(CSR)的众多可能结果之一
p 值具有统计学上的显著性,且 Z 得分为正值	可以拒绝零假设。如果基础空间过程是随机的,则数据集中高值和低值的空间分布在空间上聚类的程度要高于预期
p 值具有统计学上的显著性,且 Z 得分为负值	可以拒绝零假设。如果基础空间过程是随机的,则数据集中高值和低值的空间分布在空间上离散的程度要高于预期。离散空间模式通常会反映某种类型的竞争过程:具有高值的要素排斥具有高值的其他要素;具有低值的要素排斥具有低值的其他要素

11.2.4 平均最近邻

根据每个要素与其最近邻要素之间的平均距离计算其最近邻指数。"平均最近邻"对话框如图 11.12 所示。

最近邻指数用平均观测距离与预期平均距离的比率来表示。预期平均距离是假设随机分布中的邻域间的平均距离。如果指数小于 1,所表现的模式为聚类;如果指数大于 1,所表现的模式趋向于离散或竞争。

Z 得分值和 p 值结果是统计显著性的量度,用来判断是否拒绝零假设。但是应注意,此方法的统计意义受研究区域大小的影响。对于平均最近邻统计,零假设表示要素是随机分布的。

"平均最近邻"工具适用于对固定研究区域中不同的要素进行比较,适用于对事件、事件点或其他定点要素数据的分析。

该工具的潜在应用情景如下。

(1)评估竞争或领地:量化并比较固定研究区域中的多种植物种类或动物种类的空间分布;比较城市中不同类型的企业的平均最近邻距离。

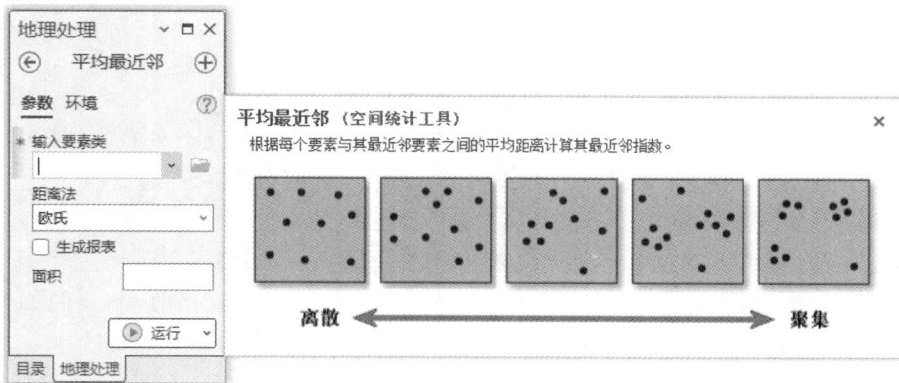

图 11.12　"平均最近邻"对话框

（2）监视随时间变化的更改：评估固定研究区域中一种类型企业的空间聚类中随时间变化的更改。

（3）将观测分布与控制分布进行比较：在木材分析中，如果给定全部可收获木材的分布情况，则可将已收获面积图案与可收获面积图案进行比较，以确定砍伐面积是否比期望面积更为聚类。

11.2.5　增量空间自相关

测量一系列距离的空间自相关，并选择性创建这些距离及其相应 Z 得分值的折线图。Z 得分值反映空间聚类的程度，具有统计显著性的峰值 Z 得分值表示促进空间过程聚类最明显的距离。这些峰值距离通常为具有"距离范围"或"距离半径"参数的工具所使用的合适值。"增量空间自相关"对话框如图 11.13 所示。

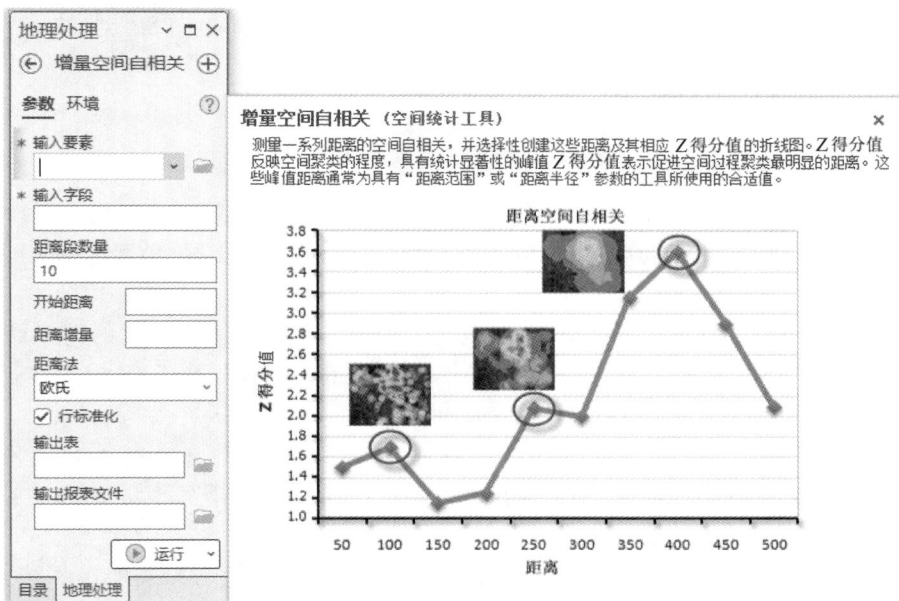

图 11.13　"增量空间自相关"对话框

此工具为具有这些参数的工具（如"热点分析"工具或"点密度"工具）选择合适的距离阈值或半径。

当显示多个具有统计显著性的峰值时，聚类在这些距离处均很明显。选择与感兴趣的分析比例对应的峰值距离，该距离通常为遇到的第一个具有统计显著性的峰值。

在工具执行期间，这些值（Moran 指数、预期指数、方差、Z 得分值和 p 值）以消息形式写到"地理处理"窗格底部。可以将鼠标悬停在进度条上来访问该消息，单击【弹出】按钮或展开"地理处理"窗格中的消息部分，还可以通过地理处理历史访问之前运行工具的消息。

11.3 聚类分布制图

"聚类分布制图"工具集可通过执行聚类分析来识别具有统计显著性的热点、冷点和空间异常值以及类似要素或区域的位置。当需要根据一个或多个聚类的位置执行行动时,"聚类分布制图"工具集的作用特别明显。例如,在需要分配更多的警力来处理一组集中出现的入室盗窃案时。当查找造成聚类的潜在原因时,准确锁定空间聚类的位置也很重要。例如,通过确定疾病暴发的地点能够找到有关疾病根源的线索。

"聚类分布制图"工具集可以直观呈现聚类位置和范围,这些工具回答了以下问题:"聚类(热点和冷点)在哪里?""事件最密集的地方在哪里?""空间异常值在哪里?""哪些要素最相似?""我们如何对这些要素进行分组,以便每个组最不相似?"和"我们如何组合这些要素,使每个区域都是同类的?"

11.3.1 多元聚类

仅根据要素属性值查找要素的自然聚类。"多元聚类"对话框如图 11.14 所示。

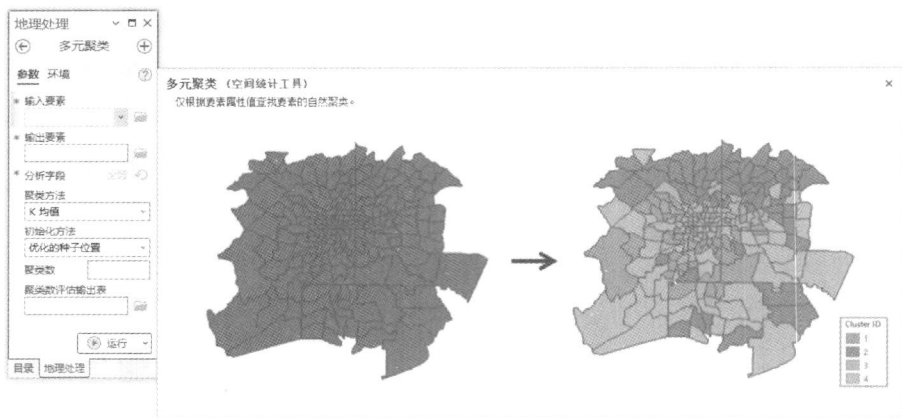

图 11.14 "多元聚类"对话框

该工具使用 K 均值或 K 中心点算法来将要素分成聚类。如果"初始化方法"参数选择了"随机种子位置",算法将包含启发式算法,导致每次运行工具时所返回的结果可能并不相同(即使使用了相同的数据和工具参数)。

如果将"聚类数"参数留空,该工具将计算具有 2 至 30 个聚类的聚类解决方案的伪 F 统计量,以评估出最佳聚类数,并在消息窗口中报告此最佳聚类数。因此,为了帮助确定最佳聚类数,对于 2 至 30 的每个聚类数,该工具会求解 10 次,并使用 10 个伪 F 统计量值的最大值。

该工具会创建消息和图表,以了解所标识聚类的特征。可将鼠标悬停在进度条上,单击【弹出】按钮或展开"地理处理"窗格中的"查看详细信息"部分来访问消息。还可通过地理处理历史访问之前运行"多元聚类"工具的消息。

"多元聚类"工具将会构建非空间聚类。在某些应用中,可以对所创建的聚类实施邻接或其他邻域分析要求。在这种情况下,使用"空间约束多元聚类"工具创建空间上连续的聚类。

11.3.2 构建平衡区域

使用基于指定标准的遗传增长算法在研究区域中创建空间连续区域。"构建平衡区域"对话框如图 11.15 所示。

"构建平衡区域"工具使用遗传算法,根据指定的标准在研究区域中创建空间连续区域,可以创建包含相等要素数的区域、基于一组属性值的相似区域,或两者同时创建;还可以选择面积大致相等的区域、尽可能紧凑的区域,以及能够维持其他变量汇总统计数据(如平均数和比例)一致性的区域。

该工具的潜在应用情景如下。

（1）一家零售公司希望通过分区的方式,达到如下目的:无论每个区域的门店数如何,每个经理均负责相同的销售额和员工数。

（2）地方政府和国家政府可使用此工具建立行政管理区,来平衡救火的工作量和成本。

（3）通过创建巡逻警区来平衡警察的工作量和电话呼叫量,以平衡每个区块组的犯罪指数,确保警方响应的及时性和有效性,有效缓解某些区域人员配给过剩或不足的问题。

11.3.3 基于密度的聚类

基于点要素的空间分布查找周围噪点内的点要素聚类。可以整合时间以查找空间-时间聚类。"基于密度的聚类"对话框如图 11.16 所示。

"基于密度的聚类"工具的工作原理是检测点集中的区域以及被空的或稀疏的区域所分隔的区域,不属于聚类的点将被标记为噪点。可以选择性地使用点的时间来查找在空间和时间上聚集到一起的点群。

该工具使用非监督的机器学习聚类算法,此算法仅根据空间位置以及到指定邻域数的距离自动检测。

定义聚类的方法如下。

（1）定义的距离（DBSCAN）:使用指定距离将密集聚类与稀疏噪点分离。DBSCAN 是最快的聚类方法,但仅适用于要使用的距离非常明确,并且非常适用于定义可能存在的所有聚类。此方法将产生密度相似的聚类。

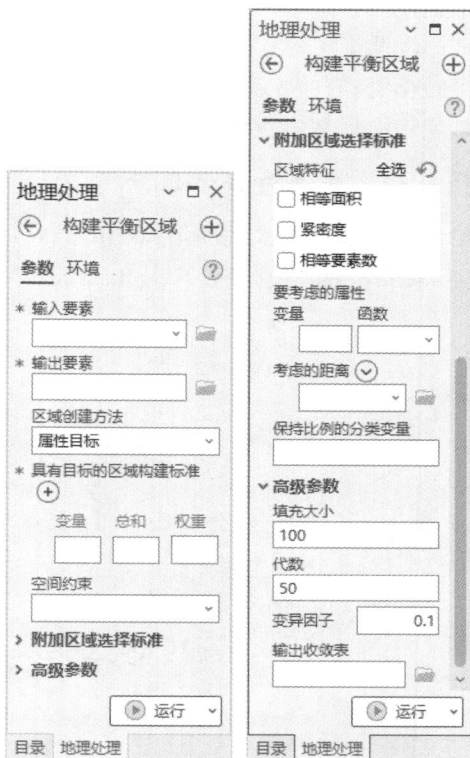

图 11.15 "构建平衡区域"对话框

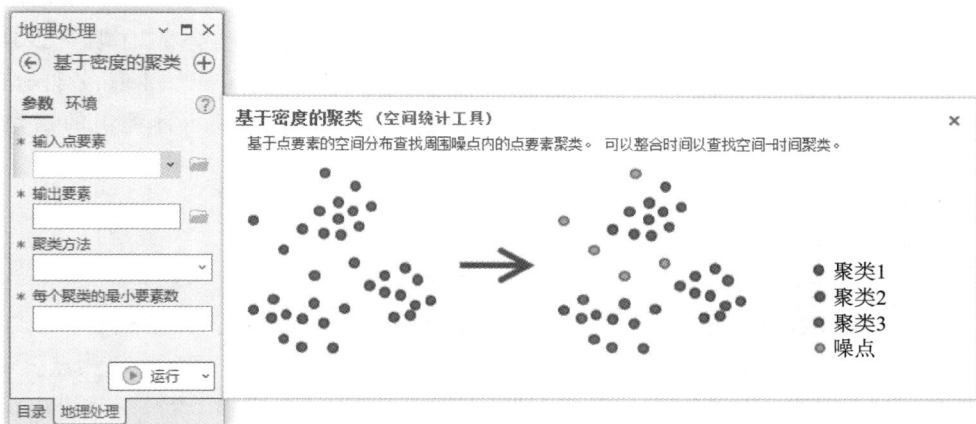

图 11.16 "基于密度的聚类"对话框

（2）自调整（HDBSCAN）:使用可变距离将不同密度的聚类与稀疏噪点分离。HDBSCAN 是以数据为驱动的聚类方法,且需要的用户输入最少。

（3）多比例（OPTICS）:使用相邻要素与可达图之间的距离将不同密度的聚类与噪点分离。OPTICS 在优化检测聚类方面最灵活,但其属于计算密集型,尤其是当搜索距离较大时。

该工具的潜在应用情景如下。

（1）管道破裂和爆裂的聚类可以指明潜在的问题。使用基于密度的聚类工具,工程师可以找到这些聚类的位置并对供水网络中的高危区域抢先采取行动。

（2）可对自然灾害或恐怖袭击之后的地理定位推文进行聚类,根据所确定的聚类大小和位置报告救援和疏散需求。

（3）假设正在研究一种特别的害虫传播疾病，并且有一个代表研究区域内家庭的点数据集，其中有些家庭已经被感染，有些家庭尚未被感染。通过使用"基于密度的聚类"工具，可以确定受害家庭的最大聚类，以帮助确定一个区域害虫的处理和消灭方案。

11.3.4　聚类和异常值分析（Anselin Local Moran's I）

给定一组加权要素，使用 Anselin Local Moran's I 统计量来识别具有统计显著性的热点、冷点和空间异常值。"聚类和异常值分析（Anselin Local Moran's I）"对话框如图 11.17 所示。

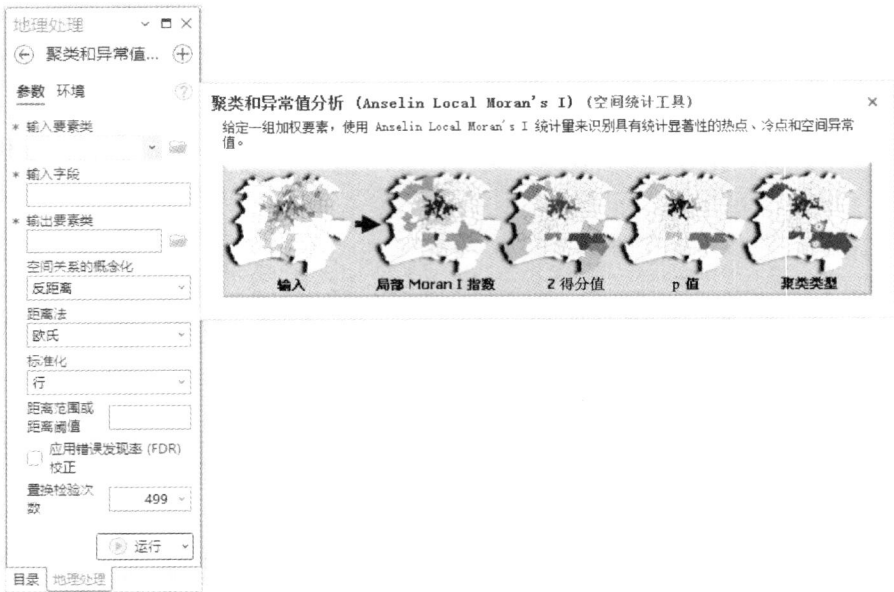

图 11.17　"聚类和异常值分析（Anselin Local Moran's I）"对话框

给定一组要素（输入要素类）和一个分析字段（输入字段），"聚类和异常值分析"工具可识别具有高值或低值的要素的空间聚类，还可识别空间异常值。为此，该工具计算 Local Moran's I 值、Z 得分值、伪 p 值和表示每个具有统计显著性的要素的聚类类型的编码。Z 得分值和伪 p 值表示计算出的指数值的统计显著性。

最佳做法准则如下。

（1）结果仅在输入要素类至少包含 30 个要素时可靠。

（2）该工具需要输入字段，如计数、速率或其他数值测量。如果正在分析点数据，只要每个点表示一个事件或事件点，不必计算特定数值属性（严重性等级、计数或其他数值测量）。如果想要查找存在许多事件点（热点）和/或存在很少事件点（冷点）的位置，则在分析之前需要聚合事件数据。"热点分析（Getis-Ord Gi*）"工具也是查找热点和冷点位置的有效工具。但是，只有"聚类和异常值分析"工具可以识别具有统计显著性的空间异常值（高值由低值围绕或低值由高值围绕）。

（3）选择适当的距离范围或距离阈值。例如，所有要素都应至少具有一个相邻要素；任何要素都不应将其他所有要素作为相邻要素；尤其是在输入字段的值偏斜时，每个要素都应具有 8 个左右的相邻要素。

该工具的潜在应用情景如下。

（1）可识别高值密度、低值密度和空间异常值。

（2）研究区域中的富裕区和贫困区之间的最清晰边界在哪里？

（3）研究区域中存在可以找到异常消费模式的位置吗？

（4）研究区域中意想不到的糖尿病高发地在哪里？

11.3.5 空间异常值检测

识别点要素中的全局或局部空间异常值。"空间异常值检测"对话框如图 11.18 所示。

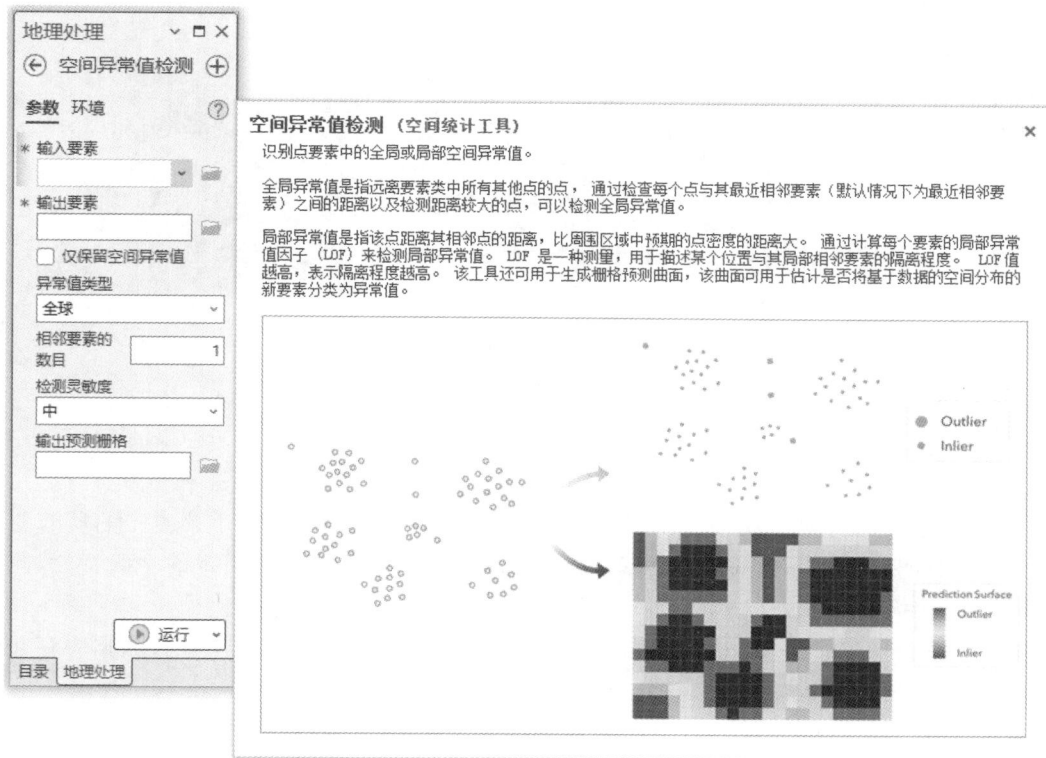

图 11.18 "空间异常值检测"对话框

全局异常值是指远离要素类中所有其他点的点,通过检查每个点与其最近相邻要素(默认情况下为最近相邻要素)之间的距离以及检测距离较大的点,可以检测全局异常值。

局部异常值是指该点距离其相邻点的距离,比周围区域中预期的点密度的距离大。通过计算每个要素的局部异常值因子(LOF)来检测局部异常值。LOF 是一种测量,用于描述某个位置与其局部相邻要素的隔离程度。LOF 值越高,表示隔离程度越高。

该工具还可以生成带有整个研究区域的所计算局部异常值因子(LOF)的栅格表面,这有助于确定在给定数据空间分布的情况下对新观测点进行分类。此外,该工具可以优化所需参数的选择,例如,相邻要素的数目和视为异常值的位置的百分比。

输入数据集计算的 LOF 值不能与其他数据集计算的 LOF 值进行比较,LOF 计算取决于数据集中输入要素的空间分布。

该工具的潜在应用情景如下。

(1)维护用于提供空气质量表面插值的空气质量监测站的组织希望找出最孤立的监测器,以判断在哪些地点需要收集补充数据。

(2)献血活动通常会在潜在献血者群体附近举行,从而最大程度缩短每位献血者的出行距离,对于生活在较远位置的重要献血者,可能需要采取进一步的交流和激励措施,以促进其自愿献血。协调员可以识别出空间异常值的候选献血者,并发送邮件说明额外的激励措施,以鼓励他们前往较远地点参加献血活动。

11.3.6 空间约束多元聚类

基于一组要素属性值以及可选的聚类大小限值来查找在空间上相邻的要素聚类。"空间约束多元聚类"对话框如图 11.19 所示。

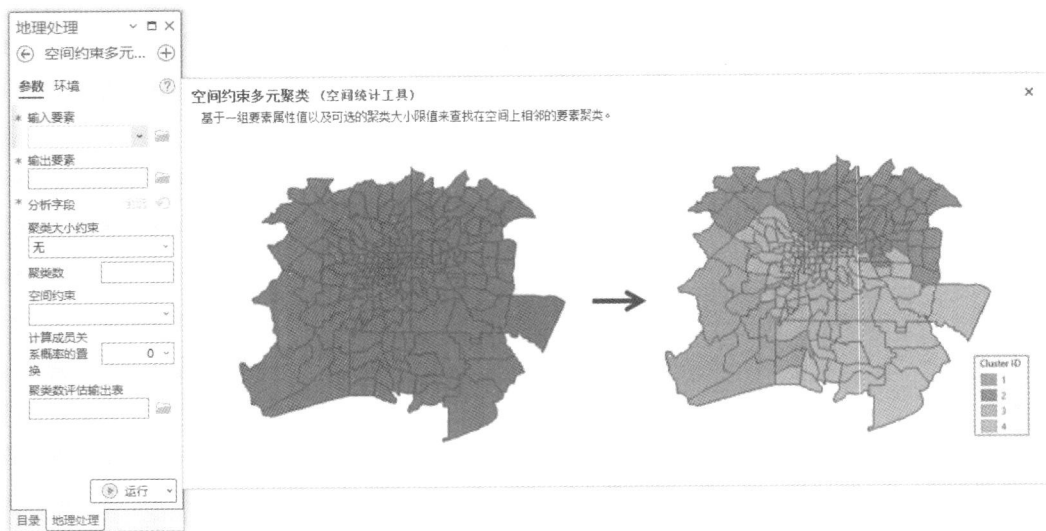

图 11.19 "空间约束多元聚类"对话框

"空间约束多元聚类"工具在给定要创建的聚类数后,将寻找一个能够使每个聚类中的所有要素都尽可能相似但各个聚类之间尽可能不同的解。要素相似性是基于"分析字段"参数指定的一组特性,同时还可以包括对于聚类大小的约束。

此工具使用的算法是连通图(最小跨度树)和一种被称为 SKATER 的方法来查找数据中存在的自然聚类以及证据累积,以评估聚类从属度似然法。

尝试找到一种最适合所有可能数据情景的聚类算法并不现实,因此将"空间约束多元聚类"工具视为一种更好地了解数据基本结构的探索性工具比较合适。

"空间约束多元聚类"工具将构建具有空间的聚类,并且在使用空间权重矩阵时可能有时间限制。如不想对所创建的聚类实施邻接或其他邻域分析要求,可使用"多元聚类"工具来创建无空间约束的聚类。

该工具的潜在应用情景如下。

(1) 按购买方式、人口统计特征和旅行方式对客户进行聚类,从而为公司产品制订有效的营销策略。

(2) 城市规划师常常需要将各个城市划分成不同的邻域,以便有效地定位公共设施、促进地方能动性并提高社区参与度。对城市街区的物理和人口统计特征使用空间约束多元聚类,可以帮助规划师确定具有相似物理和人口统计特征并且在空间上相邻的城市区域。

(3) 了解鲑鱼在不同生命阶段的聚集地点和时间,通过规划保护区确保其成功繁育。

11.3.7 热点分析(Getis-Ord Gi*)

给定一组加权要素,使用 Getis-Ord Gi* 统计识别具有统计显著性的热点和冷点。"热点分析(Getis-Ord Gi*)"对话框如图 11.20 所示。

"热点分析"工具可对数据集中的每一个要素都计算 Getis-Ord Gi* 统计(称为 G-i-星号)。通过得到的 Z 得分值和 p 值,可以知道高值或低值要素在空间上发生聚类的位置。

此工具的工作方式:查看邻近要素环境中的每一个要素。高值要素往往容易引起注意,但可能不是具有显著统计学意义的热点。如果要成为具有显著统计学意义的热点,要素应具有高值,且被其他同样具有高值的要素所包围。某个要素及其相邻要素的局部总和将与所有要素的总和进行比较;当局部总和与所预期的局部总和有很大差异,以致无法成为随机产生的结果时,会产生一个具有显著统计学意义的 Z 得分值。如果应用 FDR 校正,统计显著性会根据多重测试和空间依赖性进行调整。

最佳做法准则如下。

(1) 输入要素类是否至少包含 30 个要素? 如果少于 30 个要素,则结果不可靠。

(2) 选择的空间关系的概念化是否合适? 对于此工具,建议使用固定距离范围方法。

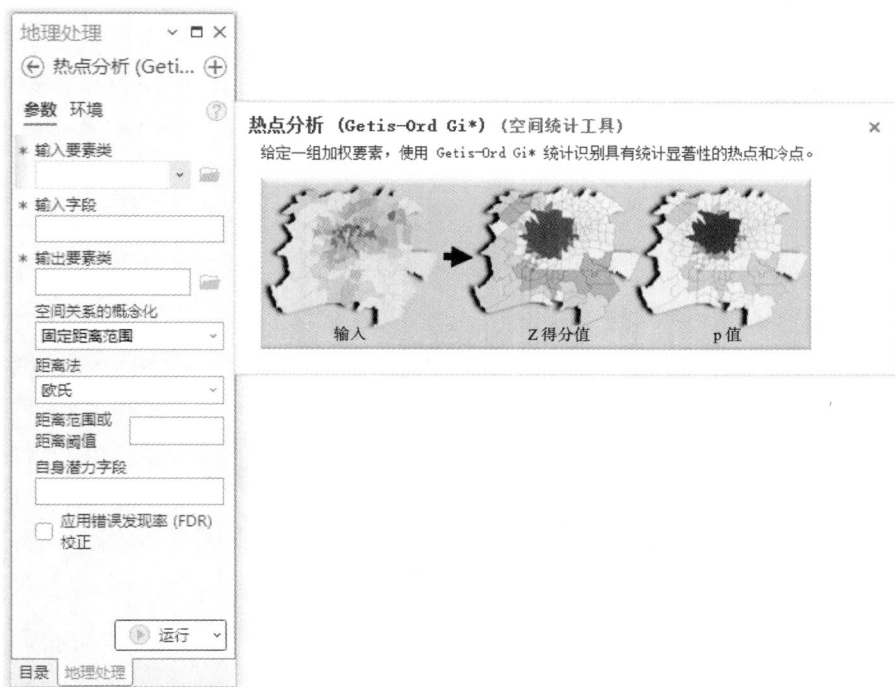

图 11.20 "热点分析(Getis-Ord Gi*)"对话框

(3) 距离范围或距离阈值是否合适？所有要素都应至少具有一个相邻要素；任何要素都不应将其他所有要素作为相邻要素；尤其是在输入字段的值偏斜时，每个要素都应具有 8 个左右的相邻要素。"计算近邻点距离"工具可用于查找平均距离，在该距离处，每个要素都有 8 个相邻要素。

该工具的潜在应用情景如下。

(1) 疾病集中暴发在什么位置？

(2) 何处的厨房火灾在所有住宅火灾中所占的比例超出了正常范围？

(3) 避难场所应设置在哪里？

(4) 峰值密集区出现于何处及何时？

(5) 我们应在哪些位置和什么时间段分配更多的资源？

11.3.8 相似性搜索

根据要素属性确定哪些候选要素与单个或多个输入要素最相似或者最不相似。"相似性搜索"对话框如图 11.21 所示。

需要提供一个包含"要匹配的输入要素"值的图层和另一个包含"候选要素"值的图层，从中获得匹配。通常，这些值将位于同一要素图层中。创建方法有两种：一种方法是创建两个单独的数据集；另一种方法是创建具有两个不同的定义查询的图层，此方法更容易。

工具的最佳用法如下。

(1) 制图相似性模式：如果将"结果数"参数设定为 0，则该工具将对所有候选要素进行分级排序。此分析的输出将显示相似性的空间模式。注意，在分级排序所有候选要素时，可以获取有关相似性和相异性的信息。

(2) 包括空间变量：如果您已经拥有成功店铺，通过能够反映成功关键特征的属性来帮助查找扩大业务的候选位置。假设销售的产品对大学生最有吸引力，且想避免靠近自己现有店铺或远离竞争者。在运行"相似性搜索"工具之前，可以使用"近邻分析"工具创建空间变量：与大学或大学生密度较大处之间的距离、与现有店铺的距离以及与竞争者的距离。运行"相似性搜索"工具时，可以将这些空间变量包括在"追加到输出的字段"参数之中。

图 11.21 "相似性搜索"对话框

该工具的潜在应用情景如下。

（1）使用"相似性搜索"工具来找出与您的城市在人口、教育和邻近特定娱乐机会方面相似的其他城市。

（2）大型零售商不仅拥有数个成功店铺，也有少数业绩不佳的店铺。找到一些具有相似人口特征和环境特征（交通便利性、知名度以及商业互补性等）的地方有助于标识新店的最佳位置。

（3）人力资源经理可能想要证明其公司薪资水平的合理性。找出在城市规模、生活成本和便利设施方面相似的城市后，人力资源经理便可以查看这些城市的薪资水平，从而确定是否与本公司的薪资水平一致。

（4）当地官员可能希望促进其城市的潜在业务，从而提高税收。"相似性搜索"工具有助于帮助找出与其城市类似的城市，以便他们比较自身的吸引力属性（如低犯罪率和高成长率），或查找比其城市大或小，但位置相似（余弦相似性）的城市。

11.3.9　优化的热点分析

假设存在事件点或加权要素（点或面），可以使用 Getis-Ord Gi* 统计数据，创建具有统计显著性的热点和冷点的地图。该工具通过评估输入要素类的特征来生成可优化结果。"优化的热点分析"对话框如图 11.22 所示。

此工具用于识别具有统计显著性的高值（热点）和低值（冷点）的空间聚类，并能自动聚合事件数据、识别适当的分析范围、纠正多重测试和空间依赖性。该工具对数据进行查询，以确定用于生成可优化热点分析结果的设置。

借助"分析字段"参数，该工具适合包括采样数据在内的所有数据（点或面）。通过分析字段分析点要素时，您可以回答诸如"高值和低值会聚集在哪里"一类的问题。

在无分析字段的情况下分析点要素时，可以识别点聚类异常（统计显著性）强烈或稀疏之处。可通过此类分析回答诸如"何处存在很多点"一类的问题。

如果没有提供分析字段，工具将聚合所有点以获得点计数，从而用作分析字段。

"优化的热点分析"工具使用 Getis-Ord Gi* 统计，当要素数小于 30 时结果不可靠。如果提供面输入要素或点输入要素和一个分析字段，则至少需要 30 个要素才能使用此工具。事件点聚合面的最小数量也为 30。表示限定可能发生事件的区域的边界面要素图层可能包含一个或多个面。

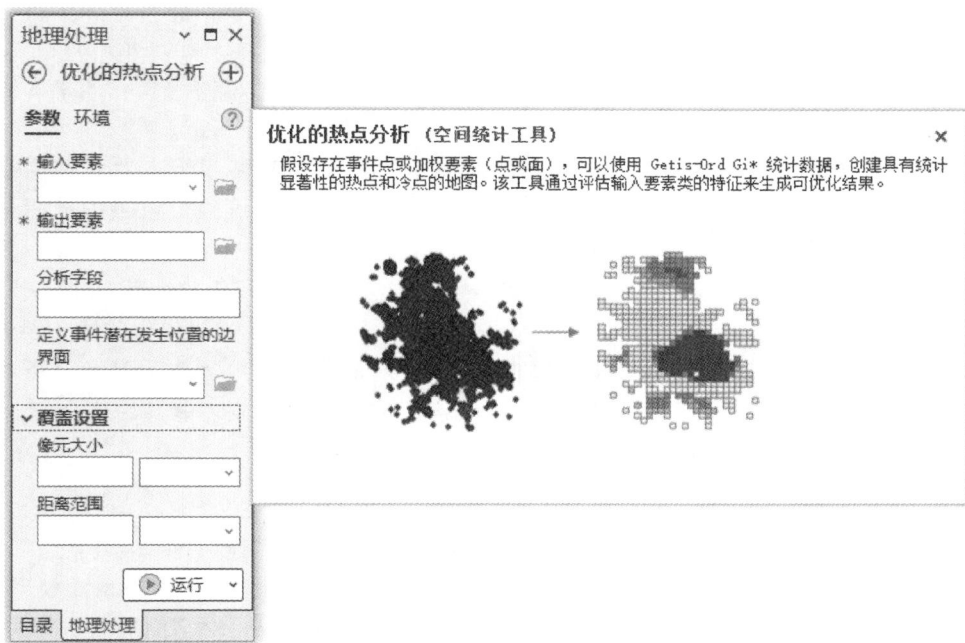

图 11.22 "优化的热点分析"对话框

Getis-Ord Gi* 统计还要求值与其分析的每个要素相关联。如果提供的输入要素表示事件数据（在没有提供分析字段的情况下），此工具将对事件进行聚合，而事件计数将作为要分析的值。聚合过程完成后，仍必须存在至少 30 个要素；对于事件数据，也需要超过 30 个要素才能开始聚合。

11.3.10　优化的异常值分析

假设存在事件点或加权要素（点或面），可以使用 Anselin Local Moran's I 统计数据创建具有统计显著性的热点、冷点和空间异常值。它通过评估输入要素类的特征来生成可优化结果。"优化的异常值分析"对话框如图 11.23 所示。

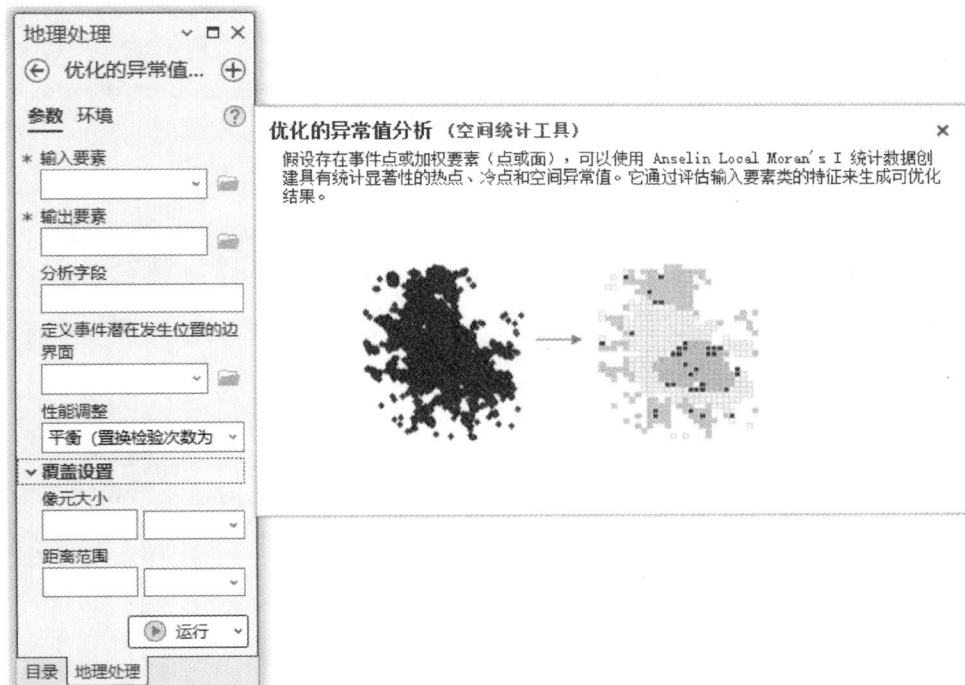

图 11.23　"优化的异常值分析"对话框

此工具用于识别具有统计显著性的高值(热点)和低值(冷点)的空间聚类,以及数据集范围内的高异常值和低异常值,并能自动聚合事件数据、识别适当的分析范围、纠正多重测试和空间依赖性。

此工具对数据进行查询,以确定用于生成可优化聚类和异常值分析结果的设置。如果要完全控制这些设置,可以改用"聚类和异常值分析"工具。

此工具对数据进行查询,从而获得产生最佳分析结果的设置。例如,如果输入要素数据集包含事件点数据,则会将事件点聚合到加权要素。通过使用加权要素的分布,此工具可确定适当的分析范围。输出要素中报告的分类类型将使用错误发现率(FDR)校正法自动校正多重测试与空间依赖性。

此工具使用 Anselin Local Moran's I 统计,与许多统计方法类似,当要素数小于 30 时结果不可靠。

Anselin Local Moran's I 统计还要求值与其分析的每个要素相关联。如果提供的输入要素表示事件数据(在没有提供分析字段的情况下),此工具将对事件进行聚合,而事件计数将作为要素分析的值。聚合过程完成后,仍必须存在至少 30 个要素,对于事件数据,也需要超过 30 个要素才能开始聚合。

11.4 空间关系建模

"空间关系建模"工具集包含用于探索和量化数据关系的工具。

除分析空间模式之外,GIS 分析还可用于挖掘或量化要素间关系。使用"空间关系建模"工具集构建空间权重矩阵或使用各种分析技术(包括回归、基于森林的方法和最大熵方法)对空间关系进行建模。

11.4.1 地理加权回归(GWR)

执行"地理加权回归(GWR)",这是一种用于建模空间变化关系的线性回归的局部形式。通过使回归方程匹配数据集中的每个要素,"地理加权回归(GWR)"工具可为要尝试了解或预测的变量或过程提供局部模型。"地理加权回归(GWR)"对话框如图 11.24 所示。

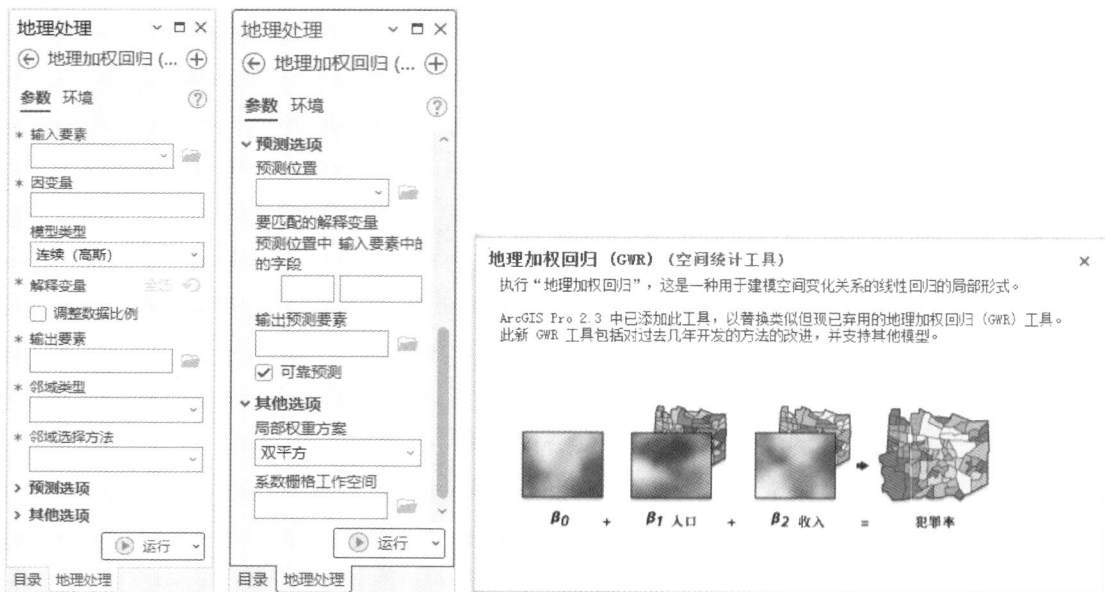

图 11.24 "地理加权回归(GWR)"对话框

GWR 构建这些独立方程的方法是:将落在每个目标要素邻域内要素的因变量和解释变量进行合并。所分析的每个邻域的形状和范围取决于"邻域类型"和"邻域选择方法"参数。GWR 通常用于处理包含数百个要素的数据集,它不适用于小型数据集,也不能用于处理多点数据。

该工具的潜在应用情景如下。

(1)整个研究区域的教育程度和收入之间的关系是否一致?

(2)特定疾病或传染病的患病概率是否会随着与水体要素的接近而增加?

（3）解释森林火灾频繁发生的关键变量是什么？

（4）应对哪些栖息地加以保护以促进濒危物种的再引入？

（5）哪些地区的孩子会取得高测试分数？似乎与哪些特征联系在一起？每种特征最重要的地方在哪里？

（6）影响高患癌率的因素是否在研究区域内保持一致？

11.4.2 多比例地理加权回归（MGWR）

用于执行多比例地理加权回归（MGWR），这是一种用于对空间变化关系进行建模的线性回归的局部形式。"多比例地理加权回归（MGWR）"对话框如图 11.25 所示。

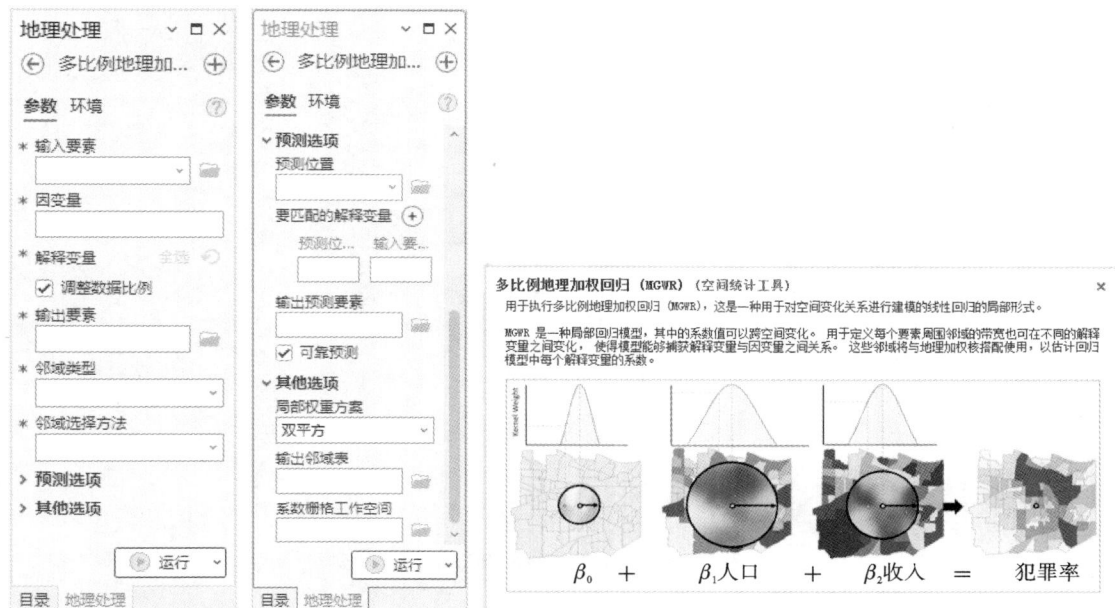

图 11.25 "多比例地理加权回归（MGWR）"对话框

MGWR 是一种局部回归模型，其中的系数值可以跨空间变化。用于定义每个要素周围邻域的带宽也可在不同的解释变量之间变化，使得模型能够捕获解释变量与因变量之间关系。这些邻域将与地理加权核搭配使用，以估计回归模型中每个解释变量的系数。

当前模型仅接受表示连续值的因变量，请勿将此工具与计数、比率或二进制（指示）因变量搭配使用。目前，"模型类型"参数的"连续"选项是唯一受支持的选项，并且该参数隐藏在"地理处理"窗格中。

解释变量（非因变量）可以是任何类型，但在使用计数、比率或二进制解释变量时请务必谨慎，因为使用不连续解释变量的局部回归模型时经常会遇到局部多重共线性问题。

11.4.3 广义线性回归

执行广义线性回归（GLR）以生成预测，或对因变量与一组解释变量的关系进行建模。此工具可用于拟合连续（OLS）、二进制（逻辑）和计数（泊松）模型。"广义线性回归"对话框如图 11.26 所示。

在工具执行期间，GLR 模型的汇总和统计汇总可作为"地理处理"窗格底部的消息使用。如果要访问消息，请将鼠标指针悬停在进度条上、单击【弹出】按钮或展开"地理处理"窗格中的消息部分。此外，还可以通过地理处理历史访问之前运行概化线性回归工具的消息。

此工具还将生成输出要素、图表和可选的输出预测要素。输出要素和关联图表将自动添加到"内容"窗格中，并会对模型残差应用热/冷渲染方案。

"模型类型"参数用于指定将进行建模的数据类型，对应选项解释如下。

（1）连续（高斯）：因变量值是连续的。使用的模型为高斯模型，并且工具将执行普通最小二乘法回归。

（2）二进制（逻辑）：因变量值表示存在或不存在。可以是常规的 1 和 0，或者是基于某个阈值重新进行

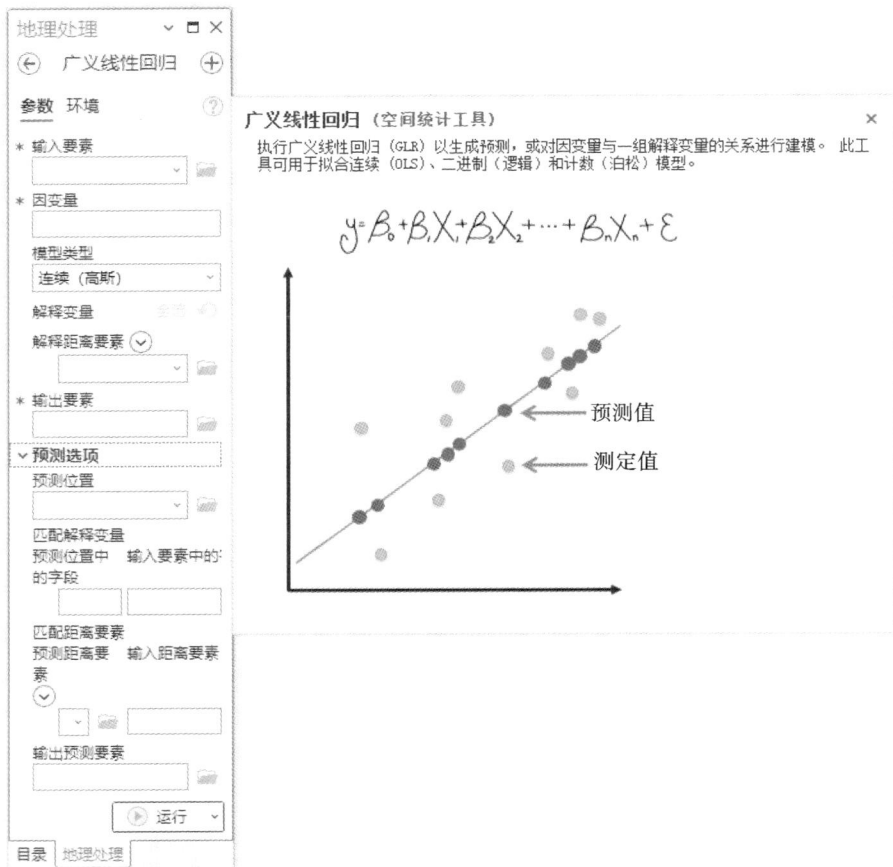

图 11.26 "广义线性回归"对话框

编码的连续数据。使用的模型为逻辑回归。

（3）计数（泊松）：因变量值是离散的，并且可以表示事件，如犯罪计数、疾病事件或交通事故。使用的模型为泊松回归。

11.4.4　基于森林的分类与回归

"基于森林的分类与回归"工具会根据作为部分训练数据集提供的已知值训练模型，来预测具有相同关联解释变量的预测数据集中的未知值。该工具将创建可用于预测的许多决策树，称作集成或森林。每棵树会生成其自己的预测，然后作为投票方案的一部分来进行最终预测。最终预测不会基于任何单棵树，而是基于整个森林，这样有助于避免将模型与训练数据集过度拟合。"基于森林的分类与回归"对话框如图 11.27 所示。

此工具使用随机森林算法的改编创建模型并生成预测，这是一种监督机器学习方法，可以针对分类变量（分类）和连续变量（回归）执行预测。解释变量可以是用于计算邻域分析值的训练要素、栅格数据集和距离要素的属性表中字段的形式，以作为附加变量。

此工具可在 3 种不同操作模式下使用。探索不同的解释变量和工具设置时，可以使用"仅训练"选项来评估不同模型的性能；找到合适的模型后，使用"预测至要素"或"预测至栅格"选项。

使用此工具的最佳做法如下。

（1）这是一个数据驱动工具，在大型数据集上性能最佳。此工具不适用于非常小的数据集，为获得最佳结果，至少应使用数百个要素进行工具训练。

（2）虽然"树数"参数默认值为 100，但是该数值不是数据驱动的。除这些变量的变化之外，所需的树数会随解释变量之间的关系复杂性、数据集大小和要预测的变量而增加。

（3）增加森林中的树数并持续追踪 OOB 或分类错误。如果要以最佳方式评估模型性能，建议至少将树

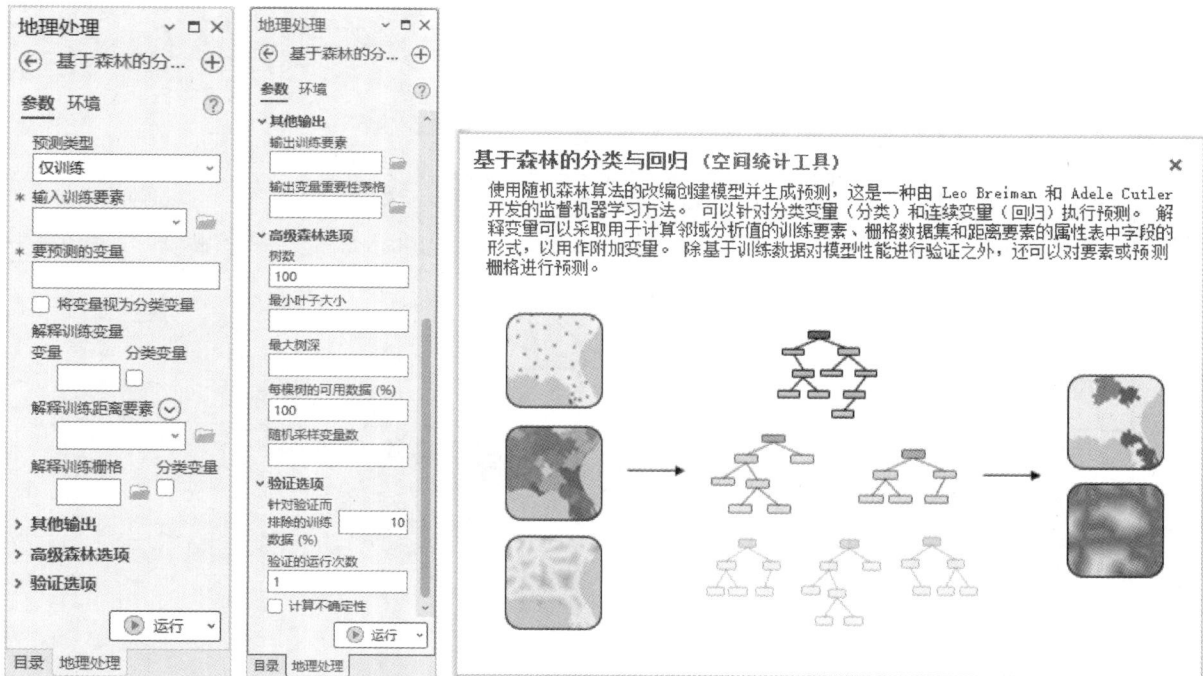

图 11.27 "基于森林的分类与回归"对话框

数值增加 4 倍,使之达到至少 500 棵树。

(4) 如果每棵树使用的变量数较小,则会降低过度拟合的可能性,如果要在每棵树使用的变量数较小时提高模型性能,一定要使用许多的树。

该工具的潜在应用情景如下。

(1) 假设拥有全国数百个农场的作物产量数据、每个农场的其他属性(员工数量、占地面积等)以及代表坡度、高程、降雨量和每个农场温度的一系列栅格。可使用这些数据提供代表那些没有作物产量(但您确实拥有所有其他变量)的农场的要素集,然后对作物产量进行预测。

(2) 可根据当年已售房屋的价格来预测房屋价值。可使用已售房屋的售价以及有关卧室数量、距学校的距离、与主要高速公路的接近度、平均收入和犯罪计数的信息预测类似房屋的售价。

(3) 可使用训练数据以及栅格图层(包括多个单独波段)与结果(如 NDVI)的组合对土地使用类型进行分类。

11.4.5 仅存在预测(MaxEnt)

"仅存在预测(MaxEnt)"工具使用最大熵方法(MaxEnt)来估算现象存在的概率。该工具以字段、栅格或距离要素的形式使用已知的发生点和解释变量来估计其在整个研究区域内的存在情况。如果已知相应的解释变量,则可以使用经过训练的模型来预测不同数据中的存在情况。与假设或明确要求定义缺失位置的其他方法不同,仅存在预测可应用于已知事件存在的预测问题。"仅存在预测(MaxEnt)"对话框如图 11.28 所示。

MaxEnt 不假设也不要求缺失数据,而是一种从不完整信息中进行预测或推断的通用方法。当给定一组已知的存在位置和描述研究区域的给定解释变量,MaxEnt 对比存在位置和研究区域之间的条件来估算存在概率曲面。存在概率区面具有多种形式,MaxEnt 将选择与其原来环境最相近的形式,并减少所有其他假设(或最大化其熵)。

MaxEnt 的核心是 3 个主要输入:已知存在点的位置;一个研究区域;解释变量或协变量,描述可能与整个研究区域的存在相关的环境因素。

该工具的潜在应用情景如下。

(1) 一位研究人员想了解气候变化对敏感物种栖息地的影响。他使用已知发生地点和一系列解释变量

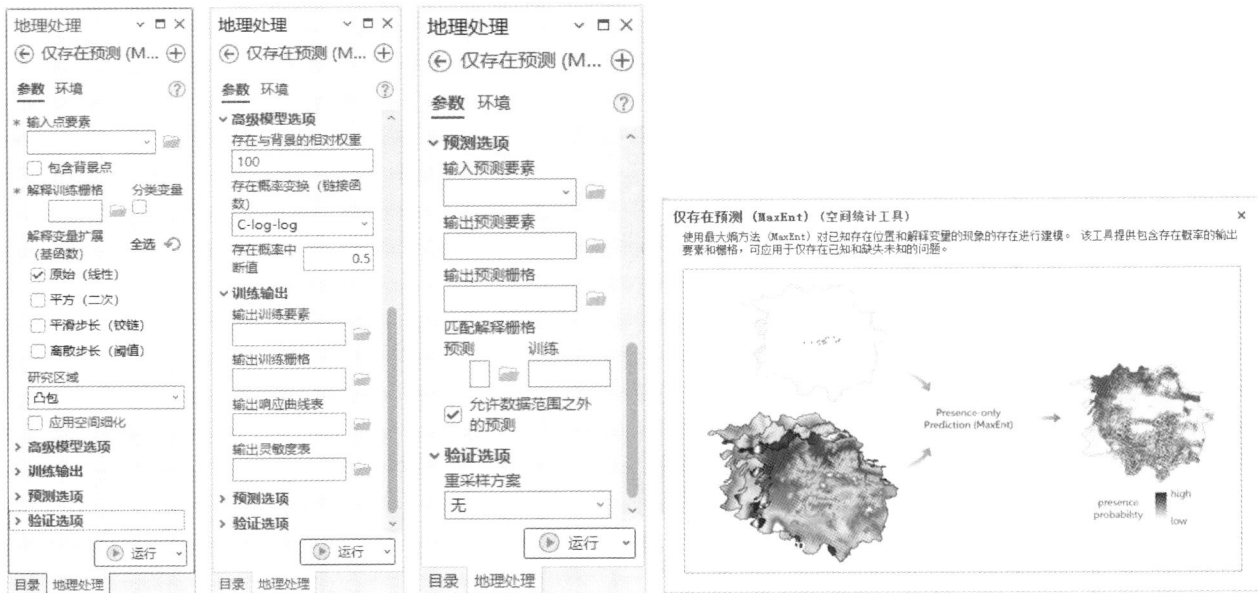

图 11.28 "仅存在预测(MaxEnt)"对话框

来模拟存在情况,包括各种与气候相关的因素,如温度和降水。通过使用投影气候变化栅格表面,研究人员根据在解释变量中观察到的气候变化影响,对估算物种分布进行建模,并基于投影气候变化影响,接收对物种新栖息地的估算结果。

(2)流行病学家模拟新传染病的出现。他们使用现有的已知病原体溢出位置和生态因素,如温度、降水、土地覆盖、归一化差异植被指数(NDVI)和日照持续时间作为模型中的预测因子。该模型用于创建反映新传染病出现的适宜性的初步风险面。

空间分析问题的一个方面侧重点在于建模和估算跨地理事件的发生情况。虽然常见用例与因生态和保护目的而对物种存在进行建模有关,但存在预测问题可以跨越多个领域和应用。

11.4.6 局部二元关系

"局部二元关系"工具可以通过确定其中一个变量的值是否取决于或受另一个变量的影响,并确定这些关系是否随地理空间而发生变化来量化同一地图上两个变量之间的关系。该工具可计算每个局部邻域中的熵统计,从而量化两个变量间共享信息的数量。与其他通常只能捕获线性关系的统计数据不同,熵可以捕获两个变量间的任何结构关系,包括指数、二次、正弦,甚至是无法使用典型数学函数表示的复杂关系。"局部二元关系"对话框如图 11.29 所示。

该工具将接收面或点,并创建一个汇总了每个输入要素关系重要性和形式的输出要素类。此外,该工具还提供自定义弹出窗口以及各种诊断、图表和消息。

关系类型的分类可能基于被标记的解释变量或因变量的变化而改变。第一个变量可以准确地预测第二个变量,但第二个变量不能准确预测第一个变量。如果不确定哪个变量应标记为解释变量和因变量,请运行该工具两次并尝试两种标记方法。

关系类型的分类规则如下。

(1)对于所选模型,将计算调整后的 R^2 值。如果值小于 0.05,则选择的模型将解释小于 5% 的数据变化,并将关系分类为未定义的复杂相关。

(2)如果已调整的 R^2 大于 0.05,则根据以下规则进行分类。

①如果选择线性模型且系数为正,则分类为正线性。

②如果选择线性模型且系数为负,则分类为负线性。

③如果选择二次模型并且平方项的系数为正,则分类为凸函数。

④如果选择二次模型并且平方项的系数为负,则分类为凹函数。

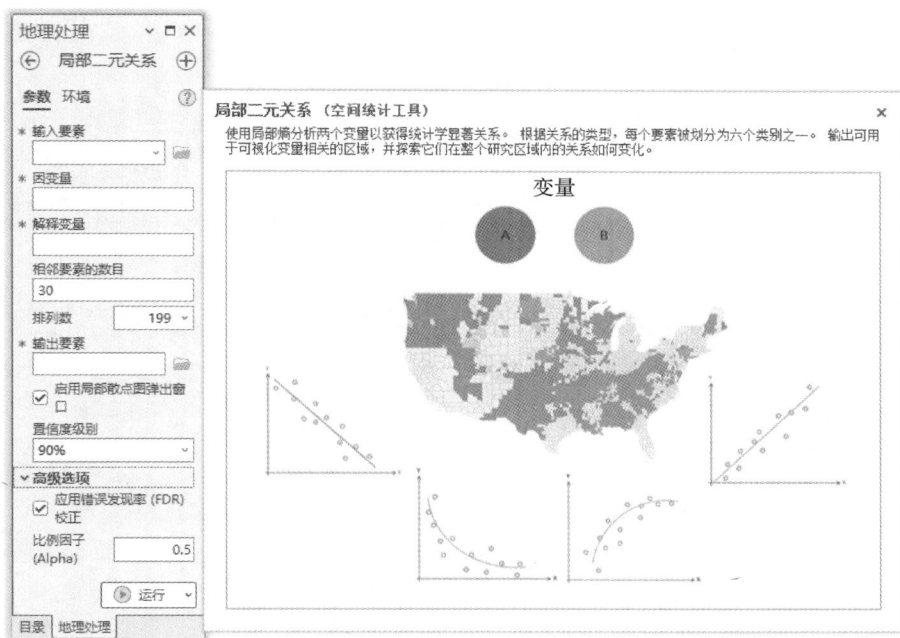

图 11.29 "局部二元关系"对话框

该工具的潜在应用情景如下。

(1) 可以使用此工具来量化肥胖和糖尿病之间关系的强度,并确定这一关系是否在整个研究区域都保持一致。

(2) 可以探索空气污染水平与社会经济因素之间的关系,以发现潜在的环境不公正问题。

11.4.7 区域之间的空间关联

"区域之间的空间关联"工具用于测量同一区域的两个区域化之间的空间关联程度,其中每个区域化由一组类别(称为区域)组成。区域化之间的关联由每个区域化的区域之间的区域重叠确定,如果两个区域化的区域面积在空间上紧密对应,则关联性最高。同样,如果一个区域化的区域与另一个区域化的许多不同区域存在较大程度的重叠,则空间关联性最低。"区域之间的空间关联"对话框如图 11.30 所示。

该工具的主要输出是分类变量之间的空间关联的全局度量:范围介于 0(无对应)到 1(区域在空间上完全对齐)的单个数字。可以为任一区域化的特定区域或区域化之间的特定区域组合计算和可视化此全局关联。

该工具的潜在应用情景如下。

(1) 通过将森林类型地图与森林类型的昆虫疾病风险(低、中和高)地图进行比较来计划有害生物治理。森林管理者可使用此工具确定哪些类型森林的昆虫疾病风险最高和最低。

(2) 生态学家想要测量最终适宜性地图与用于创建它的每个变量的对应程度,因此计算适宜性地图与单个变量之间关联的数值测量值。如果与单个变量的对应程度高,而与所有其他变量的对应程度低,则可能表示单个变量对最终适宜性的影响不成比例。

(3) 测量同一分类区域随时间的变化程度。例如,将 1990 年以来的气候带与 2020 年以后的气候带进行比较,以测量气候带在过去 30 年间的变化程度。使用可选输出,可确定每个气候带的变化方式,如干旱气候带是否扩张到以前是半干旱的区域。

11.4.8 生成空间权重矩阵

生成一个空间权重矩阵(.swm)文件,以表示数据集中各要素间的空间关系。"生成空间权重矩阵"对话框如图 11.31 所示。

空间统计将空间和非空间关系直接整合到数学计算中(面积、距离、长度等)。对于许多空间统计,空间

图 11.30 "区域之间的空间关联"对话框

图 11.31 "生成空间权重矩阵"对话框

关系是通过空间权重矩阵文件或表来正式指定的。空间权重矩阵是数据空间结构的一种表现形式,是对数据集要素之间存在的空间关系的一种量化(至少是对此类关系的概念化方法的一种量化)。

在最基本的层面上,通过创建权重来量化数据要素之间关系的策略有两种:二进制、可变权重。对于二进制策略(固定距离、K-最近邻域、Delaunay 三角测量、邻接或空间-时间窗),要素或者是邻域(1),或者不是(0)。对于权重策略(反距离或无差别的区域),邻近要素有不同量级的作用(或影响),并通过计算权重来反映该变化。

使用.swm 文件时可能会发生内存不足的情况:选择空间关系的概念化或距离范围或距离阈值,导致要素具有许多相邻点,进而改变了.swm 文件的稀疏本质。这时可为"相邻点的数目"参数输入最小值,以确保每个要素都具有指定最小数目的相邻点。作为最佳做法,对于空间权重矩阵,其中每个要素至少 1 个相邻要素,大多数要素具有 8 个相邻要素,并且不具有超过 1000 个相邻要素的像素。

"空间关系的概念化"各选项说明如下。

（1）反距离：一个要素对另一个要素的影响会随着距离的增加而减小。

（2）固定距离：将每个要素的指定临界距离内的所有要素都包含在分析中；将临界距离外的所有要素都排除在外。

（3）K-最近邻：将最近的 K 要素包含在分析中，K 是指定的数字参数。

（4）仅邻接边：共享一个边界的面要素将为相邻要素。

（5）邻接边拐角：共享一个边界或一个结点的面要素为相邻要素。

（6）Delaunay 三角测量：基于要素质心创建不重叠三角形的网格，并且共享边与三角形结点关联的要素将为相邻要素。

（7）空间-时间窗：指定临界距离和指定时间间隔内的要素将成为彼此的相邻要素。

（8）转换表：将在表中定义空间关系。

11.4.9　生成网络空间权重

使用网络数据集构建一个空间权重矩阵文件(.swm)，从而在基础网络结构方面定义空间关系。"生成网络空间权重"对话框如图 11.32 所示。

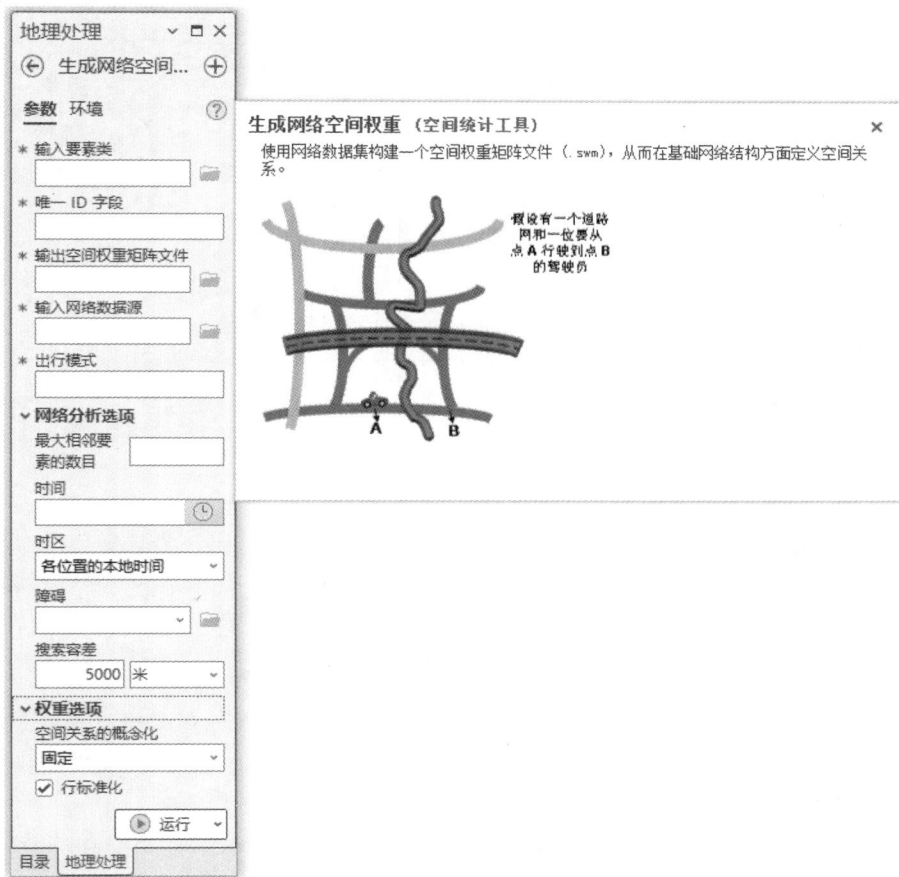

图 11.32　"生成网络空间权重"对话框

通常，一组要素之间的空间关系基于欧氏距离并使用邻接、固定距离或反距离权重方案来确定。但对许多应用（如零售分析、服务的可访问性、紧急响应、疏散计划和交通事故分析）来说，实际通行网络（如公路、铁路和人行道）定义的空间关系更为合适。此工具可用在通行方式被限制为网络数据集时，根据点要素之间的时间、距离或成本进行空间关系建模并将其存储。

如果网络数据集具有等级，则可用于定义空间关系。等级可将网络边分为主要道路、次要道路和地方干道。如果使用网络等级创建要素的空间关系，则在选择行进道路时会优先选择主要道路，然后是次要道路，最后是地方干道。

11.4.10 探索性回归

对输入的候选解释变量的所有可能组合进行评估,以便根据用户所指定的指标来查找能够最好对因变量做出解释的 OLS 模型。"探索性回归"对话框如图 11.33 所示。

城乡规划专业 PIE/ArcGIS Pro 应用教程

图 11.33　"探索性回归"对话框

"探索性回归"工具是一种数据挖掘工具,此工具将尝试解释变量的所有可能组合,以便了解哪些模型可以通过所有必要的 OLS 诊断。通过评估候选解释变量的所有可能组合,可以大大增加找到最佳模型的机会,从而解决您的问题或回答您的问题。

虽然探索性回归与逐步回归(可在许多统计软件包中找到)相似,但探索性回归并非只是寻找具有较高校正 R^2 值的模型,而是寻找满足 OLS 诊断的所有要求和假设的模型。

正确指定的 OLS 模型满足以下条件。

(1) 解释变量的所有系数都具有统计显著性。

(2) 具有的系数能够反映每个解释变量与因变量之间的预期关系或至少是二者之间的合理关系。

(3) 解释变量是从尝试建模的对象的各个不同方面获取而来的(没有一个是多余的,且 VIF 值小于 7.5)。

(4) 具有指明模型不存在偏差的正态分布残差(Jarque-Berap 值不具有统计显著性)。

(5) 具有随机分布的偏高预测值和偏低预测值,指示模型残差呈正态分布(空间自相关 p 值不具有统计显著性)。

与使用逐步回归等方法类似,使用"探索性回归"工具同样存在争议。可以认为,当与判断力结合使用时,探索性回归是一个宝贵的数据挖掘工具,它比只根据校正 R^2 值来评估模型性能的其他探索性回归方法更具优势,可以帮助您找到正确指定的 OLS 模型。

有益的建议是,应始终选择受到理论、专家指导和常识所支持的候选解释回归变量。使用一部分数据对回归模型进行校正,并用剩余的数据对其进行验证,或者在其他数据集上对模型进行验证。如果打算根据结果进行推理,至少要执行灵敏度分析,如自举分析法。

11.4.11 协同区位分析

使用协同区位商统计测量两类点要素之间的空间关联或区位协同的局部模式。"协同区位分析"对话框如图 11.34 所示。

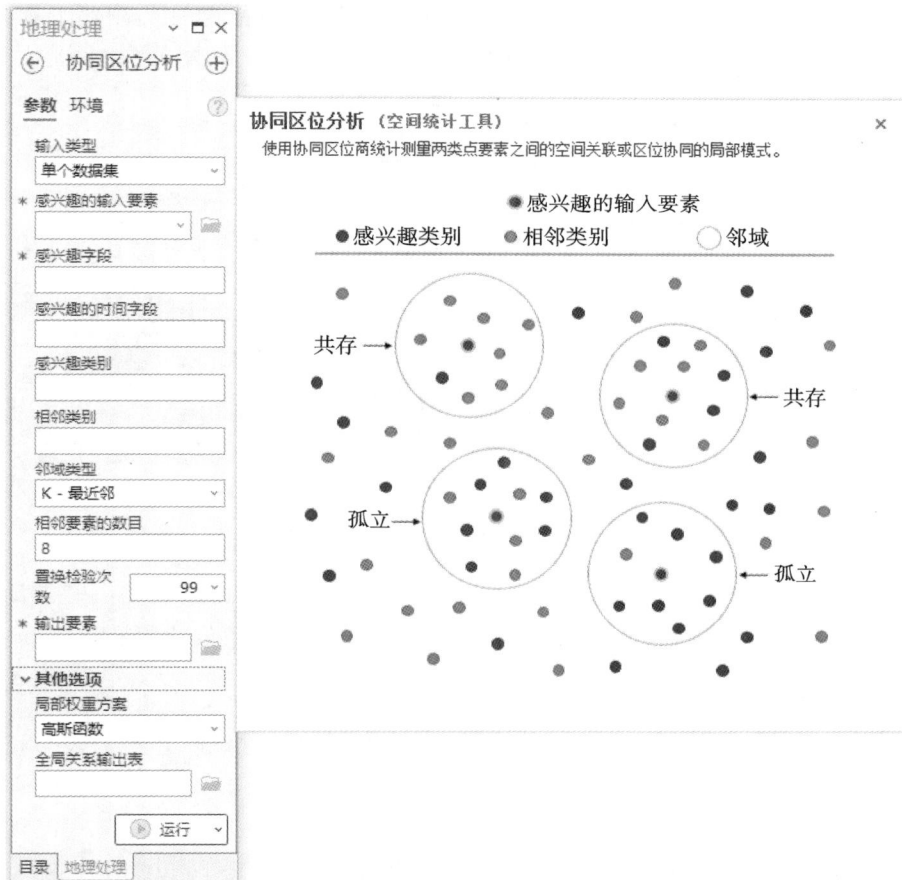

图 11.34 "协同区位分析"对话框

"协同区位分析"工具将使用协同区位商统计数据来测量两类点要素之间的局部空间关联模式。此工具的输出是使用添加的字段(包括协同区位商值和 p 值)进行分析的两个类别之间空间关联可能性的地图制图表达。可以指定一个可选的表格参数,用于报告"感兴趣的输入要素"参数中的每个类别与输入要素中表示的每个类别之间的关联。

请注意,此分析的协同区位关系不对称。类别 A 与类别 B 进行比较时计算的协同区位商值与类别 B 与类别 A 进行比较时计算的协同区位商值不同。

此外,如果邻域中存在类别 C,则与只有类别 A 和类别 B 相比,生成的协同区位商将有所不同。根据要询问的问题,可能需要创建数据子集以仅包含类别 A 和类别 B。但是,在创建子集时,将失去有关存在的其他类别的信息。

计算全局协同区位商,以分析数据集中所有类别之间的空间关联测量值。如果确实找到了其他高度区位协同的类别,则可以进行扩展分析:使用感兴趣的类别再次运行该工具来探索该关系的局部性质;如果认为高度区位协同的类别会在结果中引入不必要的偏差,则从分析中移除这些类别后再次运行该工具。

该工具的潜在应用情景如下。

(1) 是否可能要协同定位某些业务类型(例如咖啡店和零售店)?

(2) 住宅盗窃的位置是否更可能发生或与某些房屋类型协同定位?

(3) 研究区域中是否存在特定区域(餐馆检查不合格与遭到病虫害协同定位)?

11.5 实用工具

11.5.1 计算近邻点距离

指定一组要素,此工具会返回3个数值:到指定数目的 N 个邻近点之间的最小、最大和平均距离。"计算近邻点距离"对话框如图 11.35 所示。例如,如果将"相邻元素"参数指定为 8,则此工具会创建一个各要素与其 8 个最邻近点之间的距离的列表,然后根据此距离列表计算最小、最大和平均距离。

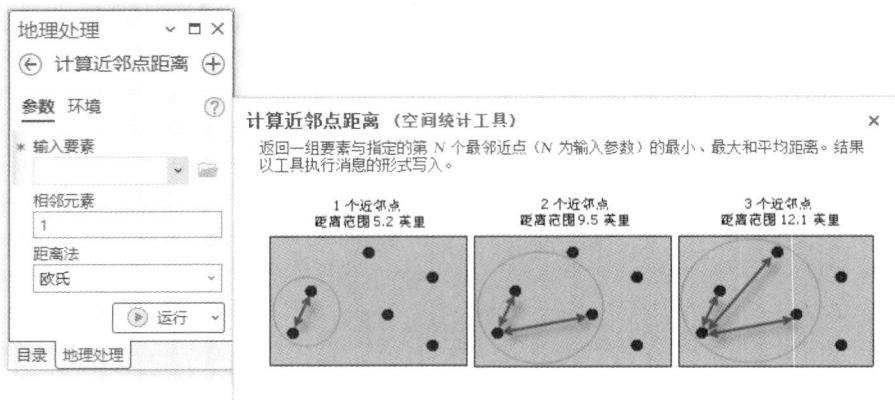

图 11.35 "计算近邻点距离"对话框

此工具提供一种通过"空间统计"工具箱中的工具[如"热点分析(Getis-Ord Gi*)"工具或"聚类和异常值分析(Local Moran's I)"工具],来确定将要使用的距离范围或距离阈值的值的策略。

11.5.2 将空间权重矩阵转换为表

用于将二进制空间权重矩阵文件(.swm)转换为表。"将空间权重矩阵转换为表"对话框如图 11.36 所示。

此工具可用于编辑空间权重矩阵文件,使用方法如下。

(1) 使用"生成空间权重矩阵"工具创建空间权重矩阵文件。

(2) 然后,运行此工具将生成的空间权重矩阵文件转换为表。

(3) 根据需要编辑表和修改空间关系。

(4) 最后,再次使用"生成空间权重矩阵"工具将修改的表转换回二进制的空间权重矩阵文件格式。

11.5.3 将要素属性导出到 ASCII

将要素类坐标和属性值导出到以空格、逗号、制表符或分号进行分隔的 ASCII 文本文件中。"将要素属性导出到 ASCII"对话框如图 11.37 所示。

此工具可用于导出数据,以使用外部软件进行分析。X 和 Y 坐标值将被写入精度为 8 位有效数字的文本文件中。浮点型属性值将被写入带有 6 位有效数字的文本文件中。当值字段为空值时,它们将以 Null 的形式写入输出文本文件。

11.5.4 降维

"降维"工具使用主成分分析(PCA)或降级线性判别分析(LDA)将尽可能高的方差聚合成更少的分量,

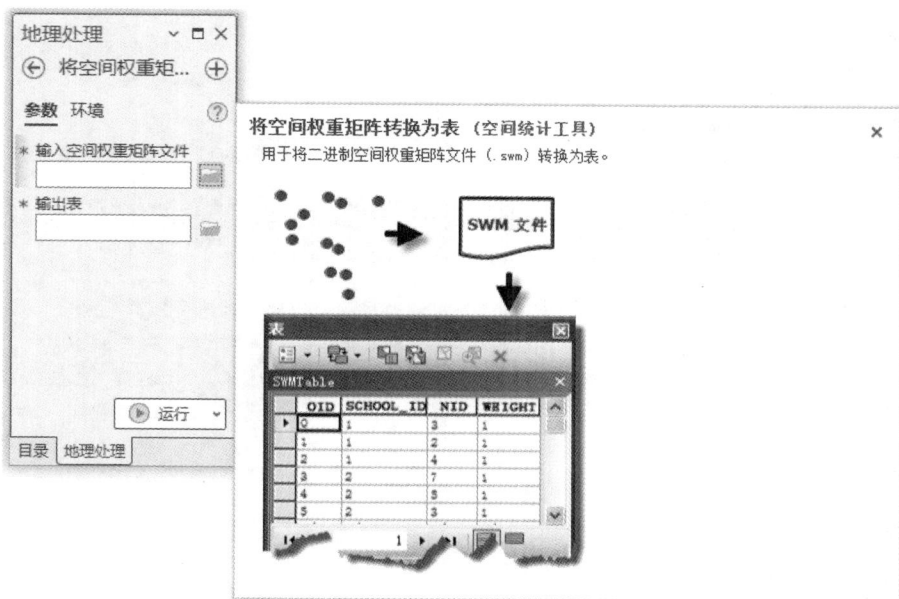

图 11.36　"将空间权重矩阵转换为表"对话框

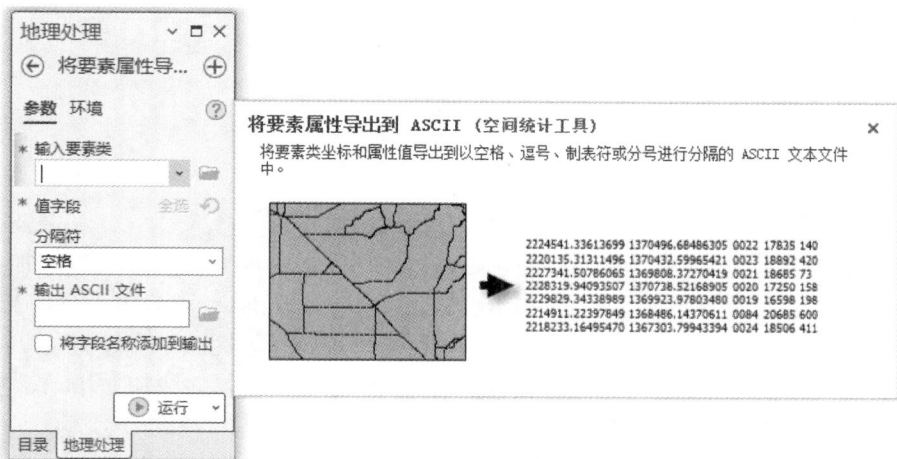

图 11.37　"将要素属性导出到 ASCII"对话框

来降低连续变量集的维数。变量指定为输入表或要素图层中的字段,表示新变量的新字段保存在输出表或要素类中。新字段数将小于原始变量数,同时保持所有原始变量中的方差数量尽可能多。"降维"对话框如图 11.38 所示。

降维方法如下。

(1) 主成分分析(PCA):此方法按顺序构建分量,每个分量用于在原始变量之间捕获尽可能多的总方差和相关性。"调整数据比例"参数可用于调整各个原始变量的比例,以使每个变量在主成分中具有同等的重要性。如果数据未调整比例,则值较大的变量在总方差中的占比最大,并且在前几个分量中过度表示。如果打算执行使用分量来预测连续变量值的分析或机器学习方法,建议使用此方法。

(2) 降级线性判别分析(LDA):此方法构建的分量可最大限度地提高分析变量与在"分析字段"参数中提供的不同级别分类变量的可分离性。这些分量将保持尽可能多的类别间方差,以使生成的分量在将每个记录分类为某个类别时最有效。此方法可自动调整数据比例,如果打算执行使用分量对分类变量进行分类的分析或机器学习方法,建议使用此方法。

该工具的潜在应用情景如下。

(1) 有一个包含难以同时可视化的多个字段的要素类。可通过将数据集降为二维,使用图表可视化数

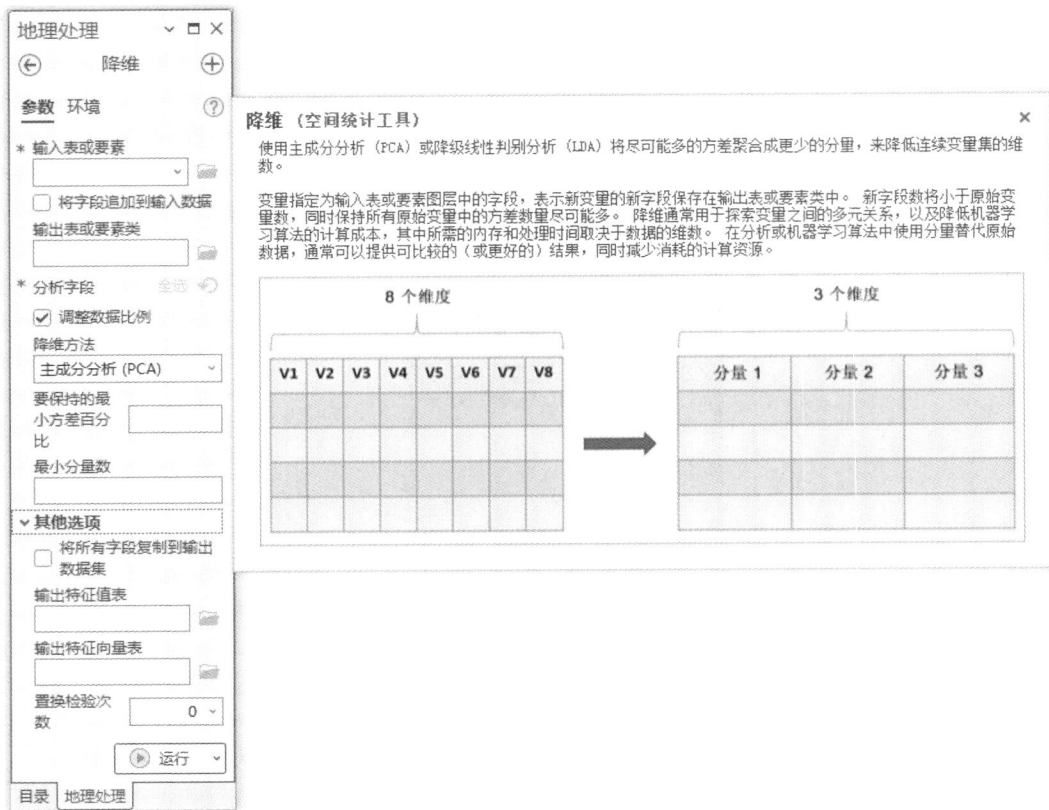

图 11.38 "降维"对话框

据,来查看字段在二维下的多元交互。

(2)想要使用"空间关系建模"工具集中的分析工具,如"广义线性回归"工具或"地理加权回归(GWR)"工具,但是许多字段彼此之间高度相关。通过降低解释变量的维数,可以提高分析工具的稳定性,并降低与训练数据过度拟合的可能性。

(3)正在执行一种机器学习方法,该方法的执行时间随着输入变量数的增加而迅速增加。通过降低维数,来获得可比较的分析结果,同时减少所用内存和运行时间。

11.5.5 时间序列平滑

"时间序列平滑"工具可使用居中、前移和后移平均值以及基于局部线性回归的自适应方法对一个或多个时间序列的数字变量进行平滑处理。"时间序列平滑"对话框如图 11.39 所示。

时间序列平滑技术广泛用于经济、气象、生态以及其他随时间收集的数据的领域。对时态数据进行平滑处理通常会在揭示长期趋势或周期的同时,对噪声和短期波动进行平滑处理。

该工具的潜在应用情景如下。

(1)每日流感病例通常可在流行病学研究和规划中使用,但在周末发现的流感病例通常得等到星期一才有报告,这使得星期一的病例计数要多于实际计数,而周末的病例计数则要少于实际计数。为了解决这个问题,可以使用时间窗后移平均值,来平均当前日期与一星期中前 6 天的值。

(2)拥有每小时测量一次的长期温度数据。当按时间序列绘制数据时,该数据将具有过多噪声且过于庞大,导致无法看到清晰的模式和趋势。可以使用自适应带宽局部线性回归来捕获数据的总体趋势,以实现更清晰的可视化和分析效果。自适应带宽方法将在时间序列的某些部分中使用比其他部分更宽的时间窗,具体取决于对每个部分进行有效平滑处理所需的数据量。

11.5.6 收集事件

将事件数据(如犯罪或疾病事件点)转换为加权点数据。"收集事件"对话框如图 11.40 所示。

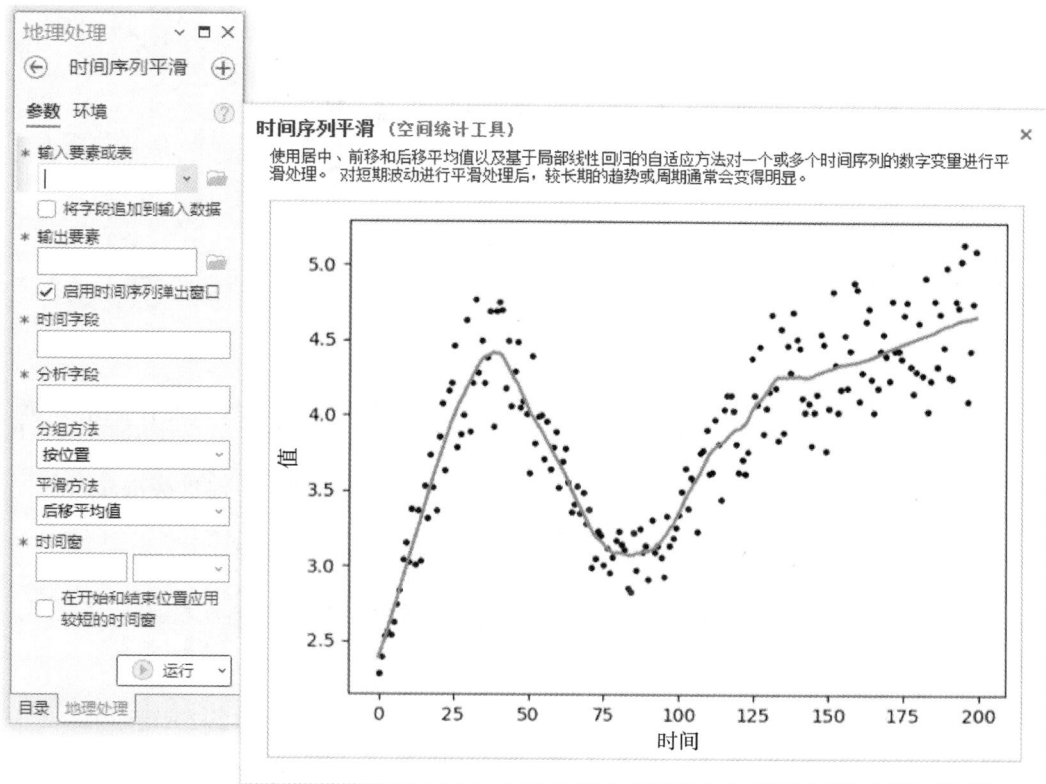

图 11.39 "时间序列平滑"对话框

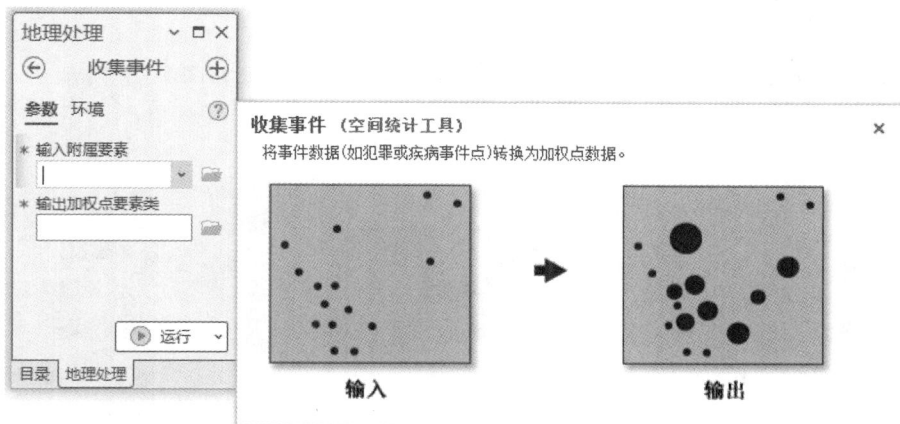

图 11.40 "收集事件"对话框

"收集事件"工具可将重合点合并。此工具仅合并 X 和 Y 质心坐标完全相同的要素。在运行"收集事件"工具之前，最好使用"整合"工具将附近的要素捕捉到一起。

例如，"热点分析（Getis-Ord Gi*）"工具、"聚类和异常值分析（Local Moran's I）"工具以及"工具空间自相关（Morans I）"工具需要加权点而不是各个事件点。当输入要素类包含重合的要素时，可以使用"收集事件"工具来创建权重。

第 12 章 网 络 分 析

12.1 网络数据集

12.1.1 创建网络数据集

在现有要素数据集中创建网络数据集。网络数据集可对要素数据集中的数据进行网络分析。"创建网络数据集"对话框如图 12.1 所示。

使用此工具创建的网络数据集配置了基本默认设置。运行该工具后,打开网络数据集属性页面并在网络数据集中配置以支持特定分析需求。

创建和配置网络数据集后,必须使用"构建网络"工具进行构建。

目前无法对使用此工具创建的网络数据集进行配置以支持实时或历史交通流量。

12.1.2 构建网络

重新构建网络数据集的网络连通性和属性信息。"构建网络"对话框如图 12.2 所示。

对参与源要素类中的属性或要素进行编辑后,必须重新构建网络数据集。如果编辑的是源要素,该工具将仅对执行了编辑操作的区域建立网络连通性以便加快构建过程,但如果编辑的是网络属性,将会重新构建整个范围的网络数据集。

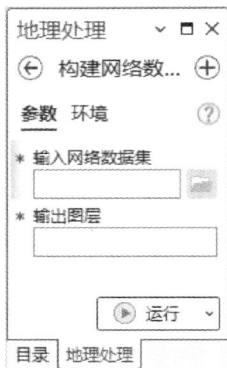

12.1.3 构建网络数据集图层

从网络数据集创建网络数据集图层。"构建网络数据集图层"对话框如图 12.3 所示。

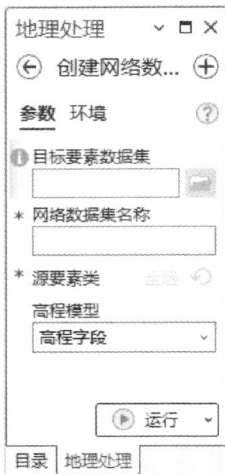

图 12.1 "创建网络数据集"对话框　　图 12.2 "构建网络"对话框　　图 12.3 "构建网络数据集图层"对话框

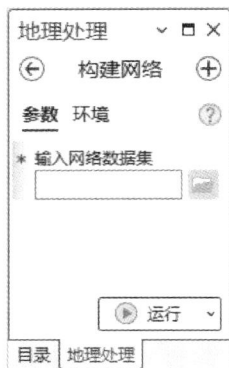

网络数据集图层可用于任何将网络数据集输入的工作流。

此工具创建的网络数据集图层是临时图层,因此如果不加以保存,该图层将在会话结束后消失。要将该图层保存到磁盘,请运行"保存至图层文件"工具。

使用此工具创建的网络数据集图层可以使用"应用图层的符号系统"工具从现有网络数据集图层文件中导入符号系统。

12.1.4 融合网络

"融合网络"工具在输出地理数据库工作空间中创建一个网络数据集,其中的线要素数少于输入网络数据集中的线要素数。这一操作通过合并逻辑上彼此连接和本质上彼此相同(即具有相同街道名称、属于同一个等级和具有相同限制性等)的线要素来达到减少线要素的目的。"融合网络"对话框如图 12.4 所示。

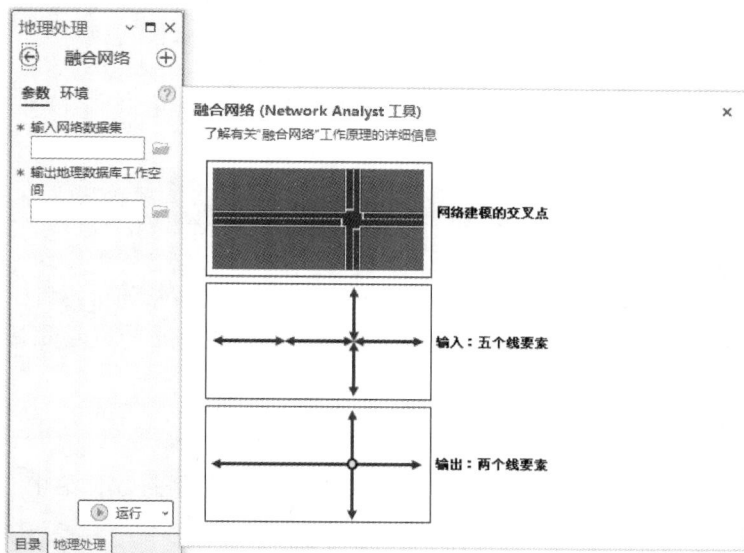

图 12.4 "融合网络"对话框

通过融合网络可以提高输出网络数据集的效率,可减少求解分析、绘制结果和生成驾车指示所需的时间。此工具将输出新网络数据集和源要素类,输入网络数据集及其源要素保持不变。

源要素类中只有网络数据集使用的字段才会被传递至输出线要素类,字段示例如下。

(1)高程字段。

(2)用于网络属性赋值器中的字段(长度、时间、单向约束、等级等)。

(3)用于生成行驶方向的字段(街道名称、盾形路牌等)。

12.1.5 通过模板创建网络数据集

使用输入模板文件(.xml)中包含的方案创建新的网络数据集。在执行该工具之前,必须确保创建网络数据集所需的所有要素类和输入表已经存在。"通过模板创建网络数据集"对话框如图 12.5 所示。

新创建的网络数据集将需要使用"构建网络"工具进行构建。

12.1.6 通过网络数据集创建模板

此工具可创建包含现有网络数据集方案的网络模板文件(.xml)。将"通过模板创建网络数据集"工具和该工具搭配使用,可创建新的网络数据集。"通过网络数据集创建模板"对话框如图 12.6 所示。

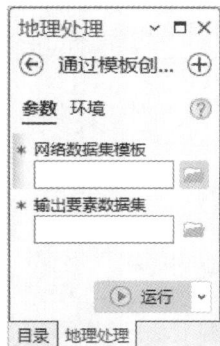

图 12.5 "通过模板创建网络数据集"对话框

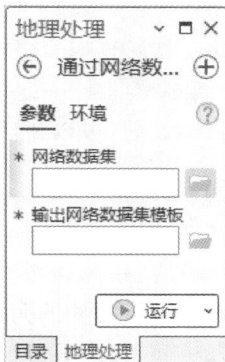

图 12.6 "通过网络数据集创建模板"对话框

12.2 转弯要素类

12.2.1 按备用 ID 字段更新

该工具将根据每个转弯要素中存储的备用 ID 来更新转弯要素类中的 Edge♯FID 字段值。如果转弯要素类未根据备用 ID 引用边,则首先使用"填充备用 ID 字段"工具创建并填充备用 ID 字段。"按备用 ID 字段更新"对话框如图 12.7 所示。

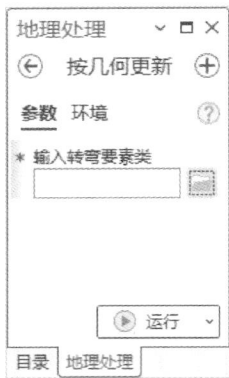

对转弯要素所引用的输入线要素进行编辑后,应使用此工具根据备用 ID 字段来同步转弯要素。

12.2.2 按几何更新

该工具将根据来自网络源的转弯要素与边要素之间的重叠,来更新转弯要素类的 Edge♯FID 字段值。"按几何更新"对话框如图 12.8 所示。

如果对基础边所做的编辑导致列出的转弯 ID 再也无法找到参与转弯的边,则此工具会很有用。

更新转弯要素时遇到的错误将记录在被写入 TEMP 系统变量所定义的目录的错误文件中,错误文件的完整路径名将作为警告消息显示。

12.2.3 创建转弯要素类

创建新的转弯要素类,将对转弯移动进行建模的转弯要素存储在网络数据集中。"创建转弯要素类"对话框如图 12.9 所示。

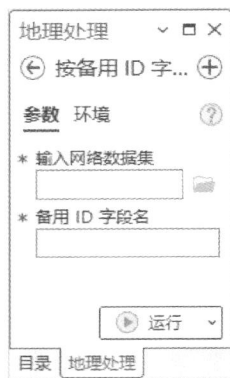

图 12.7 "按备用 ID 字段更新"对话框　　图 12.8 "按几何更新"对话框　　图 12.9 "创建转弯要素类"对话框

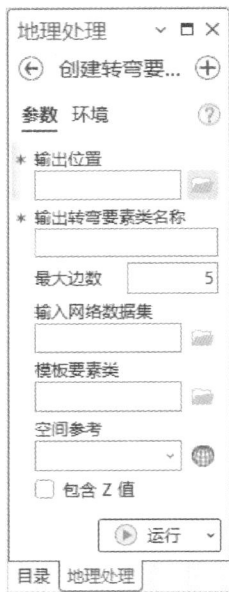

仅当网络数据集支持转弯时,才能将转弯要素类作为转弯源添加到网络中。如果想要将转弯添加到不支持转弯的网络中,则必须创建一个支持转弯的新的网络数据集。

创建了转弯要素类之后,可以在 ArcMap 中使用"编辑器"工具条上用于创建线状要素的命令创建转弯要素。

12.2.4 填充备用 ID 字段

为通过备用 ID 来引用边的转弯要素类创建并填充附加字段。通过备用 ID 可以使用其他组 ID,从而有助于在编辑源边时保持转弯要素的完整性。"填充备用 ID 字段"对话框如图 12.10 所示。

该工具将创建并填充名为 AltID<n>的新字段,其中 n 是每个转弯的最大边数。

地理数据库拥有 ObjectID 字段,而 shapefile 与其不同,它没有永久的唯一标识符。使用 shapefile 工作空间中的转弯要素类时,通常会遇到 ID 偏移问题,使用备用 ID 可避免此问题。

如果边要素源没有备用 ID 字段(如数据供应商提供的唯一标识符),必须创建并填充这样一个字段,以便使用此工具通过该字段引用转弯要素类。

12.2.5 增加最大边数

增加转弯要素类中每个转弯所允许的最大边数。"增加最大边数"对话框如图 12.11 所示。

一旦增加了最大边数,以后便无法减少。因此,请只增加所需的量。最大边数至少应比现有最大边数大 1,但不能大 50。

12.2.6 转弯表至转弯要素类

将 ArcView 转弯表或 ArcInfo Workstation coverage 转弯表转换为 ArcGIS Pro 转弯要素类。"转弯表至转弯要素类"对话框如图 12.12 所示。

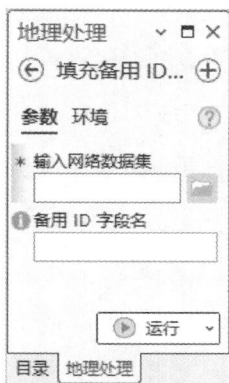

图 12.10 "填充备用 ID 字段"对话框

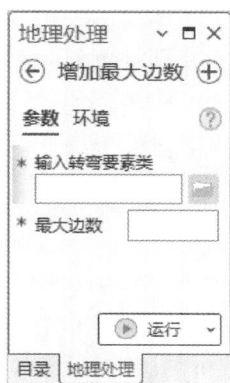

图 12.11 "增加最大边数"对话框

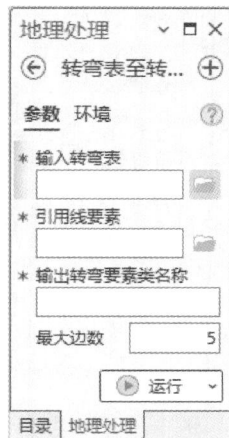

图 12.12 "转弯表至转弯要素类"对话框

创建的转弯要素类要与参考线要素类位于相同的工作空间中。如果参考线要素类支持 Z 值,则输出转弯要素类中的坐标将具有高程(Z)值。

12.3 分析工具

12.3.1 创建 OD 成本矩阵分析图层

创建起始-目的地(OD)成本矩阵网络分析图层并设置其分析属性。"创建 OD 成本矩阵分析图层"对话框如图 12.13 所示。

OD 成本矩阵分析图层对于描述从一组起始位置到一组目的地位置的成本矩阵十分有用。该图层可通过本地网络数据集进行创建,也可通过在线托管服务或门户托管服务进行创建。

在 ArcGIS Pro 中,网络分析图层数据存储在文件地理数据库要素类中的磁盘上。在工程中创建网络分析图层时,将在当前工作空间环境的新要素数据集中创建图层数据。

在地理处理模型中使用此工具时,如果模型作为工具来运行,则必须将输出网络分析图层创建为模型参数,否则输出图层将无法添加到地图内容中。

12.3.2 创建车辆配送分析图层

创建车辆配送(VRP)网络分析图层并设置其分析属性。"创建车辆配送分析图层"对话框如图 12.14 所示。

图 12.13 "创建 OD 成本矩阵分析图层"对话框　　　图 12.14 "创建车辆配送分析图层"对话框

　　VRP 分析图层可用于在使用一支车队时对一组路径进行优化。该图层可通过本地网络数据集进行创建,也可通过在线托管服务或门户托管服务进行创建。

12.3.3　创建服务区分析图层

　　创建服务区网络分析图层并设置其分析属性。服务区分析图层主要用于确定在指定中断成本范围内能从设施点位置访问的区域。"创建服务区分析图层"对话框如图 12.15 所示。

12.3.4　创建路径分析图层

　　创建路径网络分析图层并设置其分析属性。路径分析图层可用于根据指定的网络成本确定一组网络位置之间的最佳路径。"创建路径分析图层"对话框如图 12.16 所示。

12.3.5　创建位置分配分析图层

　　创建位置分配网络分析图层并设置其分析属性。位置分配分析图层对于从一组可能位置中选择出指定数量的设施点(以便以最佳且高效的方式将需求点分配给设施点)十分有用。"创建位置分配分析图层"对话框如图 12.17 所示。

　　在 ArcGIS Pro 中,网络分析图层数据存储在文件地理数据库要素类中的磁盘上。在工程中创建网络分析图层时,将在当前工作空间环境的新要素数据集中创建图层数据。

12.3.6　创建最近设施点分析图层

　　创建最近设施点网络分析图层并设置其分析属性。最近设施点分析图层对于根据指定的出行模式确定与事件点距离最近的设施点十分有用。"创建最近设施点分析图层"对话框如图 12.18 所示。

12.3.7　复制遍历的源要素

　　创建两个要素类和一个表,并将它们组合在一起以包含求解网络分析图层时所遍历的边、交汇点和转弯的信息。"复制遍历的源要素"对话框如图 12.19 所示。

　　可以生成遍历源要素的网络分析图层:路径、服务区、最近设施点、车辆配送(VRP)。

　　无法生成遍历源要素的网络分析图层:OD 成本矩阵、位置分配。

　　输出交汇点要素类不仅包含代表遍历网络交汇点的点,而且还包含代表以下内容的点:遍历的点障碍、

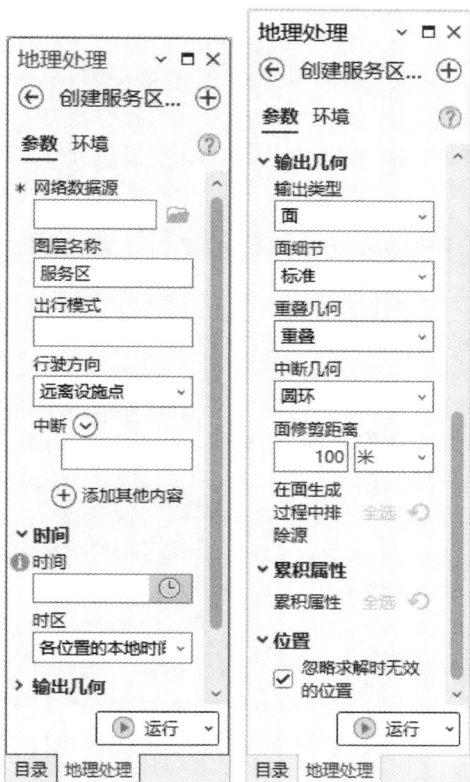

图 12.15 "创建服务区分析图层"对话框

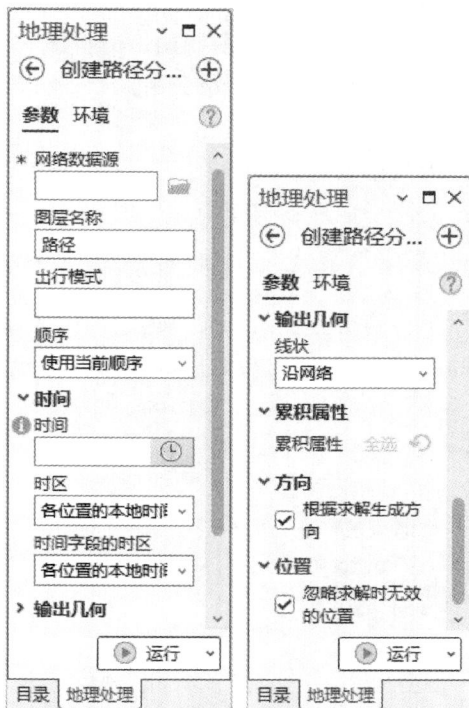

图 12.16 "创建路径分析图层"对话框

图 12.17 "创建位置分配分析图层"对话框

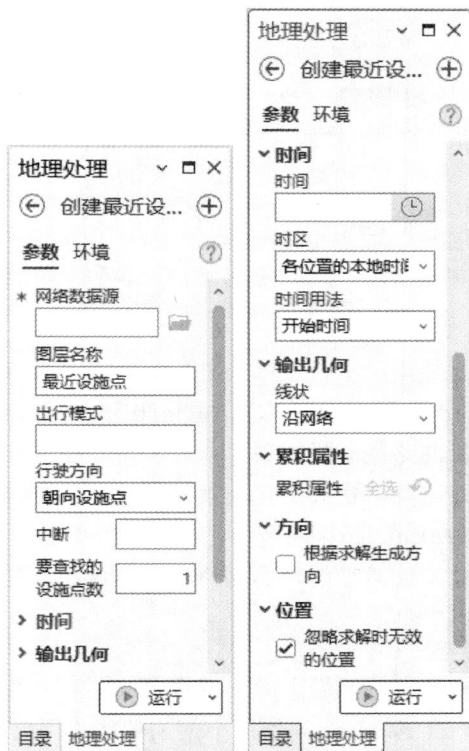

图 12.18 "创建最近设施点分析图层"对话框

遍历的线障碍与面障碍的进入点和退出点,路径分析中的已访问停靠点,服务区分析中的已访问设施点和中断端点,最近设施点分析中的已访问设施点和事件点,车辆配送中的已访问停靠点、站点和休息点。

12.3.8 复制网络分析图层

将网络分析图层复制到复本图层。新图层将具有与原始图层相同的分析设置和网络数据源,以及原始图层分析数据的复本。"复制网络分析图层"对话框如图 12.20 所示。

该工具将复制输入网络分析图层的分析数据(网络分析图层的子图层和子表引用的要素类和表),不会复制图层的网络数据源。

分析数据被复制到当前工作空间环境,如果未设置此环境,则数据将复制到包含输入网络分析图层分析数据的同一地理数据库中。

12.3.9 共享为路径图层

用于将网络分析结果共享为门户中的路径图层项目。路径图层中包含特定路径的全部信息,如分配至路径的停靠点,以及出行方向等。"共享为路径图层"对话框如图 12.21 所示。

图 12.19 "复制遍历的源要素"对话框

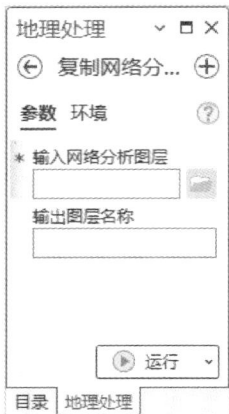

图 12.20 "复制网络分析图层"对话框

图 12.21 "共享为路径图层"对话框

路径图层项目可供各种应用程序(如 ArcGIS Navigator)来为外业工作人员提供路径指引,可供 Map Viewer 经典版中的"方向"窗格来进一步自定义路径图层中包含的路径,可供 ArcGIS Pro 基于路径图层来创建新的路径分析图层。

该工具可在被指定为活动门户的门户中创建和共享路径图层项目,活动门户必须为 ArcGIS Online、ArcGIS Enterprise 10.5.1 或更高版本。

登录到活动门户的用户必须拥有必要的权限才能进行空间分析和创建内容。

12.3.10 计算位置

用于定位网络上的输入要素,并将字段添加到描述网络位置的输入要素。该工具用于预先计算将在 Network Analyst 工作流中使用的输入网络位置,从而提高求解时的分析性能。该工具将计算的输入网络位置存储在输入数据的字段中。"计算位置"对话框如图 12.22 所示。

在执行网络分析时,分析的输入很少会位于所使用网络数据源的边或交汇点的上方。例如,正在使用根据街道中心线构造的网络数据集,但是希望分析的点是城市中的宗地质心。这些宗地质心不会位于街道中心线上方,相反,它们会与街道偏移一定距离。要成功执行网络分析,Network Analyst 必须确定每个分

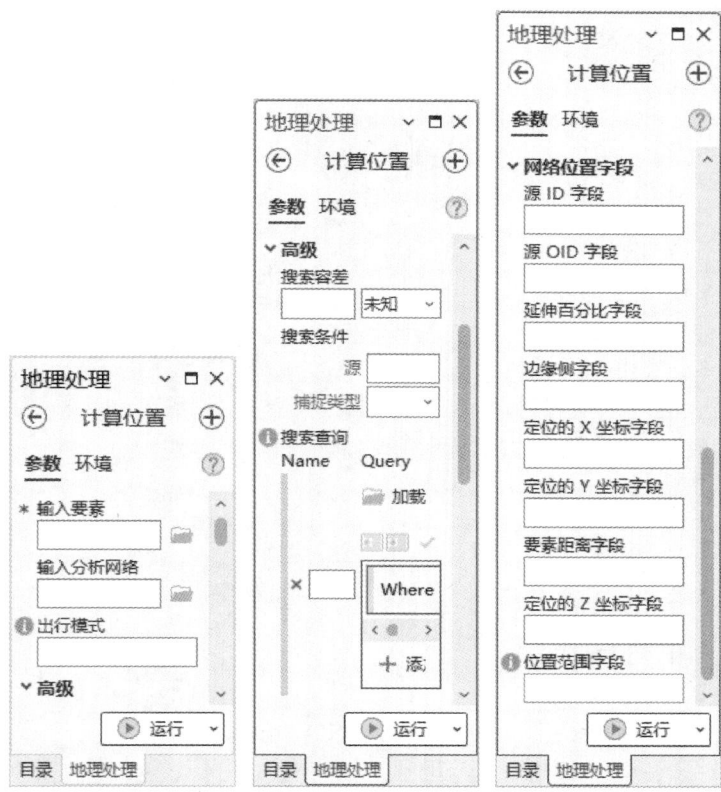

图 12.22 "计算位置"对话框

析输入在网络数据集上的位置。分析中将使用此网络位置,而非输入的原始位置。例如,如果计算城市中两个宗地之间的路径,则该路径的起点和终点不是宗地质心,而是宗地质心捕捉到街道中心线的位置。

12.3.11　描述

根据包含路径的网络分析图层生成转弯方向。可以将这些方向信息写入文本、XML 或 HTML 格式的文件中。如果提供了适合的样式表,也可以将这些方向写入其他任何格式文件。"描述"对话框如图 12.23 所示。

使用该工具时如果未得到有效结果,那么该工具会自动求解网络分析图层,因此在生成方向之前,不需要先求解网络分析图层。

12.3.12　求解

基于网络位置和属性求解网络分析图层问题。"求解"对话框如图 12.24 所示。

运行此工具前,请确保为网络分析图层指定了求解问题所需的所有参数。网络分析图层引用 ArcGIS Online 作为网络数据源时,该工具将消耗配额。

12.3.13　添加车辆配送路径

在车辆配送(VRP)图层中创建路径。该工具会将行追加到 Routes 子图层,并可以在创建唯一名称字段时添加具有特定设置的行。"添加车辆配送路径"对话框如图 12.25 所示。

12.3.14　添加车辆配送休息点

在车辆配送(VRP)图层中创建休息点。"添加车辆配送休息点"对话框如图 12.26 所示。

此工具会将行追加到 VRP 图层下的休息点子图层,并同时将所有 5 个休息点添加到路径。如果所有路径的休息点时间相同,则可以一次将所有休息点添加到所有路径。

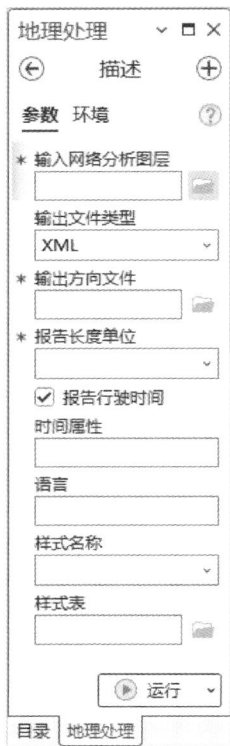

图 12.23 "描述"对话框

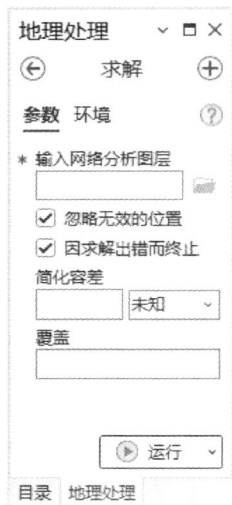

图 12.24 "求解"对话框

图 12.25 "添加车辆配送路径"对话框

如果未指定"目标路径名称"参数值,则会为每个现有路径创建休息点。只能将一种类型的休息点添加到 VRP。

12.3.15 添加位置

将输入要素或记录添加到网络分析图层。向特定子图层(如"停靠点"图层和"障碍"图层)添加输入。当网络分析图层引用网络数据集作为其网络数据源时,该工具会计算输入的网络位置,除非预先计算的网络位置字段是从输入映射的。"添加位置"对话框如图 12.27 所示。

在定位输入时,需考虑网络分析图层的出行模式和现有障碍。因此,在加载其他分析输入之前,建议先设置用于分析的出行模式并加载障碍。

将根据存储在输入网络分析图层中的位置属性自动填充"搜索容差""搜索条件"和"搜索查询"参数。如果网络分析图层具有所选子图层的位置设置替代,则将使用这些设置。否则,将使用网络分析图层的默认位置设置。

12.3.16 向分析图层添加字段

用于向网络分析图层的子图层添加字段。"向分析图层添加字段"对话框如图 12.28 所示。

图 12.26 "添加车辆配送休息点"对话框

图 12.27 "添加位置"对话框

图 12.28 "向分析图层添加字段"对话框

该工具通常与"添加位置"工具配合使用,从而将输入要素中的字段传递到子图层。该工具可以为网络分析图层的任意子图层添加字段。

12.4 追踪网络工具

12.4.1 创建追踪网络

"创建追踪网络"对话框如图 12.29 所示。

追踪网络数据集基于指定参与追踪网络的输入点和线要素类创建。相关注意事项如下。

(1) 必须为"输入要素数据集"参数指定现有要素数据集。

（2）这些要素类必须与追踪网络位于同一要素数据集中。

（3）至少需要一个输入交汇点或一个输入边。

（4）仅支持将点和线要素类用作输入。要素类不能参与其他追踪网络或其他高级地理数据库功能,如拓扑或网络数据集。

12.4.2　将几何网络转换为追踪网络

"将几何网络转换为追踪网络"对话框如图 12.30 所示。

使用文件地理数据库时,输入地理数据库工作空间必须是 ArcGIS Pro 10.0 或更高版本才能支持此功能。

12.4.3　禁用网络拓扑

禁用现有追踪网络的网络拓扑。"禁用网络拓扑"对话框如图 12.31 所示。

图 12.29　"创建追踪网络"对话框

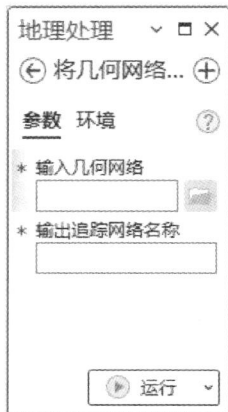

图 12.30　"将几何网络转换为追踪网络"对话框

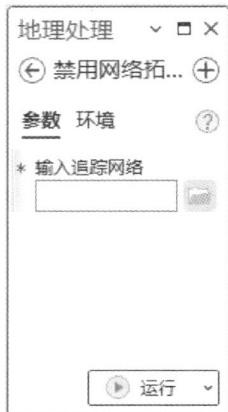

图 12.31　"禁用网络拓扑"对话框

添加或分配网络属性时,必须禁用拓扑。对于增强性能,建议在加载数据前禁用拓扑。

12.4.4　启用网络拓扑

启用追踪网络的网络拓扑。"启用网络拓扑"对话框如图 12.32 所示。

使用追踪和使用网络逻辑示意图等分析操作时,需要使用网络拓扑,还可以启用网络拓扑以发现错误要素。

所有追踪网络要素类都必须具有空间索引。

12.4.5　设置流向

设置版本 1 追踪网络中线要素的流向。"设置流向"对话框如图 12.33 所示。

只能通过"设置流向"工具为参与版本 1 追踪网络的线要素设置流向。

追踪网络版本 2 或更高版本不支持"设置流向"工具,可使用 FLOWDIRECTION 网络属性字段在网络中设置或修改线要素的流向。

使用该工具时必须启用网络拓扑。

可在要素级别将流向指定为沿着数字化方向、沿着与数字化方向相反的方向或不确定方向。当地图上存在选择要素时,将仅为这些要素设置流向。

12.4.6　设置网络属性

将网络属性分配到要在追踪操作期间使用的要素类。"设置网络属性"对话框如图 12.34 所示。

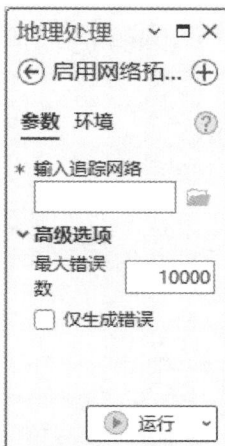

图 12.32 "启用网络拓扑"对话框　　　图 12.33 "设置流向"对话框　　　图 12.34 "设置网络属性"对话框

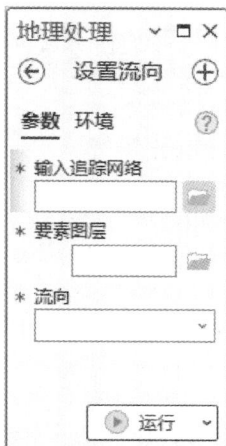

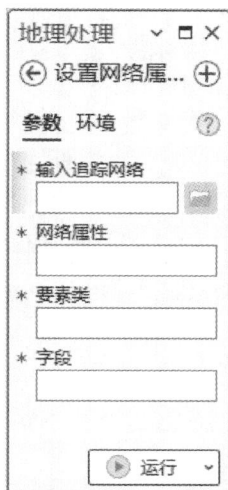

追踪网络包含网络属性。网络属性是存储在网络拓扑中的值,从网络中相应要素上的属性派生而来。网络属性只能与要素类中的一个属性相关联,但是追踪网络包含的网络属性数量没有限制。网络属性可用作权重,用于控制可遍历性和对网络路径的成本进行建模。

追踪分析使用网络属性来控制网络遍历方式。网络属性只能与要素类中的一个属性相关联,但是,可将其分配给网络中的多个要素类。

使用该工具时必须禁用网络拓扑,可与"添加网络属性"工具配合使用,后者用于将网络属性添加到追踪网络。

12.4.7　添加网络属性

用于向追踪网络中添加网络属性。"添加网络属性"对话框如图 12.35 所示。

一个网络属性只能与要素类上的一个属性相关联,但它可以与多个要素类相关联。

使用该工具时必须禁用网络拓扑,可与"设置网络属性"工具配合使用,后者用于将网络属性分配给追踪网络的要素类字段。

12.4.8　验证网络拓扑

验证追踪网络的网络拓扑。在对网络属性或网络中要素的几何进行编辑之后,必须对网络拓扑进行验证。"验证网络拓扑"对话框如图 12.36 所示。

要素空间编辑与网络拓扑之间的不一致将以脏区进行标记。

使用该工具时必须启用网络拓扑。

验证过程中遇到的无效几何将作为错误要素包含在点错误和线错误要素类中,这两个要素类在"内容"窗格的追踪网络图层下分组。

12.4.9　追踪

可根据指定起点的连通性或可遍历性返回追踪网络中的所选要素。"追踪"对话框如图 12.37 所示。

追踪网络的追踪功能用于分析网络中的路径。

使用该工具时必须启用网络拓扑。

由于追踪工具依赖于网络拓扑,如果追踪范围内存在脏区,则无法保证追踪结果准确性。待追踪区域的网络拓扑必须经过验证,才能反映对网络进行的最近编辑或更新。

默认情况下,追踪结果将作为选择返回,并包含整个线要素。若要返回部分要素结果,可将"结果类型"参数设置为"聚合几何"。当将起点或障碍放置在具有中跨连通性的交汇点上时,追踪结果将返回边要素的部分元素。当障碍沿边放置时,追踪结果可以在具有中跨连通性的最近交汇点处停止。然后,可以将追踪

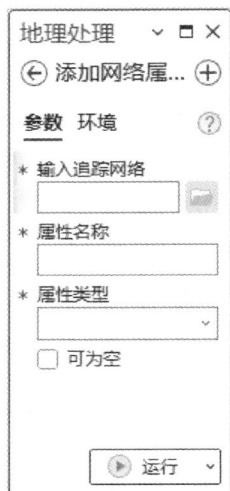

图 12.35 "添加网络属性"对话框

图 12.36 "验证网络拓扑"对话框

图 12.37 "追踪"对话框

生成的结果选择集或输出要素类传播到另一个地图、传递到网络的逻辑示意图，或者将其用作另一个工具或追踪的输入。

第 13 章　时空模式挖掘

"时空模式"挖掘工具箱包含用于在空间和时间环境中分析数据分布和模式的统计工具。该工具箱包含用于聚类分析和预测的工具集,以及用于显示 2D 和 3D 时空 netCDF 立方体中存储的数据的工具集,还包括用于在创建立方体之前估算和填充数据中缺失值的选项。

通过自动设置时间和范围滑块来提供各种显示主题选项,还可以使用空间统计资源页面上可用的时空立方体资源管理器加载项在 2D 和 3D 模式下显示时空立方体内容和分析结果。

13.1　时空立方体创建

使用"时空立方体创建"工具集中的工具,可以将数据汇总为 netCDF 数据结构,然后将其用作"时空模式分析"和"时间序列预测"工具集中的工具输入。聚合并汇总到时空立方体中的数据必须具有时间戳,但可以来自许多不同的格式,如一组点、面板数据、相关表或多维栅格图层。创建时空立方体后,将计算初始汇总统计数据和趋势。

通过创建时空立方体,可以用时间序列分析、集成空间和时间模式分析以及 2D 和 3D 可视化技术的形式,对时空数据进行可视化和分析。可通过 3 种工具创建用于分析的时空立方体:"通过聚合点创建时空立方体"工具、"通过已定义位置创建时空立方体"工具和"通过多维栅格图层创建时空立方体"工具。前 2 种工具通过生成时空立方图格(具有聚合事件点或具有相关联时空属性的已定义要素),将时间戳要素构建成 netCDF 数据立方体。第 3 种工具可将启用时间的多维栅格图层转换为时空立方体,并且不执行任何空间或时间聚合。

13.1.1　通过聚合点创建时空立方体

将一组点聚合到空间时间立方图格上,并将其汇总到 netCDF 数据结构中。在每个立方图格内计算点计数并聚合指定属性。对于所有立方图格位置,评估计数趋势和汇总字段值。"通过聚合点创建时空立方体"对话框如图 13.1 所示。

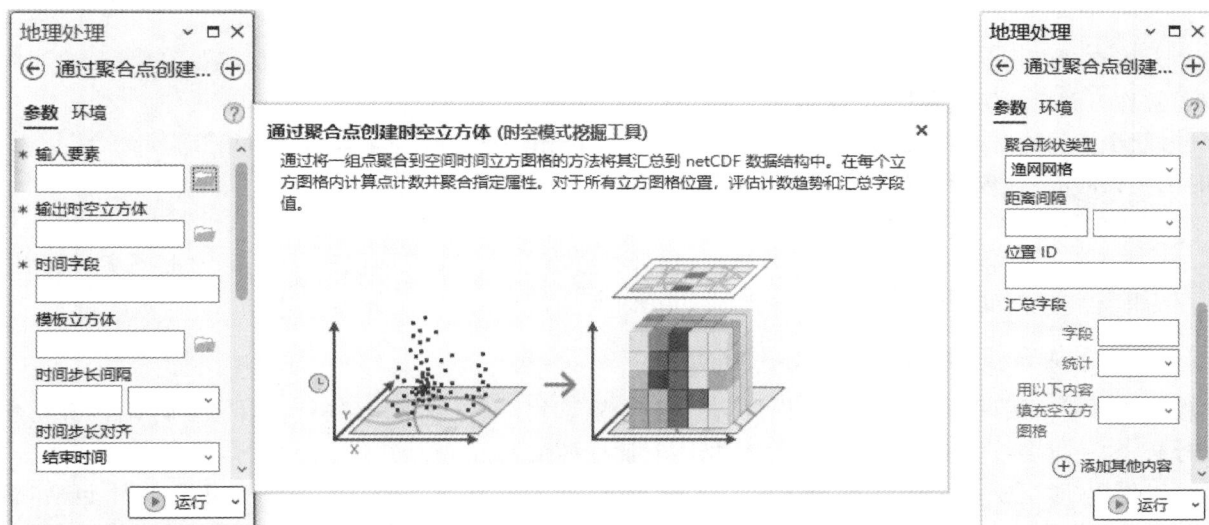

图 13.1　"通过聚合点创建时空立方体"对话框

输入要素应为点,如犯罪、火灾、疾病事件、客户销售数据或交通事故。每个点都应具有与其关联的日期,包含事件时间戳的字段必须为日期类型。此工具最少需要 60 个点和多个时间戳,如果指定的参数导致立方体具有 20 多亿个立方图格,此工具将无法执行操作。

时空立方体创建完成后,无法再对立方体的空间范围进行扩展。如果对时空立方体的深入分析涉及使用研究区域(如"新兴时空热点分析"工具中面分析掩膜),则应确保在创建立方体时,面分析掩膜未延伸超出输入要素的范围。创建立方体时将用于深入分析的研究区域面设置为"范围环境"可确保在分析初期立方体的范围与所需要的范围一样大。

关于如何使用"聚合形状类型"参数在空间上聚合点,提供了以下两种方式:如果希望聚合到形状规则的格网,可以选择"渔网网格"或"六边形",尽管渔网网格是更常用的聚合形状,但在某些分析中六边形可能是更好的选择;如果分析中涉及边界或位置(如人口普查区块或警务区),也可以通过"已定义位置"选项使用上述形状进行聚合。

13.1.2　通过已定义位置创建时空立方体

获取面板数据或测点数据(地理位置不变但属性会随时间改变的已定义位置),并通过创建时空立方图格将其构建为 netCDF 数据格式。对于所有位置,评估变量或汇总字段趋势。"通过已定义位置创建时空立方体"对话框如图 13.2 所示。

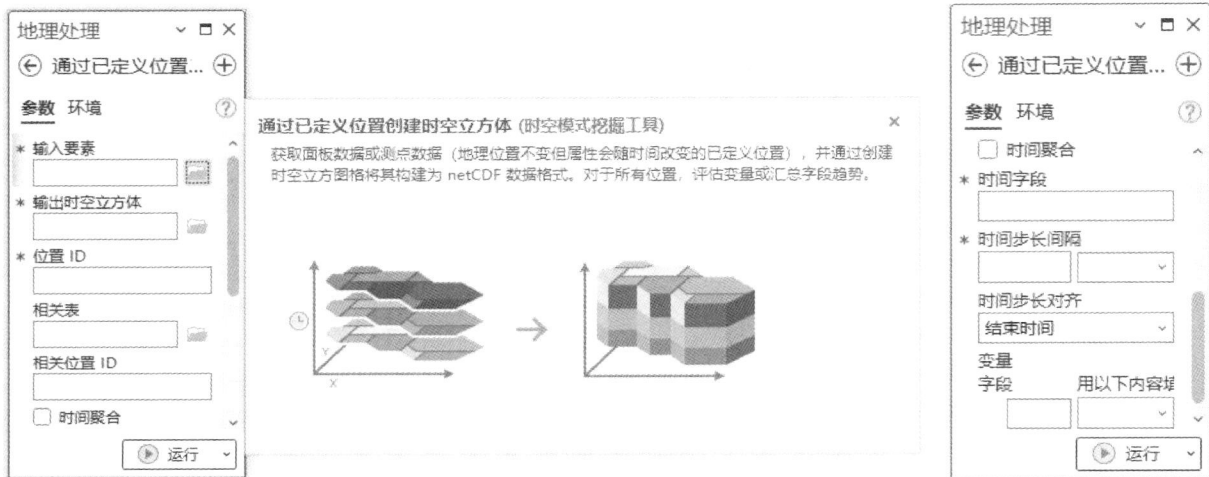

图 13.2　"通过已定义位置创建时空立方体"对话框

输入要素可以是点或面,并且应该表示为具有随时间收集的关联属性的已定义位置或固定位置。此类数据通常称为面板或测点数据,包含事件时间戳的字段必须为日期类型。

"时间步长间隔"参数用于定义要如何对数据的时间范围进行分区,如果取消勾选"时间聚合"复选框,则"时间步长间隔"参数应设置为数据的现有结构。具体示例如下。

(1)对于每 5 年收集一次的人口普查数据,输入应为 5 年。如果要进行时间聚合,请选中此参数。

(2)对于每 5 分钟记录一次的传感器数据,您可能会决定采用一天间隔进行聚合。"时间步长间隔"参数始终为固定持续时间,并且此工具最少需要 10 个时间步长。

13.1.3　通过多维栅格图层创建时空立方体

根据多维栅格图层创建时空立方体,并将数据构造为时空立方图格,以进行有效的空间-时间分析和可视化分析。"通过多维栅格图层创建时空立方体"对话框如图 13.3 所示。

可以使用"时空模式挖掘"工具箱中的工具来分析输出时空立方体的空间和时间模式,其中包括"新兴时空热点分析"工具、"局部异常值分析"工具和"时间序列聚类"工具。

输出时空立方体将使用输入多维栅格图层的空间和时态分辨率进行创建。输出立方体中的每个时空立方图格都将针对输入多维栅格图层中的单个时间间隔参考单个栅格像元。共享相同位置的立方图格将

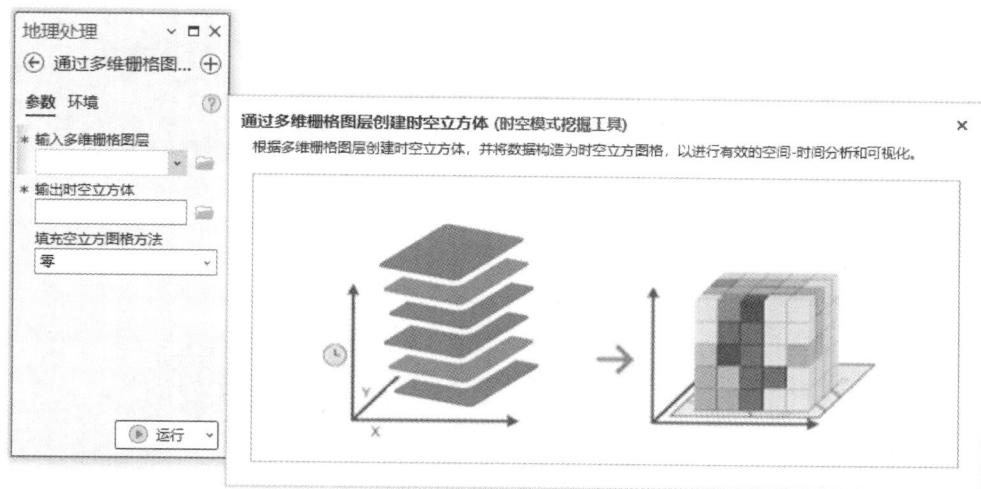

图13.3 "通过多维栅格图层创建时空立方体"对话框

具有相同的位置 ID 属性,且共享相同时间间隔的立方图格将具有相同的时间步长 ID 属性。

此工具类似于"通过已定义位置创建时空立方体"工具和"通过聚合点创建时空立方体"工具,但此工具中未将空间或时间聚合用于转换。时空立方体的位置与各个栅格像元的位置相同,且立方体的时间间隔与栅格的时间间隔相同。

输入多维栅格图层必须至少有 10 个时间间隔才能在此工具中使用。

13.2 时空立方体可视化

使用"时空立方体可视化"工具集中的工具,可以用 2D 和 3D 形式可视化存储在时空立方体中的变量。这些工具可用于了解立方体的结构、立方体聚合过程的工作原理,以及立方体聚合过程如何随着时间的推移使模式显示在感兴趣的特定位置。

例如,可以使用"在 2D 模式下显示时空立方体"工具来显示"新兴时空热点分析"工具的热点和冷点趋势结果或研究区域中数据的位置,以帮助了解缺失数据的位置。此工具集中的这些工具可以与时空模式挖掘工具箱中的其他工具结合使用。

13.2.1 在 2D 模式下显示时空立方体

显示存储在 netCDF 时空立方体中的变量和"时空模式挖掘"工具生成的结果。该工具的输出是根据指定的变量和专题进行唯一渲染的二维制图表达。"在 2D 模式下显示时空立方体"对话框如图 13.4 所示。

此工具接受由"时空模式挖掘"工具箱中各种工具创建的 netCDF 文件。

热点和冷点趋势与新兴时空热点分析结果选项仅在针对所选立方体变量运行"新兴时空热点分析"工具后才可使用。仅当运行了"局部异常值分析"工具后,局部异常值百分比、最近时间段内的局部异常值、局部异常值分析结果和无空间邻域的位置选项才可用。

预测结果选项仅适用于由"时间序列预测"工具集中工具创建的立方体,仅当指定了"时间序列预测"工具中的"异常值选项"参数时,时间序列异常值结果选项才可用。

13.2.2 在 3D 模式下显示时空立方体

显示使用"时空模式挖掘"工具创建并存储在 netCDF 时空立方体中的变量。该工具的输出是根据指定变量和专题进行唯一渲染的三维制图表达。"在 3D 模式下显示时空立方体"对话框如图 13.5 所示。

此工具接受由"时空模式挖掘"工具箱中的各种工具创建的 netCDF 文件。

如果已对特定变量运行"新兴时空热点分析"工具,则热点和冷点结果主题可用。根据运行于新兴时空热点分析中的时空热点分析,该主题将展示每个立方图格的统计显著性。

如果已对特定变量运行"局部异常值分析"工具,则聚类和异常值结果主题可用。根据在局部异常值分

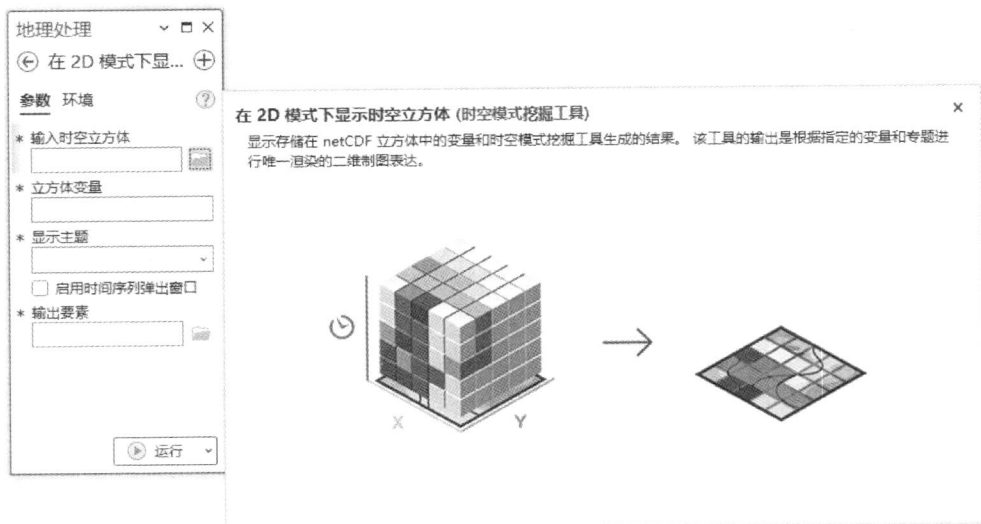

图 13.4 "在 2D 模式下显示时空立方体"对话框

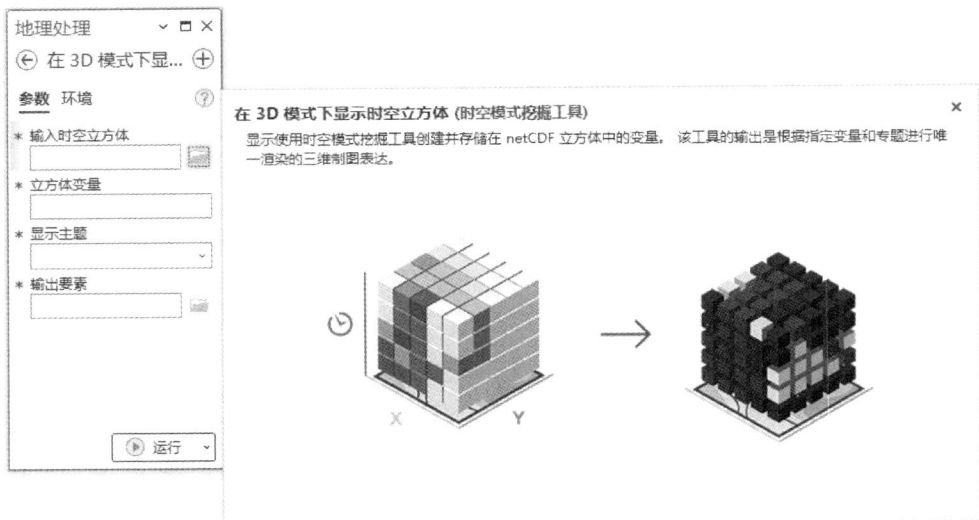

图 13.5 "在 3D 模式下显示时空立方体"对话框

析中运行的分析,该主题将展示为每个统计显著性立方图格分配的结果类型。

如果已对特定变量运行"时间序列预测"工具,则预测结果主题可用。该主题将显示每个位置的时间序列以及预测的时间步。每个时间步的拟合值均另存为单独的字段。对于由"基于森林的预测"工具或"指数平滑预测"工具创建的立方体,置信区间的上下限均另存为单独的字段。此外,对于由"指数平滑预测"工具创建的立方体,其级别、趋势和季节性组件均另存为单独的字段,这些属性可以使用符号系统在地图中显示。

如果已对特定变量运行"变化点检测"工具,则时间序列更改点主题将可用,此主题显示每个时间步长是否是一个变化点,以及当前和上一个时间步长的均值或标准差的估计值。

对于使用"通过已定义位置创建时空立方体"工具创建并在时间上聚合的立方体,时间聚合计数主题将适用于可视化聚合的每个时空立方图格中的记录计数。

13.3 时空模式分析

使用"时空模式分析"工具集中的分析和统计工具,可以在时空立方体中识别模式并查询数据。

创建时空立方体后,使用这些分析工具来对立方体中聚合数据进行深入了解。"新兴时空热点分析"工具将立方体用作输入,并标识随着时间发展的、在统计上显著的热点和冷点趋势。可以使用此工具来分析犯罪或疾病暴发数据,从而以不同的时间步长间隔查找新的、加强的、持续的或分散的热点模式。"局部异常值分析"工具将立方体用作输入,以识别高值或低值的统计显著性聚类,以及值与时空相邻异常值存在统计差异的异常值。"时间序列聚类"工具用于将时空立方体中的位置划分为不同的聚类,其中每个聚类的成员具有的时间序列特征均类似。"变化点检测"工具检测每个位置的时间步长,这些位置时间序列的平均值、标准差或斜率从一个值变为另一个值。

13.3.1 变化点检测

在时空立方体的每个位置的时间序列的统计属性发生变化时检测时间步长。"变化点检测"对话框如图 13.6 所示。

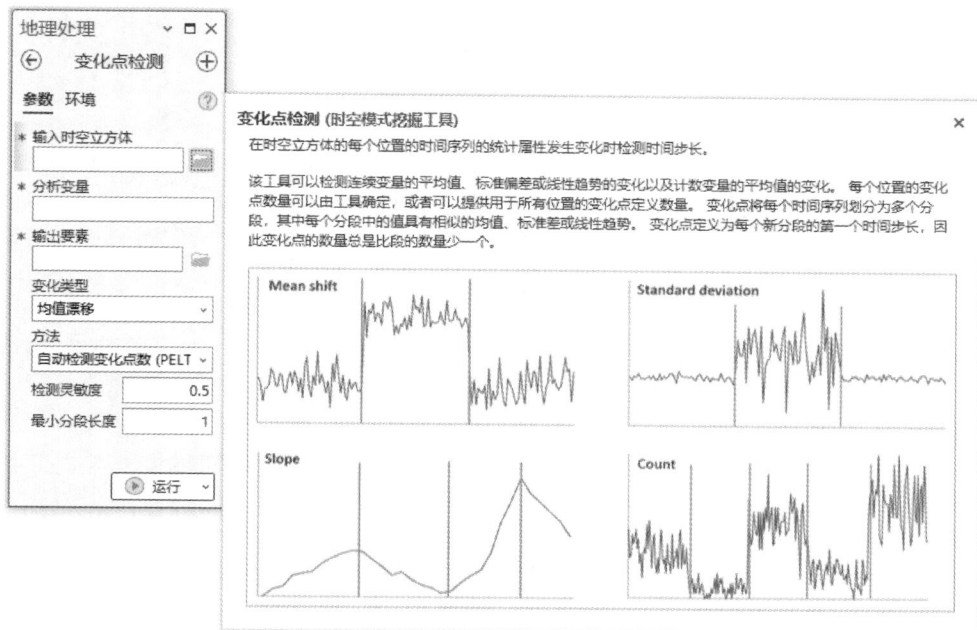

图 13.6 "变化点检测"对话框

该工具可以检测连续变量的平均值、标准偏差或线性趋势的变化以及计数变量的平均值的变化。每个位置的变化点数量可以由工具确定,或者可以提供用于所有位置的变化点定义数量。变化点将每个时间序列划分为多个分段,其中每个分段中的值具有相似的均值、标准差或线性趋势。变化点定义为每个新分段的第一个时间步长,因此变化点的数量总是比分段的数量少一个。

将"方法"参数设置为"自动检测变化点数"时,将使用"检测灵敏度"参数来控制检测的灵敏度。灵敏度越高,每个位置的变化点就越多。灵敏度的选择对分析结果至关重要,建议尝试多个值并比较结果。

"输出要素"参数值将添加到"内容"窗格,并根据在每个位置检测到的变化点数量以及第一个和最后一个变化点的日期字段进行渲染。要素的弹出窗口包括一个折线图,用以显示时间序列值、变化点以及每个变化点分段的均值或标准差的估算值。

13.3.2 新兴时空热点分析

"新兴时空热点分析"工具可识别数据趋势,包含新增的、连续的、加强的、持续的、逐渐减少的、分散的、振荡的以及历史的热点和冷点。"新兴时空热点分析"对话框如图 13.7 所示。

该工具将时空 netCDF 立方体作为输入,该立方体由时空模式挖掘工具箱中的各种工具创建。然后,使用提供的空间关系的概念化值,通过 FDR 校正来计算每个条柱的 Getis-Ord Gi^* 统计。完成时空热点分析后,输入 netCDF 立方体中的每个条柱都有关联的 Z 得分值、p 值和已添加的热点条柱分类。接着,使用 Mann-Kendall 趋势测试来评估这些热点和冷点趋势。根据每个数据的位置生成趋势 Z 得分值和 p 值以及每个条柱的热点 Z 得分值和 p 值。

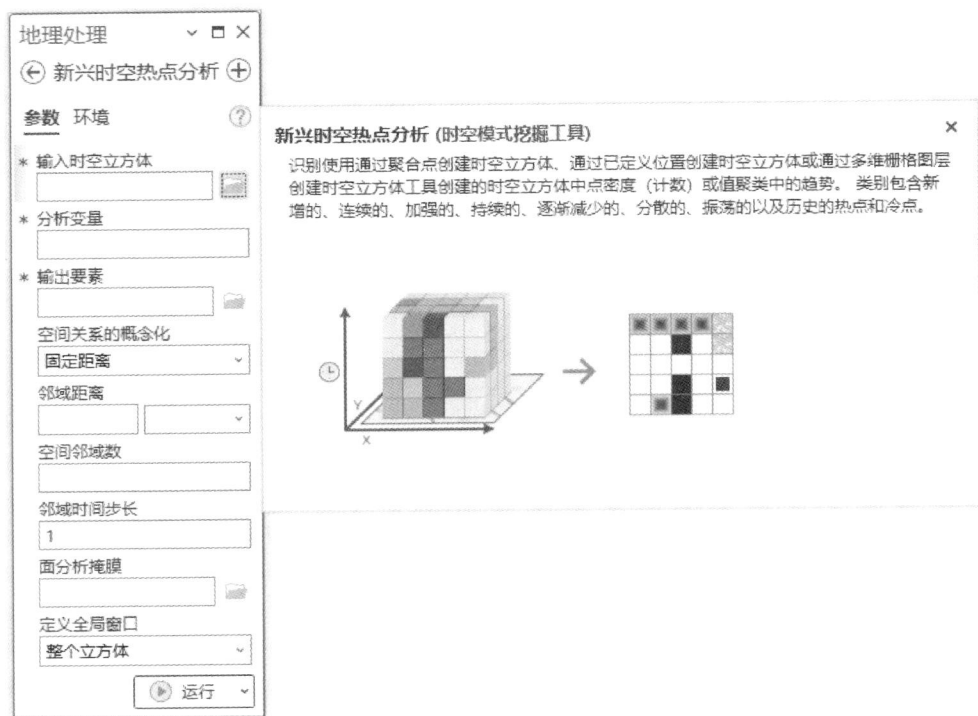

图 13.7 "新兴时空热点分析"对话框

面分析掩膜要素图层可能包括一个或多个定义分析研究区域的面,这些面将指出点要素可能发生的位置,还应该排除不可能存在点的区域。

通过运行"新兴时空热点分析"工具可将一些分析结果添加到 netCDF 输入时空立方体中,并可执行如下 3 个分析。

(1) 对相邻条柱前后环境内的每个条柱进行分析来测量高值和低值聚类的密集程度。此分析的结果为时空立方体中每个立方图格的 Z 得分值、p 值和分组类别。

(2) 使用 Mann-Kendall 统计来评估分析位置的 Z 得分值的时间序列。此分析的结果为聚类趋势 Z 得分值、p 值和每个位置的分组类别。

(3) 使用 Mann-Kendall 统计来评估分析位置的值的时间序列。此分析的结果为趋势 Z 得分值、p 值和每个位置的分组类别。

13.3.3 局部异常值分析

"局部异常值分析"工具可确定数据中的显著聚类和异常值。"局部异常值分析"对话框如图 13.8 所示。

此工具可查找到研究区域内空间与时间上均与其邻域存在统计差异的位置,其将使用"通过聚合点创建时空立方体"工具或"通过已定义位置创建时空立方体"工具创建的时空 netCDF 立方体作为输入。然后,此工具将使用空间关系的概念化值计算各条柱的 Anselin Local Moran's I 统计时空实现。要执行此操作,该工具需要计算出 Local Moran's I 指数、伪 p 值和类型编码(CO_TYPE),此类型编码用于表示输入时空立方体中各统计显著性条柱的聚类或异常值类别类型。伪 p 值表示计算出的指数值的统计显著性,其精度取决于排列的数量。

该工具的潜在应用情景如下。

(1) 研究区域中是否存在具有异常消费模式的位置?

(2) 该研究区域内是否经历过疾病暴发率异常高的时期?

(3) 是否存在居民用水量明显高于其邻域的城郊区域或者查找用水量始终较少的城郊区域,以便制定节约用水的最佳实践方案。

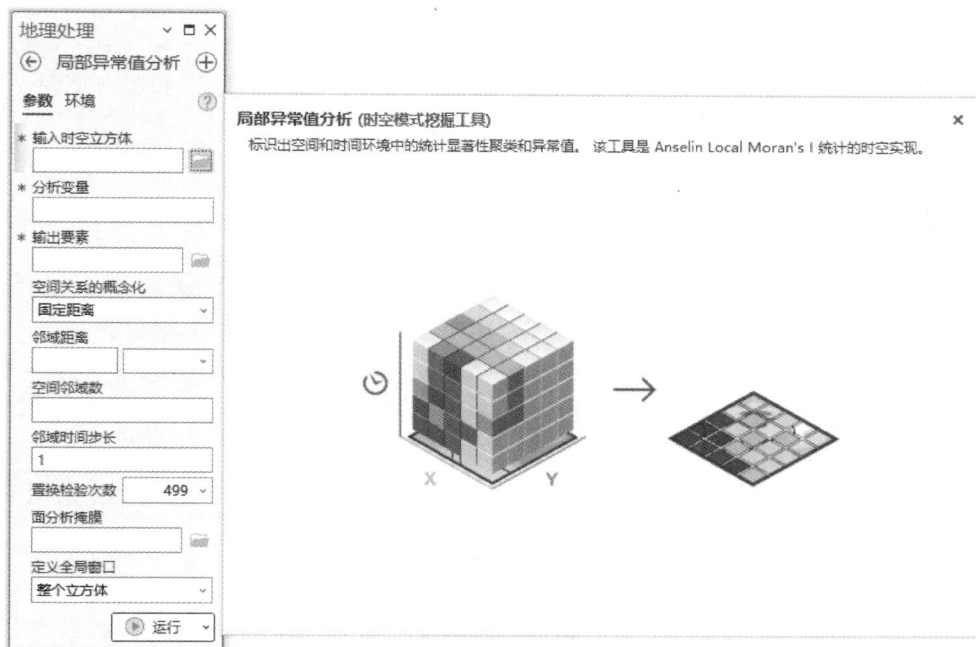

图 13.8 "局部异常值分析"对话框

（4）研究区域内是否存在上个月保险索赔申请数量显著增多的位置？

13.3.4 时间序列聚类

"时间序列聚类"工具可标识时空立方体中最为相似的位置，并将这些位置划分为不同的聚类，其中每个聚类的成员具有的时间序列特征均相似。该工具可以对时间序列进行聚类，使其在时间范围内具有相似值、在时间范围内保持比例或者在时间范围内显示相似的平滑周期模式。"时间序列聚类"对话框如图 13.9 所示。

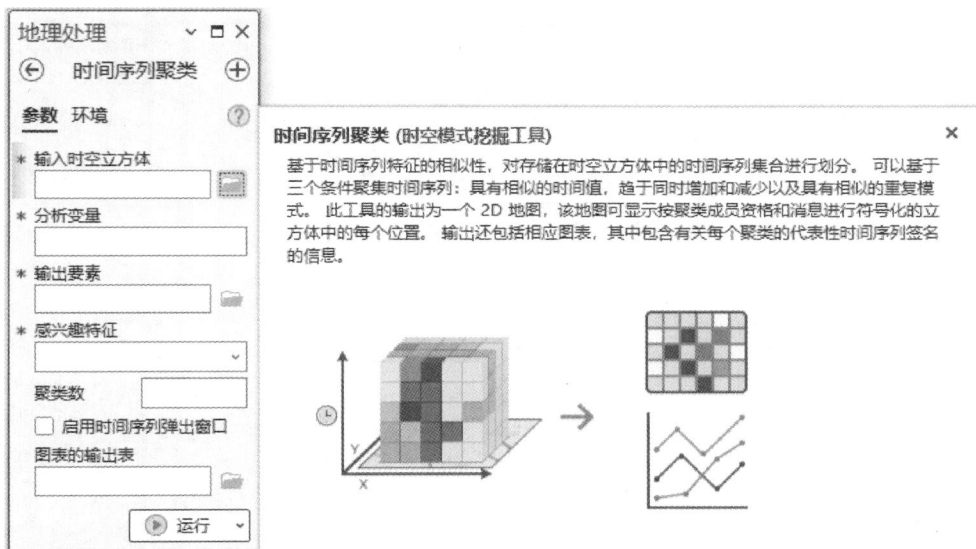

图 13.9 "时间序列聚类"对话框

该工具将生成一个 2D 要素类，其中显示了由其聚类成员资格符号化的立方体的每个位置以及信息性消息，或者使用"图表的输出表"参数和勾选"启用时间序列弹出窗口"复选框来创建图表，该图表将显示每个聚类的代表性时间序列以及时空立方体每个位置的时间序列。

由于此工具算法将随机选择初始种子来发展聚类，因此分配给位置的聚类 ID 在这次运行与下次运行中可能并不相同。如果使用相同的参数重新运行该工具,聚类结果会发生显著变化,请考虑更改"聚类数"参数值。

"感兴趣特征"参数用于指定时间序列的特征,确定其应聚集在一起的位置。相关选项含义如下。

(1)值:时间值相似的位置将聚集在一起。

(2)轮廓(相关性):值趋于同时按比例增加和减少的位置将聚集在一起。

(3)轮廓(傅里叶):值具有相似的平滑周期性模式的位置将聚集在一起。

该工具的潜在应用情景如下。

(1)一位分析人员创建了一个时空立方体来表示多年的 110 呼叫,并且将"时间序列聚类"工具和"感兴趣特征"参数选项配合使用以确定具有相似呼叫量的邻域。

(2)大型零售商可能会将此工具与"轮廓(相关性)"配合使用作为"感兴趣特征"参数以查找具有相似购买模式的商店。例如,此工具可帮助用户区分销售额在圣诞节期间增加而在圣诞节之后减少的商店与没有此模式的商店,此外还可以使用此类信息帮助零售商预测需求和确保商店拥有足够的库存。

(3)人口统计学家可以使用该工具根据时间序列的值和轮廓评估人口增长模式相似的国家/地区。

13.4 时间序列预测

"时间序列预测"工具集中的工具可用来预测和估计时空立方体中位置的未来值,以及评估和比较每个位置的预测模型。可使用的多种时间序列预测模型包括曲线拟合、按位置评估、指数平滑以及基于森林的预测。

13.4.1 曲线拟合预测

通过曲线拟合来预测时空立方体每个位置的值。"曲线拟合预测"对话框如图 13.10 所示。

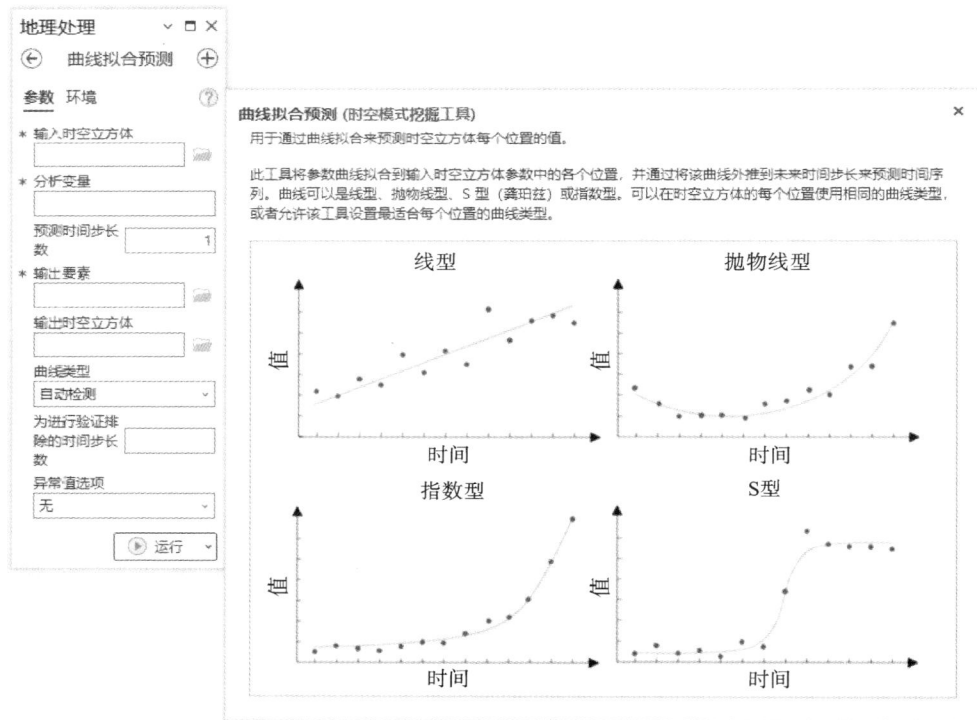

图 13.10 "曲线拟合预测"对话框

此工具将参数曲线拟合到"输入时空立方体"参数中的各个位置,并通过将该曲线外推到未来时间步长来预测时间序列。曲线可以是线型、抛物线型、S 型(龚珀兹)或指数型。可以在时空立方体的每个位置使用相同的曲线类型,或者允许该工具设置最适合每个位置的曲线类型。

对于"输入时空立方体"参数中的每个位置,该工具会构建如下两个用于不同目的的模型。

(1)预测模型:通过曲线拟合得到时间序列的值,并将曲线外推到未来时间步长,来预测时空立方体的值。预测模型与时空立方体的值的拟合度将通过"预测均方根误差"值进行度量。

(2)验证模型:此模型用于验证预测模型并测试其预测值的准确性。如果"为进行验证排除的时间步长数"参数指定了大于0的数字,则此模型将拟合到包含的时间步长并用于预测已排除的时间步长值,这将允许查看模型预测值的准确程度。预测值与排除值的拟合度将通过"验证均方根误差"值进行度量。

13.4.2 按位置评估预测

用于在多个预测结果中为时空立方体的每个位置选择最准确的结果,从而可以在具有相同时间序列数据的时间序列预测工具集中使用多个工具,并为每个位置选择最佳预测。"按位置评估预测"对话框如图13.11所示。

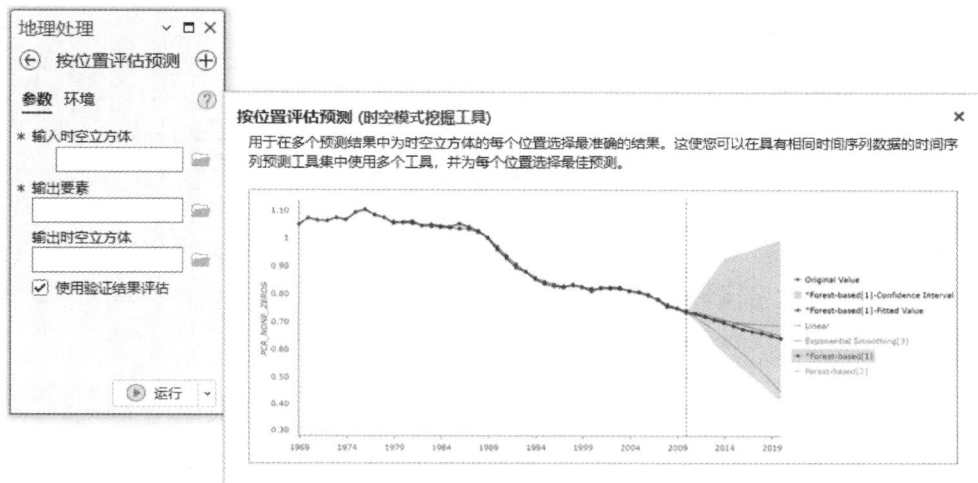

图 13.11 "按位置评估预测"对话框

"输入时空立方体"参数中提供的所有时空立方体必须由使用相同输入时空立方体的时间序列预测工具集中的工具进行创建。

对于每个位置,此工具都会提供最小验证或预测均方根误差(RMSE)的方法。如果在每个位置使用单一方法与逐个位置使用不同方法的准确性几乎相同,则精简原则表明应对所有位置优先使用单一预测方法。

如果任何输入的预测时空立方体表示基于森林的方法,则建议保持"使用验证结果评估"复选框处于选中状态。因为此类方法在预测值时,通常准确性不如其他方法。

如果未勾选"使用验证结果评估"复选框,则将使用 Diebold-Mariano(DM)、Harvey、Leybourne 和 Newbold(HLN)测试比较每个位置的选定方法和其他方法。

使用"浏览"工具单击要素将在弹出窗格中显示一个折线图,图中会显示该时空立方体的值以及每种预测方法的预测值,在该位置选择的预测方法将在该图表中突出显示。

13.4.3 指数平滑预测

通过将各位置立方体的时间序列分解为季节和趋势分量,使用霍尔特-温特指数平滑方法来预测时空立方体中各位置的值。"指数平滑预测"对话框如图13.12所示。

此工具常用于预测趋势平缓且季节性行为强烈的数据。对于趋势随时间逐渐变化并遵循一致季节性模式的数据,此模型最为有效。

"异常值选项"参数可检测每个位置的时间序列值中具有统计意义的异常值。

图 13.12　"指数平滑预测"对话框

13.4.4　基于森林的预测

使用随机森林算法的改编来预测时空立方体的每个位置的值,这是一种监督机器学习方法。使用时空立方体的每个位置上的时间窗口来对森林回归模型进行训练。"基于森林的预测"对话框如图 13.13 所示。

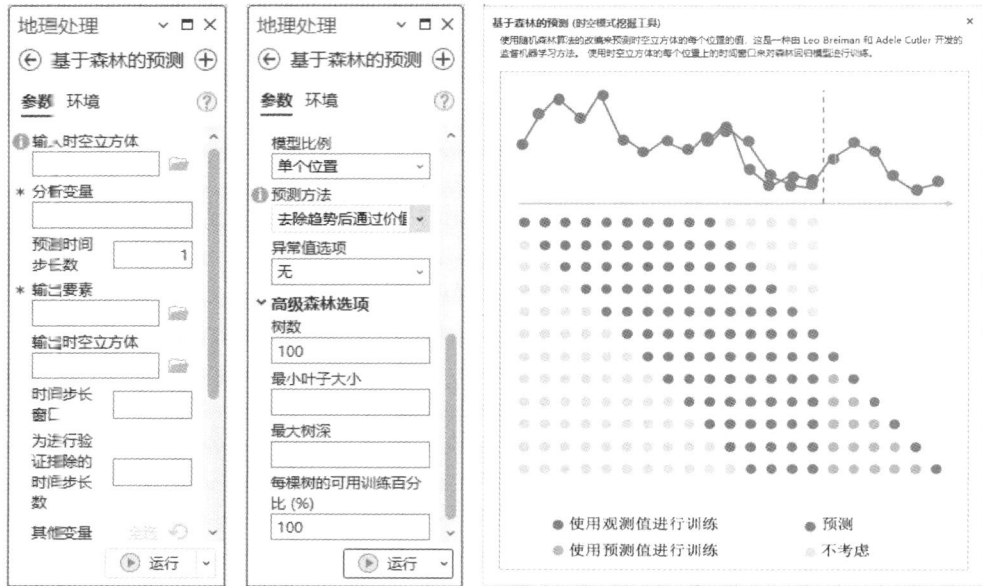

图 13.13　"基于森林的预测"对话框

此工具最复杂,但包含的数据假设最少。对于形状和趋势复杂、难以使用简单的数学函数进行建模的时间序列,或者在不满足其他方法的假设时,建议使用此方法。如果时空立方体具有与正在预测的变量相关的其他变量,也建议执行此操作。这些变量可以作为解释变量以改进预测。

此工具是唯一允许在不同地理范围内构建模型的预测工具,无须在时空立方体的每个位置构建独立的预测模型,允许构建将每个位置用作训练数据的单个全局预测模型。如果输入时空立方体的任意变量都有时间序列聚类结果,也可以为每个聚类建立不同的预测模型。

如果"异常值选项"参数选择为"识别异常值"选项,建议为"时间步长窗口"参数提供一个值,而不是将该参数留空,并在每个位置估算一个不同的时间步长窗口。

13.5 实用工具

"实用工具"工具集包含在创建时空立方体之前对时空立方体和数据集执行数据转换任务的工具。使用这些工具填充数据中的缺失值、空间或时间子集立方体，描述立方体属性。

13.5.1 描述时空立方体

汇总时空立方体的内容和特征。该工具描述了时空立方体的时间和空间范围、时空立方体中的变量、对每个变量执行的分析以及每个变量可用的 2D 和 3D 显示主题。"描述时空立方体"对话框如图 13.14 所示。

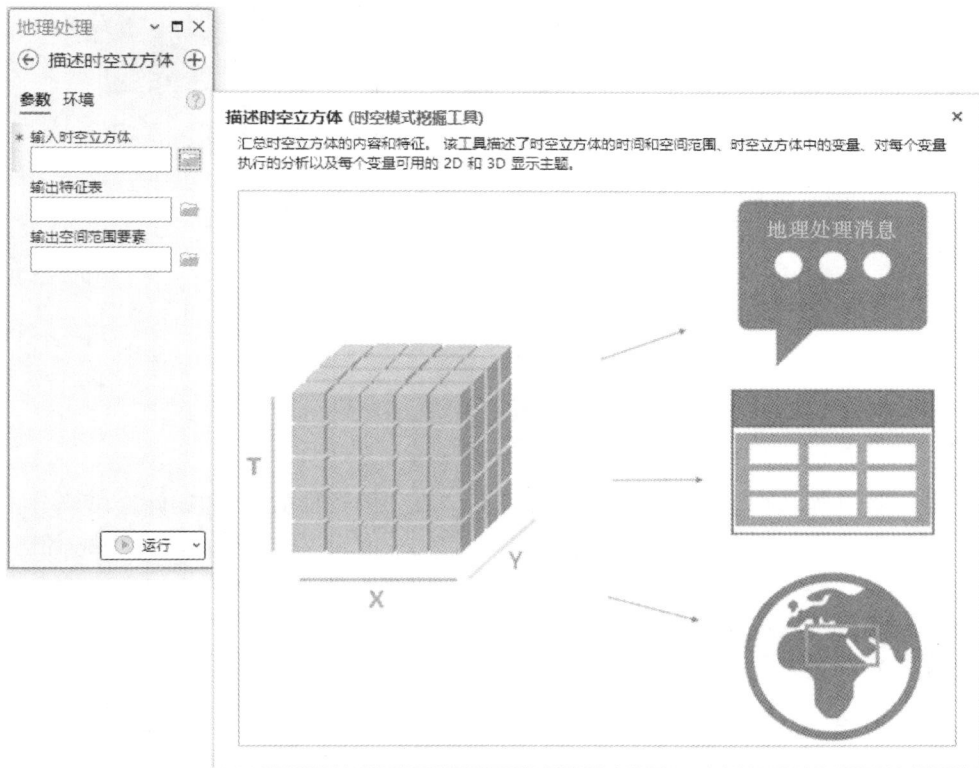

图 13.14 "描述时空立方体"对话框

此工具接受由"时空模式挖掘"工具箱中的各种工具创建的 netCDF 文件输入。

地理处理消息描述了输入时空立方体的特征和内容，可将鼠标悬停在进度条上，单击【弹出】按钮或展开"地理处理"窗格中的消息部分来访问消息。

该工具的潜在应用情景如下。

（1）确定时空立方体的时间和几何：有助于为"时空模式分析"工具集和"时间序列预测"工具集中的工具选择适当的参数。

（2）查看在时空立方体上执行的分析历史记录：可调节"在 2D 模式下显示时空立方体"工具和"在 3D 模式下显示时空立方体"工具中相关的"显示主题"参数选项。

13.5.2 填充缺失值

用于将缺失值（空值）替换为基于空间邻域、时空邻域、时间序列或全局统计数据值的估算值。"填充缺失值"对话框如图 13.15 所示。

"填充缺失值"工具将使用估计值来替换缺失值（空值），从而使这些空值对后续分析的影响降至最低。如果要素缺失一个或多个值，则大多数统计方法将默认从分析中删除该要素，但以这种方式删除要素可能

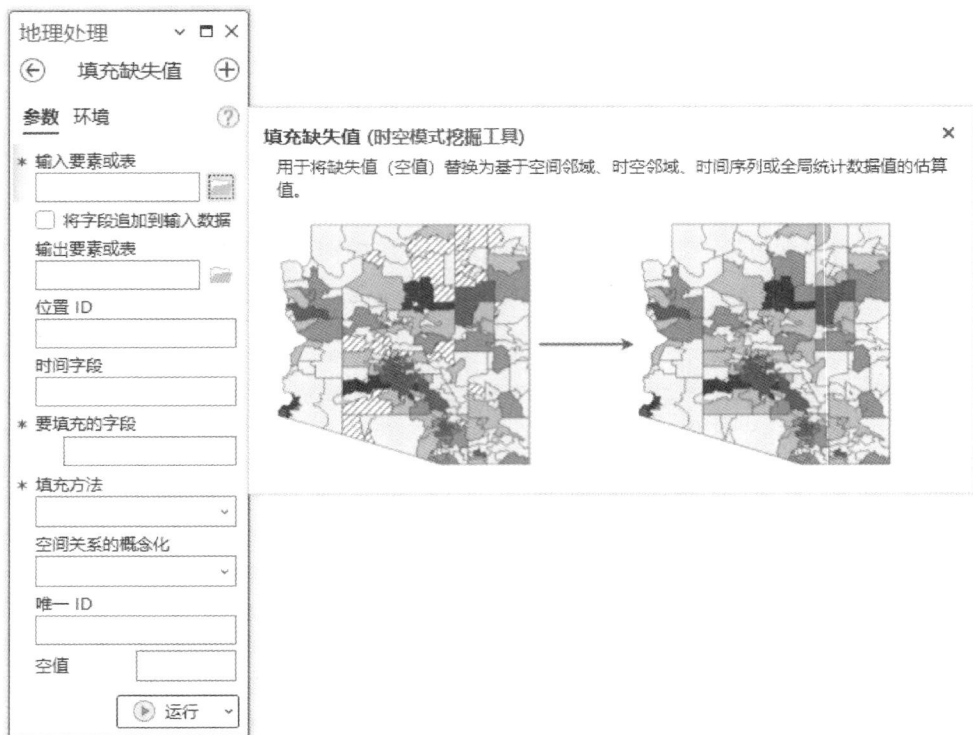

图 13.15 "填充缺失值"对话框

会引入偏差或影响结果的适用性,因为其分析运行在不完整的数据集上。

可以使用数据集或其他数据集中的其他信息来"填充"缺失的数据值,而非删除会影响分析或导致地图中生成间隙的有价值的数据。对于空间数据,可以使用空间中相邻要素的值来估算缺失值。对于时空数据,也可以使用时间邻域来填充缺失值。对于非空间数据,可以使用包含缺失值的字段的全局统计数据来填充缺失值。估算和填充缺失值将保留现有值,并根据所选方法来替换空值。填充缺失值后,可将数据集作为完整的数据集进行分析。

13.5.3 子集时空立方体

按空间或时间对时空立方体进行子集化。"子集时空立方体"对话框如图 13.16 所示。

该工具输出满足所选子集方法标准的输入时空立方体的位置和图格,可以通过要素、范围或另一个时空立方体的位置对时空立方体进行空间子集化,还可以按时间跨度、另一个时空立方体的时间范围或从时空立方体的开头或结尾移除时间步长,对时空立方体进行时间子集化。输出的时空立方体将包括由"时空立方体创建"工具集中的工具创建的所有变量。

应用空间子集不会修改任何时空立方体位置的几何形状。根据选择的空间子集标准,每个位置要么包含在输出时空立方体中,要么从输出时空立方体中排除。

应用时间子集不会更改时空立方体中的时间步长间隔或图格的时间范围。根据选择的时间子集标准,每个图格要么包含在输出时空立方体中,要么从输出时空立方体中排除。

如果时空立方体是时间子集,则输出时空立方体必须包含至少 10 个时间步长才能运行此工具。

该工具的潜在应用情景如下。

(1) 使用非洲的要素类对包含全球数据的时空立方体进行空间子集化。

(2) 使用包含加利福尼亚州数据的时空立方体对包含整个美国数据的时空立方体进行空间子集化。

(3) 应用时间子集从时空立方体的开头或结尾移除任何时间步长,其中许多图格的计数为零。

(4) 应用时间子集从时空立方体中移除预测结果,然后在时空立方体上使用"时间序列预测"工具集中的工具。

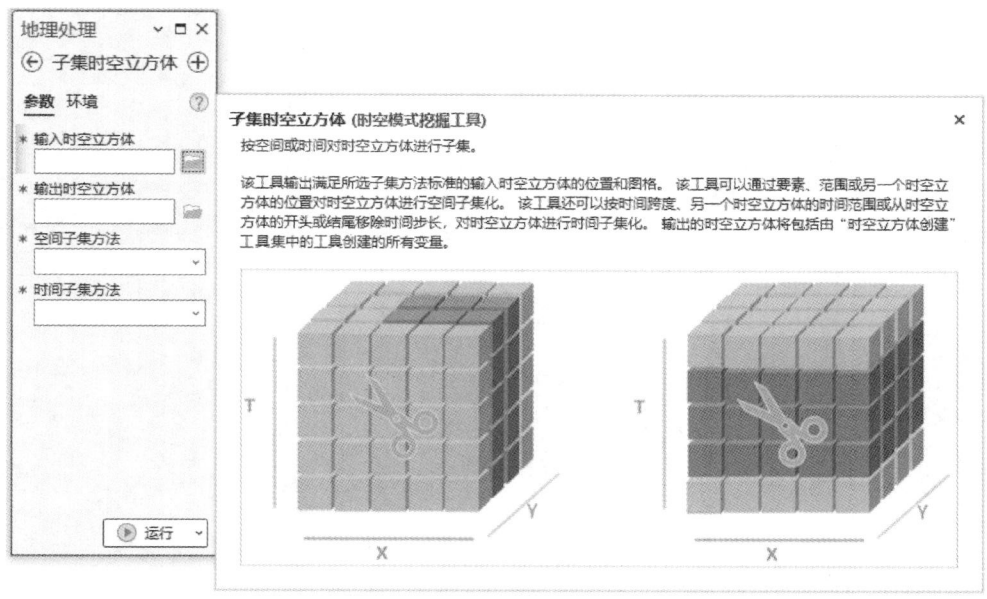

图 13.16 "子集时空立方体"对话框

第三篇　ArcGIS Pro 应用实例

第 14 章 浙江省传统村落空间分布特征和规律

14.1 数据库构建

14.1.1 新建文件地理数据库

在"地理处理"窗格上端检索栏中输入"文件地理数据库",查找到"创建文件地理数据库",双击打开这个工具,填写和选择正确参数,如图 14.1 所示。

点击【运行】按钮,生成新的文件数据库"浙江国家级传统村落数据集.geodatabase",保存在 ArcGIS Pro 练习文件夹中,以便存储本练习的多个要素数据。

14.1.2 X、Y 坐标生成点

使用"XY 表转点"工具,把浙江省新增的第六批国家级传统村落的表文件生成 GIS 点要素文件。

打开"地理处理"窗格中的"XY 表转点"工具,添加 XY 表文件"浙江省传统村落名录(第六批).csv",输出要素类保存为"浙江国家级传统村落数据集.geodatabase/浙江省传统村落名录第六批_WGS_1984"。为 X 字段、Y 字段选择经度和纬度,坐标系为 GCS_WGS_1984。单击【运行】按钮。新生成的点要素文件,直接添加到当前地图窗口中。XY 表转点相关参数设置如图 14.2 所示。

图 14.1 创建文件地理数据库相关参数设置　　　　图 14.2 XY 表转点相关参数设置

14.1.3 向文件地理数据库中转存新文件

把已经存在的要素类 shapefile 文件"浙江传统村落 1234 批 Albers"转存到"浙江国家级传统村落 DATA.gdb"中。把已有要素类文件进行格式转换和转存到数据库中,这是构建地理数据库的常用方法。

在"地理处理"窗格中搜索工具"导出要素",单击打开。在输入要素栏,选择 shapefile 文件"浙江传统村落 1234 批 Albers",在输出要素类栏保存文件到"浙江国家级传统村落 DATA.gdb"中,录入文件名"浙江传统村落 1234 批_Albers"。单击【运行】按钮。文件生成后,自动添加到当前地图窗口中。导出要素相关参数

设置如图 14.3 所示。

14.1.4 投影坐标转换

把新生成的第六批传统村落点文件的经纬度坐标转换成平面直角坐标。投影相关参数设置如图 14.4 所示。

图 14.3 导出要素相关参数设置　　　　图 14.4 投影相关参数设置

打开"地理处理"窗格,查找"投影"工具,双击打开此工具。在输入数据集或要素类中添加文件"浙江省传统村落名录第六批_WGS_1984"。在输出数据集或要素类中找到保存路径,录入文件名"浙江省传统村落 DATA.gdb\浙江省传统村落名录第六批_Albers"。在输出坐标系栏,单击下拉箭头,选择文件"浙江传统村落 1234 批_Albers",以选择此文件的坐标系"WGS_1984_Albers"。单击【运行】按钮。

用同样的投影工具,把 shapefile 格式的要素文件"浙江省省县区边界 WGS_1984",从经纬度坐标转为平面直角坐标 WGS_1984_Albers,并保存到"浙江国家级传统村落 DATA.gdb"中,文件名为"浙江省省县区边界 WGS_1984_Albers"。

14.2 传统村落数量统计

14.2.1 按属性选择图层,查询浙江省第六批传统村落共有多少个

首先,在目录表中选择标签"计算机",找到文件数据库"浙江国家级传统村落 DATA.gdb",把要素类"浙江省传统村落名录 1_6 批_WGS_1984_Albers"拖拉至地图窗口中。

在"地理处理"窗格中搜索工具"按属性选择图层",单击打开工具。在输入行加载"浙江省传统村落名录 1_6 批_WGS_1984_Albers",在 Where 栏选择"Batch 字段",等于 6。点击【运行】按钮。在地图窗口中,被选中的传统村落呈高亮显示。在窗口的右下角有结果信息"所选要素:65"。

在"地理处理"窗格底端有提示"查看详细信息",鼠标放在其上,就会显示结果。

如果要确定金华市第六批传统村落有多少个,则需要添加一个子句"City 等于金华市"。单击【运行】按钮。结果显示"所选要素:14"。在地图窗口中,选中的传统村落高亮显示。

14.2.2 统计全市地级市的六个批次各有多少个传统村落

在"地理处理"窗格中搜索工具"添加字段",单击打开工具,为"浙江省传统村落名录 1_6 批_WGS_1984_Albers"添加新字段,参数设置如图 14.5 所示,单击【运行】按钮。

同样,在"地理处理"窗格中打开工具"计算字段(数据管理工具)"。也可以在"内容"窗格中单击图层

"浙江省传统村落名录 1_6 批_WGS_1984_Albers"，按快捷键【Ctrl＋T】，打开属性表。找到 Count 字段右击，在弹出的右键菜单中选择"计算字段"。

打开"计算字段"工具对话框，在 Count 栏输入 1，从而把 Count 字段全部赋值为 1。计算字段相关参数设置如图 14.6 所示。

图 14.5　添加字段相关参数设置

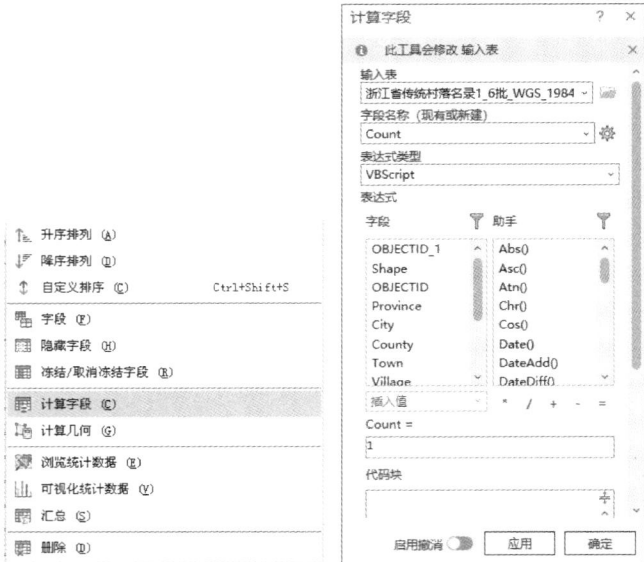

图 14.6　计算字段相关参数设置

计算浙江省每个地级市六个批次的传统村落数量，将使用 2 个工具：频数、数据透视表。

在"地理处理"窗格中搜索工具"频数"，单击打开工具。在输入表栏中添加文件"浙江省传统村落名录1_6 批_WGS_1984_Albers"，输出表中添加文件"浙江省传统村落名录 1_6 批_WGS_Frequency"，输入字段：City；频数字段：City，Batch；汇总字段：Cout。点击【运行】按钮，得到频数统计结果。频数相关参数设置如图 14.7 所示。

图 14.7　频数相关参数设置

注意:计算频数时输入字段、透视表字段和值字段参数值的组合必须唯一。可以使用频率工具以确定组合是否唯一。当然,可以把生成的频数表作为输入表,用来生成数据透视表。

然后,在"地理处理"窗格中搜索工具"数据透视表",单击打开工具,在对话框中输入以下参数。

(1) 输入表:⋯\浙江省传统村落名录 1_6 批_WGS_Frequency。

(2) 输入字段:City;透视表字段:Batch;值字段:Count。

(3) 输出表:⋯\浙江省传统村落名录 1_6 批_WGS_PivotTable。

点击【运行】按钮,生成透视表。数据透视表相关参数设置如图 14.8 所示。

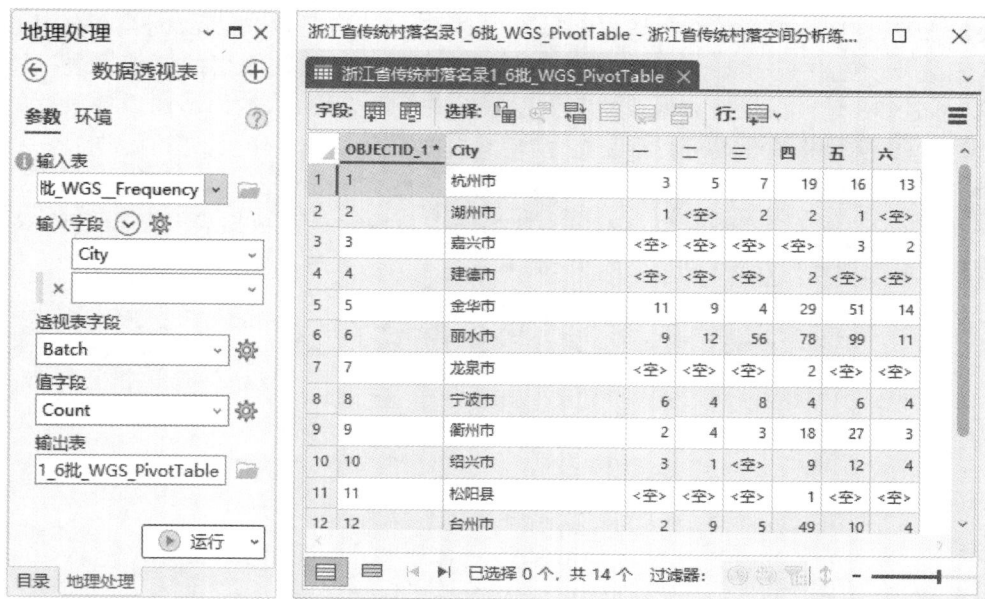

图 14.8　数据透视表相关参数设置

14.3　数据工程

本节将以钱塘江流域第 1~6 批国家级传统村落数据为例,介绍"数据工程"工具的使用。"数据工程"工具是用于探索、可视化、清理和准备数据的工具合集。在多数空间分析和映射工作流中,使用"数据工程"工具对数据进行整理是必要前提。

14.3.1　功能简介

"数据工程"工具的数据处理对象为矢量数据,其位于 ArcGIS Pro 操作面板上方的分析工作栏的工作流部分中(见图 14.9)。当在 ArcGIS Pro 界面中置入带有属性表的矢量数据后,"数据工程"图标将会亮起,代表其可以使用。

图 14.9　数据工程位置

当点击"数据工程"图标后,上方工具栏会弹出"数据工程"工具的操作栏(见图 14.10)。在"数据工程"工具的操作栏中,共有 4 个模块的工具:数据、选择、工具及空间。

数据模块包含"字段"和"属性"表两个功能。点击"字段"将在下方的操作栏中显示当前图层或独立表的字段视图;点击"属性表"则会在下方的操作栏中显示当前图层或独立表的属性表。

在选择模块中,不同的图标对应的是不同性质的选择功能,可以按照功能指示,在地图中选取出自己所

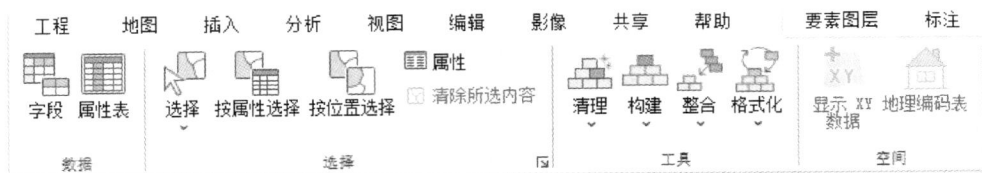

图 14.10　数据工程的工具操作栏

需要的内容,进行下一步的操作。

工具模块包含"清理""构建""整合""格式化"4个工具集。"清理"工具集可以对当前矢量数据图层的属性表进行数据删减及地理坐标转换;"构建"工具集可以对当前矢量数据图层的属性表进行增加数据;"整合"工具集可以对多个数量数据依据数据或空间上的联系进行融合叠加,输出新的属性表及矢量图层;"格式化"工具集则可以将字段格式化或进行重新整理,使其更加符合 GIS 工作流的数据需求。

空间模块中所包含的两个工具则能够对矢量数据进行一些空间处理。

而在操作界面的下方,则会有操作窗口弹出。此操作窗口中会显示数据表及字段信息,对数据进行的相关操作也将即时反应在此操作窗口中(见图 14.11)。

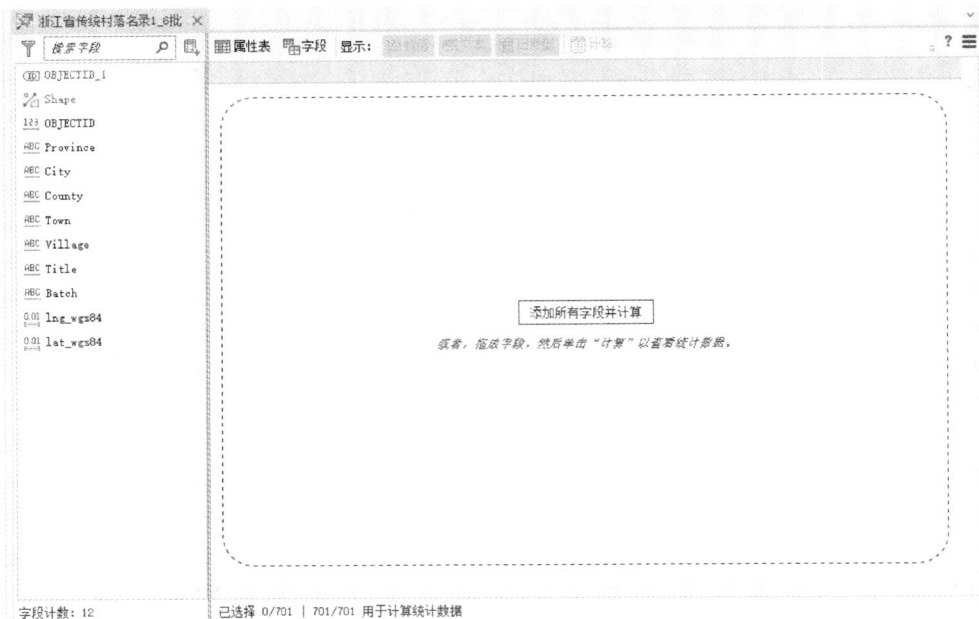

图 14.11　数据工程操作窗口

14.3.2　工具模块重点工具讲解

本小节将使用钱塘江流域第 1～6 批国家级传统村落数据进行数据整理的操作演示,围绕浙江省各地级市人口密度求解并可视化的问题,重点讲解构建及整合两个工具集中的实用功能。

在内容栏中选中"浙江省地级市边界 Albers"图层,在上方工具栏的分析模块中点击亮起的"数据工程"图标,再点击"属性表",视图下方的操作栏便会弹出该图层的属性表,如图 14.12 所示。"浙江省地级市边界 Albers"图层的属性表只有 3 个字段,而在后续的人口密度可视化分析中,所需的数据不止于此,因此需要使用"数据工程"中的工具对该数据进行前置处理,使得数据能够使用。

1.　添加字段

若要计算人口密度,则在属性表中至少要有区域面积、人口(万人)、人口密度 3 个字段才能够进行信息填充以及后续计算。因此,使用"添加字段"工具将 3 个字段依次添加,"添加字段"对话框如图 14.13 所示。在添加字段的对话框中输入字段名称,由于面积、人口(万人)、人口密度的三个数值都是有可能会出现小数数值的情况,因此数据类型选择为浮点型,在字段小数位数一栏中输入希望该字段保留的小数位数,点击

图 14.12　"浙江省地级市边界 Albers"图层现状属性表

【应用】按钮即可创建新的字段。创建后该图层的字段情况如图 14.14 所示。

2. 计算几何属性

面积字段创建完成后,使用"计算几何属性"工具对各个地级市的面积进行计算。"计算几何属性"工具位于数据工程页面下的"建构"工具集中。在几何属性的字段框中,选择在上一步中创建的面积字段,则计算结果将会填充至该字段。在属性一栏中选择"Area",其中文翻译为"面积",代表所计算的值为面积,在跳出的面积计算框中选择需要计算的单位,全部选择之后,点击【应用】按钮,属性表中的面积一栏则将填充出面积数据。计算几何属性相关参数设置如图 14.15 所示。面积计算完成后的属性表如图 14.16 所示。

3. 连接字段

面积计算完成后,继续在现有数据中查找其他所需数据,发现文件"浙江省地级市信息.xlsx"中有各地级市的人口数据,但现有属性表中并没有地级市的名称,只有各地级市的代码,无法将其与文件"浙江省地级市信息.xlsx"中的数据对应。再查找其他矢量图层的属性表,发现"浙江省县区边界 Albers"图层中不仅有各地级市的代码,还有各个代码对应的地级市名称信息。此时即可使用"连接字段"工具,将地级市名称的信息连接进"浙江省地级市边界 Albers"图层。连接字段相关参数设置 1 如图 14.17 所示。

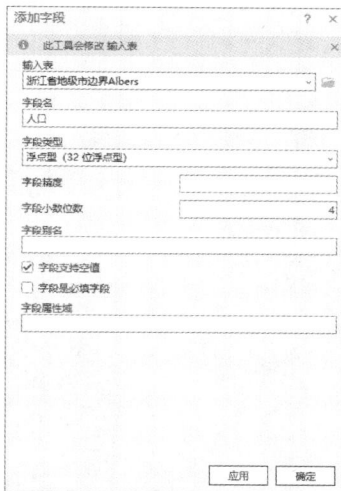

图 14.13　"添加字段"对话框

图 14.14　字段情况

"连接字段"工具位于数据工程页面下的"整合"工具集中。输入表指需要被输入新字段的图层,因此选择"浙江省地级市边界 Albers"图层;连接表指进行字段信息输出的字段,因此选择"浙江省县区边界 Albers"图层;输入字段和连接字段指两个属性表中的有相同内容可以提供连接依据的字段,在"浙江省县区边界 Albers"的属性表中,"地级市 c"的属性栏中的内容为各地级市,"浙江省地级市边界 Albers"的属性表中,"地级市 c"的属性栏中的内容也为各地级市,因此上述两个字段为两个矢量数据相重合的部分,能够为

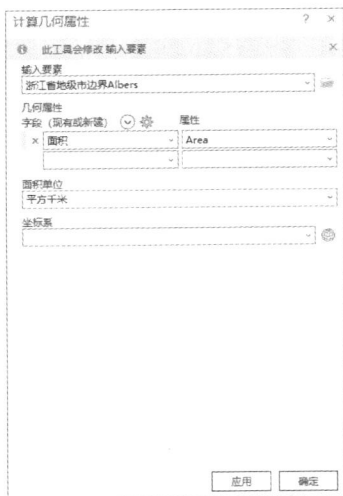

图 14.15　计算几何属性相关参数设置

	OBJECTID *	Shape *	地级市c	面积	人口	人口密度
1	1	面	3301	16876.99	<空>	<空>
2	2	面	3302	9285.362	<空>	<空>
3	274	面	3303	11467.92	<空>	<空>
4	487	面	3304	4912.069	<空>	<空>
5	488	面	3305	5831.089	<空>	<空>
6	489	面	3306	8277.11	<空>	<空>
7	490	面	3307	10921.56	<空>	<空>
8	491	面	3308	8844.783	<空>	<空>
9	492	面	3309	1277.149	<空>	<空>
10	1158	面	3310	9499.855	<空>	<空>
11	1375	面	3311	17264.34	<空>	<空>
	单击以添加新行。					

图 14.16　面积计算完成后的属性表

连接字段提供依据；传输字段则指需要新加入的字段，在本次操作中，需要加入的是各代码对应的地级市的名称，因此选择含有各地级市名称的“所属地”字段。各个框格填写完毕后，点击【应用】按钮，即可进行字段连接。连接字段后的属性表 1 如图 14.18 所示。

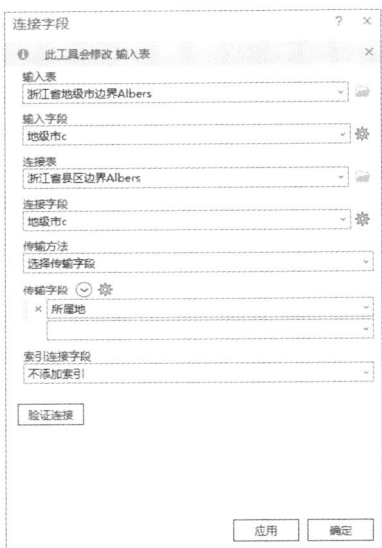

图 14.17　连接字段相关参数设置 1

	OBJECTID *	Shape *	地级市c	面积	人口	人口密度	所属地
1	1	面	3301	16876.99	<空>	<空>	杭州市
2	2	面	3302	9285.362	<空>	<空>	宁波市
3	274	面	3303	11467.92	<空>	<空>	温州市
4	487	面	3304	4912.069	<空>	<空>	嘉兴市
5	488	面	3305	5831.089	<空>	<空>	湖州市
6	489	面	3306	8277.11	<空>	<空>	绍兴市
7	490	面	3307	10921.56	<空>	<空>	金华市
8	491	面	3308	8844.783	<空>	<空>	衢州市
9	492	面	3309	1277.149	<空>	<空>	舟山市
10	1158	面	3310	9499.855	<空>	<空>	台州市
11	1375	面	3311	17264.34	<空>	<空>	丽水市
	单击以添加新行。						

图 14.18　连接字段后的属性表 1

现有属性表在经过上述操作后，已有各地级市名称，能够与“浙江省地级市信息.xlsx”中的数据对应，虽然数据仅有 11 个，但手动输入进数据表仍较为麻烦且容易出错，因此可继续使用“连接字段”工具，将外部的数据信息添加进现有的矢量数据中。重复上述步骤，使用“连接字段”工具，将连接表改为“浙江省地级市信息.csv”，即可进行连接字段。连接字段相关参数设置 2 如图 14.19 所示。连接字段后的属性表 2 如图 14.20 所示。

注意：由于 ArcGIS Pro 不易识别格式为.xlsx 的文件，因此建议提前将.xlsx 格式的文件转化为.csv 格式。

4. 计算字段

如图 14.20 所示，应有的计算数据均已知，只需将人口除以地级市的面积，即可得到各地级市的人口密度。使用“计算字段”工具，在字段名称方框中选择先前创建好的“人口密度”字段。人口密度的计算为简单计算，仅涉及“2023 年常住人口(万人)”及“面积”两个字段之间的简单除法计算，因此，双击选择字段，输入相应的表达式，点击【应用】按钮，即可完成计算(见图 14.21)。人口密度计算结果如图 14.22 所示。

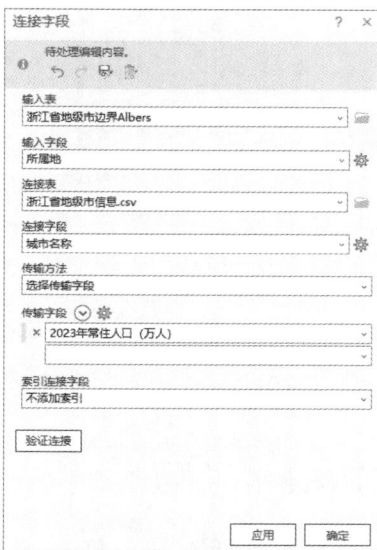

图 14.19　连接字段相关参数设置 2

图 14.20　连接字段后的属性表 2

图 14.21　计算字段相关参数设置

图 14.22　人口密度计算结果

通过 ArcGIS Pro 可视化操作，即可生成浙江省各地级市人口密度图。

14.4　空间数据分析和统计

本节主要以钱塘江流域第 1～6 批国家级传统村落数据为例，讲解和演示空间数据的可视化分析、空间点模式和面状数据空间模式的分析方法，并从流域角度理解传统村落的分布特征、空间模式和规律。

14.4.1　新建工程及加载数据到地图文档

单击工程菜单，新建工程文件"钱塘江流域传统村落分析"，勾选"创建此本地工程的文件夹"复选框。

单击地图菜单，单击【添加数据】按钮，添加要素文件"钱塘江流域边界 Poly""钱塘江流域传统村落_Wgs84_Albers"。

新建工程及加载数据到地图文档如图 14.23 所示。

14.4.2　添加新字段和赋值

为了区别第 1～6 批传统村落的重要性，将新增字段"Weight（权重）"，并分别赋权重值，其中第 1 批为

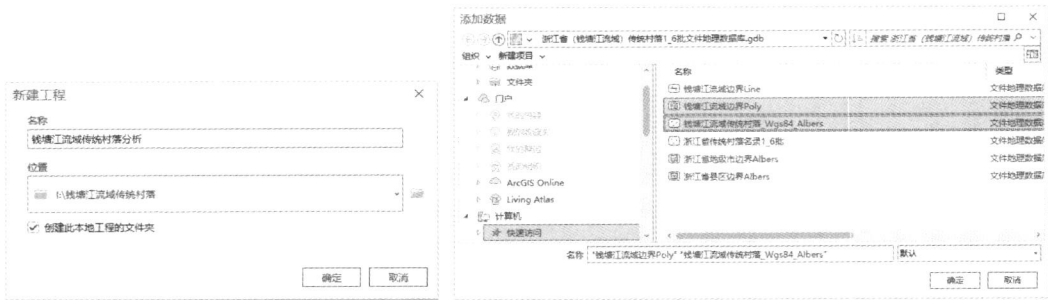

图 14.23　新建工程及加载数据到地图文档

6,第 2 批为 5,第 3 批为 4,第 4 批为 3,第 5 批为 2,第 6 批为 1。赋予不同权重值的依据:从第 1 批到第 6 批传统村落,评比难度从大到小,入选数量从多到少,村落质量也从优到次优。

右击"内容"窗格中"钱塘江流域传统村落_Wgs84_Albers"图层,单击右键菜单中的"属性表",打开属性表。

在属性表中单击【添加】按钮,打开字段类型表,添加字段名"Weight",数据类型选择"长整型"数据格式,选择"数值"(见图 14.24)。在字段菜单中单击【保存】按钮,关闭字段表。

图 14.24　添加 Weight 字段

图 14.25　按属性选择

在属性表中,单击【按属性选择】按钮,在"按属性选择"对话框中,填写"Batch 等于一",单击【确定】按钮。选中第 1 批传统村落,如图 14.25 所示。

右击属性表中字段"权重",在右键菜单中选择"计算字段",弹出"计算字段"对话框。其中,表达式类型为"VBScript",Weight=6。单击【确定】按钮。

同样的操作,为第 2~6 批传统村落,分别赋权重值为 5~1。最终,每个批次传统村落的权重值结果如图 14.26 所示。

14.4.3　计算传统村落平均中心

计算第 1~6 批传统村落的平均中心,从全流域的整体上展示 6 个批次传统村落的空间分布变动情况,即平均中心的位移。

图 14.26　每个批次传统村落的权重值结果

1. 计算第 1～6 批传统村落的平均中心

在"地理处理"窗格中,找到工具"平均中心",单击后打开对话框,参数填写如图 14.27(左)所示。

图 14.27　计算(左)和标注(右)第 1～6 批传统村落的平均中心

输出要素类为"……\钱塘江流域传统村落_Wgs84_Albers_MeanCenter",权重字段不填写,表示不考虑权重值,即等权重。案例分组字段为"Batch",表示分别计算每个批次传统村落的平均中心点。单击【运行】按钮,计算结果自动添加到地图窗口中。

在"内容"窗格中,右击"钱塘江流域传统村落_Wgs84_Albers_MeanCenter"图层,在右键菜单中选择"标注属性",弹出"标注分类"对话框,选择字段"Bacth",双击,添加到表达式一栏中[见图 14.27(右)]。点击【应用】按钮,并关闭对话框。这表示使用 Bacth 字段来标注平均中心点。

右击"钱塘江流域传统村落_Wgs84_Albers_MeanCenter 图层",在右键菜单中选择"标注"。在地图窗口中将会标出 Batch 字段。

从第 1～6 批传统村落的平均中心位置可知,每个批次钱塘江流域传统村落的空间分布是不相同的,各批全部村落的位置决定了平均中心的位置(见图 14.28)。

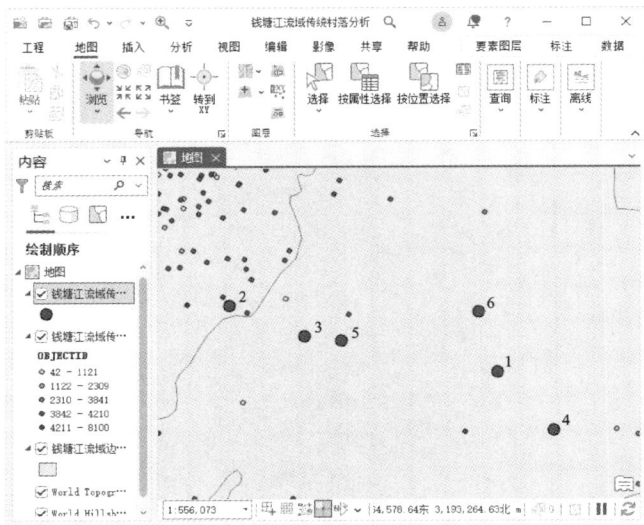

图 14.28　钱塘江流域第 1～6 批传统村落的平均中心位置

2. 计算全部传统村落的平均中心

分为等权重和非等权重两种情况,分别计算全部传统村落的平均中心。

等权重的输入要素类"……\钱塘江流域传统村落(全部)_MeanCenter";权重字段不选;案例分组字段不选。

不等权重的输入要素类"……\钱塘江流域传统村落(全部)_WeightMeanCenter";权重字段选择"权重";案例分组字段不选。

两次计算结果都自动添加到地图窗口中。用地图菜单中的"测量"工具,测量结果的两个平均中心点相距约 770 米。可见,权重值的影响还比较小。

全流域传统村落的平均中心相关参数设置如图 14.29 所示。

图 14.29　全流域传统村落的平均中心相关参数设置(左为等权重,右为非等权重)

14.4.4 传统村落的核密度分析

第一种情形,Population 字段为 None。在"地理处理"窗格中,检索"核密度分析"工具,单击打开对话框,填写参数。其中,输入点或拆线要素"钱塘江流域传统村落_Wgs84_Albers"。Population 字段选择"None"。输出栅格为"KernelD_钱塘村落"。输出像元大小为"100"。其余参数都是默认值。单击【运行】按钮。核密度分析相关参数设置及输出结果 1 如图 14.30 所示。

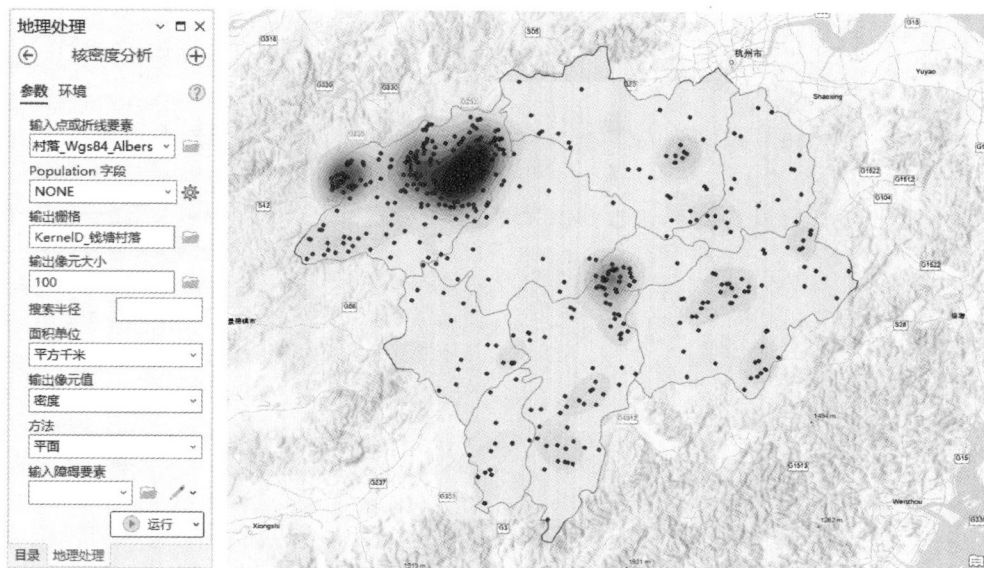

图 14.30　核密度分析相关参数设置及输出结果 1

第二种情形,Population 字段为 Weight。使用 Weight 字段赋予第 1～6 批传统村落的不相同的重要性。输出栅格为"KernelD_Weight_钱塘村落",其余参数同第一种情形。单击【运行】按钮。核密度分析相关参数设置及输出结果 2 如图 14.31 所示。

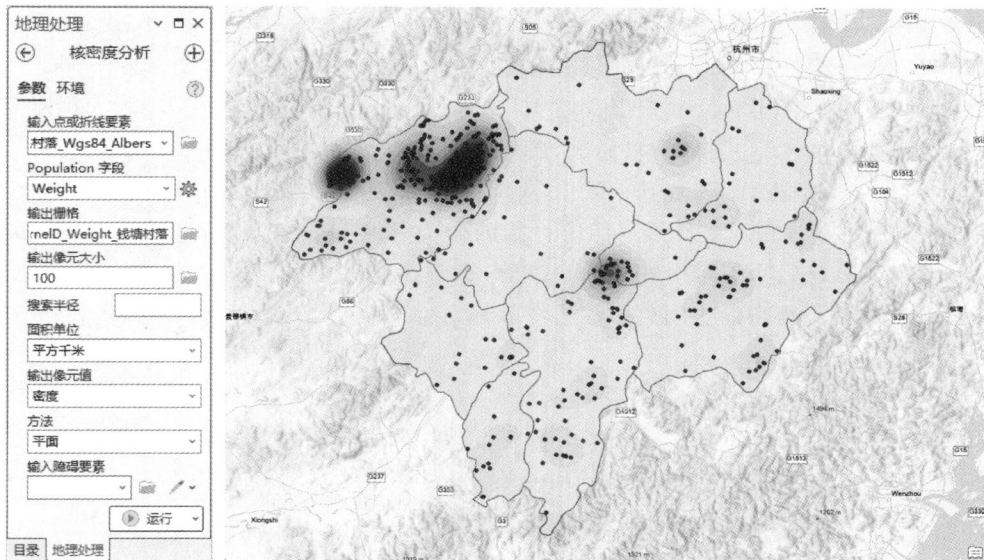

图 14.31　核密度分析相关参数设置及输出结果 2

比较这两种情形,生成的核密度图还是有所不同的,尤其在左上角的村落密集区域。在此使用"核密度分析"工具,计算每个输出栅格像元周围的村落点要素的密度,从而有效表达全流域传统村落点分布密度的空间差异性。

14.4.5 传统村落点的多距离空间聚类(Ripley's K 函数)

在地理处理窗格中,检索"多距离空间聚类(Ripley's K 函数)"工具,单击打开该工具对话框。

1. 情形一:设置权重字段

输入要素类"钱塘江流域传统村落_Wgs84_Albers"。

输出表"……\钱塘江流域传统村落_Wgs84_Albers_Weight_MultiDistanceSpatialClustering"。

权重字段选择"Weight"。边界校正方法选择"模拟外边界值"。

研究区域方法选择"用户提供的研究区域要素类"。研究区域要素类选择"钱塘江流域外边界Polygon"。

单击【运行】按钮。工具运算完成后,生成统计表格和 K 函数图,自动添加到地图窗口中。双击 K 函数图,打开图形窗口。

多距离空间聚类相关参数设置及 K 函数图 1 如图 14.32 所示。

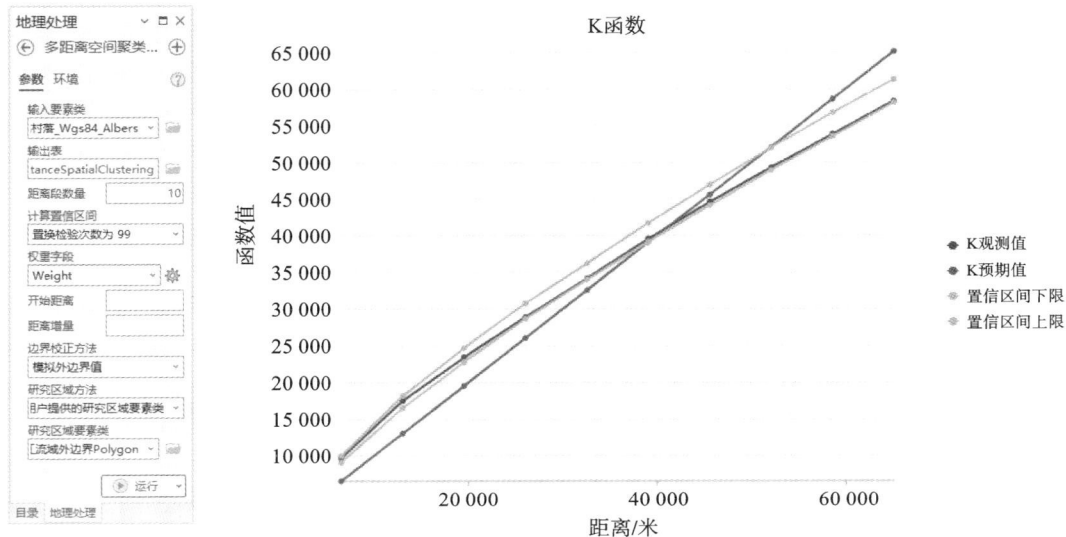

图 14.32　多距离空间聚类相关参数设置及 K 函数图 1

从 K 函数图可知,K 观测值与 K 预期值在约 40 千米处相交。其中,0~40 千米之间,K 观测值大于 K 预期值,则与该距离(分析尺度)的随机分布相比,该分布的聚类程度更高。

在大于 40 千米之外的地方,K 观测值小于 K 预期值,与该距离的随机分布相比,该分布的离散程度更高。但是,从 K 函数图来看,加权重情形下,传统村落的聚类程度和分散程度都不具有统计显著性,这是因为统计显著性要求:如果 K 观测值大于 HiConfEnv 值,则该距离的空间聚类具有统计显著性;如果 K 观测值小于 LwConfEnv 值,则该距离的空间离散具有统计显著性。

2. 情形二:不设置权重字段

多距离空间聚类相关参数设置及 K 函数图 2 如图 14.33 所示。

从 K 函数图来看,在全部距离上 K 观测值大于 K 预期值,则与该距离(分析尺度)的随机分布相比,该分布的聚类程度更高,且 K 观测值大于 HiConfEnv 值,表明该距离的空间聚类具有统计显著性,说明钱塘江流域的传统村落点(自身)具有明显的空间集聚特征。

14.4.6 传统村落的热点分析

1. 情形一:使用优化的热点分析工具

在"地理处理"窗格中检索"优化的热点分析"工具,单击打开该工具对话框。

输入要素"钱塘江流域传统村落_Wgs84_Albers",输出要素"……\钱塘江流域传统村落_Wgs84_Albers_OptimizedHotSpotAnalysis",事件数据聚合方法选择"在渔网格网内计数事件"。

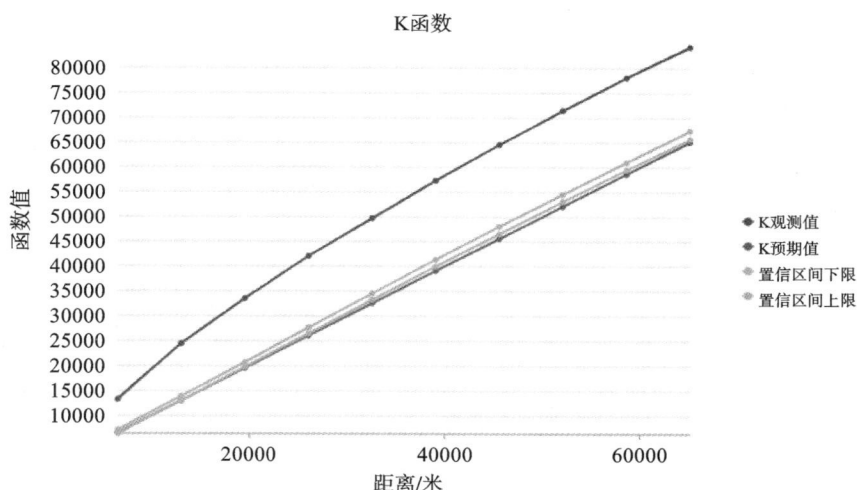

图 14.33　多距离空间聚类相关参数设置及 K 函数图 2

边界面定义可能发生事件的区域选择"钱塘江流域外边界 Polygon"。像元大小为"5 千米"。

单击【运行】按钮。计算结果完成后，自动添加到地图窗口中。

优化的热点分析相关参数设置及计算结果 1 如图 14.34 所示。

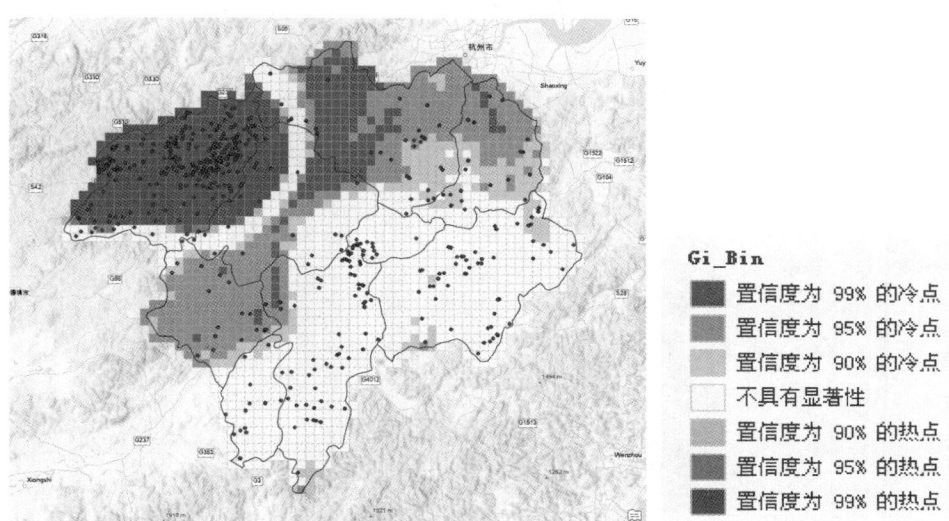

图 14.34　优化的热点分析相关参数设置及计算结果 1

"优化的热点分析"工具用于识别具有统计显著性的高值（热点）和低值（冷点）的空间聚类，该工具能自动聚合事件数据，识别适当的分析范围，并纠正多重测试和空间依赖性。该工具对数据进行查询，以确定用于生成可优化热点分析结果的设置。

在本例中，我们只关注传统村落点存在与否，而不是每个点的特定测量属性，因此计算结果也就反映了传统村落点自身高值（热点）和低值（冷点）的空间聚类特征。

2. 情形二：使用热点分析（Getis-Ord Gi*）工具

在"地理处理"窗格中检索"热点分析（Getis-Ord Gi*）"工具，单击打开该工具对话框。

输入要素"钱塘江流域传统村落_Wgs84_Albers"，输出要素"……\钱塘江流域传统村落_Wgs84_

Albers_Weight_HotSpots",输入字段选择"Weight",空间关系的概念化选择"固定距离范围",距离法选择"欧氏",距离范围或距离阈值为"50000"。勾选"应用错误发现率(FDR)校正"复选框。

单击【运行】按钮。计算结果和图表将自动添加到地图窗口中。优化的热点分析相关参数设置及计算结果 2 如图 14.35 所示。

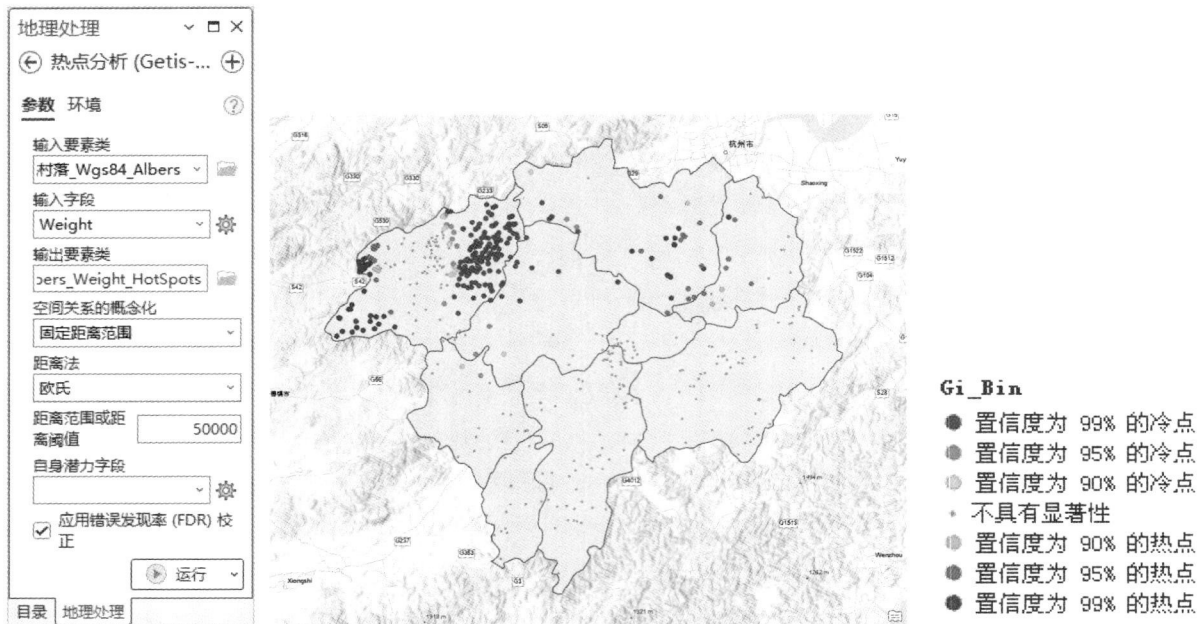

图 14.35　优化的热点分析相关参数设置及计算结果 2

从前文可知,Weight 字段对第 1~6 批传统村落,分别赋值 6~1。本例中,参数输入字段设为 Weight,因此热点分析结果就是 50 千米范围内第 1~6 批传统村落点的冷热点分析结果。这不同于情形一,而是把 6 个批次传统村落点一视同仁,没有区别。

第 15 章　适宜性建模器

本章的重点是介绍如何使用适宜性建模器，并在此基础上进行适宜性评价、公园选址等操作。适宜性模型可以用于确定放置要保存的事物或区域的最佳位置。例如，确定购物中心、住宅、滑雪场等的最佳选址位置；也可以查找公园、濒危野生动植物栖息地或防洪的最佳区域。适宜性建模器在城市规划中能够搭建模型、辅助选址，在更大范围的地理及生态分析中，也能够进行适宜性模型搭建，进一步了解选址地的生态适宜性。掌握适宜性建模器的模型运算规则，可对其进行潜在应用的挖掘。

15.1　适宜性建模器和流程

15.1.1　适宜性建模器

适宜性建模器集成在"Spatial Analyst"模块中，通过与窗格、图表和地图进行交互来深入了解模型，可使用预定义变换方法、权重和空间要求查找地点等。作为 ArcGIS Pro 中的关键工具之一，适宜性建模器可以在快速访问工具栏的"分析"选项卡下找到。

在实际应用中，适宜性建模器的使用灵活多变。例如，可以通过输入不同的条件数据，输出目标范围的土地适宜性、使用定位功能在适宜性评价的基础上进行用地选址；还可以调节不同条件的权重，判断条件对目标地适宜性的影响。

15.1.2　适宜性建模器流程

适宜性建模器的各项流程之间不存在先后顺序，可以根据不同的需求调整其使用顺序，得出相应的结论。适宜性建模通常包含 4 个关键步骤：确定并准备条件数据；将每个条件的值转换为通用适宜性等级；调整各条件的加权值，并对其进行组合以创建适宜性地图；查找适宜的选址。这 4 个步骤紧密相连，确保分析结果的科学性和有效性。

首先，在确定并准备条件数据阶段，应先明确需要解决的问题，基于问题思考需要的数据以及数据在模型中的必要性。例如，需要解决的问题为某保护生物栖息地选址，也许需要考虑高程、坡度、植被覆盖度、水源距离等数据，在上述数据中，高程为可以直接获取的一次数据，坡度为基于高程栅格的派生数据，需要在ArcGIS Pro 中通过"地理处理"窗格中的"坡度"工具将高程栅格进行处理得到。在适宜性建模器中，需要注意输入建模器中的数据格式，适宜性建模器只支持栅格数据（常用格式包括 TIFF、JPG 等）进行运算。

其次，是将每个条件的值转换为通用适宜性等级的步骤。这一步骤将完全在适宜性建模器中进行。在适宜性建模器中的"适宜性"模块，创建模型者将可以选择"唯一类别""类范围""连续函数"3 种变换方法中最适合输入条件的方法将各个输入条件转换为通用的适宜性等级。例如，将所输入的高程数据通过"连续函数"这一变换方法，分别评分为 1～5 的适宜性等级。3 种计算方法的适用数据类型如下。

（1）唯一类别：该方法是条件值与适宜性值的一对一匹配，适合用于土地利用类型等类别数据。

（2）类范围：该方法适合连续的数据，其中值范围可以分组为同类的类，可向这些类分配相同的适宜性优先级。

（3）连续函数：该方法适合于以连续值表示的条件，如坡度、坡向或与河流之间的距离。其应用线性和非线性函数将值连续转换为适宜性等级，是最常用的连续数据变换方法。

再次，是调整各条件的加权值阶段。这一步骤将完全在适宜性建模器中进行。在适宜性建模器【适宜性】→【参数】的界面中，可以对输入的各个不同的条件值赋予权重，即该条件在整个模型中的重要性程度进行分配。权重分配有"乘数"和"百分比"两种分配方法。"乘数"方法是将变换后的条件值与该权重值相乘，再将所有条件值与权重值相乘的数值进行相加，最终得出适宜性数值；权重值以"1"为基准，其他条件值后的权重值数值表示该条件与权重值为"1"的条件的重要性的倍数。例如,某适宜性模型中,高程的权重值为"1",坡度的权重值为"1.25"则表示在该模型中,坡度条件值的重要性是高程条件值重要性的1.25倍。通常,权重的取值范围为1~2。"百分比"方法则表示条件值在所有条件值中的比重关系,各条件值的百分比总和应为100%。

最后,是查找适宜的选址。该步骤也将在适宜性建模器中进行。在适宜性建模器【定位】→【参数】中,按照提示输入相关参数,即可运行出目标选址。

上述步骤为适宜性建模器一般完整流程,通过模型计算,帮助决策者制定科学、合理的方案,提升决策的准确性。

15.2 适宜性建模器实例分析

15.2.1 实例背景及数据

随着城镇化进程的逐步推进,城市建设趋于饱和,城市生活环境则成为衡量城市宜居性的重要标准,其中建设城市公园则是提升城市生活环境的重要举措。

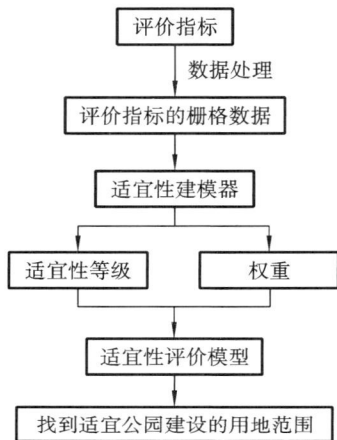

图 15.1 适宜公园建设用地范围寻找流程

该实例以上海市虹口区为例,使用适宜性建模器为在虹口区范围内寻找适宜建设城市公园的用地范围。该实例提供了经"多环缓冲区"工具处理的栅格数据用于练习。数据位于"…\Chp:15\公园选址\源数据"文件夹中,实例工程为"…\Chp:15\公园选址.aprx"。

15.2.2 解题思路

适宜公园建设用地范围寻找流程如图15.1所示。

明确实例需求:需要在上海市虹口区寻找适宜公园建设的用地范围的基础上,思考建立模型所需的相关条件值,如用地、可达性、服务性这3个层次。依据所思考的3个层次,初步构建公园选址的模型框架(见表15.1)。

表 15.1 公园选址初步模型框架

目 标 层	准 则 层	指 标 层	权重(乘数)
公园选址	用地	建筑分布	1
	可达性	一级道路服务范围	1
		二级道路服务范围	1
	服务性	餐饮服务服务范围	1
		购物服务服务范围	1
		风景名胜服务范围	1

权重分配的常用方法如下。

(1) 专家意见:通过与领域专家合作,根据他们的经验和知识来分配权重。

(2) 统计方法:使用统计分析来确定不同条件对模型输出的影响程度,并据此分配权重。

(3) 多标准决策分析:通过比较条件,根据目标的相对重要性来确定权重。

(4) 敏感性分析:通过改变权重来观察对模型输出的影响,从而找到最合适的权重配置。

由于本实例的目标是使用具体例子帮助梳理适宜性建模器流程,在权重选取方面暂不进行着重考量,在演示的过程中,将按照"乘数"的权重计算方式,将每个条件值的权重均赋值为1。

模型框架构建完善后,将进行条件值准备步骤,本实例中通过"多环缓冲区"工具已提前对各指标的服务范围进行计算,再通过"面转栅格"工具将"多环缓冲区"工具生成的矢量数据转换成为栅格数据,最后通过"按掩膜提取"工具,将栅格数据剪裁至目标范围大小。本实例提供的数据位于"…\Chp:15\公园选址\源数据"文件夹中,实例工程为"…\Chp:15\公园选址.aprx"。

在完成条件值的数据的准备工作之后,使用适宜性建模器,将每个条件的值转换为通用适宜性等级,即将每一个输入适宜性模型中的带有评价指标信息的栅格,通过合适的变换方式变换为通用的适宜性等级。接着,对转换为通用适宜性等级的条件值赋予权重,完成整个适宜性模型构建。最后,在适宜性建模器中基于前面步骤所建立出的适宜性模型,进行选址计算。

15.2.3 具体解题步骤

在工具栏的"分析"选项卡中找到【适宜性建模器】图标,单击打开,其操作窗口将出现在操作面板右侧。在"设置"面板的"模型名称"中输入所建立的适宜性模型的名称,在"设置适宜性等级"栏中选择该适宜性模型的分段,即将输入的条件值分成几类进行适宜性赋值。在"权重"参数中选择权重的计算方法,本案例采用"乘数"的方法进行权重计算。在"输出适宜性栅格"一栏中选择输出的适宜性栅格结果的保存位置,并将输出的文件命名。适宜性建模器初始设置如图15.2所示。

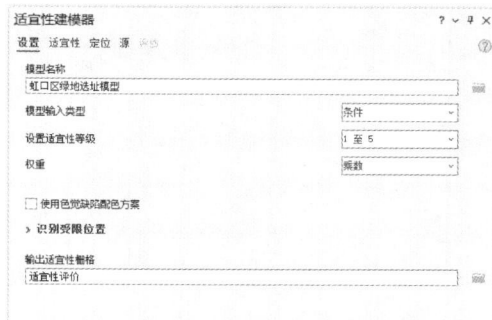

点击"输入栅格"旁的【 ⌄ 】图标,将作为条件值的

图 15.2 适宜性建模器初始设置

各个栅格输入其中并调整权重值。输入后,单击各个条件栅格前的圆框,当圆框变为灰色打钩的状态时,即系统自动将通用的适宜性等级步骤计算完毕(见图15.3)。

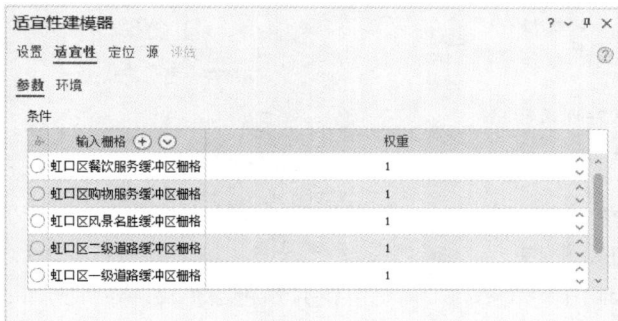

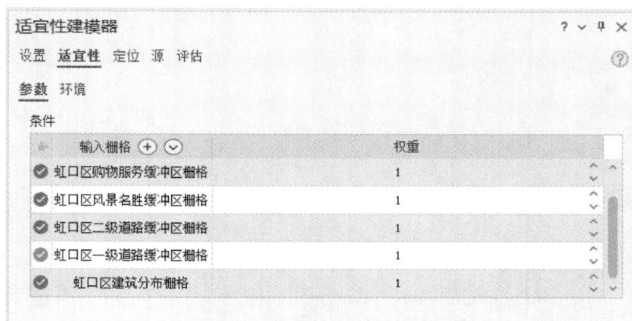

(a) 输入栅格　　　　　　　　　　(b) 输入条件值栅格并设置权重

图 15.3 通用的适宜性等级计算

单击各个条件值时,操作面板下方将出现对应条件值的"变换窗格"窗口,在中间的面板中可点击"唯一类别""类范围""连续函数"对条件值的计算方法进行调整。"适宜性"一栏的数值代表适宜性的评分,数值越大则适宜性越高,可根据条件值的不同类别进行修改。图15.4为一级道路服务范围进行适宜性计算的结果,"类别"一栏中的数值在原栅格中代表距离一级道路的距离,在"适宜性"一栏中按照距离由远到近,赋予"适宜性"1~5的评分。

将输入的各个条件值均进行调整后,点击"适宜性建模器"对话框的"适宜性"界面下的【运行】按钮,ArcGIS Pro将在操作界面生成如图15.5的适宜性评价栅格。

适宜性评价栅格生成后,即可进行选址操作。在"适宜性建模器"对话框的"适宜性"界面中,在"输入栅格"栏目中输入上述步骤中生成的适宜性评价栅格,在"区域数"中输入期望得到的选址地个数,在其他栏目中输入对选址地的其他要求,点击【运行】按钮(见图15.6)。适宜性建模器将基于适宜性进行计算,给出符合条件的选址地,如图15.7所示。

在选址地计算完成之后,可以使用适宜性建模器中的"评估"功能对生成的选址地以及各条件值的权重进行评估。

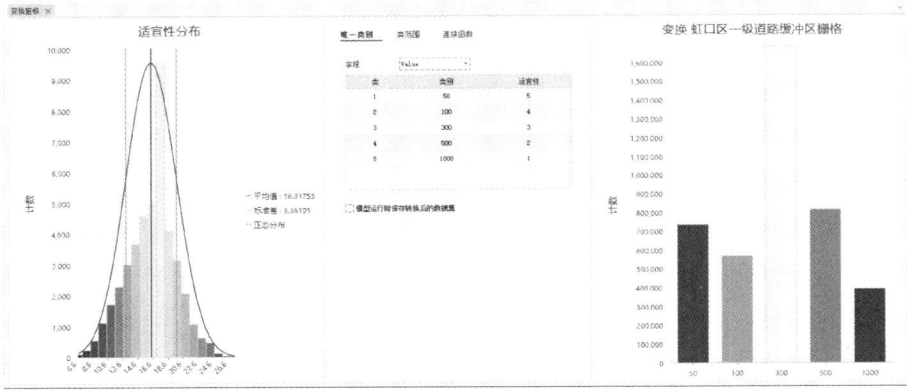

图 15.4　构建条件值的适宜性模型

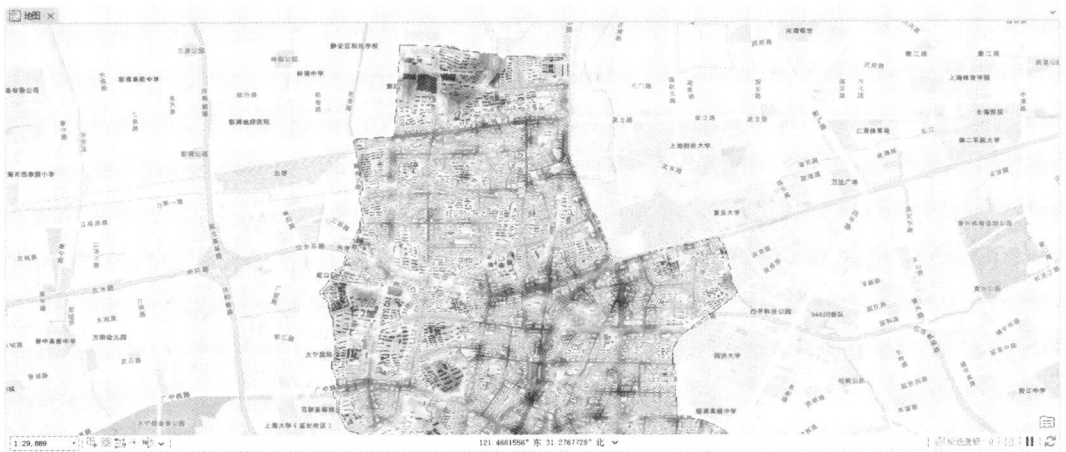

图 15.5　生成适宜性评价栅格

254

图 15.6　调整选址地条件参数

点击"适宜性建模器"对话框的"评估"界面，将自动进行评估。评估分为"适宜性地图"和"定位地图"两部分，其中"定位地图"部分为选址适宜性的评估。

在"适宜性地图"中，ArcGIS Pro 自动跳转至图 15.8 界面。在操作界面下的"定位地图"界面中，"探索区域内的适宜性"栏目中将显示各个选址的适宜性地图，并生成相关分析图；"探索区域内的条件"栏目则可以对单一的评价条件进行筛选，观察某一条件在选址中的适宜性。

15.2.4　其他运用

适宜性建模器不仅可以进行选址地的计算，也可以通过不断调整条件值权重（见图 15.9），观察生成的适宜性地图，以确定最佳权重。

在修改实例不同条件的权重后，生成适宜性地图（见图 15.10），与图 15.5 对比可见，其产生了较大的变化。对其进行"定位"计算，所生成的选址地（见图 15.11）也与上一个权重模型下生成的选址地（见图 15.7）产生了较大的变化。

不断对条件值的权重进行调整，将得到不同条件对适宜性评价的不同影响作用。

同时，适宜性建模器能够对各个权重的取值进行评估。

点击"适宜性建模器"对话框的"评估"模块，将自动进行评估。评估分为"适宜性地图"和"定位地图"两部分。

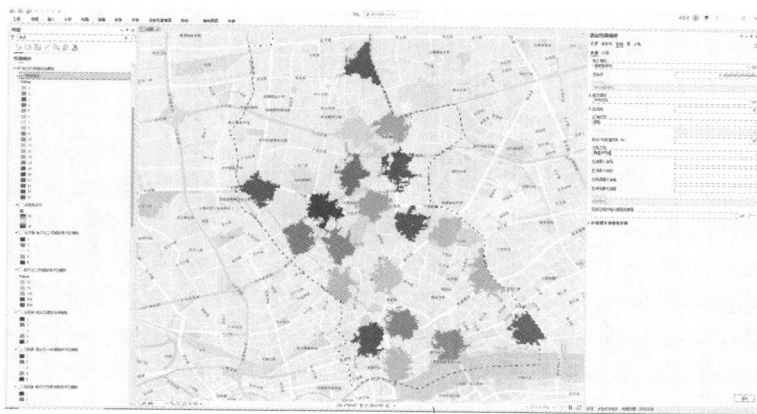

图 15.7　选址地计算结果

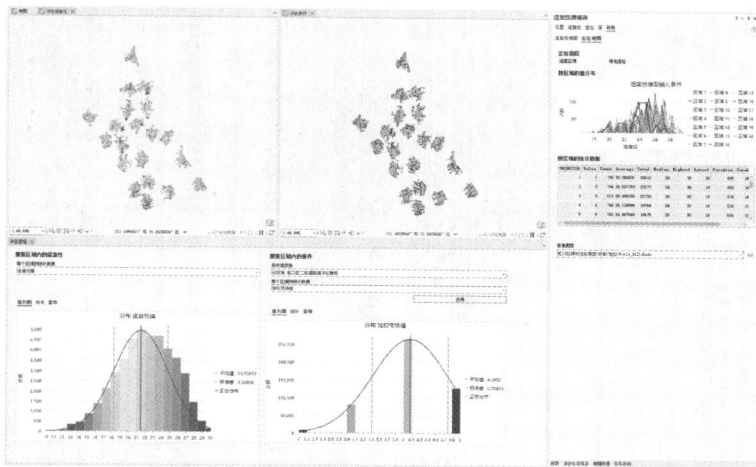

图 15.8　定位地图评价运用

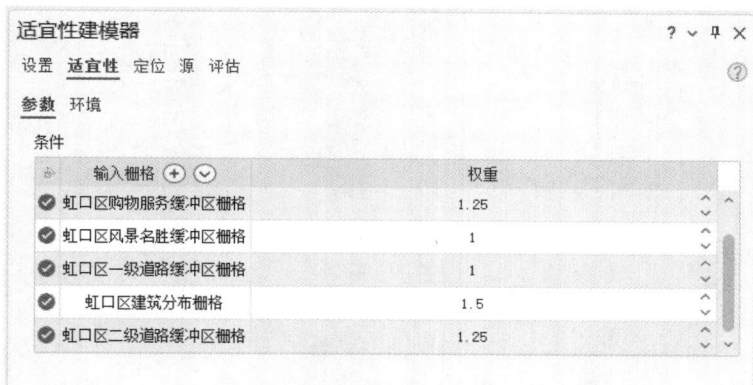

图 15.9　调整条件值权重

在"适宜性地图"中，ArcGIS Pro 自动跳转至图 15.12 界面。在操作界面下的"适宜性地图"模块中，"探索模型输入和输出"栏目中可以变换各条件的计算方法，即时生成直方图；"探索条件影响"栏目则可以对模型中的条件值进行增减，观察某一条件值对整体适宜性评价的影响。

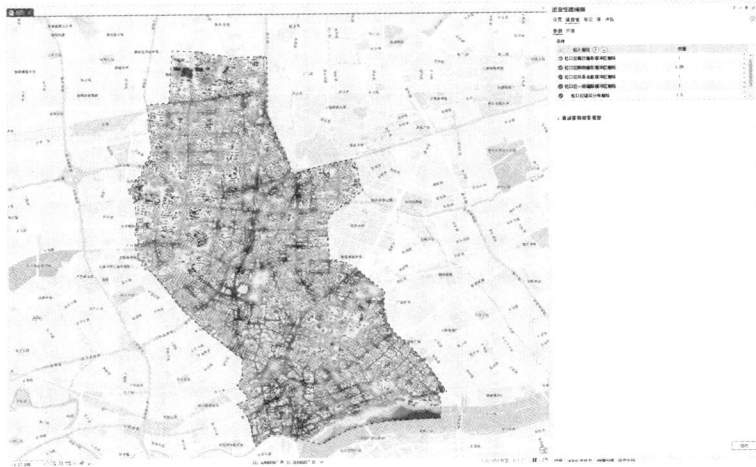

图 15.10　生成新适宜性评价栅格

图 15.11　生成新选址地

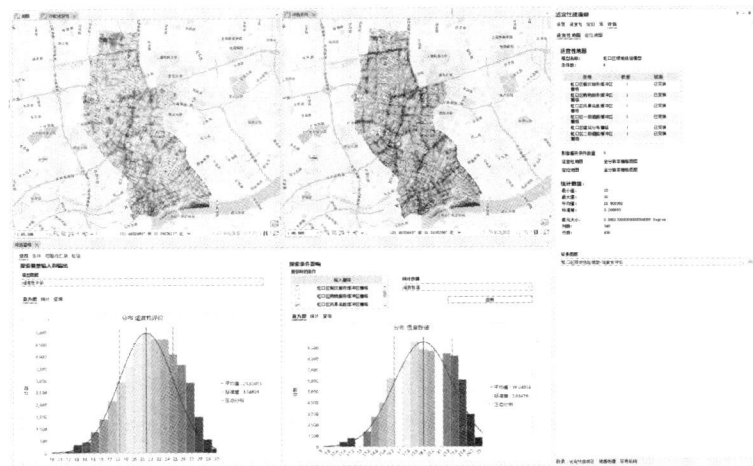

图 15.12　适宜性地图评价运用

第16章　栅格空间分析:城市生物保护安全格局构建

16.1　背景与数据

生物多样性是上海建设生态之城的重要基础,是持续提高城市生态韧性、积极应对气候变化、实现绿色可持续发展的重要支撑和保障。

土地利用数据来源于《2020 全球 30 米地表覆盖精细分类产品》,上海市行政边界数据"上海行政范围.shp"、上海建筑数据来源于 Bigmap 地图。数据位于"···\Chp16\s 城市生物保护安全格局构建\源数据"文件夹中,实例工程为"···\Chp16\s 城市生物保护安全格局构建.aprx"。

16.2　解题思路

城市生物保护安全格局构建方法如图 16.1 所示。

首先,确定指示物种,根据其生态习性,判别出物种的核心栖息地,作为物种空间运动的"源"。指示物种的选择要求:①具有生物学上的代表性;②能够指示区域目前环境现状,并对其他物种及各类栖息地具有指示作用;③为广大民众所喜闻乐见。结合相关政策、文献以及研究区域生境特点,归纳与筛选上海野生动物物种。本案例选取了白鹭作为上海的焦点物种,其不仅代表了上海的生物多样性和生态环境健康,也是上海市生物多样性保护工作的核心关注对象。

其次,根据土地利用、海拔、坡度等因素对物种运动的影响建立景观阻力面,并进行空间分析,判别出缓冲区、源间连接、辐射道以及战略点。

最后将单个物种得到的安全格局叠加,构建生物保护安全格局,并划分一般区域、低、中、高四种安全水平。城市生物保护安全格局构建步骤如表 16.1 所示。

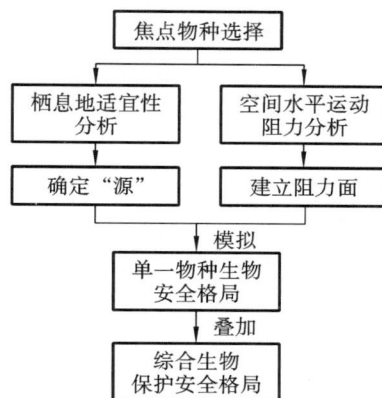

图 16.1　城市生物保护安全格局构建方法

表 16.1　城市生物保护安全格局构建步骤

方法步骤			命令
选择指示物种,构建生物"源地"	有栖息地资料	①源:文献、空间数据(甲方提供); ②方法:最小阻力模型(costdistance); ③数据:人工数字化	通过【编辑】→【创建要素】人工数字化
	无栖息地资料(构建生物多样性适宜性评价体系)	①源:通过适宜性评价,识别栖息地适宜性; ②适宜性评价:土地利用打分、高程打分、建设用地距离打分、水源地打分、交通打分;权重叠加; ③方法:最小阻力模型(costdistance); ④数据:土地利用、DEM	①通过"欧式距离"工具对"评价因子"做缓冲区; ②通过"重分类"工具对各"评价因子"赋值打分; ③通过"栅格计算器"工具对各"评价因子"进行权重加权平均

方 法 步 骤		命 令
确定阻力因子和阻力系数	建立物种空间运动的阻力面,在白鹭从"源"向外扩散过程中,不同的土地类型会产生不同的阻力。根据白鹭的生存栖息地类型,确定阻力因子和阻力系数(见表16.2)并在 GIS 中建立生物空间水平运动的阻力面	通过"重分类"工具给不同阻力因子赋值阻力系数
综合生物保护安全格局	①计算源与阻力值之间的成本距离,得到该指示物种的保护安全格局; ②综合多个指示物种的保护安全格局,形成综合生物保护安全格局	①通过"成本距离"工具,得到单个生物的保护安全格局; ②通过"镶嵌"工具,形成综合生物保护安全格局

16.2.1 选择指示物种,构建生物"源地"

本节以"无栖息地资料"为例,构建白鹭多样性适宜性评价体系(见表 16.2)。

表 16.2 白鹭栖息地适宜性评价

评价因子	分 类	分 值	权 重
土地覆盖	湿地、水域	10	0.5
	林地	8	
	裸地	4	
	耕地、绿地、旱地、草地	2	
	建设用地、道路	1	
距水体距离/m	0～50	10	0.3
	50～100	6	
	>100	1	
距居民点距离/m	>200	10	0.1
	100～200	6	
	0～100	1	
距主干道距离/m	>100	10	0.1
	30～100	6	
	0～30	1	

(1) 加载土地利用源数据"shanghailanduse"(数据位于"…\Chp16\s 城市生物保护安全格局构建\源数据"文件夹中),选择"重分类"工具,将土地利用数据依据表 16.2 评价因子进行重分类,"重分类"窗格如图 16.2 所示。

(2) 分别将评价因子(土地覆盖、距水体距离、距居民点距离和距主干道距离)进行栅格代码重分类,评价因子(water)参数设置如图 16.3 所示(以"water"为例,不再赘述)。

(3) 通过"欧式距离"工具对"评价因子"做缓冲区。以"water"为例,分别将评价因子(土地覆盖、距水体距离、距居民点距离和距主干道距离)进行欧氏距离计算,"欧氏距离"窗格如图 16.4 所示。"输出距离栅格"参数设置为"EucDist_water",其他依据默认设置,点击【运行】按钮。点击"EucDist_water"图层的"符号系统",将"主符号系统"设置为"已分类",方法设置为"手动间隔",类别为"3"(见图 16.5),具体断点则依据表16.2 评价因子来确定。

(4) 通过"重分类"工具对各"评价因子"赋值打分。以"EucDist_water"为例,分别将评价因子(EucDist_Recljmd 和 EucDist_道路中心 1)进行赋值打分。点击"重分类"工具,输入栅格设置为"EucDist_water","重

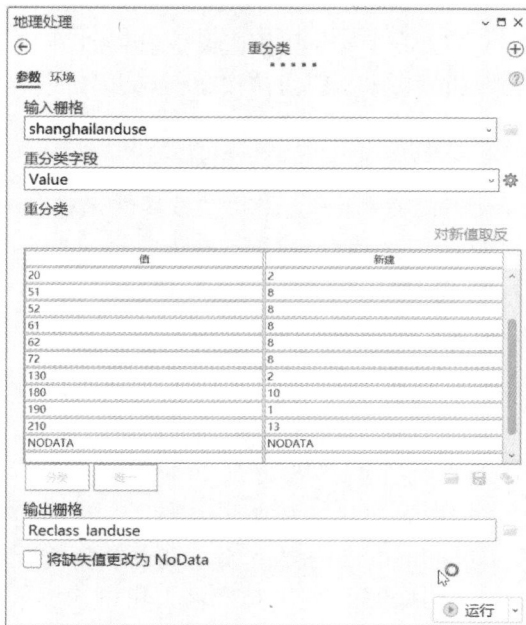

图 16.2 "重分类"窗格

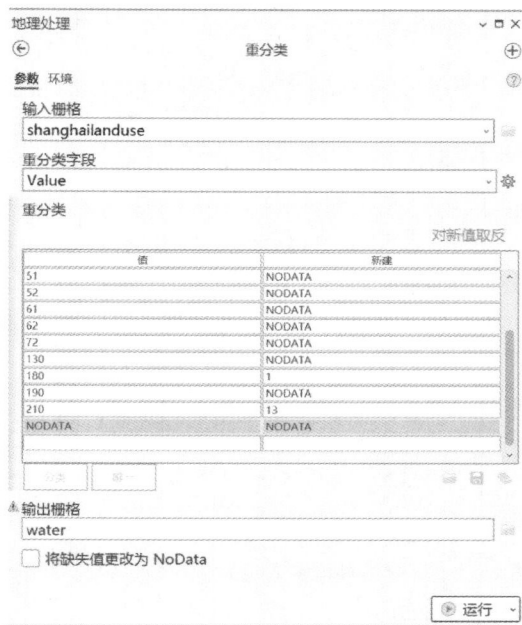

图 16.3 评价因子（water）参数设置

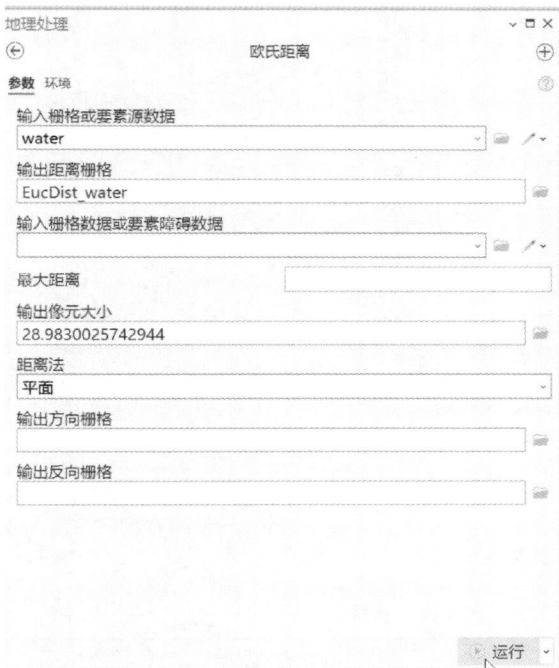

图 16.4 "欧氏距离"窗格

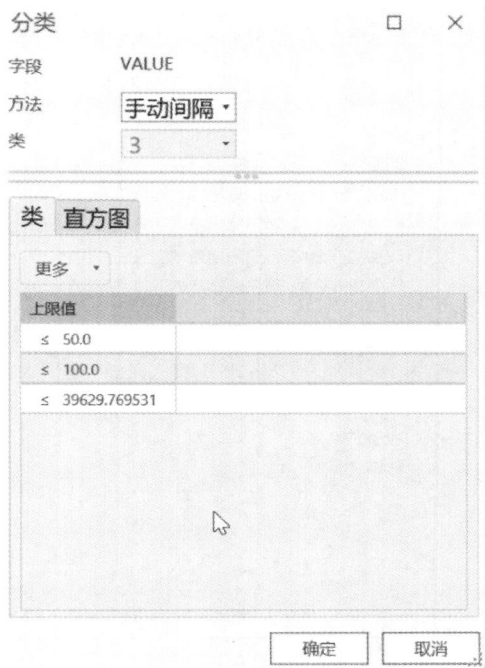

图 16.5 符号系统"手动间隔"分类

分类字段"为"VALUE"，重分类具体参数设置如图 16.6 所示。"输出栅格"参数设置为"reclasswater"。

（5）通过"栅格计算器"工具对各"评价因子"进行权重加权平均。选择"栅格计算器"工具，依据图 16.7 设置参数，在"地图代数表达式"窗口输入""生物安全格局\白鹭栖息地适宜性评价\score_landuse" * 0.5＋" 生物安全格局\白鹭栖息地适宜性评价\scorewater" * 0.3＋"生物安全格局\白鹭栖息地适宜性评价\score_ JMD" * 0.1＋"生物安全格局\白鹭栖息地适宜性评价\score_road" * 0.1"。"输出栅格"参数设置为 "suitability"，点击【运行】按钮。

（6）通过适宜性评价，识别栖息地适宜性。点击"suitability"图层的"符号系统"，将"主符号系统"参数 设置为"分类"（图 16.8），"方法"参数设置为"自然间断点分级法（Jenks）"，"类"参数设置为"5"。

图 16.6 重分类具体参数设置

（7）识别源。点击"重分类"，"输入栅格"参数设置为"suitability"，"重分类字段"参数设置为"VALUE"，重分类数值参数设置如图 16.9 所示，"输出栅格"参数设置为"origin"，点击【运行】按钮。点击"栅格转面"，将"origin"栅格数据转换为"originshp"矢量数据，右击"originshp"图层，点击"属性表"，添加"area"字段，数据类型为"浮点型"（见图 16.10）。通过【计算几何】，得到"originshp"的面积（平方米）。"按属性选择"参数设置为"area 大于等于 10000 平方米"的栖息地源头，右击"originshp"图层，选择【数据】→【导出要素】，命名为"originshp1ha"。识别出的白鹭栖息地源头结果如图 16.11 所示。

16.2.2 确定阻力因子和阻力系数

本节以白鹭为例，确定白鹭空间运动的阻力因子与阻力系数（见表 16.3）。

通过"重分类"工具给不同阻力因子赋值阻力系数：点击"重分类"，"输入栅格"参数设置为"shanghailanduse"，"输出栅格"参数设置为"cost"，点击【运行】按钮。选择"成本距离"工具，"输入栅格或要素源数据"参数设置为"originshp1ha"，"输入成本栅格"参数设置为"cost"，"输出距离栅格"参数设置为"costdis"，点击【运行】按钮。阻力系数重分类参数设置如图 16.12 所示。

图 16.7 栅格计算器具体参数设置

表 16.3 白鹭空间运动的阻力因子与阻力系数

阻 力 因 子	阻 力 系 数
湿地、水域、林地	1
裸地	30
绿地、旱地、耕地、草地	50
道路	200
建设用地	300

16.2.3 综合生物保护安全格局

本节以"白鹭生物保护安全格局"作为综合生物保护安全格局，并划分一般区域、低、中、高 4 种安全水平。点击"costdis"图层的"符号系统"，将"主符号系统"设置为"分类"，"方法"参数设置为"自然间断点分级

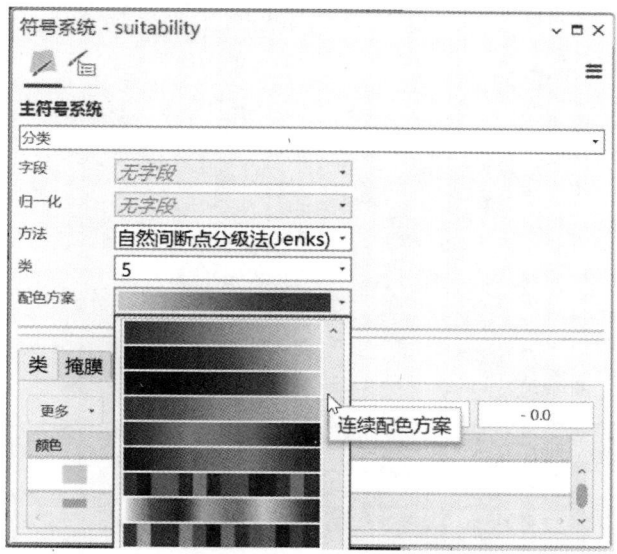

图 16.8 "suitability"符号系统分类

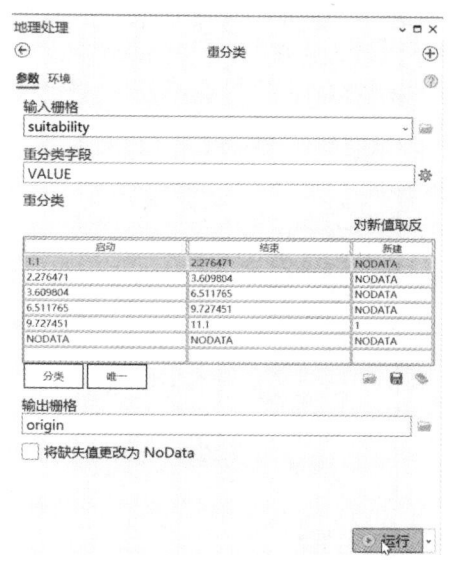

图 16.9 重分类数值参数设置

图 16.10 按属性选择参数设置

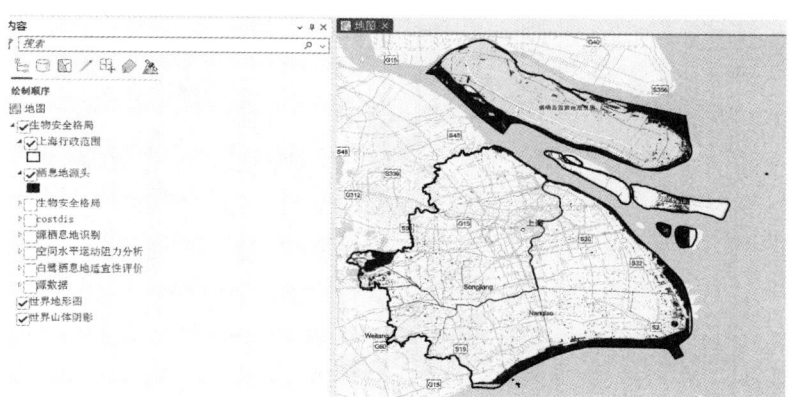

图 16.11 白鹭栖息地源头结果

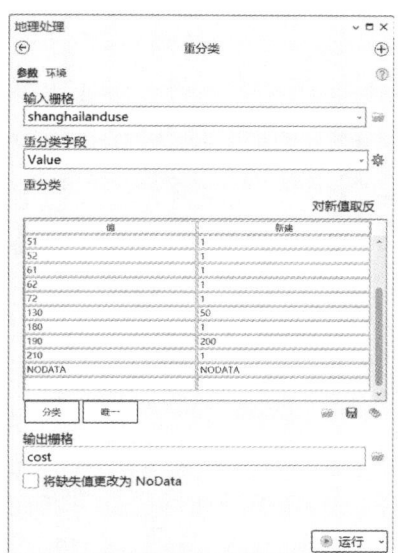

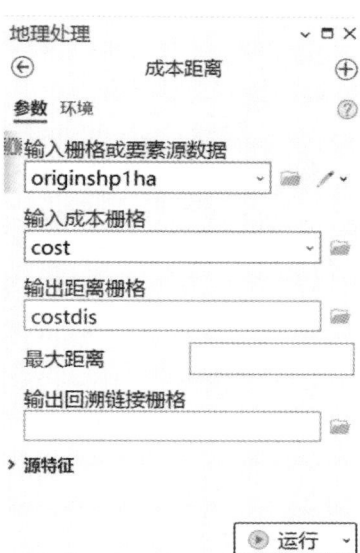

图 16.12 阻力系数重分类参数设置

法(Jenks)","类"参数设置为"4"。并将"符号系统"中的标注依次重命名为"低安全格局""中安全格局""高安全格局"和"一般区域"。在【图层属性】→【常规】→【名称】中,修改为"生物安全格局"。生物安全格局结果如图 16.13 所示。

图 16.13　生物安全格局结果

第17章　网　络　分　析

本章的重点是介绍如何使用网络分析工具构建城市交通网络,并在此基础上进行设施服务区分析、最短路径分析和交通可达性分析等操作。这些分析功能不仅有助于城市规划和管理,还能在紧急情况下优化应急响应策略,提高城市的整体运行效率。通过对这些工具的深入理解和应用,用户可以更好地利用ArcGIS Pro进行复杂的空间数据分析,从而为实际问题提供科学的解决方案。

17.1　网络分析工具和流程

17.1.1　网络分析工具

网络分析工具被集成在"Network Analyst"工具箱中,提供了用于网络数据集创建、构建和分析的一整套操作功能。作为ArcGIS Pro中的关键工具之一,网络分析工具可以在快速访问工具栏的"分析"选项卡下的"工作流"部分找到。该工具箱涵盖了7种主要的分析类型,包括服务区分析、路径分析和最近设施点分析等。

在实际应用中,网络分析工具的功能极为丰富和多样化。例如,服务区分析可以帮助确定某个设施在一定范围内的覆盖区域;路径分析能够计算从一个位置到另一个位置的最短或最优路径;最近设施点分析则用于查找距离指定地点最近的设施,进而优化资源配置。

17.1.2　交通网络分析流程

交通网络分析是一个系统化的过程,通常包含3个关键步骤:数据准备、城市交通网络的构建以及网络分析类型的选择和执行。这3个步骤紧密相连,确保了分析结果的科学性和有效性。

首先,在数据准备阶段,确保数据的完整性和准确性是至关重要的。数据的精度和质量直接影响分析结果的可靠性。在这一环节中,数据格式的选择尤为重要,常用的格式包括shapefile、geodatabase等要素数据集和要素类。这些数据集需要经过清理、处理和验证,以确保它们在后续的网络构建和分析中能够正确使用。

其次,在构建城市交通网络阶段需要新建一个网络数据集,这是整个交通网络分析的基础。创建网络数据集时,需要详细设置其属性,包括定义交通规则、限制条件以及不同路径的权重等。设置完成后,需要进行网络数据集的构建,以确保所有交通路径和节点都已正确连接并准备好进行分析。

最后,在网络分析阶段,选择适当的分析类型是至关重要的。根据分析目标的不同,可以选择服务区分析、短路径分析、最近设施点分析等多种网络分析类型。选定分析类型后,需要导入所有参与交通网络分析的要素类,确保它们与网络数据集正确关联。随后,运行网络分析以获取结果,并根据需要对结果进行解释和优化。

通过这些步骤,交通网络分析能够为城市规划、交通管理和应急响应等领域提供强有力的支持,帮助决策者制定科学、合理的方案,提升城市交通系统的效率和安全性。

17.2　交通网络的构建

交通网络的构建主要包括新建网络数据集、设置网络数据集属性、构建交通网络3个步骤。这些步骤为后续的网络分析提供可靠的基础,精细的属性设置可以使交通网络无限接近实际交通情况,从而提高分析结果的精度。

网络数据集是交通网络分析的核心基础,由至少一个线要素类的要素数据集构成。本节将以 OSM (Open Street Map)开放平台提供的上海市徐汇区道路数据为例,详细介绍如何新建一个网络数据集。

首先,启动 ArcGIS Pro 并创建一个新的工程。将准备好的上海市徐汇区道路数据集拖放到地图窗口中,在数据导入之后,由于从 OSM 平台获取的数据可能存在重叠、交叉等问题,需要对数据进行一定的处理,如提取道路中心线、进行拓扑检查等,以确保数据的准确性和一致性,进而提高后续分析的结果精度。本节不详细探讨源数据处理的方法,将重点放在网络数据集的创建步骤上。

(1)添加一个新的文件夹连接,这个文件夹将用来存储所有与本项目相关的数据和文件。在新建文件夹连接后,右键点击它并选择"新建"一个文件地理数据库。这将为即将创建的网络数据集提供一个存储和管理的容器。

(2)在新建的文件地理数据库内,右键点击并选择"新建要素数据集"。在创建要素数据集时,要确保选择的坐标系与之前准备好的道路数据一致,这样可以保证数据在地理空间中的准确对齐。

(3)完成要素数据集的创建后,右键点击这个要素数据集,并选择"导入"功能。将准备好的上海市徐汇区道路数据放入"输入要素"栏中,然后点击【运行】按钮。导入操作将把道路数据导入到新建的要素数据集中,确保它们能够被后续的网络数据集使用。

(4)导入完成后,刷新要素数据集,并将新导入的道路数据重新拖放到地图中进行查看和确认。此时,右键点击要素数据集,选择"新建"功能并创建一个网络数据集。在"源要素类"选项中,勾选之前导入的道路数据,将其包含在网络数据集中。在网络数据集的创建过程中,有一个"高程模型"选项,该选项是非必要项,如果所用的道路数据中不包含高程信息,则可以选择"无高程"选项。如果数据包含高程信息,可以根据数据的具体情况,选择"Z 坐标"或"高程字段"作为高程来源。

(5)设置完毕后,点击【运行】按钮,ArcGIS Pro 将根据配置生成网络数据集。这一步完成后,网络数据集将被创建并准备好用于后续的交通网络分析工作。通过以上步骤,可成功创建一个网络数据集,它将为城市交通分析、路径规划、服务区分析等应用奠定坚实的基础。

17.2.2 设置网络数据集属性

在创建网络数据集之后,它会自动加载到 ArcGIS Pro 的左侧内容列表中。然而,在进行网络数据集属性的设置之前,建议将其从地图视图中移除,因为加载状态可能会影响属性的修改。移除后,右键点击网络数据集,选择"属性",以调出"网络数据集属性"对话框进行详细设置。

1. 网络数据集中的常规选项卡设置

在"网络数据集属性"对话框的"常规"选项卡中,展示了网络数据集的基本信息。虽然大部分信息不需要手动调整,但有一个重要的设置需特别留意。如果你计划在后续的网络分析中使用服务区分析,则需要在"索引"选项下勾选"服务区索引"复选框。这一设置将确保网络数据集能够有效支持服务区分析功能。

2. 网络数据集中的源设置选项卡设置

(1)【源设置】→【源】选项下系统通常会自动识别并列出网络数据集所基于的道路数据,并将其显示在"边"组中。如果发现有遗漏或需对道路数据进行补充完善,可以点击右上角的【添加/移除源…】按钮,进行边要素类的添加或修改。

(2)【源设置】→【垂直连通性】选项与道路数据的高程信息相关。如果数据中包含高程信息,可以在此设置中选择或输入高程字段的名称。建立垂直连通性意味着网络数据集中的源要素端点将共享 X、Y 和 Z(高程字段值)3 个值。如果道路的两个端点在高程值上相同,系统将自动判定这些道路为连续道路。对于没有高程信息的数据,这一设置则为非必要操作。

3. 网络数据集中的交通流量属性选项卡设置

(1)【交通流量属性】→【成本】选项中,可以查看网络数据集中可用的成本属性以及与所选成本相关联的属性。通常,成本属性基于时间或距离进行创建。设置完成后的成本属性将在计算时沿着网络数据集中的边数据进行分配,即成本属性将按照某边的长度进行成比例划分。每个成本都有对应的属性、参数和赋值器界面。新建的网络数据集中会默认存在一个"距离"属性,通常"单位"参数设置为"米","数据类型"参数设置为"双精度型",【赋值器】→【边】的类型默认取"Shape"字段的值。下面将以新建一个"时间"属性为例,具体讲解成本属性的设置方式。

①单击界面右上角的【三】图标,选择"新建"。在【属性】→【名称】中输入"Minute","单位"参数选择"分钟","数据类型"参数选择"双精度型"。

②展开"赋值器",在"边"组中会看到之前添加的线数据分为"沿"和"相对",分别表示与线数据相同和相反的数字化方向。在"类型"的下拉栏中选择"字段脚本","值"栏中点击右侧的【X】图标,在"结果"中填入线数据对应的时间字段名称。

提示:选择完"字段脚本"后,会出现错误符号并进行报错提醒,这是因为没有识别到符合条件的"值",在"值"栏正确设置完成后,报错会自动消失。

③在"转弯"组中选择"类型"参数为"转弯类别",点击右侧的图标,调出转弯类别的设置面板,对不同的转弯类型进行消耗时间的设置。

(2)【交通流量属性】→【出行模式】选项在完成全部的成本属性设置后,即可开始进行设置。

①单击界面右上角的【三】图标,选择"新建"。根据后续选择的"类型"和"成本"可以自定义出行模式的名称,如"按距离驾车""按时间步行"等。

②设置"类型",即遍历交通网络的出行方式,驾车和步行是常用的类型。

③设置【成本】→【阻抗】,分析结果将根据该下拉栏所选的成本属性进行计算,从而得出最终的网络分析结果。

上述全部操作完成后,点击右下角的【确定】按钮,完成网络数据集的属性设置。这一过程确保网络数据集具备了进行复杂交通网络分析的能力,为后续的空间数据分析打下了坚实的基础。

17.2.3 构建交通网络

在完成网络数据集的属性设置之后,接下来就是正式构建交通网络。这一步将把前期准备的所有设置和数据整合在一起,为后续的网络分析打下坚实的基础。

右键点击已经配置好的网络数据集,然后选择"构建"选项,此操作将打开构建网络的面板。在面板的右下角,点击【运行】按钮,系统将开始构建网络数据集。当构建过程开始时,面板下方会出现一个网络构建的弹窗,用于显示构建进度和状态。如果弹窗显示绿色,则表示构建过程顺利完成,网络数据集已经成功生成,可以用于后续的网络分析操作。然而,在某些情况下,构建过程可能会出现错误或警告。如果发生这种情况,可以点击弹窗中的【查看详细信息】按钮,系统将提供详细的错误信息和可能的原因。通过这些信息,可以逐一检查设置或数据源,并进行相应的修正。修正完成后,重复上述构建步骤,直到网络成功构建为止。

至此,交通网络的构建工作圆满完成。现在可以利用这个网络数据集,进行更为复杂的网络分析操作,如路径规划、服务区分析、交通流量模拟等,为城市规划、交通管理和应急响应等任务提供科学依据和支持。

17.3 不同类型网络分析实例

ArcGIS Pro 软件的"Network Analyst"工具箱提供了 7 种分析类型:服务区、路径、最近设施点、位置分配、起点-目的地成本矩阵、车辆配送和最后一千米配送。本节将挑选其中的四类进行实例分析。

17.3.1 服务区分析

服务区分析是一种用于确定特定位置在给定条件下的可达范围的分析类型。服务区分析主要用于评估从某一中心点出发,在指定时间或距离内能够覆盖的区域。本节通过分析上海市徐汇区公园广场步行 5 分钟、10 分钟、15 分钟之内可以到达的范围,来介绍服务区分析的详细步骤。

1. 原始数据准备和处理

该分析所需的数据包括上海市徐汇区道路网线数据(已处理好拓扑关系)和公园广场点数据。

由于从 OSM(Open Street Map)开放平台获取的道路线数据缺少访问每一个折线段要素上下行所需的

时间(即"Network Analyst"工具箱中对 FT_Minutes 和 TF_Minutes 字段的约定),这部分数据的缺失会导致网络分析结果无法按时间成本进行计算,因此在数据准备的过程中应将其补齐。以下是原始数据准备和处理的具体方式。

(1)打开道路数据属性表,找到"Shape_Length"字段,并用"测量"工具检查该字段下道路的长度单位,如果单位不是"米",则需要添加一个字段名为"length_m",经过换算后将数值单位统一为"米"。

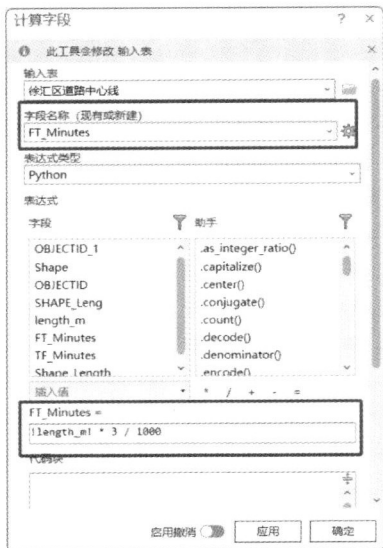

图 17.1　FT_Minutes 计算字段

(2)添加"FT_Minutes"和"TF_Minutes"字段,"数据类型"参数为"双精度","数字格式"参数为"数值"。这两个字段的值通过与"length_m"进行函数关系运算得到,公式为"FT_Minutes＝！length_m！＊3/1000"。如果没有特殊情况需要设置,这两个字段的值可以保持一致(见图 17.1)。

(3)将上海市徐汇区公园广场点数据加载到地图中以供后续网络分析使用。

2. 构建网络数据集

(1)新建包含准备好原始数据的网络数据集,打开属性设置面板。新建成本属性为"Minute",【赋值器】→【边】的"类型"选择"字段脚本",在"值"中的结果内填入对应交通消耗时间的字段名,即之前添加的"FT_Minutes"和"TF_Minutes"字段,在"转弯"组中设定好不同转弯类别的消耗时间,右转弯为 2 秒、左转弯为 5 秒、前方直行为 2 秒、前方直行(无十字路口)为 0 秒、掉头为 5 秒(见图 17.2)。

(2)新建"出行模式"为"按时间步行","类型"参数选择"步行",【成本】→【阻抗】选择"Minute"。

图 17.2　成本设置面板

(3)由于该实例为服务区网络分析,因此需要在【常规】→【索引】下勾选"服务区索引"复选框。

(4)按【确定】按钮保存属性面板,右键点击网络数据集,选择"构建",点击右下角【运行】按钮完成网络数据集的构建。

3. 创建服务区分析图层

（1）单击分析选项卡功能区中的"网络分析"，选取下拉栏中的"服务区"后，地图中会自动生成一个服务区分析图层，其中包括设施点图层（需要进行分析的输入数据）、面和线图层（分析完成后输出结果的图层）、点/线/面障碍图层（用于影响网络分析的输入要素）。

（2）点击【服务区图层】→【导入设施点】，在"输入位置"的下拉栏中找到需要进行分析的"徐汇区-公园广场点"要素，点击【应用】按钮完成设施点的导入（见图 17.3）。点击"导入设施点"右侧的【▦】图标，可以进行点障碍、线障碍、面障碍的导入（为可选项，非网络分析的必要数据，如有必要障碍可选择导入，如以单行道为例的"线障碍"等）。

（3）【服务区图层】→【出行设置】下的"模式"参数默认为之前新建的"按时间步行"，"方向"参数的"远离设施点"代表从设施点出发，在规定成本内向外所覆盖的范围，反之则代表规定成本内可以到达设施点的覆盖范围。"中断"参数表示成本的范围，输入"5，10，15"后，最终分析结果将得到 5 分钟、10 分钟、15 分钟公园绿地步行可达的范围。【服务区图层】→【输出几何】中选择"面、标准精度、重叠、圆环"（见图 17.4）。

4. 执行服务区分析

其他各选项按默认设置后，单击【服务区图层】→【运行】，执行服务区分析。在生成的"面"图层中可以更改各中断值的颜色，使图面表达效果更清晰。通过服务区网络分析结果（见图 17.5）可看出上海市徐汇区公园绿地在步行 5 分钟、10 分钟和 15 分钟内的可达范围。

图 17.3　设施点设置面板

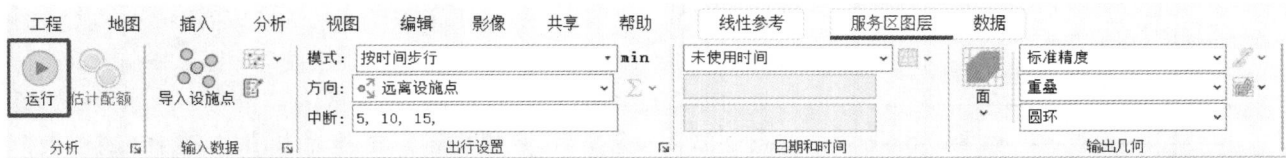

图 17.4　服务区图层参数设置

17.3.2　路径分析

最短路径分析是一种用于确定在给定的交通网络中，从一个起点到一个或多个终点的最短路径或最优路径的分析类型。这里的"最短"可以根据不同的成本属性来定义，如距离最短、时间最短、费用最低等，以找到在网络中移动的最佳路线。本节通过分析"明佳苑小区—徐汇区中心医院—上海南站"这一出行链所用最短驾车距离的路径，来介绍路径分析的详细步骤。

1. 原始数据准备和处理

该分析所需的数据包括上海市徐汇区道路网线数据（已处理好拓扑关系），明佳苑小区、徐汇区中心医院和上海南站点数据，将这些数据加载到地图当中。

2. 构建网络数据集

请参阅"服务区分析"相应部分。需要注意的是，在【交通流量属性】→【出行模式】中将新建一个"按距离驾车"的模式满足本案例的分析。因此，在"类型"参数中需选择"驾车"，【成本】→【阻抗】中选择"Length"。

3. 创建最短路径分析图层

（1）单击分析选项卡功能区中的"网络分析"，选取下拉栏中的"路径"后，地图中会自动生成一个路径分析图层，其中包括停靠点图层（需要进行分析的输入数据）、路径图层（分析完成后输出结果的图层）、点/线/面障碍图层（影响网络分析的输入要素）。

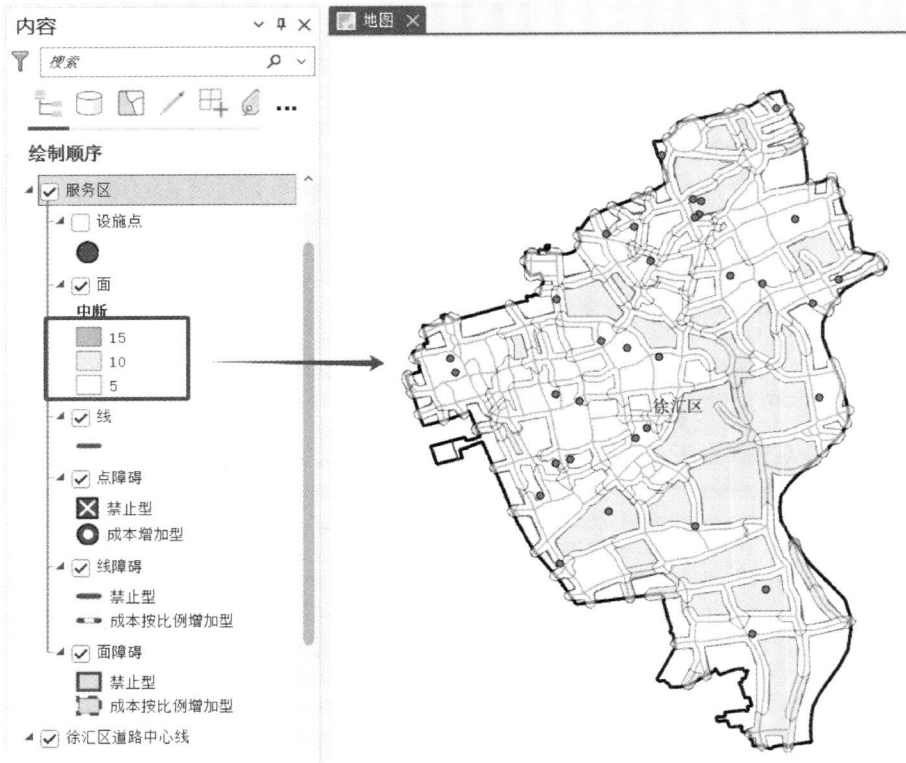

图 17.5　服务区网络分析结果

图 17.6　停靠点参数设置

（2）点击【路径图层】→【导入停靠点】，首先输入出行链的第一个目的地点要素"明佳苑小区"，在【属性】中选择"Sequence"，并将默认值设置为"1"，表示该要素点为整个路径的第一个点（见图 17.6）。重复上述步骤，将"徐汇区中心医院"设置为"Sequence"值为 2 的停靠点，"上海南站"设置为"Sequence"值为 3 的停靠点。设施点全部导入完毕后，可以右键点击停靠点图层，选择"属性表"，检验导入停靠点的名称和位次信息（见图 17.7）。

（3）【路径图层】→【出行设置】下的"模式"参数选择之前新建的"按距离驾车"，"顺序"参数选择"使用当前"，即路径分析会按照之前设定的"Sequence"字段的编号顺序进行计算。

4. 执行路径分析

其他各选项按默认设置后，单击【路径图层】→【运行】，执行路径分析。生成的"路径"图层即是计算结果，并且展示各停靠点的途径顺序。通过路径网络分析结果（见图 17.8）可看出"明佳苑小区—徐汇区中心医院—上海南站"出行链所用最短驾车距离的路径。

17.3.3　起点-目的地成本矩阵分析

起点-目的地成本矩阵分析是一种用于计算从多个起点到多个终点之间的最短路径或最低成本路径的分析类型。该分析会生成一个矩阵，显示每对起点和终点之间的成本（如时间、距离或其他指定的成本属性）。本节通过分析上海市徐汇区各学校 5 分钟步行能够到达的公园广场成本矩阵，来介绍起点-目的地成本矩阵分析的详细步骤。

	ObjectID *	Shape *	Name	RouteName	Sequence	TimeWindowStart	TimeWindowEnd	ArriveCurbApproach	DepartCurbApproach	ArriveTime
1	2	点	明佳苑小区	<空>	1	<空>	<空>	<空>	车辆的左侧	<空>
2	3	点	徐汇区中心医院	<空>	2	<空>	<空>	车辆的左侧	车辆的右侧	<空>
3	4	点	上海南站	<空>	3	<空>	<空>	车辆的左侧	<空>	<空>

单击以添加新行。

图 17.7　停靠点属性表

图 17.8　路径网络分析结果

1．原始数据准备和处理

该分析所需的数据包括上海市徐汇区道路网线数据(已处理好拓扑关系)和学校、公园广场点数据,将这些数据加载到地图中。

2．构建网络数据集

请参阅"服务区分析"相应部分。

3．创建最短路径分析图层

(1)单击分析选项卡功能区中的"网络分析",选取下拉栏中的"起点-目的地成本矩阵"后,地图中会自动生成一个 OD 成本矩阵分析图层,其中包括起始点图层(需要进行分析的输入数据)、目的地点(需要进行分析的输入数据)、线图层(分析完成后输出结果的图层)、点/线/面障碍图层(影响网络分析的输入要素)。

(2)点击【OD 成本矩阵图层】→【导入起点】,在"输入位置"的下拉栏中找到准备好的"徐汇区学校"数据,点击【应用】按钮完成起点的导入。点击【OD 成本矩阵图层】→【导入目的地】,在"输入位置"的下拉栏中找到准备好的"徐汇区公园广场"数据,点击【应用】按钮完成起点的导入。

(3)【OD 成本矩阵图层】→【出行设置】下的"模式"参数选择"按时间步行",在"中断"参数中输入"5",即矩阵将计算并识别出在 5 分钟步行时间内可以到达的所有起点和终点之间的连线。

4. 执行最短路径分析

其他各选项按默认设置后,单击【OD 成本矩阵图层】→【运行】,执行起点-目的地成本矩阵分析。生成的"线"图层即是计算结果。通过起点-目的地成本矩阵网络分析结果(见图 17.9)可看出上海市徐汇区各学校 5 分钟步行能够到达的公园广场成本矩阵。

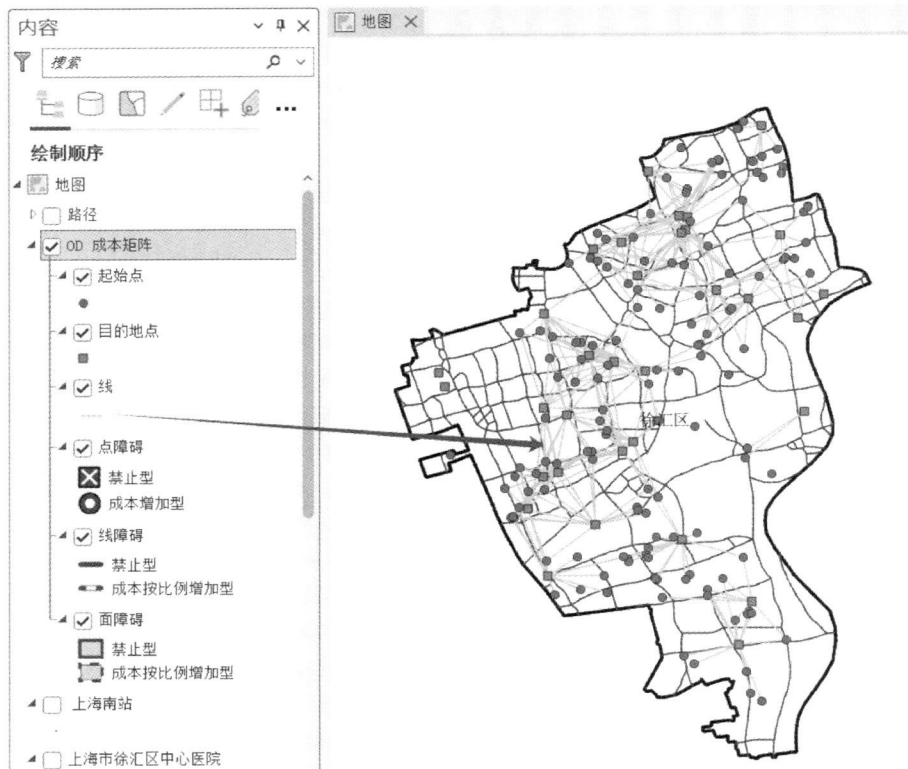

图 17.9　起点-目的地成本矩阵网络分析结果

17.3.4　最近设施点分析

最近设施点分析是一种用于确定从一个或多个起始点到一组设施之间的最短路径或最低成本路径的分析类型。该分析识别并计算从起点到最近设施的距离或时间,以及确定哪一个设施最适合提供服务。本节通过分析徐汇区某一图书馆、美术馆距离其最近的公园广场设施点,来介绍最近设施点分析的详细步骤。

1. 原始数据准备和处理

该分析所需的数据包括上海市徐汇区道路网线数据(已处理好拓扑关系)和公园广场、图书馆与美术馆点数据,将这些数据加载到地图当中。

2. 构建网络数据集

请参阅"服务区分析"相应部分。

3. 创建最近设施点分析图层

(1) 单击分析选项卡功能区中的"网络分析",选取下拉栏中的"最近设施点"后,地图中会自动生成一个最近设施点分析图层,其中包括设施点图层(需要进行分析的输入数据)、事件点图层(需要进行分析的输入数据)、路径图层(分析完成后输出结果的图层)、点/线/面障碍图层(影响网络分析的输入要素)。

(2) 点击【最近设施点图层】→【导入设施点】,在"输入位置"的下拉栏中找到准备好的"徐汇区公园广场"数据,点击【应用】按钮完成设施点的导入。点击【最近设施点图层】→【导入事件点】,在"输入位置"的下拉栏中找到准备好的"图书馆"和"美术馆"数据,点击【应用】按钮完成事件点的导入。由于获取的公园广场数据中存在"暂停营业"的数据,这类点数据对于实际的分析会造成准确性和实用性的影响,因此需要将这部分的点数据单独导出,作为"点障碍",具体的步骤是点击"导入事件点"右上方【▦▦▦】图标的下拉栏,点击

"导入点障碍"打开选项卡,在"输入位置"的下拉栏中找到准备好的"暂停营业的公园广场"数据,点击【应用】按钮完成点障碍的导入。

(3)【最近设施点图层】→【出行设置】下的"模式"参数选择"按时间步行",表示将步行时耗作为网络阻抗,计算单位为分钟,在"设施点"参数中输入"1",即生成的"路径"将会表示"美术馆"(事件点)、"图书馆"(事件点)分别到达距离其最近的"公园广场"(设施点)的路径。右键点击"路径"图层,打开属性表,可以看到生成的路径总长度和步行所需要的时间(见表 17.1)。

路径	出行时间	总长度
上海徐汇龙华街道社区图书馆—绿谷	6.655394	2158.455589
九点水美术馆—漕河泾开发区公园	2.886137	898.833538

(4)重复上述分析方法(3)的操作,但是在"设施点"参数中输入"3",即生成的"路径"将会表示"美术馆"(事件点)、"图书馆"(事件点)分别到达距离其最近的 3 个"公园广场"(设施点)的路径,可以根据需要进行分析数量的设置。

4. 执行最短路径分析

其他各选项按默认设置后,单击【最近设施点图层】→【运行】,执行最近设施点分析。图 17.10 为两个事件分别查找各自的最近设施,图 17.11 为两个事件和多个设施之间的最短路径。

图 17.10　两个事件分别查找各自的最近设施

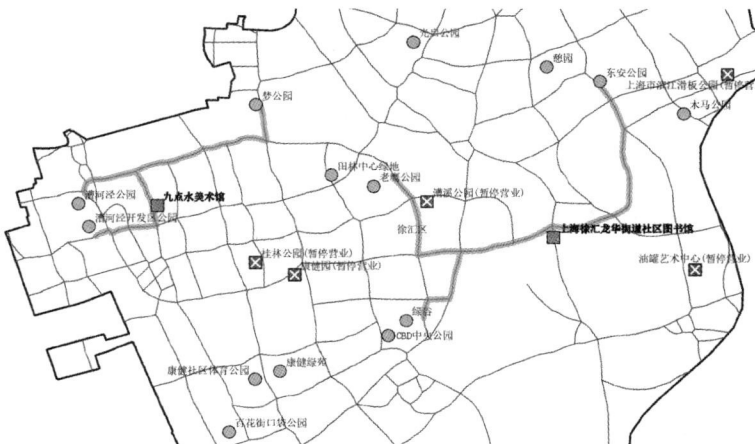

图 17.11　两个事件和多个设施之间的最短路径

第三篇　ArcGIS Pro 应用实例

271

第 18 章　3D 建模与分析

18.1　3DGIS 功能分析

18.1.1　DEM 三维制作与拉伸

1. 创建场景

启动 ArcGIS Pro 应用程序,依次单击【新建】→【主页】→【局部场景】,新建场景工程,如图 18.1 所示。

图 18.1　新建工程时创建的局部场景

2. 设置场景属性

创建场景后,"内容"窗格显示"3D 图层""2D 图层"和"高程表面"。用户可重命名场景:在"内容"窗格中双击或右键点击"场景",选择"属性"[见图 18.2(a)],在"地图属性:场景"对话框中重命名场景并设置属性,如背景色、坐标系、照明度等[见图 18.2(b)]。

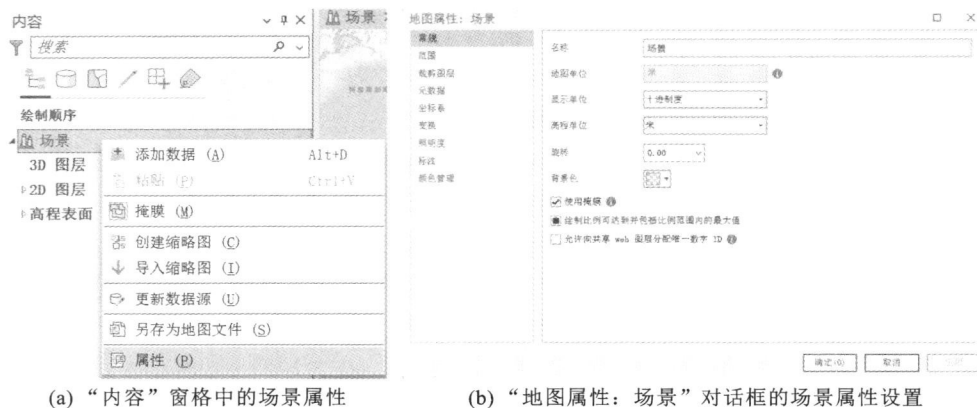

(a) "内容"窗格中的场景属性　　　　(b) "地图属性:场景"对话框的场景属性设置

图 18.2　设置场景属性

3. DEM 三维制作

在"内容"窗格中选择"地面",右击"添加高程源图层",如图 18.3(a)所示。点击"地面"子图层组,调整"高程表面图层"选项卡中的"表面颜色"和"垂直夸大"参数,突出其三维特征。将"DEM"图层(路径:…\Chp18 数据\18-1\18-1.aprx)添加至"2D 图层",展示地形起伏[见图 18.3(b)]。

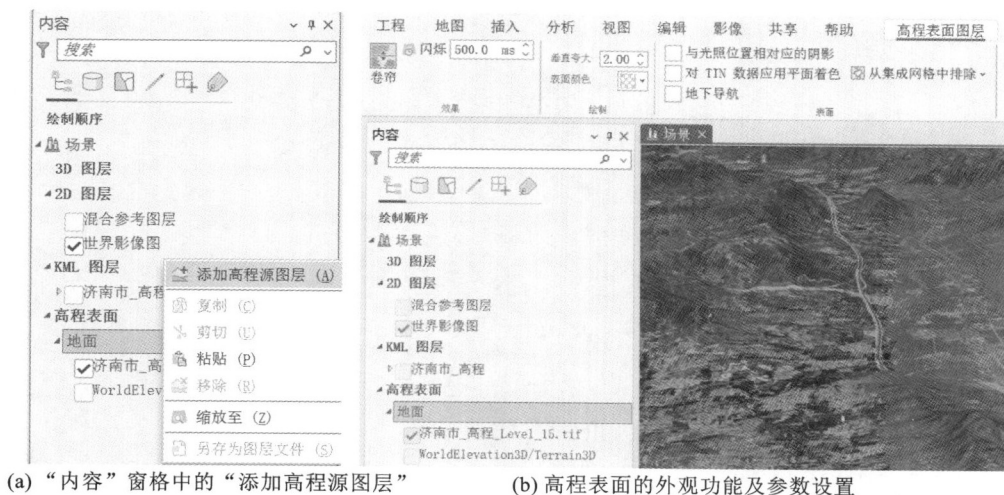

(a) "内容"窗格中的"添加高程源图层"　　　(b) 高程表面的外观功能及参数设置

图 18.3　DEM 三维制作

4. 洪水淹没分析

单击"视图"下的"目录"窗格,选择对应的文件夹,右键选择"新建",点击"Shapefile"[见图 18.4(a)],在弹出的"创建要素类"对话框中,"要素类名称"参数为"水面"(保存在"…\Chp18 数据\18-1\18-1. aprx"中),"几何类型"参数选择"面",坐标系保持与其他图层相同,其余属性保持默认,单击【运行】按钮,完成操作[见图18.4(b)]。

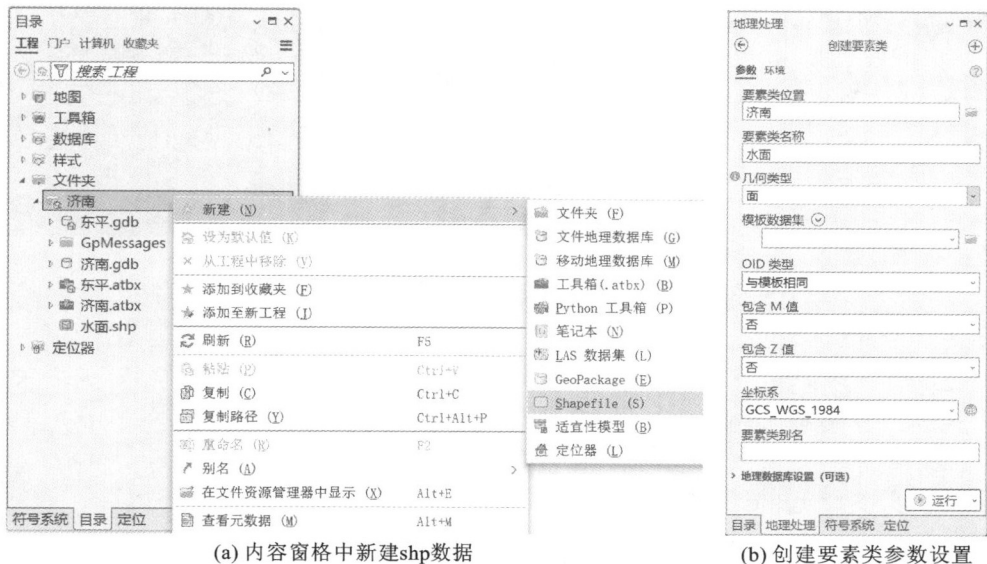

(a) 内容窗格中新建shp数据　　　　(b) 创建要素类参数设置

图 18.4　新建面要素图层

在"图层属性:水面"对话框中,"要素位于"选择"绝对高度处",将模拟淹没水面的"垂直夸大"设置为"2.00","制图偏移"设置为"100.00","垂直单位"设置为"米",单击【确定】按钮,如图 18.5 所示。

右键选中"水面"图层,随后点击"符号系统",弹出的界面如图 18.6(a)所示。在 ArcGIS 3D 中,选取"海水"样式,产生如图 18.6(b)所示的淹没结果。

5. 要素图层拉伸与创建 3D 要素(多面体)

点击"建筑"图层,然后在"要素图层"选项卡中选择"类型"(见图 18.7)。然后,选择"基本高度",点击字段列表旁边的【☒】按钮,这时会弹出"表达式构建器"对话框[见图 18.8(a)]。在构建器中,双击 Floor(楼层)字段,将其与数字 3 相乘,点击【确定】按钮以完成整个操作[见图 18.8(b)]。

提示:拉伸类型包括 4 种(最小高度、最大高度、基本高度和绝对高度),任选 1 个对应二维数据。

图 18.5　淹没水面高程设置

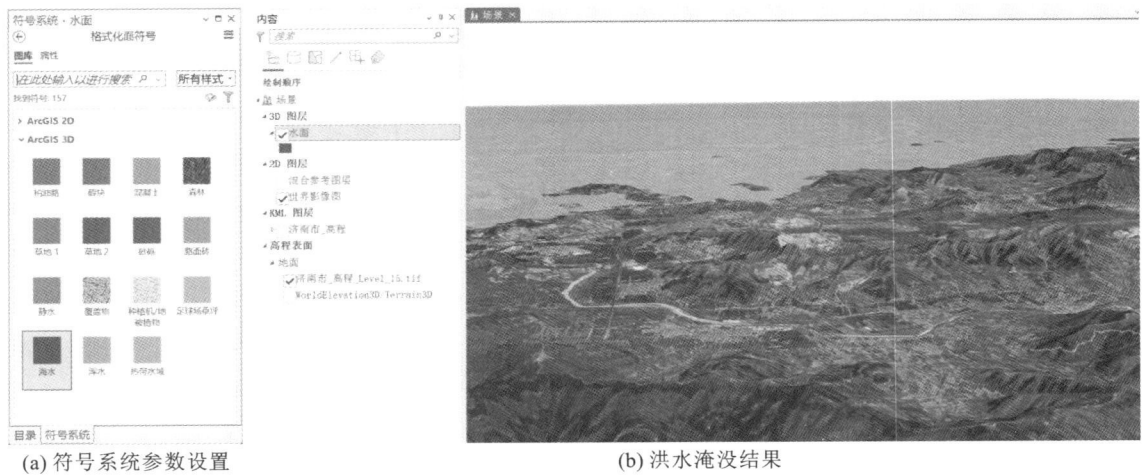

(a) 符号系统参数设置　　　　　　(b) 洪水淹没结果

图 18.6　水面淹没图层符号系统设置及结果

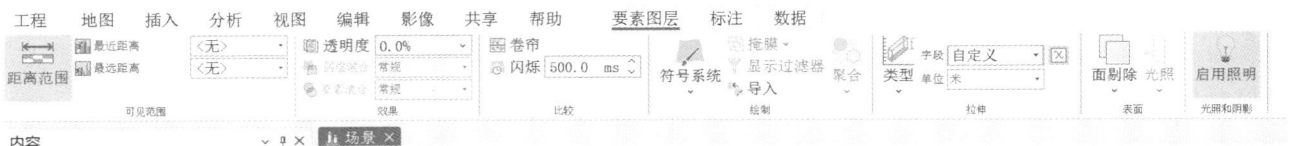

图 18.7　"要素图层"选项卡

经过拉伸处理的要素能够在场景中以三维图层的形式展现。此时,可以运用"3D 图层转要素类"工具,将具备三维显示特性的要素图层导出为三维线条或多面体要素,具体操作步骤如下。

选择"3D 图层转要素类"工具,在弹出的对话框中,"输入要素图层"设置为"建筑"(保存在"…\Chp18 数据\18-2\18-2.aprx"中),"输出要素类"设置为"建筑_Layer3DToFeatureClass"(保存在"…\Chp18 数据\18-2\18-2.aprx"中),"分组字段"为"Floor",勾选"禁用颜色和纹理"复选框,单击【运行】按钮,完成操作(见图18.9)。

18.1.2　三维数据的来源和处理工具

三维数据的来源多种多样,包括 2D 数据转 3D 数据、CAD 三维转 3D 数据、BIM 数据转 3D 数据、倾斜测量数据转 3D 数据(见表 18.1)。本小节主要介绍 2D 数据转 3D 数据、倾斜测量数据转 3D 数据的操作方法。

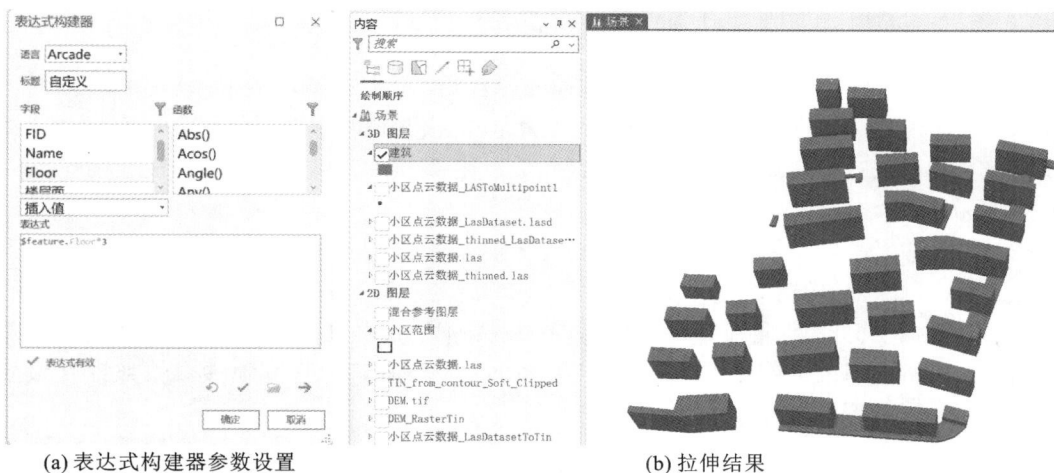

(a) 表达式构建器参数设置　　　　　　　　　　(b) 拉伸结果

图 18.8　建筑三维拉伸

图 18.9　3D 图层转要素类参数设置

表 18.1　三维数据来源转换工具

工具功能	工具名称	工具简介
2D 数据转 3D 数据	依据属性实现要素转 3D	基于属性字段,将 2D 要素转换为 3D 模型
	插值 Shape	将 2D 要素(点、折线、面)通过插入 Z 值转换为 3D 要素
	面插值为多面体	通过在表面(TIN 或 Terrain 数据集)上叠加面要素来创建与表面一致的多面体要素
CAD 三维转 3D 数据	多面体转 Colladas	转换一个或多个多面体要素为 Colladas(. DAE)文件及纹理图像文件集合,存储于输出文件夹
BIM 数据转 3D 数据	—	将 BIM 的 RVT 文件内容生成多个要素类,并置于同一要素数据集下
倾斜测量数据转 3D 数据	创建点云场景图层包	封装并优化点云数据,便于快速访问与可视化

1. 2D 数据转 3D 数据

将 2D 数据转换为 3D 数据是一个涉及空间分析和几何操作的过程。ArcGIS Pro 提供了"依据属性实现要素转 3D""插值 Shape"和"面插值为多面体"等工具。

（1）依据属性实现要素转 3D。

选择"依据属性实现要素转 3D"工具，"输入要素"设置为"建筑"（保存在"…\Chp18 数据\18-3\18-3. gdb"中），"输出要素类"设置为"建筑_FeatureTo3DByAttribute. shp"（保存在"…\Chp18 数据\18-3\18-3. aprx"中）。其他参数按默认设置后，单击【运行】按钮，完成操作（见图 18.10）。

（2）插值 Shape。

"插值 Shape"工具可通过为表面的输入要素插入 Z 值来将 2D 点、折线或面要素转换为 3D 要素类。选择"插值 Shape"工具，打开对话框，"输入表面"选择"DEM. tif"表面数据（保存在"…\Chp18 数据\18-3\18-3. aprx"中），"输入要素"选择"建筑"（保存在"…\Chp18 数据\18-3\18-3. aprx"中），"输出要素类"设置为"DEM_InterpolateShape"（保存在"…\Chp18 数据\18-3\18-3. aprx"中），其他参数按照默认设置后，单击【运行】按钮，完成操作（见图 18.11）。

图 18.10　依据属性实现要素转 3D 参数设置　　　　图 18.11　插值 Shape 参数设置

提示：线和点要素的操作步骤与面要素类似。

（3）面插值为多面体。

通过在表面（TIN 或 Tenrain 数据集）上叠加面要素来创建与表面一致的多面体要素。选取"面插值为多面体"工具，打开对话框［见图 18.12(a)］，"输入表面"选择"DEM_TIN"表面数据（保存在"…\Chp18 数据\18-3\18-3. aprx"中），"输入要素类"选择"小区范围"（保存在"…\Chp18 数据\18-3\18-3. aprx"中），"输出要素类"设置为"小区边界 3D"（保存在"…\Chp18 数据\18-3\18-3. aprx"中），其他参数按照默认设置后，单击【运行】按钮，完成操作。分析结果如图 18.12(b)所示，生成多面体表面纹理与 TIN 表面相似，表面面积字段标记为"SArea"。

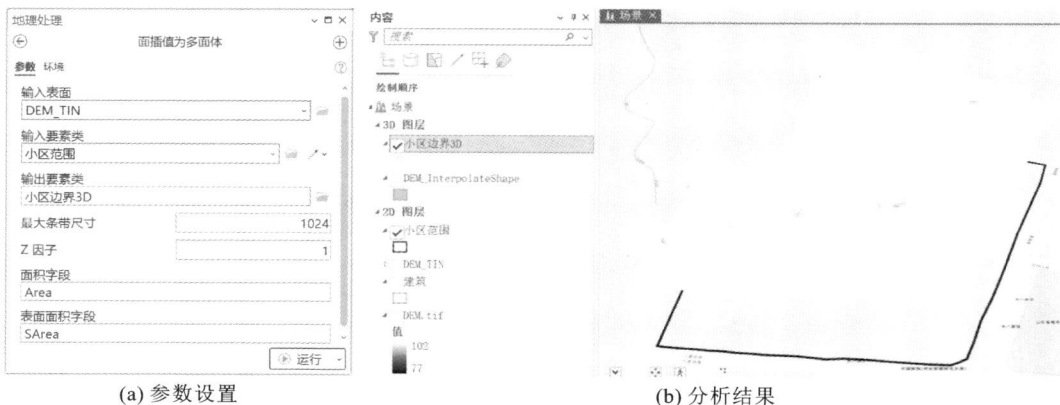

(a) 参数设置　　　　　　　　　　　(b) 分析结果

图 18.12　面插值为多面体

2. 倾斜测量数据转 3D 数据

可对激光雷达点进行重新分类、提取信息，并将 LAS 数据集转换为其他表面格式。

（1）LAS 数据集转 TIN。

通过 LAS 数据集导出不规则三角网（TIN）。选择"LAS 数据集转 TIN"工具，打开对话框［见图 18.13（a）］，"输入 LAS 数据集"选择"小区点云数据.las"（保存在"…\Chp18 数据\18-3\18-3.aprx"中），"输出 TIN"设置为"小区点云数据_LasDatasetToTin"（保存在"…\Chp18 数据\18-3\18-3.aprx"中），"细化类型"选择"窗口大小"，"细化方法"选择"Z 最小值"，设置"最大输出节点数"为"5000000"，其余属性保持默认，单击【运行】按钮，完成操作。分析结果如图 18.13（b），生成的多面体表面纹理与 TIN 表面相似，表面面积标记为"SArea"。

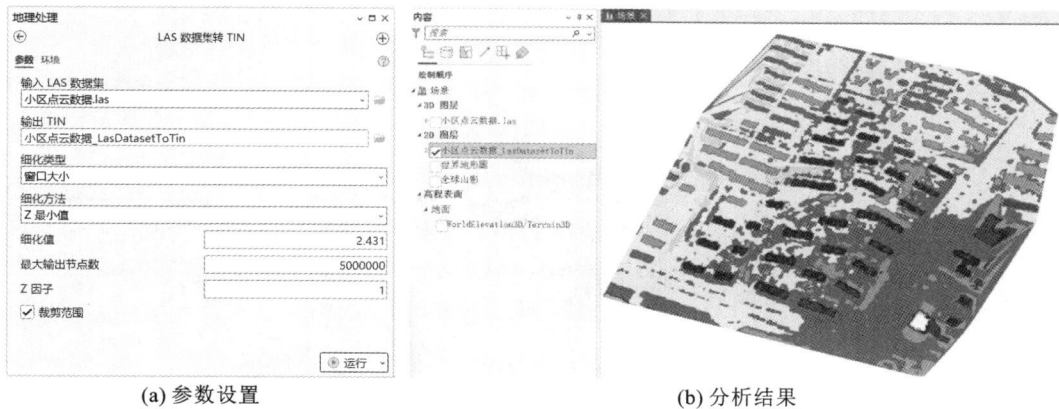

(a) 参数设置　　　　　　　　　　　　　　(b) 分析结果

图 18.13　LAS 数据集转 TIN

（2）LAS 转多点。

选取"LAS 转多点"工具，打开对话框［见图 18.14（a）］，"输入"选择"小区点云数据.las"（保存在"…\Chp18 数据\18-3\18-3.aprx"中），"输出要素类"设置为"小区点云数据_LASToMultipoint"（保存在"…\Chp18 数据\18-3\18-3.aprx"中），"平均点间距"设置为"10"，该距离为激光雷达布点的距离（该数值应以 LiDAR 采集时使用的实际距离为准），其余属性保持默认，单击【运行】按钮，完成操作。分析结果如图 18.14（b）。

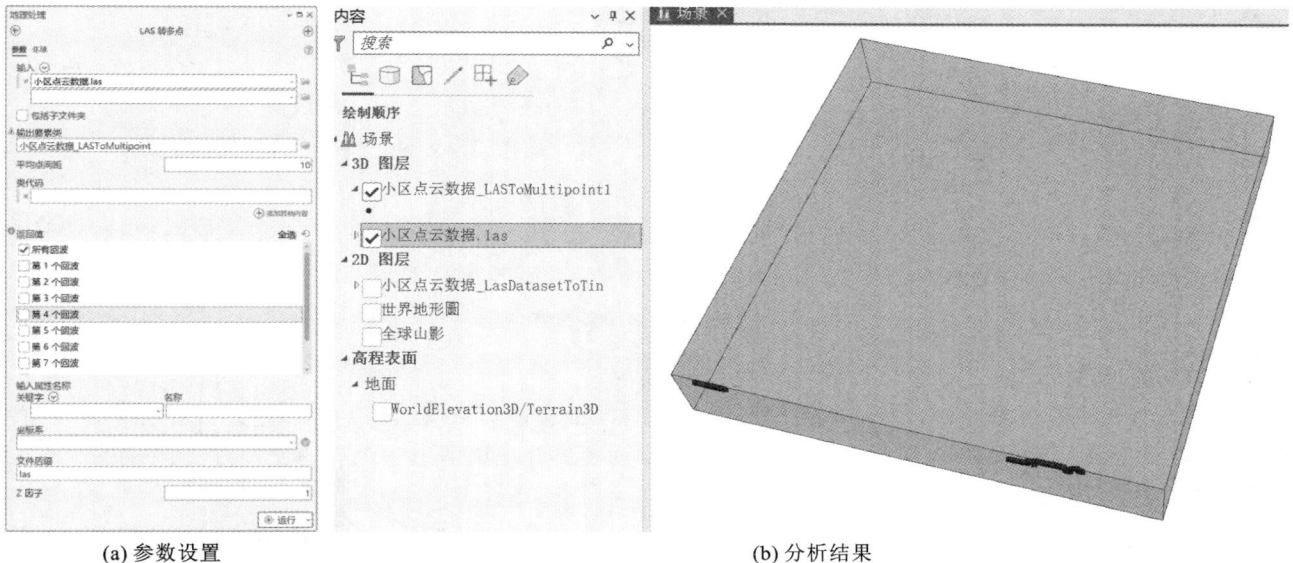

(a) 参数设置　　　　　　　　　　　　　　(b) 分析结果

图 18.14　LAS 转多点

18.1.3　三维要素分析

1. 多面体要素有效性检查

"3D Analyst"工具箱提供了一系列用于 3D 要素分析的工具，这些工具主要以多面体要素类作为输入。

因此,在执行 3D 要素分析之前,确保输入的三维要素是闭合的。"是否为闭合 3D"工具用于评估多面体要素类中的各个要素是否闭合。该工具的操作步骤如下。

使用"3D Analyst"工具箱中的【3D 要素】→【是否为闭合 3D】工具,将"输入多面体要素"设定为"小区边界 3D"(保存在"…\Chp18 数据\18-3\18-3. aprx"中)[见图 18.15(a)]。该工具会在输入多面体要素的属性表中添加一个字段"IsClosed",值为"Yes"表示该要素是闭合的,值为"No"则意味着该要素未完全闭合[见图 18.15(b)]。点击【运行】按钮,即可完成此操作。

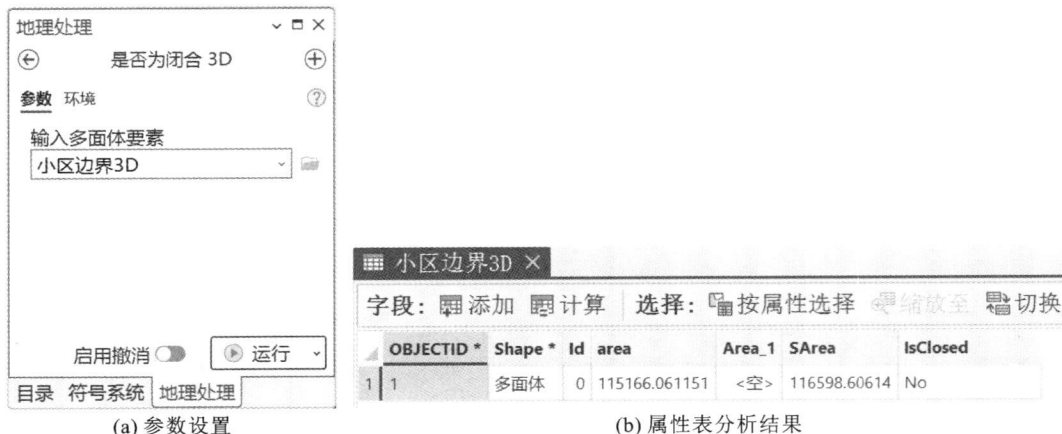

(a) 参数设置   (b) 属性表分析结果

图 18.15　是否为闭合 3D

提示:对于未完全闭合的多面体要素,可以使用"3D Analyst"工具箱中的"封闭多面体"工具来执行闭合操作(见图 18.16)。

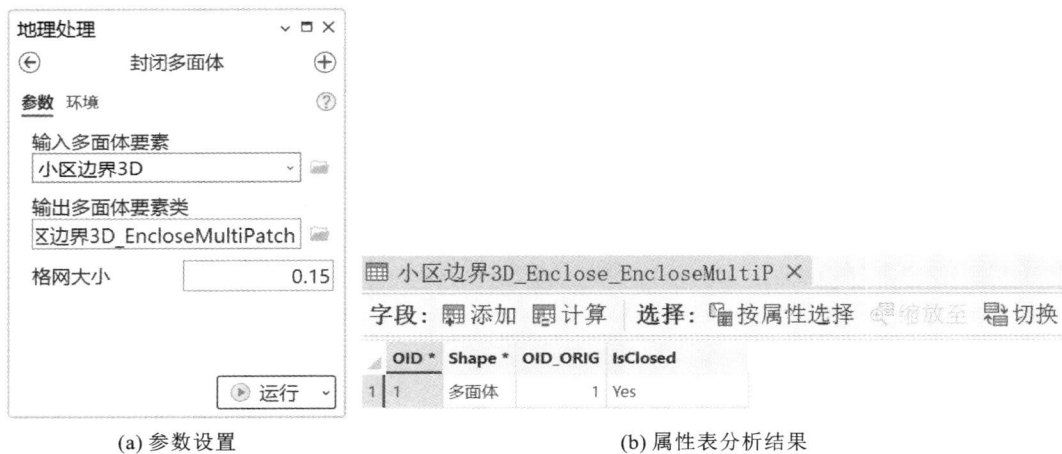

(a) 参数设置   (b) 属性表分析结果

图 18.16　封闭多面体

2. 3D 邻近性

在"3D Analyst"工具箱中,"3D 邻近性"工具集包含"3D 缓冲""3D 联合""3D 邻近""3D 内部"以及"按邻域查找 LAS 点"等工具,它们的操作流程大同小异。为了更好地说明这些工具的使用方法,下面将以"3D 邻近"工具为例,详细阐述其操作步骤。

选择"3D 邻近"工具,打开对话框(见图 18.17),"输入要素"选择"建筑"(保存在"…\Chp18 数据\18-3\18-3. aprx"中),"邻近要素"选择"建筑"(保存在"…\Chp18 数据\18-3\18-3. aprx"中),"搜索半径"为 10 米,勾选"位置""角"和"增量"复选框,其余属性保持默认,单击【运行】按钮,完成操作。工具在输入要素属性表中新增了若干如"NEAR_*"的字段。

提示:该工具支持多种几何类型的输入,包括点、线、面以及多面体等,但所有输入的元素都必须包含 Z 值信息。工具的邻近要素是多选项,也可设置为输入要素本身,以此来分析和确定输入要素中各对象之间的三维空间邻近关系。

3. 3D 相交

"3DAnalyst"工具箱中的"3D 相交"工具集包括"3D 线相交""3D 线与表面相交""3D 线与多面体相交""3D 相交"等工具,这些工具操作步骤类似。下面以"3D 线与多面体相交"工具为例,介绍操作步骤。

选择"3D 线与多面体相交"工具,打开对话框[见图 18.18(a)]。"输入线要素"设置为"line"(保存在"…\Chp18 数据\18-3\18-3. aprx"中),"输入多面体要素"设置为"建筑_Layer3DToFeatureClass"(保存在"…\Chp18 数据\18-3\18-3. aprx"中)。"输出点"设置为"point. shp"(保存在"…\Chp18 数据\18-3\18-3. aprx"中),"输出线"设置为"line1"(保存在"…\Chp18 数据\18-3\18-3. aprx"中)。其他参数按默认设置后,单击【运行】按钮,完成操作。分析结果如图 18.18(b)。当存储于同一地理数据库时,点和线要素类名称不能相同,否则会出现错误提示。

图 18.17 3D 邻近参数设置

18.2 三维表面建模

使用 TIN、Terrain 数据集、LAS 数据集和栅格生成表面进行分析。

(a) 参数设置   (b) 分析结果

图 18.18 3D 线与多面体相交

18.2.1 由栅格创建 TIN

由于 TIN 是基于 Delaunay 三角剖分规则生成的,其无法在地理坐标系中创建,因此涉及 TIN 的操作应确保数据在投影坐标系下。"栅格转 TIN"工具用于将栅格(如 DEM)创建为 TIN。选择"栅格转 TIN"工具,打开对话框[见图 18.19(a)],"输入栅格"选择"DEM. tif"(保存在"…\Chp18 数据\18-3\18-3. aprx"中),"输出 TIN"设置为"DEM_RasterTin"(保存在"…\Chp18 数据\18-3\18-3. aprx"中),其余属性保持默认,单击【运行】按钮,完成操作。分析结果如图 18.19(b)。创建的 TIN 根据高程分层设置颜色,同时显示数据的边界(即软边)。

18.2.2 由要素类创建 TIN

"创建 TIN"工具用于将点要素类、线要素类或面要素类创建为 TIN。下面将以点要素类为例创建 TIN,其他要素操作步骤相似,具体如下。

选择"创建 TIN"工具,打开对话框[见图 18.20(a)],"输入要素"选择"DEM_InterpolateShape"(保存在

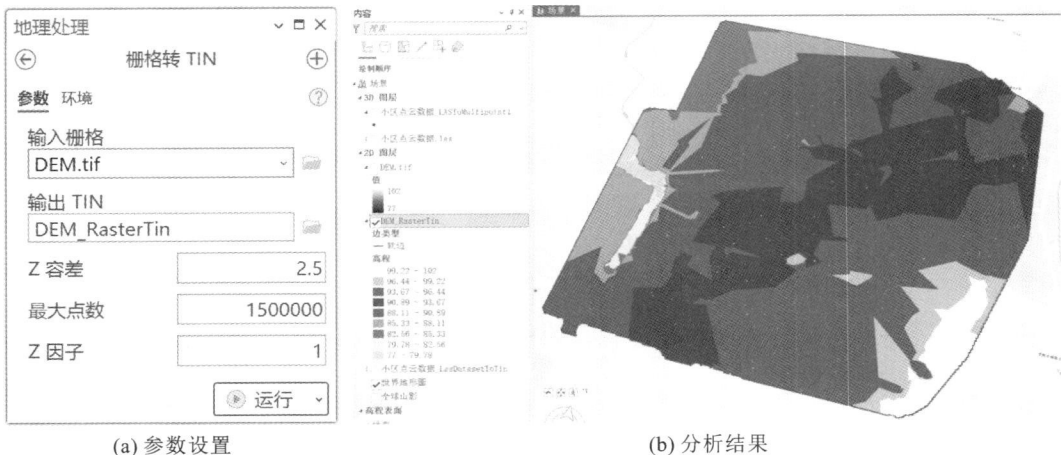

(a) 参数设置   (b) 分析结果

图 18.19　由栅格创建 TIN

"…\Chp18 数据\18-3\18-3. aprx"中），"输出 TIN"设置为"TIN_from_contour_Soft_Clipped"（保存在"…\Chp18 数据\18-3\18-3. aprx"中），"坐标系"设置为"WGS_1984_UTM_Zone_50N"（依据不同的研究区域选择对应的投影坐标系），其余属性保持默认，单击【运行】按钮，完成操作。分析结果如图 18.20(b)。

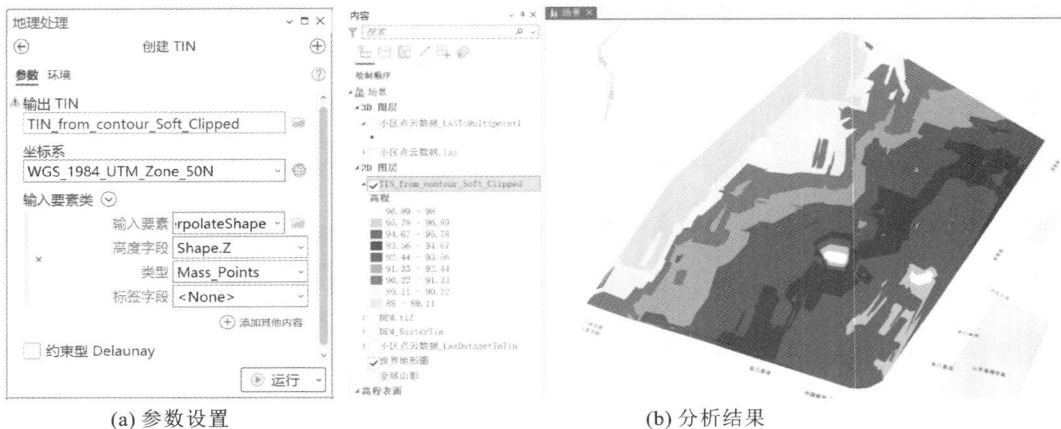

(a) 参数设置   (b) 分析结果

图 18.20　由要素类创建 TIN

18.2.3　由 TIN 创建栅格表面

"TIN 转栅格"工具用于将 TIN 转换为栅格表面，其结果与"栅格转 TIN"工具相反。选择"TIN 转栅格"工具，打开对话框（图 18.21），"输入 TIN"选择"TIN_from_contour_Soft_Clipped"（保存在"…\Chp18 数据\18-3\18-3. aprx"中），"输出栅格"设置为"tin_fr_tinra"（保存在"…\Chp18 数据\18-3\18-3. aprx"中），其余属性保持默认，单击【运行】按钮，完成操作（使用者可根据所需要的转换后栅格分辨率来设置合适的采样值）。

18.2.4　计算表面积和体积

在理想的欧几里得空间中，一个矩形区域的面积等于其长度与宽度的乘积。然而，当我们考虑到实际的表面形状时，计算地球的表面积时必须考虑高度变化的影响。通常情况下，表面积会超过其在二维平面上的投影面积，且表面的粗糙程度越高，两者之间的差异就越大；如果表面较为平滑，这种差异就会减小。体积是指表面与某一参考平面之间所围成的空间大小。"表面体积"工具可用来计算表面积和体积，该工具的操作步骤如下。

选择"表面体积"工具，打开对话框［见图 18.22］，"输入表面"选择"DEM. tif"（保存在"…\Chp18 数据\18-3\18-3. aprx"中），"参考平面"设置为"平面上方"（保存在"…\Chp18 数据\18-3\18-3. aprx"中），"平面高度"设置为"77",该值为研究区域内高程最低值,其余属性保持默认,单击【运行】按钮,完成操作。

图 18.21 "TIN 转栅格"对话框

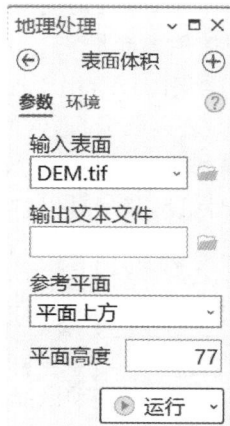

图 18.22 表面体积参数设置

表面积与体积的计算结果表由 7 个字段组成,并依次命名为 Field1 至 Field7。这些字段分别代表以下数据:数据集平面高度、参考平面、因子、二维面积(表面在平面上的投影面积)、三维面积(表面在平面上展开的面积)、体积及高程范围。

提示:在实际应用中,通常需要计算不规则区域的表面积和体积。为此,可以通过对话框中的"环境"选项页,设置"处理范围"下的"范围"参数来设定不规则区域,或者利用要素/栅格图层来指定特定范围。

18.3 点云管理和分析

18.3.1 LAS 基础知识

栅格高程模型是 GIS 常见数据类型,可用于可视化和分析,并易于共享。通过 LAS 文件中的机载激光雷达数据,可创建高质量高程模型。激光雷达可创建两种高程模型:数字表面模型(DSM)和数字高程模型(DEM)。DSM 包括树冠和建筑物,DEM 仅含地形。这些模型在 GIS 中有多种用途,如了解土地利用变化、水文建模、3D 可视化、视域分析和填挖方分析。

1. LAS 数据集

LAS 数据集包含 LAS 点云文件(. las)和可选的表面约束集合。该数据集能够以点云或 TIN 表面模型的形式进行可视化展示。LAS 数据集以. lasd 扩展名的文件格式进行存储。表面约束包括隔断线、水域多边形、区域边界,以及 LAS 数据集中强化的任何其他类型的表面要素。当 LAS 数据集以 TIN 模型形式展示或用于生成栅格 DEM 表面模型时,这些要素将被强制应用。在 ArcGIS Pro 中,可通过"创建 LAS 数据集"地理处理工具或使用"目录"对话框创建 LAS 数据集。创建好 LAS 数据集后,可将图层添加至地图或场景以可视化点云。

2. 覆盖范围

确定区域范围和大小以选择是生成单个栅格还是一组栅格,这取决于栅格在分析、显示及数据共享或分发方面的用途。同时,还应考虑激光雷达数据量,处理大尺度(如市域)范围点云时可能耗费的大量时间和占用的大量计算机资源。建议根据数据量创建多个栅格,并考虑分割激光雷达处理,如将单个 LAS 数据集限制在 100 亿个点以内。机载激光雷达数据可切片为可管理大小。处理航线数据时,可使用"切片 LAS"地理处理工具。考虑输出栅格的行数和列数,当超过 10000 时,可分割数据集为多个栅格,并使用这些栅格定义镶嵌数据集。

3. 所需点密度

一致的点密度或减小采样激光雷达文件能减少输出栅格噪点,并提升性能。点密度影响输出栅格像元大小。DEM/DSM 像元大小应不小于激光雷达数据集平均点间距。平均点间距可在 LAS 数据集属性对话框中找到。采集激光雷达数据时,航线间需重叠以防遗漏。重叠区域可能出现轻微高度偏移,特别是在边缘。使用"分类 LAS 重叠"地理处理工具可排除重叠区域中的点并重新分类。为使过采样激光雷达数据点的密度一致,可使用"稀疏化 LAS"地理处理工具。

4. 强制使用隔断线

LAS 数据集图层可用于控制表面约束要素的强化,而该要素可由 LAS 数据集引用。表面约束是存储在要素类中的表面要素,通常通过遥感技术(如摄影测量)获得。当将 LAS 数据集作为三角化网格面显示或处理时,将强制执行约束。应用水文学时,如将水体(如湖泊、河流)作为约束条件,对管理洪泛区等工作非常有效。同时,设定研究区域边界以针对特定区域(如分水岭)进行输出,也具重要价值。

18.3.2 稀疏化优化点云

稀疏化是减少 LAS 文件点数量的过程,通过叠加统一格网并选择保留满足条件的点来实现。增大格网像元会移除更多点,生成更小、密度低的文件。点云可通过 2D 或 3D 格网稀疏化,3D 格网可保留更多垂直结构点,适用于地面、移动激光雷达和摄影测量点云,而 2D 稀疏化主要用于机载激光雷达。

选择"稀疏化 LAS"工具,打开对话框[见图 18.23(a)],"输入 LAS 数据集"选择"小区点云数据.las"(保存在"···\Chp18 数据\18-3\18-3.aprx"中),"目标文件夹"设置为"点云"(保存在"···\Chp18 数据\18-3\18-3.aprx"中),"稀疏化维度"设置为"3D","目标 XY 分辨率"设置为"5 米","目标 Z 分辨率"设置为"5 米",其余属性保持默认,单击【运行】按钮,完成操作。分析结果如图 18.23(b)所示。

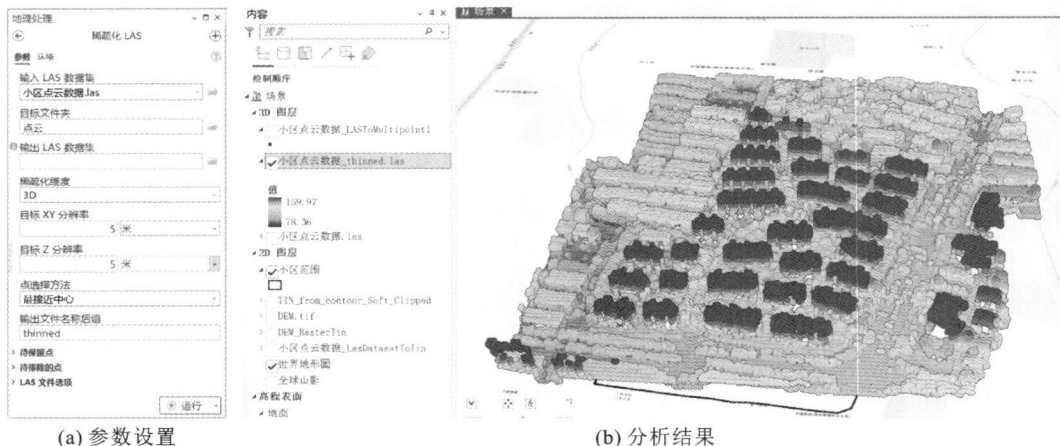

(a)参数设置　　　　　　　　　　　(b)分析结果

图 18.23　稀疏化 LAS

18.3.3 点云数据分类与信息提取

1. 分类 LAS 地面点

选择"分类 LAS 地面点"工具,打开对话框(见图 18.24),"输入 LAS 数据集"选择"小区点云数据_thinned.las"(保存在"···\Chp18 数据\18-3\18-3.aprx"中),"地面检测方法"设置为"标准分类","处理边界"设置为"小区范围"(保存在"···\Chp18 数据\18-3\18-3.aprx"中),勾选"计算统计数据"复选框,其余属性保持默认,单击【运行】按钮,完成操作。

2. 分类 LAS 建筑物

选择"分类 LAS 建筑物"工具,打开对话框(见图 18.25),"输入 LAS 数据集"选择"小区点云数据_thinned.las"(保存在"···\Chp18 数据\18-3\18-3.aprx"中),"最小屋顶高度"设置为"9 国际英尺","最小面积"设置为"30 国际平方英尺","处理边界"设置为"小区范围"(保存在"···\Chp18 数据\18-3\18-3.aprx"中),勾选"计算统计数据"复选框,其余属性保持默认,单击【运行】按钮,完成操作。

3. 分类 LAS 噪声

选择"分类 LAS 噪声"工具,打开对话框(见图 18.26),"输入 LAS 数据集"选择"小区点云数据.las"(保存在"…\Chp18 数据\18-3\18-3.aprx"中),"方法"设置为"绝对高度","处理边界"设置为"小区范围"(保存在"…\Chp18 数据\18-3\18-3.aprx"中),勾选"编辑分类"和"计算统计数据"复选框,其余属性保持默认,单击【运行】按钮,完成操作。

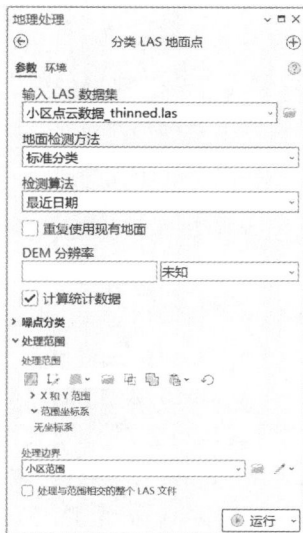

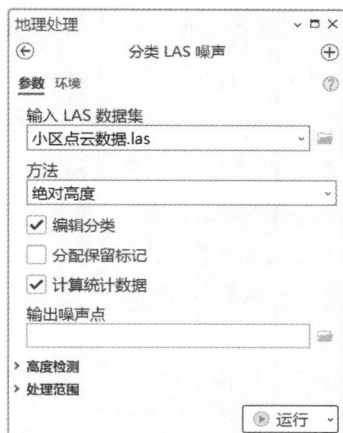

图 18.24　分类 LAS 地面点参数设置　　图 18.25　分类 LAS 建筑物参数设置　　图 18.26　分类 LAS 噪声参数设置

18.3.4　LAS 数据创建 DEM 和 DSM

使用 LAS 数据集图层及其过滤器属性集作为输入,可以通过点的快速图格化执行栅格化。激光雷达数据密集,图格化已足够,无须耗时插值,适用于采样一致的首次回波。裸露地表采样密度受地上要素影响,建议对 DEM 使用三角测量,图格化速度快但质量低。使用 LAS 数据集,根据激光雷达创建 DEM 和 DSM 的具体步骤如下所示。

右键单击"内容"窗格中的 LAS 数据集图层,然后选择"属性"。随即出现"图层属性:小区点云数据.las"对话框(见图 18.27)。单击"LAS 过滤器"并设置用于生成 DEM 或 DSM 的过滤器属性。单击【应用】和【确定】按钮以关闭"图层属性:小区点云数据.las"对话框。点击"表面约束",配置生成 DEM 或 DSM 的表面约束参数。在"地理处理"窗格中,搜索"LAS 数据集转栅格"地理处理工具。在"LAS 数据集转栅格"地理处理工具中,添加 LAS 数据集作为输入"LAS 数据集值",设置输出栅格值、插值参数、采样类型和采样值,用于定义输出栅格的分辨率。单击【运行】按钮,完成操作。

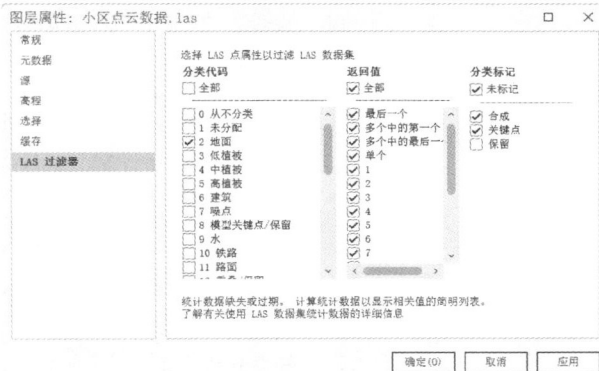

图 18.27　小区点云数据属性

提示：①使用三角测量插值方法时，支持所有隔断线类型；使用图格化插值方法时，仅支持替换、擦除和裁剪约束。②图格化可加速结果生成。生成 DEM 时，平均值像元分配类型适用于裸露地表点。创建 DSM 时，最大值选项可使结果偏向较高高程。空值填充可选线性插值或自然邻域插值。自然邻域插值处理时间长，但表面更平滑，受三角测量变化影响小。三角测量插值基于 TIN，使用窗口大小技术细化 LAS 数据采样，以加快处理时间。

18.4 可见性分析

"3D Analyst"工具箱中的"可见性"工具集提供了包括"视点分析""构造视线""天际线""通视分析"以及"太阳阴影体"等一系列工具。本节将介绍相应工具操作步骤及其与 3D 探索性分析工具的区别。

18.4.1 视点分析

视点分析旨在确定从各个栅格表面位置观察一个或一组观察点的可见性，注意观察点的数量不得超过16 个。以下是该工具的操作步骤。

选择"视点分析"工具，打开对话框[见图 18.28(a)]，"输入栅格"选择"济南市_高程_Level_15.tif"（保存在"…\Chp18 数据\18-4\18-4.aprx"中），"输入观察点要素"设置为"Observation Points"（保存在"…\Chp18 数据\18-4\18-4.aprx"中），"输出栅格"设置为"Observe_济南市_1"（保存在"…\Chp18 数据\18-4\18-4.aprx"中），"输出地面以上栅格"设置为"Observe_above"，其余属性保持默认，单击【运行】按钮，完成操作。分析结果如图 18.28(b)、(c)所示。在图 18.28(b)中，Value 为 0 表示"Observation Points"观察点的位置是不可见的，而 Value 为 1 则表示这些点是可见的。图 18.28(c)展示了在各个像素位置上，为了使"Observation Points"可见，需要增加高度。

(a) 视点分析参数设置

(b) 可见性分析结果

(c) 地面以上栅格

图 18.28 视点分析

18.4.2　构造视线分析

找到"构造视线"工具,打开对话框[见图 18.29(a)]。"视点分析"选择"观察点"(保存在"…\Chp18 数据\18-4\18-4.aprx"中),高度为 1.8 米,模拟人眼高度。"目标要素"设置为"建筑"(保存在"…\Chp18 数据\18-4\18-4.aprx"中),"观察者高度字段"设置为"height","目标高度字段"设置为"height",勾选"输出方向"复选框,其余属性保持默认,单击【运行】按钮,完成操作。分析结果如图 18.29(b)所示。

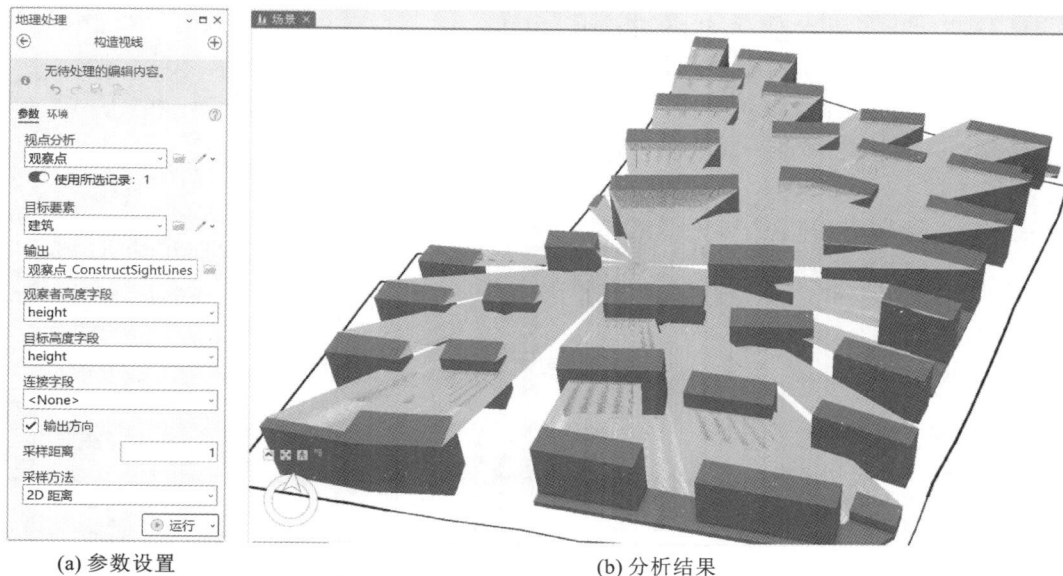

(a) 参数设置　　　　　　　　　(b) 分析结果

图 18.29　可见性分析

提示:本小节介绍的是"点对面"构造视线工具,此外,还可以采用点对点、点对线的实现方式(见图 18.30)。其中,观察点和目标点的数量上限为 16。

(a) 点对点　　　　　　　(b) 点对线　　　　　　　(c) 点对面

图 18.30　构造视线分析工具示意

18.4.3　天际线

天际线是天空与观察点周围表面及其他要素之间的分界线。"天际线"工具利用输入的观察点位置和表面数据,生成一个线要素类或多面体要素类,其中包含了天际线或轮廓分析的结果。以下是该工具的操作步骤。

找到"天际线"工具,打开对话框(见图 18.31)。"输入观察点要素"选择"观察点"(保存在"…\Chp18 数据\18-4\18-4.aprx"中),"输入要素"设置为"建筑_Layer3DToFeatureClass","输出要素类"设置为"观察点_Skyline"(保存在"…\Chp18 数据\18-4\18-4.aprx"中),其余属性保持默认,单击【运行】按钮,完成操作。

18.4.4　通视分析

"通视分析"工具旨在确定视线穿过由表面和可选的多面体数据集构成的障碍物时的可见性。该工具的使用步骤如下。

图 18.31　天际线参数设置

找到"通视分析"工具,打开对话框[见图 18.32(a)]。"输入表面"选择"DEM. tif"(保存在"···\Chp18 数据\18-4\18-4. aprx"中),"输入线要素"设置为"通视线","输入要素"设置为"建筑_Layer3DToFeatureClass"(保存在"···\Chp18 数据\18-4\18-4. aprx"中),"输出要素类"设置为"DEM_LineOfSight1"(保存在"···\Chp18 数据\18-4\18-4. aprx"中),"输出障碍点要素类"设置为"通视障碍点. shp"(保存在"···\Chp18 数据\18-4\18-4. aprx"中),其余属性保持默认,单击【运行】按钮,完成操作。

分析结果如图 18.32(b)所示,"通视线"被"建筑_Layer3DToFeatureClass"多面体阻碍。

18.4.5　太阳阴影体

"太阳阴影体"工具通过模拟每个要素在特定日期和时间的光照条件下产生的模型阴影,来构建闭合体。以下是该工具的操作步骤。

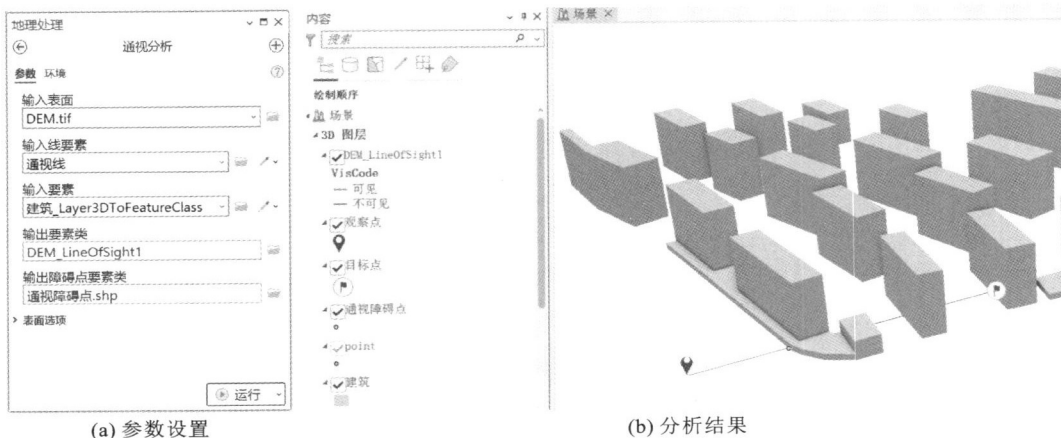

(a) 参数设置　　　　　　　　　　　　　(b) 分析结果

图 18.32　通视分析

找到"太阳阴影体"工具,打开对话框(见图 18.33)。"输入要素"选择"建筑_Layer3DToFeatureClass"(保存在"···\Chp18 数据\18-4\18-4. aprx"中),"起始日期和时间"设置为"2024-08-27 14:12:48","输出要素类"设置为"建筑_SunShadowVolume"(保存在"···\Chp18 数据\18-4\18-4. aprx"中),勾选"调整为夏令时"复选框,其余属性保持默认,单击【运行】按钮,完成操作。

18.5　3D 探索性分析

18.5.1　交互式填挖

1. 交互式填挖基础知识

交互式填挖对象用于确定地面平整所需体积位移,根据当前地表计算。填挖位置可交互移动,支持创建多个对象以探索不同区域。如果更改用于创建填挖对象的地表,则在准备下一组填挖对象的过程中会清除所有现有填挖对象。

这些工具显示的分析结果是临时的,不保存在工程或地图包中。

图 18.33　太阳阴影体参数设置

但挖方体积、填方体积、净体积、挖方面积、填方面积、最小 Z 值和最大 Z 值可导出为面要素类供进一步使用。单位取自地图设置的高程单位。

2. 交互式填挖创建方法

交互式"填挖方"工具可以在"分析"选项卡上"工作流"组中的"3D探索性分析"库中找到。保存具有自定义配置的模板时，可将其添加到库中。三维数据来源转换工具使用方法如表18.2所示。

表18.2　三维数据来源转换工具使用方法

方　　法	说　　明
交互式矩形	在视图中单击两次以放置矩形填挖
交互式面	在视图中多次单击以勾勒出填挖面
自图层	基于面图层创建填挖，要素属性绑定至填挖体积、最小和最大Z值等参数，此法可重新访问之前导出的分析对象

3. 更新交互式填挖

要更新填挖对象，使用"填挖方"工具点击质心点选中。在X、Y轴空间移动对象，或拖动绿色箭头在Z轴空间移动。可选启用编辑叠加控件以移动和旋转对象。单击【全部】按钮，一次性选择并编辑所有交互式填挖对象。

4. 删除交互式填挖

通过使用"填挖方"工具选择对象，并单击"属性"选项卡上的"删除"来移除填挖对象。还可以通过单击屏幕上叠加中的【删除平面】按钮，按下【Delete】键或单击鼠标右键，并在其快捷菜单中单击"删除"来删除填挖对象。可通过在"分析"选项卡上"工作流"组中的"3D探索性分析"下拉列表中单击"全部清除"，同时删除所有填挖对象以及任何其他现有探索性分析对象。

18.5.2　交互式高程剖面

1. 交互式高程剖面图基础知识

交互式"高程剖面"工具生成的线性路径沿线高度值图是基于地图或场景中的地面高程表面来计算的。与其他工具不同，这些值源来自高程表面数据源，并非视图细节层次（见图18.34）。该工具用线生成剖面，可动态放置折点或选择已有线要素创建的线。生成的剖面图作为叠加窗口添加到地图或场景底部。

剖面图窗口的特征如下：①剖面图窗口宽度由活动视图宽度定义；②高度可交互调整；③图表分辨率取决于图表显示宽度；④指针移至剖面图查看反馈、高程信息显图表、位置图形显地图；⑤窗口底部含高程和斜率统计信息；⑥可反转剖面图方向；⑦可保存为图像；⑧可导出为线要素或表格格式。

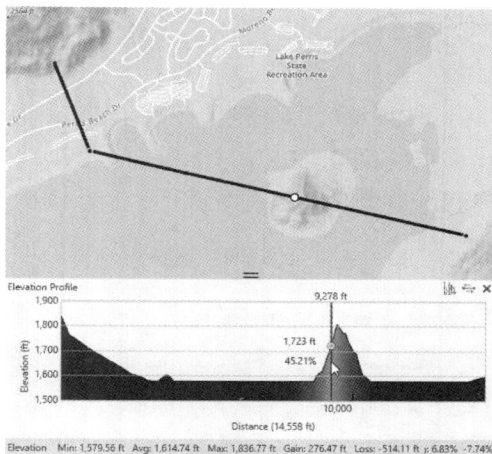

图18.34　线性路径沿线高度值

在2D地图中，需向地图添加高程表面，否则无法使用"高程剖面"工具。可通过"地图"选项卡添加高程源，选择DEM文件或ArcGIS Living Atlas服务图层。在3D地图中，场景至少含地面的高程表面，且不可删除。确保在2D地图和3D地图中，地表至少选中一个数据源。若无高程数据源或未被选中，高程剖面图则为水平线。此时，高程剖面窗口将显示无活动地表数据通知。

剖面图在视图中的显示为临时内容，不与工程同存，也不包含在地图包中，可另存为图像或表格格式，并转换为线要素类。当需将高程线作为含Z值要素数据时，考虑使用"插值Shape"地理处理工具。

2. 交互式高程剖面图创建方法

可使用交互式放置和沿线两种方法在地图或场景中创建交互式高程剖面图。其中，使用2D地图时，需要添加地面高程表面，以启用"高程剖面"工具。

在"分析"选项卡的"工作流"组中,展开"3D 探索性分析"下拉列表,然后选择"高程剖面"。"探索性分析"对话框随即显示,并使用默认创建方法激活"交互式放置"工具。这两种创建方法都使用地图的地面高程表面生成高程剖面图,并且结果将显示在活动视图底部的叠加窗口中。

创建完剖面图后,可通过拖动视图中的各个折点,以交互的方式编辑剖面线的路径。如果要创建新的剖面图,则必须重新激活其中一种创建方法。

(1)交互式放置。

剖面线可数字化到地图或场景中,通过交互点击定义路径折点,双击完成。此法适用于无现有线要素的地图和场景,如高程剖面线的探索性研究。

①在"探索性分析"对话框的"创建方法"下,单击"交互式放置"。选中后,该选项将以蓝色高亮显示。如果交互式放置处于活动状态,则当将光标悬停在地图或场景上时,指针将变为十字线。

②在"距离单位"下,查看或更新高程剖面图要使用的单位。

③单击地图或场景以设置剖面线的起点。

④继续添加折点以及数字化路径。

⑤双击或按【F2】键完成。

高程剖面图叠加窗口将显示在活动视图的底部。

(2)沿线。

基于地图或场景中的选定线要素来创建剖面线,此方法适用于生成视图中的路径沿线的高程剖面图,如徒步路径或驾驶路线。

①在"探索性分析"对话框的"创建方法"下,单击"沿线"。选中后,该选项将以蓝色高亮显示,并且可以选择输入线图层。

②在"线图层"文本框中,选择包含创建高程剖面图时要随沿的线要素图层。如果未选要素,系统将提示选择。若选多个要素,工具会尝试合并成一条线。若所选线要素形成多段线,如折点分离或线相交,则将基于任意段生成剖面图。

③在"距离单位"下,查看或更新高程剖面图要使用的单位。

④单击【应用】按钮。

高程剖面图叠加窗口将显示在活动视图的底部。

18.5.3 交互式通视分析

1. 交互式视线基础知识

交互式视线用于确定在 3D 场景中从观察点视点观察,一个或多个目标是否可见。可针对当前显示内容,包括地表和符号化要素(如建筑物和树木)进行计算。

可通过视图交互移动视线来观察点和目标位置,并使用分析参数、垂直偏移和视图距离对真实世界对象进行建模。视线分析基于单个观察点,包含根据所选路径或现有线图层创建的一个或多个目标。每个视线对象均会消耗分析工具显示预算。

超出显示预算时,需移除现有视线才能创建新视线。这些工具的分析结果是临时显示的,不保存在工程或地图包中,但可导出距离设置和几何为线要素类。需将结果作为数据使用时,请考虑使用适用于可见性的地理处理工具。

2. 交互式视线创建

交互式"视线"工具位于"分析"选项卡"工作流"组的"3D 探索性分析"库中。保存具有自定义配置的模板时,可将其添加到库中。

(1)交互式视线创建参数。

交互式视线创建参数说明如表 18.1 所示。

表 18.3 交互式视线创建参数说明

选　项	描　述
观察点垂直偏移	针对新视线创建观察点,垂直偏移距离可用于调整位置。例如,"6 英尺"可将观察点上移 6 英尺
观察点最小距离	最小距离内分析观察点,更近距离的障碍物不参与
观察点最大距离	最大距离是观察点分析的范围限制,超过此距离的障碍物不纳入分析
目标垂直偏移	创建目标点时,应用单击位置的垂直偏移距离

　　观察点和目标控制点支持地下导航,需启用该功能以将控制点移至地面高程表面以下。在"内容"窗格中选择高程表面,并选中"导航地下"选项。该属性将应用 2 米偏移量,确保点随地面细节层次变化保持在地面以上。

　　(2)交互式视线创建方法。

　　交互式视线创建方法有 4 种,如表 18.4 所示。

表 18.4 交互式视线创建方法

方　法	描　述
交互式放置	单击视图放置观察点,再单击放置一个或多个目标,此为默认方法
基于照相机的观察点	定位视图,设置照相机为观察点,在视图中单击放置目标
沿线目标	使用所选线,根据目标或线段长度创建视线,尽可能将多条线视为单一路线处理
自图层	自动生成视线,基于线图层要素属性填充最小、最大距离等参数。可重新访问之前导出的分析对象

3. 更新交互式视线对象

　　更新视线分析区域可使用"视线"工具观察点,通过交互式控点调整位置。可在 X、Y 平面重新定位对象,或在 Z 平面拖动绿色箭头移动,动态显示更新值。在"探索性分析"对话框的"属性"选项卡上,可手动更新所选视线的特定属性,允许浏览并迭代更新每个视线对象。单击"全部"可同时修改所有交互式视线对象。

4. 删除交互式视线对象

　　使用"视线"工具选择视线对象,然后单击"属性"选项卡上的"删除"以将其删除,也可以按【Delete】键,或者右键单击一个对象并单击"删除"。可通过单击"分析"选项卡上"工作流"组的"3D 探索性分析"库中的"全部清除"来同时删除所有视线。

18.5.4 交互式对象检测

1. 交互式对象检测基础知识

　　对象检测基于深度学习模型,训练后可检测视图中的特定对象,如建筑物的门窗。检测结果保存为点要素类,包括置信度、边界框和标注名称。可通过视图交互检测其他对象,如飞机或机场结构。

　　"对象检测"工具在"3D 探索性分析"下拉菜单的"工作流"组中。选中该工具后,会显示"探索性分析"对话框,修改对象检测参数,并设置照相机方法。首次运行将用 Esri Windows and Doors 模型,模型加载后会计算检测(后续运行无须重新加载),更改模型需要重新加载,通用对象模型无须下载模型。

　　图 18.35 展示了通过符号系统选项返回的对象检测结果,包括框符号系统和位置中心点×符号。

　　提示:必须安装深度学习库才能使用对象检测,交互式"对象检测"工具需要 ArcGIS Pro Advanced 许可或 ArcGIS Image Analyst 扩展模块。

2. 交互式对象检测创建

　　(1)检测 3D 视图中的对象。

　　"对象检测"工具支持所有受支持的模型,如预设模型用于检测门窗,通用模型用于交互检测其他对象。

　　表 18.5 列出了 Esri Windows and Doors 模型对象检测参数说明。

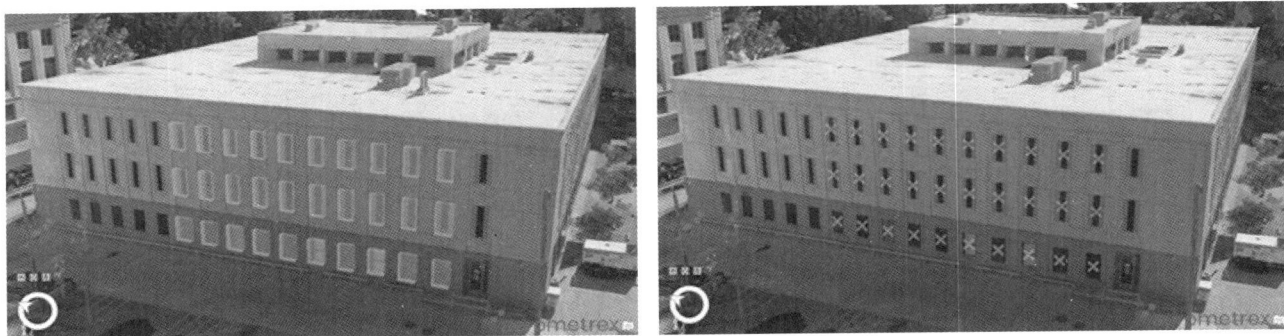

图 18.35　对象检测结果

表 18.5　Esri Windows and Doors 模型对象检测参数说明

选　项	描　述
Model	用于检测对象的.dlpk 包,支持 FasterRCNN、YOLOv3、SSD 和 RetinaNet。点击"模型输入"下拉箭头,下载 Esri Windows and Doors 预训练模型,可选择从本地或 ArcGIS Online 下载
类	实际对象列表待检测,根据.dlpk 文件填充。默认检测全部,可设为仅窗户或门
最低置信度	检测需达到的最低分数,低于此置信度的检测将被放弃,默认值为 0.5
最大重叠阈值	与其他检测的交并比阈值相同,若检测结果重叠,则最高得分的检测视为真正,默认值为 0
使用 GPU 处理	利用 GPU 而非 CPU 的处理能力。若显卡具备至少 8 GB 专用 GPU 内存,则推荐此做法
要素图层	输出要素图层名称: ①图层不存在时,在默认地理数据库中创建要素类并添加到当前地图或场景; ②图层已存在且有所需的方案时,新对象追加到现有要素类; ③图层不在当前地图或场景时重新运行,将创建新唯一名称的要素类并添加到地图或场景中
描述	多个检测结果可存于同一图层,用描述进行区分
符号系统	使用默认颜色设置输出要素图层的返回形状。以下是符号系统选项: ①位置点:标记要素中心点的×,为默认设置; ②垂直边界框(3D):垂直半透明填充框,用于深度学习模型检测垂直对象,如门和窗; ③水平边界框(3D):水平半透明填充框,用于深度学习模型检测水平对象,如游泳池。 若输出图层已存在并具自定义符号系统,运行此工具时不会发生更改。
距离分析	设置距离将限制相机保留结果的最大距离,超出此距离的内容将被忽略
宽度	为预期结果设置最小和最大宽度值
高度	为预期结果设置最小和最大高度值

表 18.6 介绍了对象检测的创建方法。

表 18.6　对象检测的创建方法

方　法	描　述
当前相机	默认相机方法,利用当前相机位置检测视图对象
重新定位相机(3D)	重新定位相机至水平或垂直视点,设置感兴趣区域视点并微调路线对齐区域。避免将相机定位在远处对象上,尽量拉近对象以获取清晰视图

（2）通用对象检测。

使用 Esri 通用对象深度学习模型可交互检测车辆、结构和人等对象,不需要相机时,直接单击视图即可。部分检测选项不可用,结果将存储为点要素。

18.5.5 交互式剖切

1. 交互式剖切片基础知识

交互式剖切片可临时抑制场景的部分显示,以显示隐藏内容。适用于场景中的任何内容,便于查看建筑内部、探索堆叠体积及地下地质。

剖切片形状分为平面和体积形状。平面形状(如墙面)可旋转展开,默认隐藏相机朝向内容,也可锁定朝向或背离相机的内容;体积形状(如长方体、圆柱体、球体)用于定义内容被抑制空间,默认隐藏内部内容,也可配置成隐藏外部。可在单场景用多个剖切片对象实现高级显示。

剖切片创建的显示为临时性的,不随工程保存且不包含在地图包内,但可导出为点要素类供后续使用。

2. 交互式剖切片创建方法

在"分析"选项卡上,单击"工作流"组的"3D探索性分析"库中的"剖切"。保存自定义配置的模板,可添加至库中。

表18.7介绍了5种创建交互式剖切片的方法。

表18.7 创建交互式剖切片的方法

方　　法	说　　明
交互式平面	单击视图放置剖切片平面一侧,再单击设置方向和宽度,此为默认方法
基于要素的平面	单击视图要素,根据范围创建定向剖切片
基于相机的平面	使用当前照相机视点创建剖切片
交互式体积	点击视图放置剖切片的锚点,再次点击设置其方向和大小
自图层	自动生成剖切片平面和体积,基于点图层,可填充角度、宽度等要素属性。可重新访问已导出的剖切对象

18.5.6 交互式视穹

1. 交互式视穹基础知识

交互式视穹用于确定3D直线距离内的可视体积空间,可见区域针对当前显示内容(地表、建筑物、树等)进行计算。可移动视穹位置,使用分析参数、垂直偏移和视图距离模拟真实世界对象,如观景台或雷达站,创建多个视穹以浏览多区域。

这些工具的分析结果是临时显示的,不保存至工程或地图包中。但其距离、偏移和几何可导出为点要素类,供后续使用。若需将结果显示为数据,请使用相关地理处理工具进行可见性分析。

提示:视穹对象可用分析工具显示预算,超出显示预算后需清除现有视穹才能创建新的视穹。

2. 交互式视穹创建

交互式"视穹"工具位于"分析"选项卡下的"工作流"组的"3D探索性分析"库中,可保存自定义配置模板并添加至库中。

(1) 交互式视穹创建参数。

表18.8介绍了交互式视穹创建参数说明。

表18.8 交互式视穹创建参数说明

选　　项	说　　明
垂直偏移	创建视穹时将用垂直偏移距离。例如,"6英尺"距离可将视穹置于视图单击位置上方6英尺处
最小距离	与视穹中心的最小距离,更近的障碍物不参与分析
最大距离	最大分析距离,超过此距离的障碍物不参与分析

(2) 交互式视穹创建方法。

表18.9介绍了交互式视穹的创建方法。

表 18.9　交互式视穹的创建方法

方　法	说　明
交互式放置	使用定义的创建设置,在视图内单击放置视穹
交互式大小	单击视图内放置视穹,再次单击定义半径
自图层	创建基于点图层的视穹,要素属性可绑定参数(如垂直偏移和视图距离范围)。此方法可重访导出的分析对象

18.5.7　交互式视域

1. 交互式视域基础知识

交互式视域基于给定视点确定 3D 视图的可见区域,可见区域仅针对当前显示的内容(如地表、建筑物和树)进行计算。视域观察点位置可交互移动,分析参数(视距、角度和方向)用于模拟现实对象,如监控摄像头或双筒望远镜观察员。也可创建多个视域,标识双倍或多倍可见性覆盖范围区域。这些工具显示的分析结果仅供临时查看,不会保存至工程或地图包中,但其距离、方向和角度设置与几何可导出为点要素类,供后续使用。若需将分析结果作为数据保存,建议使用相关地理处理工具设置可见性。

提示:每个视域对象按角度使用部分可用分析工具显示预算,超显示预算会收到通知,须清除现有视域才能创建新视域。

2. 交互式视域创建方法

交互式"视域"工具在"分析"的"工作流"组的"3D 探索性分析"库中,保存自定义模板可添加至库中。

(1)交互式视域创建参数。

表 18.10 介绍了交互式视域创建参数说明。

表 18.10　交互式视域创建参数说明

选　项	说　明
方位角	视图的罗盘方位,180 度表示向南看
倾斜	视域倾斜度,0 度为水平,值随观察点升高而增大。如−90 度表示垂直向下看
偏移	为新视域创建新观察点时会使用垂直偏移距离,如"6 英尺"会将观察点置于单击位置以上 6 英尺处
水平角	视域的水平角,如 90 度表示视域宽度的 90 度视角
垂直角	视域垂直角,如 60 度表示视域高度视角的 60 度视角
最小距离	小于此距离的障碍物将不显示在观察点范围内
最大观察距离	超出此距离的障碍物将超出显示范围。如 500 英尺为最大距离

(2)交互式视域创建方法。

表 18.11 介绍了交互式视域的创建方法。

表 18.11　交互式视域的创建方法

方　法	说　明
交互式放置	单击视图设置观察点位置
交互式定向	单击视图放置观察点,再次单击确定方向
照相机中的观察点	使用当前照相机视点创建视域
沿线	基于行程距离或沿线百分比,使用所选线创建视域
自图层	创建基于点图层的视域,设置要素属性(如视图方向和距离)。可用此法重访导出分析对象

综上所述,ArcGIS Pro 中的"可见性"工具集与"3D 探索性分析"工具集在地理空间分析领域具有各自独特的功能(见表 18.12)。两者共同点在于都利用地形数据进行空间分析,适用于城市规划和环境科学等领域;差异在于"可见性"工具集侧重于视线分析,确定视线是否被障碍物阻挡,而"3D 探索性分析"工具集提

供更全面的三维空间分析,包括视线、地形和建筑物高度等。"3D 探索性分析"工具集需要更复杂的数据和计算能力,结果以三维视图呈现,提供更丰富的用户交互体验。

表 18.12 "可见性"工具集与"3D 探索性分析"工具集的差异

特 征	"可见性"工具集	"3D 探索性分析"工具集
分析目的	视线分析	全面的三维空间分析
分析方法	基于二维或简单三维视线分析	基于复杂三维建模和分析方法
数据需求	基本地形和建筑物高度数据	详细三维地形数据和建筑物模型
技术实现	相对简单,计算量较小	较为复杂,要求较高的计算和图形处理能力
结果展示	二维地图图层或简单三维视图	详细三维场景、动画或交互式视图
用户交互	设置观察点和目标点	三维场景的旋转、缩放和探索
应用场景	视线通视性分析、观景点选择等	城市规划、建筑设计、环境模拟等复杂场景分析

第 19 章　ArcGIS Pro 动态洪水仿真模拟

ArcGIS Pro 3.3 版本在 3D 场景中增加了动态洪水模拟功能,洪水模拟使用定义的感兴趣区域内的浅水方程来模拟水流在场景中的移动和积累。可以在场景中创建一个或多个洪水模拟图层、运行场景,并查看视觉结果。调整方案(如增加降雨量或堵塞水道),然后查看其对结果的影响。此外,还可以模拟水流在高程表面和建筑物周围的动态情况,配置降雨、水源点和障碍物等行为,以研究潜在的洪水情景或规划紧急响应。结果可以导出为栅格数据,用于生成报告和地图。

19.1　洪水模拟的基本术语

洪水模拟的基本术语及描述如表 19.1 所示。

表 19.1　洪水模拟的基本术语及描述

术　语	描　述
模拟图层	定义感兴趣区域后,生成的图层将被添加到"内容"窗格
感兴趣区域	由用户定义,将在其中运行模拟的区域
像元大小	计算模拟前,需要将目标区域均匀划分为像元,像元大小与区域大小成正比,默认自动计算。用户可选覆盖图层像元大小,建议与高程 DEM 分辨率匹配,且应大于自动计算值
水源	在场景中,将水引入模拟的点位置
排水区	已为模拟定义的水道的集合
通道	一种两点线性要素,该要素允许水在高程表面下流动,如水坝出口或由高架桥引起的河流堵塞
障碍	一种线性要素,该要素可阻止正常流过高程表面的山脊
降雨量	在给定的时间间隔内,假设降雨强度保持恒定的情况下,降下的雨水量
过渡时间	从一个降雨量变化到另一个降雨量所需的时间
渗透率	土壤吸水率
最大渗透率	允许的最大渗透率,到达该渗透率后,水分无法被吸收,而是继续向下移动

19.2　创建洪水模拟的场景

要运行洪水模拟场景,必须首先将洪水模拟图层添加到 3D 场景并配置洪水场景。其具体操作步骤如下。

19.2.1　添加洪水模拟图层

使用可靠的地面高程源创建场景,或添加与洪水相关的其他 3D 矢量内容,如建筑物和坝墙。这些 3D 对象也被应用于模拟高程表面。

提示:建议使用具有投影坐标系的局部场景,如 UTM 区域。可以在同一场景的多个视图中以不同的模拟时间查看模拟结果。更改模拟图层的配置将应用于该场景的所有视图。

在分析功能区的工作流程组中,展开模拟下拉库模拟,然后选择一个预设:"默认"指未预设水的洪水模拟图层;"降雨"指伴有大阵雨的洪水模拟图层;"水源"指中心有水源的洪水模拟图层。预设选定后,模拟工具栏随即显示。

可以使用以下选项之一指定感兴趣区域:"中心位置",单击中心位置以及距中心的距离,这是默认方法;"定向矩形",草绘矩形;"选定要素的区域",使用选定要素的范围;"选定图层的区域",使用选定图层的范围;"地图区域",使用地图的范围;"相机视图区域",使用当前相机视图。

单击【在区域中创建模拟】按钮创建模拟区域以创建模拟。洪水模拟图层将添加到"内容"窗格中的模拟类别,并且将显示"配置模拟"窗格。

提示:当地图范围超出视图时,系统将自动生成感兴趣区域并调整视图,该区域最大 14 千米,超出则会警告并裁剪。模拟分辨率有限,像元尺寸随区域范围增加而增加,最大处理分辨率为 4000×4000 单元。可关闭最大适应度来手动调整像元大小,默认启用并自动计算。

19.2.2 配置洪水场景

配置水(例如降雨量和水源点)在模拟中的行为方式以及图层参与自定义场景,具体操作步骤如下。

(1)右键单击"内容"窗格中的"模拟图层",然后单击配置,以打开"配置模拟"窗格。

(2)在"配置模拟"窗格中,定义总体模拟持续时间。

(3)提供一个或多个降雨量值及其持续时间。

提示:提供多行降雨以显示随时间的变化。将降雨量过渡时间值(以分钟为单位)包括在内,以实现降雨量变化之间的平滑过渡。即使降雨量为 0,也至少需要一个持续时间值。使用灰色行标题重新排列、移动和删除降雨量持续时间行。

(4)使用以下选项之一定义将参与模拟的图层:"可见",包括所有可见图层,这是默认设置;"自定义",忽略图层可见性并手动定义参与图层。

(5)添加起始"水深栅格"值并定义深度单位,用于在模拟开始之前,将水添加到感兴趣的区域。

(6)添加"渗透属性",可以使用栅格定义感兴趣区域的不同渗透率,或为整个区域选择固定渗透率。渗透会在模拟过程中从感兴趣的区域移除水,以表示水随时间渗透到地下的情况。这同样适用于最大渗透,最大渗透定义了水何时停止进入地下。

(7)添加"总蒸发率",可以为模拟建立固定蒸发率模型。为此,请在"模拟"选项卡的配置组中的"蒸发/小时"文本框中输入每小时蒸发率。这些单位必须与降雨量单位相匹配。

(8)启用"将水包含在感兴趣区域内"选项,以防止水流离开定义的感兴趣区域。当模拟需要模仿局部洪水事件时,这个选项非常有用。

(9)单击【应用】按钮,配置更改将保存到模拟图层。

19.2.3 运行洪水场景

添加并配置模拟图层后,即可执行洪水模拟。单击"模拟"选项卡的"构建"组中的【运行】按钮运行模拟。单击后,将使用可见图层或指定的自定义图层集创建分析高程表面,并且计算出的水运动和池化将显示在视图中。当模拟运行时,会建立关键时刻的缓存。回放控件可用于重放或逐步执行结果。如果对配置进行更改,则必须重新运行模拟并重建缓存以显示新结果。

提示:符号系统更改不需要重新运行场景。

19.3 常见的洪水模拟的工作流程

19.3.1 洪水模拟场景:降雨模拟

降雨模拟是模拟降雨中的水如何在感兴趣的区域内流动和积聚,此模拟可以在场景中的任何位置以本地或全局视图模式运行,从包含相关图层(例如地面和建筑物)的场景开始,然后将相机导航到要分析的位置。降雨模拟结果如图 19.1 所示。

(1)确保 3D 场景处于活动状态。在"分析"选项卡的"工作流程"组中,展开"模拟"下拉模板库,然后选择"降雨"预设。

(2)单击所需研究区域的中心,向外移动鼠标,按【R】键打开"半径"控件,将值设置为 2000 m,然后按【Enter】键。

图 19.1 降雨模拟结果

（3）在模拟工具栏上，单击【在区域中创建模拟】按钮，新的模拟图层将添加到场景的"内容"窗格的"模拟"类别中。单击"模拟"选项卡可查看模拟图层的当前属性。

提示：像元大小是 1 米，持续时间为 1 小时，每小时降雨量为 40 毫米。

（4）在"模拟"选项卡的"配置"组中，将"持续时间"值设置为 00:30:00（30 分钟）。

（5）在"构建"组中，单击【运行】按钮。从场景中的可见内容中提取海拔值，当前时间值开始前进，并且水开始在感兴趣的区域内移动和积聚。在场景内和周围导航相机，更仔细地观察水的运动。

（6）单击"播放"组中的【暂停】按钮，当前时间值停止前进并且水也停止运动。

（7）在"内容"窗格中，右键单击模拟图层，然后单击【配置】按钮，打开"配置模拟"窗格。

（8）在"降雨量"表中，单击"拆分"。在第 1 行中，将"速率"值设置为 5，将"单位/小时"设置为英寸（in）。在第 2 行中，将"速率"值设置为 0.5 英寸。再次单击"拆分"。将新的第 3 行的"速率"值设置为 0.1 英寸。

（9）单击【应用】按钮。在"模拟"选项卡的"构建"组中，单击【运行】按钮。该模拟以极端降雨条件运行15 分钟，随后在接下来的 15 分钟内逐渐减小水流速率，模拟了一场假设的暴风雨过境过程。

（10）模拟完全播放后，单击"模拟"功能区"播放"组中的【后退】和【前进】按钮，浏览和探索模拟的缓存内容，或通过单击"模拟"选项卡的"导出"组中的【分析结果】按钮，将分析导出为栅格数据。在"导出模拟"窗格中，将"位置"设置为本地计算机上的文件夹，单击【导出】按钮。

提示：降雨模拟结果可直观了解风暴期间水体流动和积聚位置。导出栅格数据可与标准地理处理工具结合使用，以更好了解影响严重性和范围。

19.3.2 洪水模拟场景：大坝受控通风

在此场景中，将使用水源点来创建一个特定位置，将水流添加到模拟中。这对于许多应用场景都非常有用，如按特定速率放水来泄洪、模拟破损的水管或者模拟水流从感兴趣区域上游流入的情况。大坝洪水模拟结果如图 19.2 所示。

（1）确保 3D 场景处于活动状态。在"分析"选项卡的"工作流程"组中，展开"模拟"下拉模板库，然后选择"水源"预设。定义感兴趣区域的模拟工具栏出现在 3D 场景的底部，并且"中心位置"创建工具默认处于活动状态。

（2）单击所需研究区域的中心，向外移动鼠标，然后再次单击以设置一般范围。

提示：可以在任何地方进行分析，建议最好选择大坝墙的前部或其溢洪道上的某个位置。

（3）在模拟工具栏上，单击【在区域中创建模拟】按钮，新的模拟图层将添加到场景的"内容"窗格的"模拟"类别中，它的中心包含一个水源点。

（4）在"模拟"选项卡的"配置"组中，将"持续时间"值设置为 00:12:00（12 分钟）。

（5）在"区域"组中，单击【修改】按钮。选项周围会出现选择控点，如果不可见，单击【缩放至模拟】按钮，将整个区域纳入视图。使用屏幕上的编辑控点移动感兴趣的区域，将水源点移动至模拟区域的边缘附近，

图 19.2　大坝洪水模拟结果

但仍在模拟区域内部,以便包含更多预期的下游水流。

(6) 在模拟工具栏上,单击【在区域中创建模拟】按钮,视图将随之更新以反映这个新区域的边界。

(7) 在"内容"窗格中,展开子元素列表以查看"水源"组中的节点。右键单击"水源 1",然后单击【修改】按钮。修改叠加层出现,标题为"Water Source 1"。

(8) 在叠加层中,将"速率"值更改为"200",然后勾选"绿色"复选框以应用更改。

(9) 在"模拟"选项卡的"构建"组中,单击【运行】按钮。水开始以每秒 200 立方米的速度从该点位置涌出。

提示:将水源视为独立像元,模拟 1 米像元大小,流量每秒 200 立方米。水以高柱状投至 1 平方米区域。为平稳增水,设多个附近水源点,并分配总流量。

(10) 模拟完全播放后,单击"播放"组中的【后退】和【前进】按钮,浏览和探索模拟的缓存内容,或单击"模拟"选项卡的"导出"组中的【分析结果】按钮,将分析结果导出为栅格数据。在"导出模拟"窗格中,将"位置"设置为本地计算机上的文件夹,单击【导出】按钮。

提示:大坝受控通风可直观地了解水流动路径,导出的栅格数据可与地理处理工具结合使用,以更好地理解和解释水流方向。

19.3.3　洪水模拟场景:淹没区域的未来进展

在这种情景中,将使用初始状态的水深栅格将水加载到地表上,然后从该状态模拟可能的未来情景。这对于进行假设性情景分析非常有用,如模拟可能的堤坝破裂情况或比较最坏情况和最好情况下的降雨预测结果。在这个情景中,需要使用水深栅格数据,可以通过多种方式进行建模,其中一种选项是计算地形和固定海拔之间的高程差(如填满水坝),或者使用另一个模拟运行的输出(如降雨模拟情景的输出或另一个洪水模拟引擎的预测水位)。导出的分析结果显示了之前的强降雨情景的最终状态,并将其作为两个新模拟的起点。原始模拟图层仍然存在于活动场景中,导出的最终状态分析栅格也已添加到场景中。预测未来淹没区域如图 19.3 所示。

1. 创建最好情景

(1) 在"内容"窗格中,右键单击现有模拟图层,然后单击"复制"。

(2) 右键单击"模拟"类别节点,然后单击"粘贴"。

(3) 在新的模拟图层上单击两次并将其重命名为"Best Case"。

(4) 右键单击"Best Case"图层,然后单击配置。

(5) 在"配置模拟"窗格中,右键单击"降雨量"表中的行标题,然后单击"删除所有行"。

(6) 单击"追加"以添加新行,设置以下值:"持续时间"为 00:15:00;"速率"为 2;"单位/小时"为毫米。在这种最好情况方案中,降雨量将稳定在每小时 2 毫米。

(7) 在"起始水位"标题下,从下拉图库中选择最终状态分析栅格图层。"内容"窗格中的所有栅格都会列出。

(a) 轻微降雨的最好情况结果　　　　　(b) 大雨时水坝溢流的最坏情况结果

图 19.3　预测未来淹没区域

（8）单击【应用】按钮。在"模拟"选项卡的"构建"组中，单击【运行】按钮，以每小时 2 毫米的降雨量将水添加到原始模拟的最终状态的表面。

2. 创建最坏情景

（1）在"内容"窗格中，右键单击"Best Case"图层，然后单击"复制"。

（2）右键单击"模拟"类别节点，然后单击"粘贴"。

（3）在新的模拟图层上单击两次并将其重命名为"Worst Case"。

（4）右键单击"Worst Case"图层，然后单击"配置"。

（5）在"配置模拟"窗格的"降雨量"表中，将"速率"值更新为 25。在这种最坏情况方案中，降雨量将保持在每小时 25 毫米的高水平。最坏情况中，需考虑堤坝放水等因素。水域裂口可建模为通道，桥梁倒塌或河流阻塞为障碍。将上述元素加入模拟图层，提供更多未来变化考量。

（6）单击【应用】按钮。在"模拟"选项卡的"构建"组中，单击【运行】按钮。与之前操作相同，向原始模拟的最终状态表面以每小时 25 毫米的速度添加水。

提示：可通过视觉对比，了解水在最佳和最差参数下的流动，导出的栅格数据可与标准地理处理工具一起使用，对多种未来情况进行比较。

19.4　共享模拟分析

导出的模拟分析结果可以通过以下 3 种方式共享模拟：随着模拟的进行，逐步生成一个 TIFF 图像集合；作为某一时刻的单个图像，使用"共享"选项卡的输出组中的【捕获到剪贴板】按钮来捕获当前的模拟状态；在工程、地图或图层包中作为图层包共享时，不包括用于定义深度和渗透的栅格。

导出一个 TIFF 图像集合的具体操作步骤如下。

（1）在"模拟"选项卡的"导出"组中，单击"分析结果"，"导出模拟"窗格随即出现。

（2）在"文件"标题下，提供以下内容："名称前缀"生成文件名称的前导字符；"位置"，保存文件的位置。在文本框中提供位置，或者单击"浏览"，以浏览要保存的位置。"垂直单位"用于定义生成结果的垂直单位。

（3）在"水位"标题下，根据可用选项设置要导出的模拟值："水深""水体绝对高度""水流速度"。

（4）根据可用选项设置导出的间隔："使用图层的缓存间隔"，按默认步长间隔导出所有缓存的图像；"迭代次数"，将分析分成相等数量的部分，如对于 30 分钟的场景，10 则表示每隔 3 分钟的模拟时长导出一个分析结果；"时间步长"仅按照设定的时间间隔（如每 15 分钟）导出生成的图像。当使用"迭代次数"或"时间步长"选项时，窗格底部会出现一条信息警告，指示将生成的内容，或选中"包括模拟初始状态"选项以包括起始图像（默认情况下不选中此选项）。

（5）单击"导出"按钮。随即将 TIFF 图像集合保存到指定位置。将使用名称前缀值、下划线、模拟值类型、另一个下划线以及以十进制秒为单位的模拟时间戳对每个图像进行唯一命名。例如,可将在 4.5 秒处显示水深的帧命名为"NamePrefix_WaterDepth_000450. tif",将在 2 分钟(即 120 秒)处显示水深的帧命名为"NamePrefix_WaterDepth_012000. tif"。

提示:要将分析导出为动画,请使用精细的时间步长(如每分钟)导出模拟,然后使用时间编译图像。

第 20 章　时空模式挖掘分析

ArcGIS Pro 支持 4 种时空数据模型:时空立方体、时空栅格、时空体素和时空流。"时空模式挖掘"工具箱包括时间序列预测、时空立方体创建、时空立方体可视化、时空模式分析。

20.1　时空模式挖掘基本术语

时空立方体由时空条柱构成,每个条柱具有固定的空间(X,Y)和时间(t),相同区域的条柱共用位置 ID,相同时间片的条柱共用时间步长 ID。时空立方体示意图如图 20.1 所示。

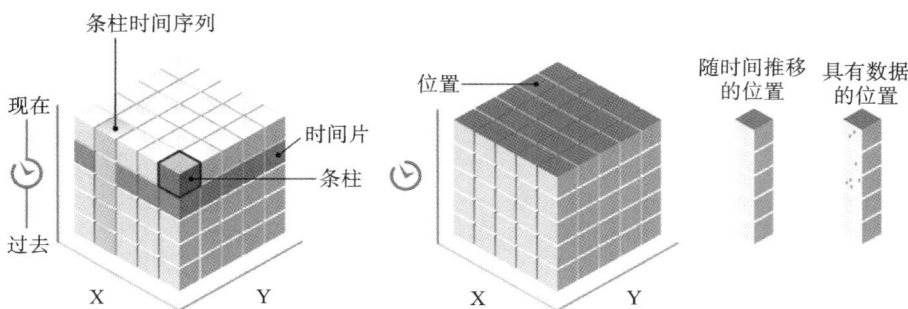

图 20.1　时空立方体示意图

20.1.1　基本术语

时空模式挖掘的基本术语及描述如表 20.1 所示。

表 20.1　时空模式挖掘的基本术语及描述

术　语	描　述
时空立方体	①汇总属性:在条柱中,除统计事件的数量之外,还可以汇总其他属性,进行平均值、总和、最大值、最小值、标准差以及中位数的统计计算; ②时间步长对齐:指构建立方体时间轴时,以哪个时间节点作为起点。时间步长对齐可以分为开始时间、结束时间和参考时间 3 种情况
netCDF	①网络通用数据格式(netCDF)是一种专门设计用于存储多维科学数据(如温度、降水量、湿度等)的文件格式。它涉及两个核心概念:变量和维度; ②变量用来存储 netCDF 文件中的数据,每一个变量都具有对应的名称、数据类型以及结构(即 Shape 由维度的数量、顺序和大小定义); ③维度包含名称和大小。使用维度定义参数可按间隔、值或值范围分割维度
多维栅格数据	①多维栅格数据代表了在多个时间点、不同深度或不同高度采集的数据集合,这类数据通常源自地球科学、大气学和海洋学等领域。通过卫星观测,可以捕获并生成多维栅格数据,如长期序列的归一化差异植被指数(NDVI)和地表温度(LST)。此外,多维栅格数据可以是按特定时间间隔直接采集的,也可以是通过数据聚合、插值或数值模拟等方法从其他数据源生成的; ②多维栅格数据的存储方式多样,主要包括 netCDF、GRIB 和 HDF 等格式。具体而言,海洋数据普遍采用 netCDF 格式进行存储,其文件扩展名通常为.nc;天气数据则多选择 GRIB 格式进行保存;美国国家航空航天局(NASA)在地球科学观测领域所收集的数据,则常以 HDF 格式进行归档和管理

术 语	描 述
多维云栅格格式	①多维云栅格格式(CRF)是"地理处理"工具生成多维栅格数据时采用的标准输出格式。该格式特别针对分布式处理和存储环境下的大文件读写进行了优化,并以".crf"作为文件扩展名。在 CRF 文件结构中,多维栅格数据被细分成多个较小的切片包,这使得多个进程能够并行地向同一个输出文件写入数据; ②CRF 支持存储多种变量、维度以及处理模板。此外,它还具备追加和替换数据的功能,但不支持插入或删除数据项
距离间隔	指定空间时间条柱的大小可决定点数据的聚合。例如,设定每个渔网条柱为 50 米乘 50 米,若聚合为六边形,则间隔为高度,六边形宽度为高度除以根号 3 乘以 2。未指定模板立方体时,条柱将在输入要素空间范围左上角居中显示

20.1.2　工具箱简介

"时空模式挖掘"工具箱集成了多种统计工具,旨在分析数据在空间和时间维度上的分布与模式。该工具箱不仅提供了聚类分析和预测功能,还配备了"可视化"工具,能够展示存储于 2D 和 3D 时空 netCDF 立方体中的数据。此外,该工具还包含相应选项,用于在构建立方体之前估算和填补数据中的缺失值。表20.2 对"时空模式挖掘"工具箱的功能进行了详细的说明。

表 20.2　"时空模式挖掘"工具箱说明

工 具 集	描 述
时空立方体创建	①数据可以汇总成 netCDF 数据格式,进而作为"时空模式分析"和"时间序列预测"工具集中的输入数据; ②数据需带时间戳,可来自点集、面板、关联表或多维栅格; ③创建时空立方体后,将计算初始汇总统计数据和趋势
时空立方体可视化	①可将时空立方体中的变量以 2D 和 3D 形式可视化展示; ②了解立方体结构、聚合过程及其随时间在特定位置形成模式的原理
时空模式分析	在时空立方体中识别模式并查询数据,对立方体中聚合数据深入了解
时间序列预测	①预测和估计时空立方体中位置的未来值,以及评估和比较每个位置的预测模型; ②可使用多种时间序列预测模型,包括简单曲线拟合、指数平滑以及森林方法
实用工具	①用于在构建时空立方体前对数据集进行转换; ②用于填充数据中的缺失值、空间或时间子集立方体,描述立方体的属性

20.2　时空立方体创建

立方体有通过多维栅格图层创建、通过聚合点创建、通过已定义位置创建 3 种创建方式。其中,矢量数据的处理可依据空间位置是否随时间变化而采取不同的策略。当空间位置随时间变化时,应采用聚合点数据构建时空立方体;若空间位置保持不变,则应利用已定义的位置信息来创建时空立方体。对于栅格数据,即多维栅格图层,应通过该图层来构建时空立方体。在任何情况下,构建时空立方体之前,必须先生成netCDF 文件以作为存储介质,随后进行加载和可视化操作。本节将详细介绍这 3 种时空立方体创建工具的操作步骤。

20.2.1　通过多维栅格图层创建立方体

1. 通过多维栅格图层创建立方体基础知识

依据多维栅格图层构建时空立方体,并将数据塑形为时空立方图格,以便进行高效的空间-时间分析与可视化展示(见图 20.2)。此处的多维数据指的是在多个时间点或不同深度、高度层次上采集的数据。例如，多维数据集可能涵盖 2010 年至 2020 年间每个月的温度、湿度及风速记录，也可能包含在海拔高度为 0 米、1 米和 10 米处的相应数据。这类数据通常应用于大气科学、海洋学以及地球科学研究领域。

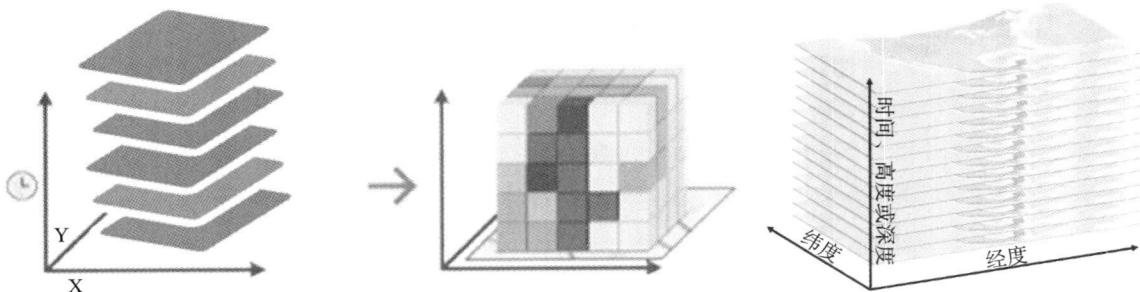

图 20.2　通过多维栅格图层创建立方体示意

输出的时空立方体将依据输入的多维栅格图层参数的空间和时间分辨率来构建。在生成的立方体中，每个时空立方图格将对应输入数据中特定时间间隔的一个栅格像素。具有相同位置的立方图格将共享同一个 Location ID 属性，而属于同一时间间隔的立方图格则将共享同一个 Time Step ID 属性。该工具与"通过已定义位置创建时空立方体"和"通过聚合点创建时空立方体"工具相似，但本工具并未采用空间或时间聚合转换方法。时空立方体的位置与各个栅格像素的位置一致，且立方体的时间间隔与栅格数据的时间间隔相同。

2. 通过多维栅格图层创建立方体实例

本节以上海 2000 年至 2021 年 7 月降水量数据（.tif 格式文件，存储路径为"…\Chp20-Raster\源数据\上海七月降水量"，文件名格式遵循"shPre＋年份＋月份"。例如，"shPre200007.tif"表示上海 2000 年 7 月降水量栅格数据）为原始数据，介绍多维栅格图层和时空立方体的创建方法。

（1）创建多维栅格图层。

创建多维栅格图层包括创建镶嵌数据集、添加栅格至镶嵌数据集、在镶嵌数据集中添加维度和变量字段、构建多维信息和创建多维栅格图层 5 个步骤。

图 20.3　创建镶嵌数据集参数设置

①创建镶嵌数据集。使用"数据管理"工具箱内的【栅格】→【镶嵌数据集】→【创建镶嵌数据集】功能，打开对话框（见图 20.3）。"输出位置"设置为"时空模式.gdb"（保存在"…\Chp20\20-1\20-1.aprx"中），"镶嵌数据集名称"设置为"上海降水镶嵌数据集"，"坐标系"设置为"WGS_1984_UTM_Zone_50N"，点击【运行】按钮，即可生成一个空镶嵌数据集。

②添加栅格至镶嵌数据集。点击"镶嵌数据"工具箱中的"添加栅格至镶嵌数据集"工具，打开对话框（见图 20.4），配置各项参数。在"输入数据"选项中，选择"…\Chp20\20-1\源数据\上海七月降水量"文件夹，以完成向"上海降水镶嵌数据集"中添加 22 个栅格数据集的任务，勾选"计算统计数据""更新概视图"和"估算镶嵌数据集统计数据"复选框，其余属性保持默认，单击【运行】按钮，工具执行完毕后，镶嵌数据集将包含 22 个降水栅格数据集，"Name"字段则记录了每个栅格数据集的名称。

③在镶嵌数据集中添加维度和变量字段。在"上海降水镶嵌数据集"的属性表中新增一个日期类型的字段"Date"和一个文本类型的字段"Variable"。为"Variable"字段赋予"PRE"值；同时，在"Date"字段中填入与栅格数据集相对应的日期。例如，对于名为"shPre200007"的栅格数据集，应在"Date"字段中填写"2000/7/1"。

④构建多维信息。点击"多维"工具箱内的"构建多维信息"工具，打开对话框[见图 20.5（a）]，设置各项参数。随后，数据集属性表中新增了"Standard Time"和"Dimensions"字段。同时，"Variable"与"Standard Time"字段均已完成索引设置。此外，"上海降水镶嵌数据集"已成功转化为多维栅格镶嵌数据集。分析结果如图 20.5（b）所示。

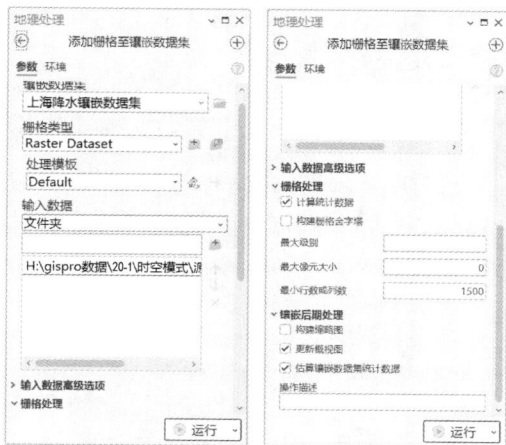

图 20.4 添加栅格至镶嵌数据集参数设置

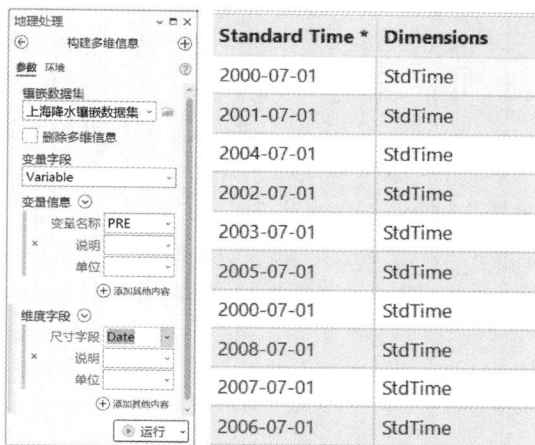

图 20.5 构建多维信息

(a) 参数设置　　　　(b) 分析结果

⑤创建多维栅格图层。单击"多维"工具箱中的"创建多维栅格图层"工具,"输入多维栅格"设置为"上海降水镶嵌数据集",勾选"PRE"变量复选框,单击【运行】按钮,生成"上海降水镶嵌数据集_MultidimLayer"多维栅格图层(见图 20.6)。

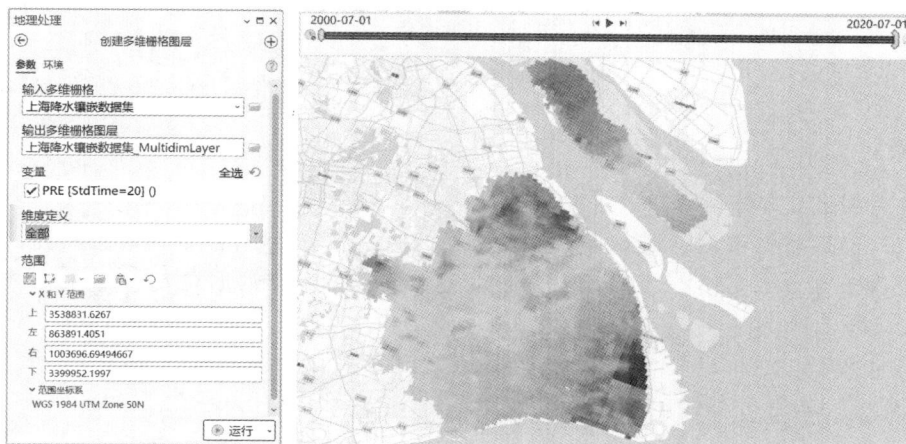

(a) 参数设置　　　　　　　　　(b) 分析结果

图 20.6 创建多维栅格图层

(2) 创建时空立方体。

使用"通过多维栅格图层创建时空立方体"工具,"输入多维栅格图层"设置为"上海降水镶嵌数据集_MultidimLyer","输出时空立方体"设置为"上海降水_SpaceTimeCube.nc",该文件应保存在"···\Chp20\20-1\20-1.aprx"中(见图 20.7)。在"填充空立方图格方法"选项中,需要指定一种方法来填充输出时空立方体中缺失的数据值。由于 netCDF 格式要求每个时空立方图格都必须有一个值,因此必须选择一种方式来处理栅格像元的NoData 值。该参数提供了 4 种选择:"零",即用零值填充空缺的立方图格;"空间相邻要素",即用相邻空间要素的平均值进行填充;"时空相邻要素",即用相邻时空要素的平均值进行填充;"时间趋势",即采用一元样条插值算法来填充空缺的立方图格。在本例中,采用默认设置"零"。点击【运行】按钮,即可完成操

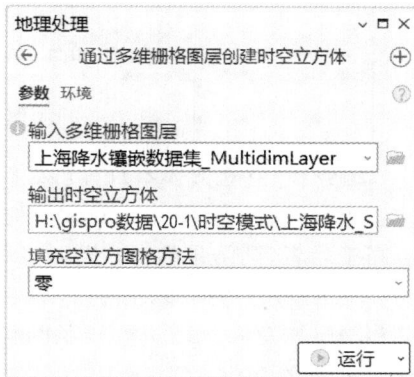

图 20.7 通过多维栅格图层创建
时空立方体参数设置

作。操作完成后,除生成时空立方体文件"上海降水_SpaceTimeCube"外,还会在消息窗口中显示"时空立方体特征"表和"总体数据趋势"表。从消息窗口中可以得知,生成的时空立方体包含 150 行、150 列,共计 450 000 个图格,其趋势 p 值为 0.2843,表明趋势方向并不具有统计学上的显著性。

通过点击"地图"选项卡中的【添加数据】→【添加多维栅格图层】,可将工具创建的时空立方体加载到当前地图中。在打开的对话框中,通过设置各项参数即可完成加载[见图 20.8(a)]。一旦时空立方体成功加载,"多维"选项卡将随之出现。在"多维"选项卡的"当前显示部切"组内,选择"StdTime"下拉列表中的任一选项,即可展示变量在特定时间片的空间分布(剖切面)。此外,通过点击【播放时间片】按钮和【播放时间方向】按钮,用户能够动态地播放多维栅格图层。分析结果如图 20.8(b)所示。

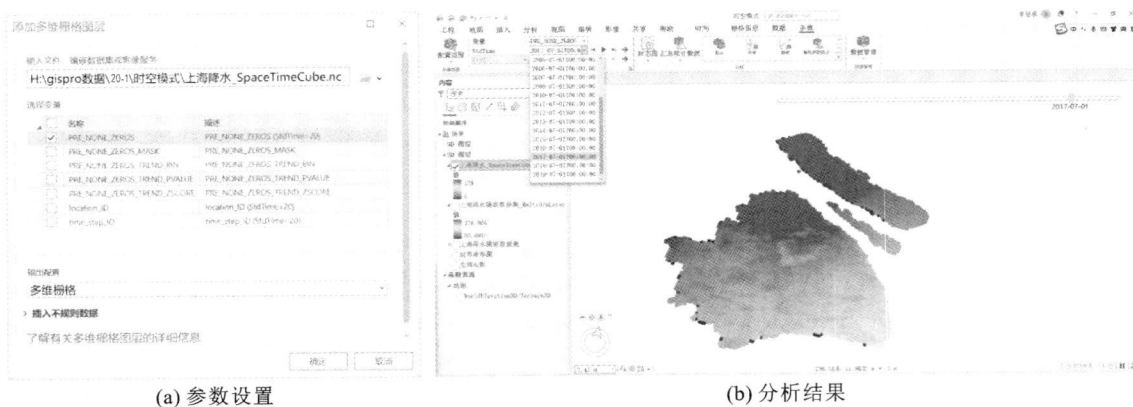

(a) 参数设置　　　　　　　　　　　(b) 分析结果

图 20.8　添加多维栅格图层

20.2.2　通过聚合点创建立方体

1. 通过聚合点创建立方体基础知识

通过时空条柱法,点数据被汇总到 netCDF 文件中。在各条柱内统计点数并聚合属性,分析计数趋势并整合字段值,即空间被划分成网格,点数据归入网格。这样得到的三维数据立方体,X 和 Y 轴代表空间,t 轴代表时间(见图 20.9)。

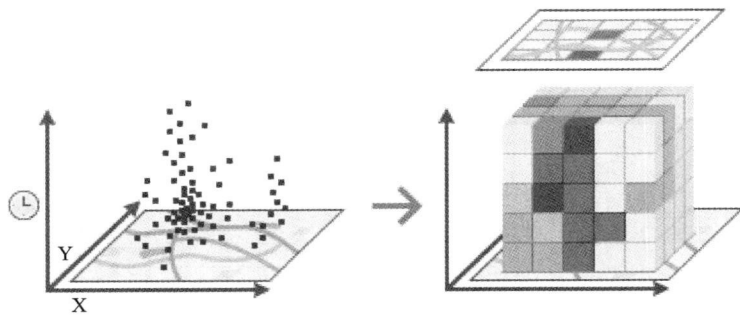

图 20.9　通过聚合点创建立方体示意

(1) 趋势:时空立方体不仅能够统计特定条柱内的事件数量,还能够评估与时间演变相关的变化趋势。其具体实现方法是对比第一个时间段的条柱值与第二个时间段的条柱值。若前者低于后者,结果记为+1;若前者高于后者,则结果为-1;若两者相等,则结果为 0。将所有时间段对的比较结果进行累加,若累加的总和为 0,表明随时间推移,值中没有表现出明显趋势。通过计算条柱值的方差,并将关联数、时间段数量、观察总和与预期总和(即 0)进行对比,可以判断差异是否具有统计学上的显著性。每个条柱时间序列的趋势将被记录为 Z 值和 p 值。p 值越小,表明趋势的统计显著性越高。与 Z 值相关的符号可以揭示趋势的方向,即条柱值随时间增加(正 Z 值)或减少(负 Z 值)。

(2) 形状:使用"聚合形状类型"参数可以将点在空间上聚合到规则的网格中,如渔网网格或六边形网格。渔网网格是常用的选项,但六边形网格在某些分析中可能更合适。对于涉及行政边界或位置的分析,如人口普查区块或警务区,也可以自定义形状(见图 20.10)。

2. 通过聚合点创建立方体实例

本节工程为"…\Chp20\20-2\20-2.aprx",地图为"时空模式挖掘",采用的数据为"sh2020.shp",是上海市 2020 年 1 月 10 日至 2 月 7 日的疫情数据(位于"…\Chp20\20-2\源数据\上海"文件夹中)。数据内容有新增确诊人数、新增死亡人数、城市、省份、城市坐标、时间等。工具操作步骤如下。

选取"时空模式挖掘"工具箱中的【时空立方体创建】→【通过聚合点创建时空立方体】(见图 20.11)。"输入要素"设置为"sh2020","输出时空立方体"设置为"sh2020.nc"(保存在"…\Chp20\20-2"文件夹中)。"时间字段"设置为"时间","模板立方体"按默认设置为空,此参数用于定义输出时空立方体的分析范围立方图格维度和立方图格对齐方式的参考时空立方体。"时间步长间隔"设置为"1 天","时间步长对齐"设置为"结束时间"。"聚合形状类型"设置为"渔网网格",此参数还可设置为"六边形网格"和"已定义位置"。"距离间隔"设置为"100 千米"。"汇总字段"组中,"字段"设置为"新增确诊","统计"设置为"总和","用以下内容填充空立方图格"设置为"零",单击【运行】按钮,完成操作。其中,"汇总字段"参数用于在将数据聚合到时空立方体时,计算指定数值型字段的统计量(如总和、均值、最小值、最大值、标准差、中值),可以指定多个字段和多项统计量。在任何指定字段中出现空值都将导致从输出立方体中删除相应要素。如果输入要素中出现空值,强烈建议在创建时空立方体前先运行"填充缺失值"工具。

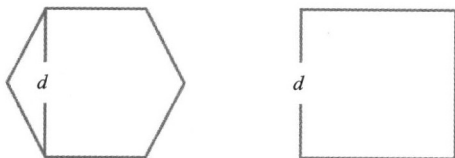

图 20.10　聚合形状类型

图 20.11　通过聚合点创建时空立方体参数设置

根据报告,数据涵盖了 29 天的时间跨度,由 29 个时空条柱构成。在这些数据中,计数点为 0 意味着当天没有新增病例。然而,在本案例中,所有的 29 个点(占 100.00%)的计数均大于零,且随着日期的推移,这些点的计数呈现出统计学上的显著增长。

提示:输入要素应为具体事件的点,如犯罪、火灾、疾病发生、客户销售数据或交通事故等。每个点都应附带相应的日期信息。事件的时间戳字段必须设置为日期格式,该工具至少需要 60 个带有时间戳的点才能有效运行。如果输入参数导致立方体包含超过 20 亿个数据条柱,工具将无法处理。为了精确测量距离,此工具依赖于投影数据。

20.2.3　通过已定义位置创建立方体

通过构建时空立方图格，将面板数据或站点数据（这些数据的地理位置保持不变，而属性会随着时间的推移而变化）转换为 netCDF 数据格式，用于评估变量或汇总字段的趋势（图 20.12）。

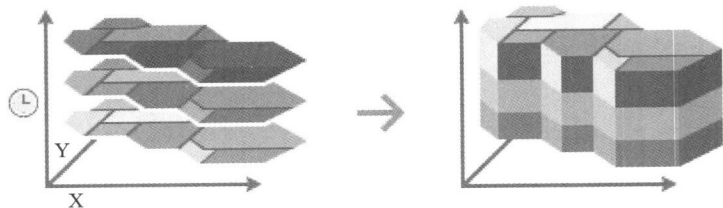

图 20.12　通过已定义位置创建立方体示意

在应用空间邻域技术填充空缺的立方体单元格时，该工具会依据最近的 8 个相邻要素进行估算。为使用此方法，至少需要 4 个空间相邻要素来填充立方体单元格。当采用时空邻域技术进行填充时，该工具同样会参考最近的 8 个相邻要素进行估算，并且会结合向前和向后各一个时间步长的相邻要素，利用空间相邻要素来填充。使用时空邻域技术填充空缺的立方体单元格则至少需要 13 个时空相邻要素。至于时间趋势填充方法，它要求指定位置的前两个和后两个时间段在立方体单元格中必须有已知值，以便对其他时间段进行插值。时间趋势填充类型将采用 SciPy 插值包中的一元样条插值方法。

相较于通过聚合点创建时空立方体，通过已定义位置创建时空立方体具有以下特点：首先，它包含位置 ID 参数，该参数用于标识每个独特位置的编号；其次，该方法未设定形状参数，因此其形状默认与要素的形状一致；再次，它包括变量字段，用于记录时空立方体中随时间变化的属性值，且该字段必须是数值型。当利用已定义位置创建时空立方体的工具执行完毕后，将产生一个 netCDF 文件，其中立方体变量对应于变量字段，如监测站点的监测值字段。

20.3　时空立方体可视化

"时空立方体可视化"工具集支持以 2D 和 3D 形式展示变量，帮助用户理解结构、聚合过程及其模式。例如，2D 工具可展示热点分析趋势和数据位置，识别缺失数据。该工具集可与其他时空模式挖掘工具结合使用。本节将详细介绍在 2D 和 3D 模式下显示时空立方体的操作方法。

20.3.1　在 2D 模式下显示时空立方体

1. 在 2D 模式下显示时空立方体基础知识

"在 2D 模式下显示时空立方体"工具旨在呈现 netCDF 时空立方体中存储的变量，以及相关时空模式挖掘工具发掘的成果。此工具的输出结果是根据指定的变量和专题进行了唯一渲染的二维制图表达（见图 20.13）。

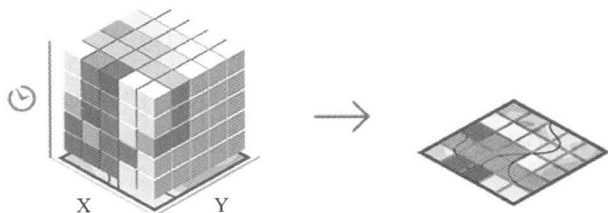

图 20.13　在 2D 模式下显示时空立方体示意

"在 2D 模式下显示时空立方体"工具的参数说明如表 20.3 所示。

表 20.3　"在 2D 模式下显示时空立方体"工具的参数说明

参　　数	说　　明	数 据 类 型
立方体变量	研究 netCDF 立方体中的数值变量。时空立方体始终包含 COUNT 变量,创建时的汇总字段或变量值也将可用	String
显示主题	立方体变量值的特征显示取决于其创建和分析方式。 ①带有数据的位置:将显示所有包含立方体变量参数数据的位置; ②趋势:将显示使用 Mann-Kendall 统计确定的每个位置的值趋势; ③热点和冷点趋势:将显示使用 Mann-Kendall 统计确定的每个位置的 Z 值趋势; ④新兴时空热点分析结果:将显示"新兴时空热点分析"工具的结果; ⑤本地异常值分析结果:将显示"局部异常值分析"工具的结果; ⑥局部异常值百分比:将显示每个位置的总异常值百分比; ⑦最近时间段内的局部异常值:将显示最近时间段内发生的异常值; ⑧时间序列聚类结果:将显示"时间序列聚类"工具的结果; ⑨无空间邻域的位置:对于最后一次分析运行,将显示无空间邻域的位置,这些位置仅依赖时间邻域进行分析; ⑩估算的立方图格数量:将显示为每个位置估算的立方图格数量; ⑪从分析中排除的位置:将显示因含有不符合估算条件的空立方图格而从分析中排除的位置; ⑫预测结果:将显示"时间序列预测"工具集的结果; ⑬时间序列异常值结果:将显示"时间序列预测"工具集中的异常值选项参数的结果; ⑭时间序列变化点:将显示"变化点检测"工具的结果; ⑮时间序列互相关结果:将显示"时间序列互相关"工具的结果	String

2. 在 2D 模式下显示时空立方体实例

本节工程为"…\Chp20\20-1\20-1.aprx"。

选择"在 2D 模式下显示时空立方体"工具,并打开工具窗格[见图 20.14(a)]。"输入时空立方体"选择"SF0Incidents_STCubes.nc"文件(文件保存在"…\Chp20\20-1"文件夹内)。在"立方体变量"中指定用于可视化的数值变量,可以选择创建立方体时包含的所有汇总字段或变量,本例中设置为"PRE_NONE_ZEROS"。如果在创建立方体时应用了聚合(即使用了"通过聚合点创建时空立方体"工具),那么该时空立方体将自动包含"COUNT"变量。

在"显示主题"中选择"趋势",这将展示使用 Mann-Kendall 统计方法确定的每个位置的值趋势。此参数用于指定要显示的立方体变量的特征,其选项会根据立方体的创建方式和分析方法而有所不同:如果立方体是通过聚合点创建的,则"带有数据的位置"和"趋势"项可用;"估算的立方图格数量"和"从分析中排除的位置"项适用于在立方体创建过程中包含的汇总字段;如果立方体是通过已定义的位置(即使用了"通过已定义位置创建时空立方体"工具)创建的,则"趋势"项将适用于在立方体创建过程中包含的汇总字段或变量;"热点和冷点趋势"与"新兴时空热点分析结果"项仅针对所选立方体变量执行"新兴时空热点分析"工具后才可使用;"局部异常值百分比""最近时间段内的局部异常值""本地异常值分析结果"和"无空间邻域的位置"项仅当运行了"局部异常值分析"工具后才可用;"预测结果"项仅适用于由"时间序列预测"工具集中的工具创建的立方体;"时间序列异常值结果"项仅当指定了"时间序列预测"工具集中的"异常值"选项时可用。"输出要素"设置为"上海降水_SpaceTimeCube_VisualizeSpaceTimeCube2D"(保存在"Chp20.gdb"中)后,点击【运行】按钮,完成操作。分析结果如图 20.14(b)所示。

20.3.2　在 3D 模式下显示时空立方体

1. 在 3D 模式下显示时空立方体基础知识

"在 3D 模式显示时空立方体"工具能够展示利用相关时空模式挖掘工具创建并保存为 netCDF 格式的时空立方体内的变量。该工具的输出结果是依据选定的变量和主题进行了特定渲染的三维制图表达(图 20.15)。

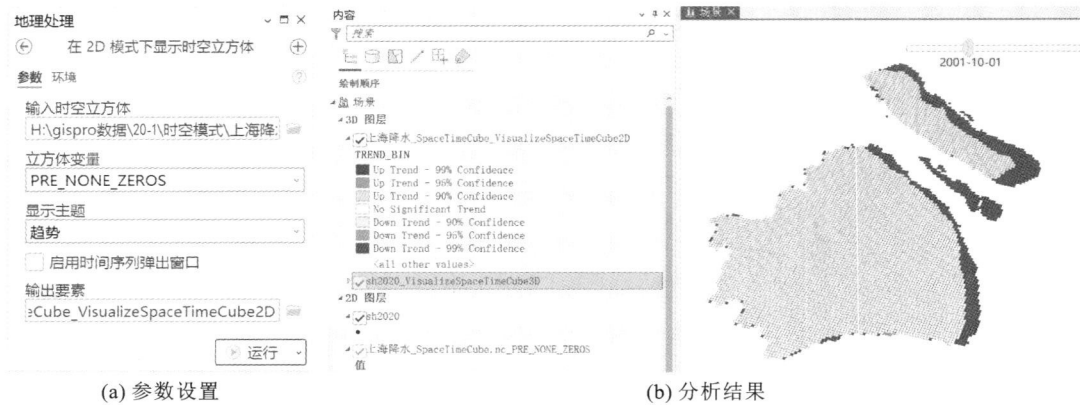

(a) 参数设置　　　　　　　　　　　　　　(b) 分析结果

图 20.14　在 2D 模式下显示时空立方体

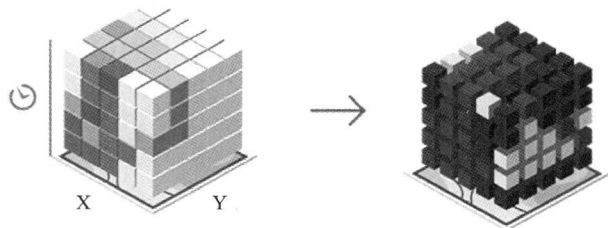

图 20.15　在 3D 模式下显示时空立方体示意

2. 在 3D 模式下显示时空立方体实例

本节工程为"…\Chp20\20-2\20-2.aprx",工具操作步骤如下。

搜索"在 3D 模式下显示时空立方体"工具,打开工具窗格[见图 20.16(a)],"输入时空立方体"设置为 "上海降水_SpaceTimeCube.nc"(文件保存在"…\Chp20\20-2"文件夹内),"立方体变量"设置为"COUNT", "显示主题"设置为"值","输出要素"设置为"sh2020_VisualizeSpaceTimeCube3D"(保存在"时空模式.gdb" 中)。单击【运行】按钮,完成操作。分析结果如图 20.16(b)所示,由该图可知,同一地区不同水文年份降水 量起伏变化较大。

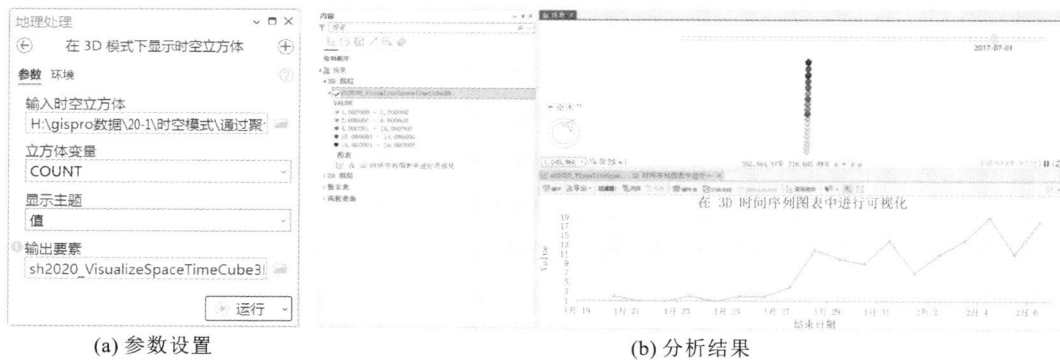

(a) 参数设置　　　　　　　　　　　　　　(b) 分析结果

图 20.16　在 3D 模式下显示时空立方体

20.4　时空模式分析

20.4.1　变化点检测

"变化点检测"工具用于在时空立方体的每个位置的时间序列的统计属性发生变化时检测时间步长。 该工具能检测连续变量的平均值、标准偏差或线性趋势变化,以及计数变量平均值的变动(见图 20.17)。该工具还可以确定每个位置的变化点数量,或接受统一的变化点定义数量。变化点将时间序列分为多个区段,每个区段内数值相似。变化点是每个新区段的起始时间点,其数量比区段少一个。

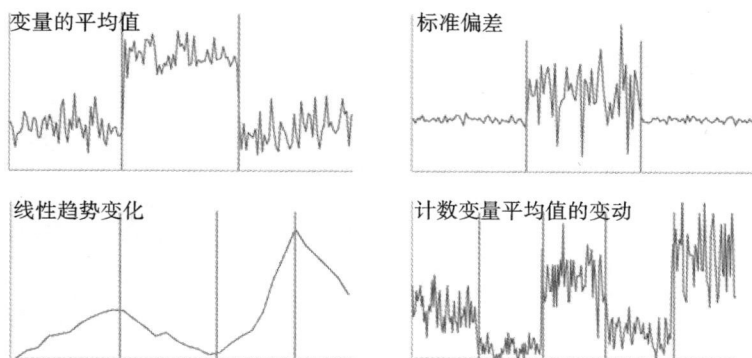

图 20.17 变化点检测

20.4.2 局部异常值分析

1. 局部异常值分析基础知识

"局部异常值分析"工具可以标识出空间和时间环境中的统计显著性聚类和异常值,该工具是 Anselin Local Moran's I 统计的时空实现(见图 20.18)。

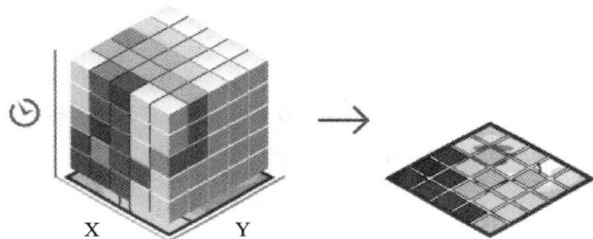

图 20.18 局部异常值分析示意

2. 局部异常值分析实例

选择"局部异常值分析"工具,打开对话框[见图 20.19(a)]。"输入时空立方体"为"上海降水_SpaceTimeCube.nc","分析变量"为"PRE_NONE_ZEROS",并设定"输出要素"为"上海降水_SpaceTimeCube_LocalOutlierAnalysis"(保存在"…\Chp20\20-1\20-1.aprx")。"空间关系的概念化"选择"固定距离"或者"K-最近邻""仅邻接边""邻接边拐角"。设定"邻域距离"以确定分析邻域的空间范围,设定"空间邻域数"来指定邻域的最小数目或精确数目,以纳入目标条柱的计算,若这两项参数保持默认空值,将采用默认的邻域距离。"邻域时间步长"默认设置为"1",用于确定分析邻域中包含的时间步长间隔数。"置换检验次数"用于设定随机排列数以计算对应的伪 p 值,有 6 个选项:0、99、199、499、999 和 9999,分别对应传统 p 值、伪 p 值 0.01、伪 p 值 0.005、伪 p 值 0.002、伪 p 值 0.001 和伪 p 值 0.0001。对于每个排列,邻域值将随机重新排列,并计算 Local Moran's I 值。其结果将作为值的参考分布,与实际观测到的 Moran's I 进行比较,以确定在随机分布中找到观测值的可能性。随着排列数的增加,随机样本分布将得到改善,从而提高伪 p 值的精度。本例中,排列数默认设置为 499。"面分析掩膜"设定为"上海.shp"(位于"…\Chp20\20-1\源数据"文件夹中),此参数用于定义分析研究区的一个或多个面要素图层,仅适用于格网立方体。"定义全局窗口"默认设置为"整个立方体"。Anselin Local Moran's I 统计量(基于每个条柱邻域计算的局部统计量)将与全局统计量进行比较,此参数可用来控制用于计算全局值的条柱。此参数还有其他两个选项:"领域时间步长"和"单一时间步长"。点击【运行】按钮,完成操作。分析结果如图 20.19(b)所示。

提示:输出要素将添加到"内容"窗格,并对所有分析位置的时空分析汇总结果进行渲染。如果指定面分析掩膜,分析位置落入分析掩膜范围内;否则,分析位置至少含有一个时间步长间隔的一个点的位置。

(a) 参数设置   (b) 分析结果

图 20.19 局部异常值分析

20.4.3 时间序列互相关

"时间序列互相关"工具旨在评估存储于时空立方体内的两个时间序列在不同时间滞后下的互相关性。该工具通过配对每个时间序列的相应值,并计算皮尔逊相关系数来实现这一目标。随后,第二个时间序列将沿时间轴移动一个步长,并据此计算新的相关系数。这一过程将重复进行,直至达到预设的最大时间步数。在所有时间滞后中,相关性最强的点可作为估计一个时间序列变化对另一个时间序列响应的延迟(如广告支出与销售收入之间的延迟)的指标。此外,用户还可以选择过滤并移除时间序列中的趋势成分,以便探究变量间在统计学意义上的显著相关性。该工具还允许用户在计算中纳入空间相邻的要素,从而考虑并整合两个时间序列间的空间关联性(见图 20.20)。

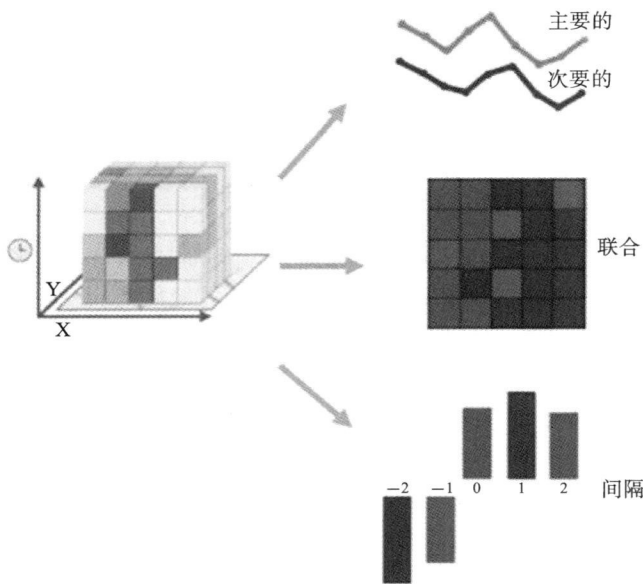

图 20.20 时间序列互相关示意

20.4.4 时间序列聚类

1. 时间序列聚类基础知识

"时间序列聚类"工具基于时间序列特征的相似性,对时空立方体内的数据集合进行聚类分析。聚类的依据:具有相似的时间值、趋于同时增加和减少以及具有相似的重复模式。输出成果包含一张 2D 地图,以图形化方式展示各位置的聚类归属,并附有描述各聚类典型时间序列特征的图表(见图 20.21)。该工具比较时空立方体中每个位置的时间序列,并根据相似性将它们聚集。相似性由感兴趣特征参数定义,包括值相似性、轮廓相关性和轮廓傅里叶周期性模式。值相似性基于时间序列值的近似相等性;轮廓相关性基于时间序列值的同时增减和比例一致性;轮廓傅里叶周期性模式基于时间值的平滑周期性模式。通过多种聚类算法,根据这些相似性定义对位置进行聚类,生成最终聚类结果。

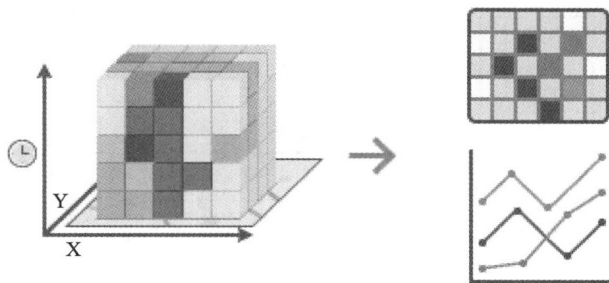

图 20.21　时间序列聚类示意

2. 时间序列聚类实例

选择"时间序列聚类"工具[见图 20.22(a)],将"输入时空立方体"设定为"上海降水_SpaceTimeCube.nc","分析变量"设定为"PRE_NONE_ZEROS",并把"输出要素"设定为"上海降水_SpaceTimeCube_TimeSeriesClustering"(保存在"…\Chp20\20-1"文件夹中)。"感兴趣特征"指定用于确定位置聚集的时间序列特征,提供以下 3 个选项:"值",相似时间值的位置将聚集;"轮廓(相关性)",值倾向于同时按比例增加或减少的位置将聚集;"轮廓(傅里叶)",值具有相似平滑周期性模式的位置将聚集。本例中选择"轮廓(傅里叶)"。"聚类数"用于指定要创建的聚类数量。若留空,工具将自动使用伪 F 统计量评估并确定最佳聚类数,并在消息窗口中显示,本例设定为 7。"图表的输出表"是可选设置,本例中设定为"sh 降水 timeseries.dbf"(保存在"…\Chp20\20-1"文件夹中)。点击【运行】按钮,即可完成操作。分析结果如图 20.22(b)所示。类别 1 集中分布在研究区的西南部,覆盖了研究区约三分之一的面积;类别 2 主要位于研究区的北部;类别 3 散布于研究区的东南部;类别 4 主要散布于研究区的东北部;类别 5 位于研究区东南侧的外围;类别 6 主要位于研究区东北部的外围;类别 7 则呈镶嵌状分布于西南部。

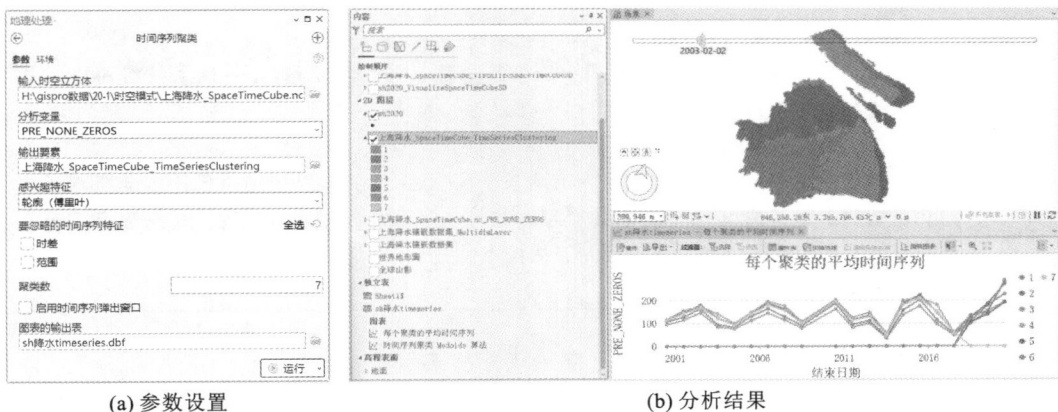

(a) 参数设置　　　　　　　　　　　(b) 分析结果

图 20.22　时间序列聚类

20.4.5　新兴时空热点分析

1. 新兴时空热点分析基础知识

"新兴时空热点分析"工具能够识别并分析通过聚合点创建的时空立方体、通过预定义位置创建的时空立方体,以及通过多维栅格图层创建的时空立方体中点密度(计数)或值聚类的趋势(见图 20.23)。该工具可以检测 8 种特定热点或冷点趋势:新增的、连续的、加强的、持续的、逐渐减少的、分散的、振荡的和历史的。

"新兴时空热点分析"工具的参数说明如表 20.4 所示。

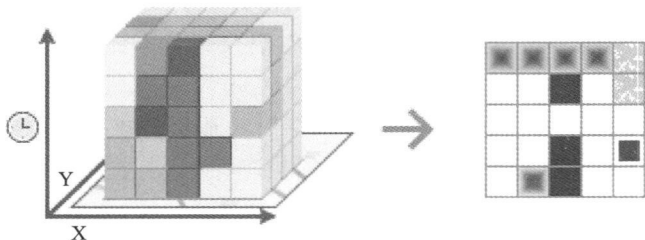

图 20.23　新兴时空热点分析示意

表 20.4　"新兴时空热点分析"工具的参数说明

参　数	说　明	数据类型
邻域距离	分析邻域的空间范围。该值用于确定应将哪些要素一起分析以便访问本地时空聚类	Linear Unit
邻域时间步长	包含在分析邻域中的时间步长间隔数。该值用于确定应将哪些要素一起分析以便访问本地时空聚类	Long
面分析掩膜	用于指定分析的研究区域,例如,通过面分析掩膜排除大湖。输入时空立方体中定义的且位于掩膜外的立方图格将不被分析。此参数仅适用于格网立方体	Feature Layer
空间关系的概念化	定义要素空间关系的方法如下: ①固定距离:即在设定的邻域距离内,邻近条柱的权重为1,影响目标条柱计算;超出此距离的条柱权重为0,不影响计算; ②K-最近邻:考虑最近的 K 个条柱,其中 K 是预设参数; ③仅邻接边:仅考虑与目标条柱共边的邻近条柱; ④邻接边拐角:考虑与目标条柱共边或共节点的邻近条柱	String
空间邻域数	①指定的整数用于决定目标条柱计算中包含的最小或确切邻域数目; ②K-最近邻算法中,每个条柱的相邻要素数等于该整数; ③固定距离方法下,每个条柱至少有所指定整数数目的相邻要素,必要时增大阈值距离以满足条件; ④选定邻接概念后,每个条柱至少分配最少数目的相邻要素,不足的条柱将通过质心邻近性获得额外相邻要素	Long
定义全局窗口	统计数据工作原理是将局部统计数据与全局值进行比较,以控制用于计算全局值的条柱。默认选项下,将分析每个邻域并与其整个立方体进行比较。其他选项包括分析每个邻域并与指定时间步长内的条柱比较,以及分析每个邻域并与相同时间步长内的条柱比较	String

图 20.24　新兴时空热点分析
参数设置

2. 新兴时空热点分析实例

使用"新兴时空热点分析"工具,打开工具窗格(见图 20.24)。将"输入时空立方体"设定为"上海降水_SpaceTimeCube.nc",并把"分析变量"设置为"PRE_NONE_ZEROS"。接着,将"输出要素"设定为"上海降水_SpaceTimeCube_EmergingHotSpotAnalysis"(保存在"…\Chp20\20-1"文件夹中)。"空间关系的概念化"选择"固定距离",并将"邻域时间步长"设置为"1"。将"面分析掩膜"设置为"上海.shp","定义全局窗口"设置为"整个立方体",保持其他选项为默认值,点击【运行】按钮,完成操作。

20.5 时间序列预测

20.5.1 按位置评估预测

"按位置评估预测"工具通过比较多个模型,为时空立方体的每个位置选择最准确的预测结果。该工具支持在具有相同时间序列数据的预测工具集合中使用多种模型,并为每个位置挑选最佳模型。该工具基于最小验证误差或预测均方根误差(RMSE)来识别模型,可能导致相邻位置使用不同的预测方法。例如,不同县可能采用不同的模型,如基于森林的模型、Gompertz 曲线或季节性指数平滑方法。如果使用统一模型与不同模型的预测准确性相似,则建议采用单一预测模型以简化过程。

20.5.2 基于森林的预测

1. 基于森林的预测基础知识

采用随机森林算法的变体来预测时空立方体中每个位置的值,这是一种由 Leo Breiman 和 Adele Cutler 开发的监督式机器学习技术(见图 20.25)。通过在时空立方体的每个位置应用时间窗口,对森林回归模型进行训练。与时间序列预测工具集中的其他预测工具相比,此预测工具虽然复杂,但包含的数据假设最少,适用于难以用简单函数建模的时间序列。当其他方法不适用时,或时空立方体包含相关变量时,推荐使用。这些变量可作为解释变量以提高预测准确性。该工具是唯一能在不同地理范围内构建模型的工具,无须为每个位置单独建模,而是建立一个全局模型。若时空立方体变量有时间序列聚类,也可为每个聚类建立不同的预测模型。

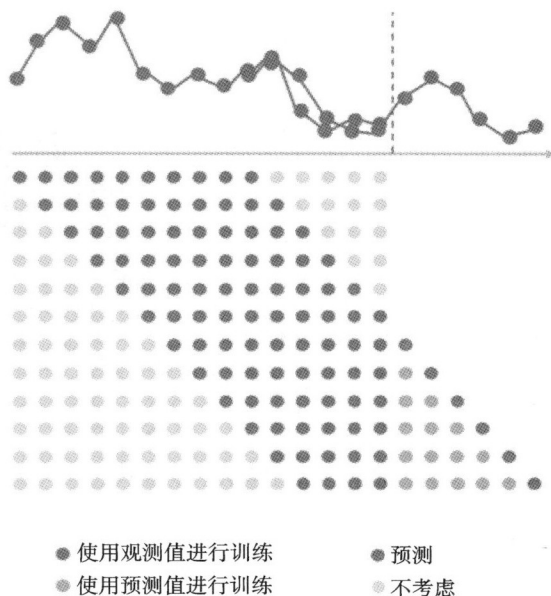

● 使用观测值进行训练　　　● 预测

● 使用预测值进行训练　　　○ 不考虑

图 20.25　基于森林的预测的时间序列示意

2. 基于森林的预测方法实例

(1)选择"基于森林的预测"工具,打开工具窗格,如图 20.26(a)所示。将"输入时空立方体"设置为"上海降水_SpaceTimeCube.nc"。

(2)"分析变量"设定为"PRE_NONE_ZEROS"。"预测时间步长数"默认设定为"1",即预测 2022 年的降水量,若此参数设定为 5,则将预测 2026 年的降水量。

注:此参数的设定值不得超过输入时空立方体时间步长总数的 50%。

(3)"输出要素"设定为"上海降水_SpaceTimeCube_ForestBasedForecast"要素类,并保存于"时空模式.gdb"数据库中。"输出时空立方体"设定为"上海降水_SpaceTimeCube_ForestBasedForecast.nc"文件,并存

储在"…\Chp20\20-1"文件夹内。

（4）"时间步长窗口"指定了在训练模型时应使用多少个先前的时间步长,其数值不得超过输入时空立方体中时间步长总数的三分之一。在本例中,不设定具体数值,工具将自动为每个位置利用光谱密度函数估算一个合适的时间窗口。

（5）"为进行验证排除的时间步长数"指定用于验证目的而在每个时间序列末尾排除的时间步数。该参数的默认值为输入时间步长的 10%（向下取整）,并且其值不得超过时间步长的 25%。若希望不省略任何时间步长,可以将其设置为 0。在本示例中,该值被设定为 2。

（6）"预测方法"的具体选项如下:"通过价值构建模型",此选项保留时间窗口内的所有值,不移除任何趋势,因变量将直接用其原始值表示;"去除趋势后通过价值构建模型",此选项将移除时间窗口内值的线性趋势,因变量则以其趋势被移除后的值来表示,此为默认选项;"通过残差构建模型",此选项同样保留时间窗口内的值,不移除趋势,但因变量将通过时间窗口内值的线性回归模型残差来表示;"去除趋势后通过残差构建模型",此选项移除时间窗口内值的线性趋势,并使用这些趋势被移除后的值作为线性回归模型的残差来表示因变量。在本例中,采用默认设置的参数。

（7）"树数"和"每棵树的可用训练百分比"等"高级森林选项"参数项保持默认设置,点击【运行】按钮完成操作。分析结果如图 20.26(b)所示,输出要素类属性表记录了每个位置的预测值、预测 RMSE 以及验证 RMSE 等详细信息。工具运行后,消息窗口将展示"输入时空立方体详细信息"表和"各位置精度汇总"表。

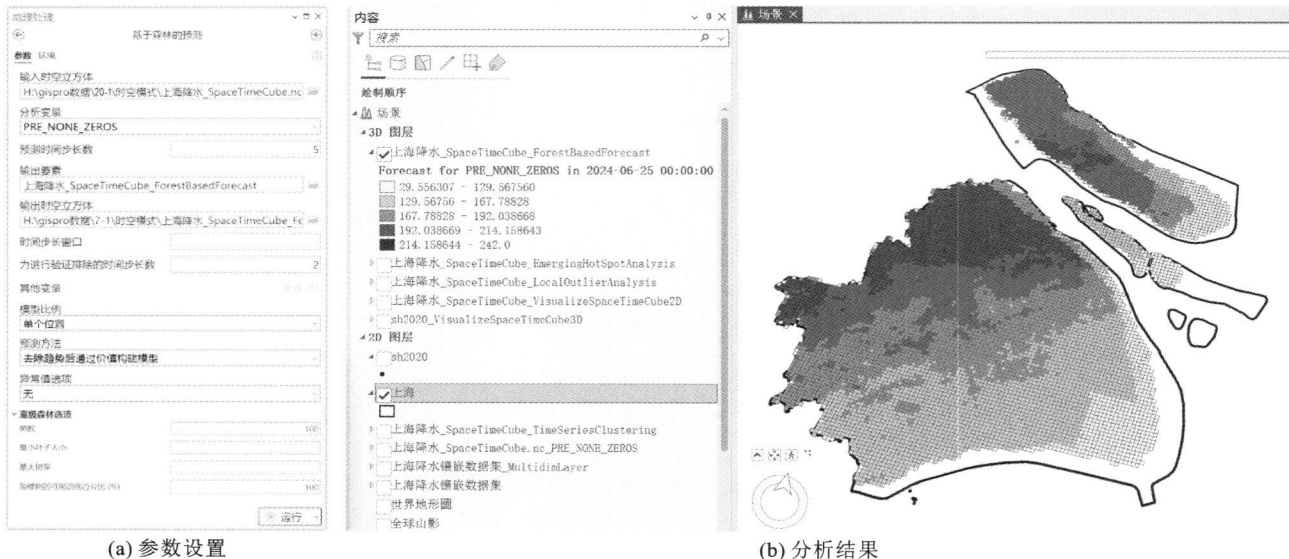

(a) 参数设置　　　　　　　　　　　　(b) 分析结果

图 20.26　基于森林的预测

20.5.3　曲线拟合预测

1. 曲线拟合预测基础知识

此工具通过曲线拟合来预测时空立方体每个位置的值（见图 20.27）。此工具将参数曲线拟合到输入时空立方体参数中的各个位置,并通过将该曲线外推到未来时间步长来预测时间序列。曲线可以是线性、抛物线、S 形（龚珀兹）或指数。可以在时空立方体的每个位置使用相同的曲线类型,或者允许该工具设置最适合每个位置的曲线类型。与"时间序列预测"工具集中的其他预测工具相比,此工具最简单易懂,并且最适用于可预测趋势且未显示明显季节性的时间序列预测。若数据呈现复杂趋势或明显季节性,建议使用其他预测工具。

2. 曲线拟合预测实例

选择"曲线拟合预测"工具,打开相应的工具窗格[见图 20.28(a)]。将"输入时空立方体"设定为"上海降水_SpaceTimeCube.nc","分析变量"设定为"PRE_NONE_ZEROS",并把"预测时间步长数"设定为"1"。

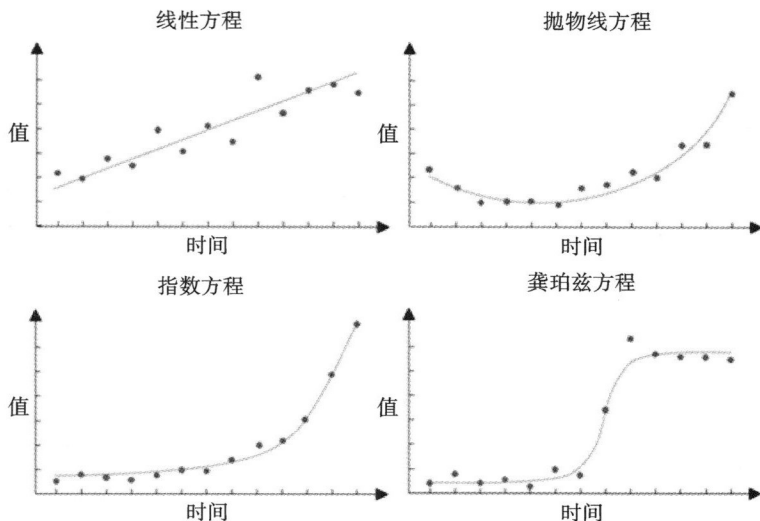

图 20.27　4 种曲线拟合预测类型

"输出要素"设定为"上海降水_SpaceTimeCube_CurveFitForecast"要素类(保存在"时空模式.gdb"中)。同时,将"输出时空立方体"设定为"上海降水 SpaceTimeCube_CurveFitForecast.nc",并保存至"…\Chp20\20-1"文件夹内。然后,执行"曲线拟合预测"工具。

在曲线拟合预测过程中,需要指定一种曲线类型以预测输入时空立方体的值。可供选择的曲线类型包括:"线性",表示时间序列随时间线性增加或减少;"抛物线",表示时间序列随时间呈现抛物线或二次曲线变化;"指数",表示时间序列随时间指数性增加或减少;"S 形(龚珀兹)",表示时间序列随时间呈现 S 形变化;"自动检测",该选项将在不同位置尝试所有 4 种曲线类型,并选择验证均方根误差(RMSE)最小的曲线类型(若未排除任何时间步长用于验证,则选择预测 RMSE 最小的类型)。在本例中,采用默认设置"自动检测"。此外,"为进行验证排除的时间步长数"也采用默认值 2。在确认其他设置保持默认后,点击【运行】按钮以完成预测操作,分析结果如图 20.28(b)所示。

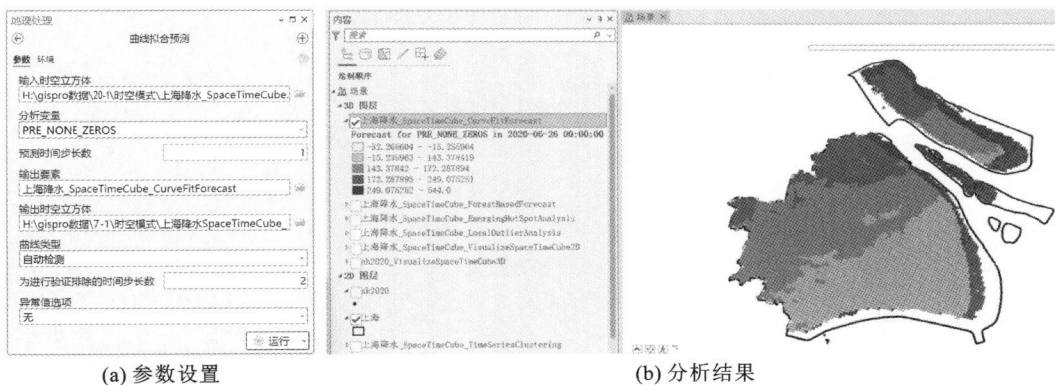

(a) 参数设置　　　　　　　　　　　(b) 分析结果

图 20.28　曲线拟合预测

20.5.4　指数平滑预测

1. 指数平滑预测基础知识

通过将各位置立方体的时间序列分解为季节和趋势分量,使用霍尔特-温特指数平滑方法来预测时空立方体中各位置的值(见图 20.29)。与"时间序列预测"工具集中的其他预测工具相比,建议将此工具用于趋势平缓且季节性行为强烈的数据。假设可以分隔季节性行为和趋势,因此对于趋势随时间逐渐变化并遵循一致季节性模式的数据,指数平滑模型最为有效。

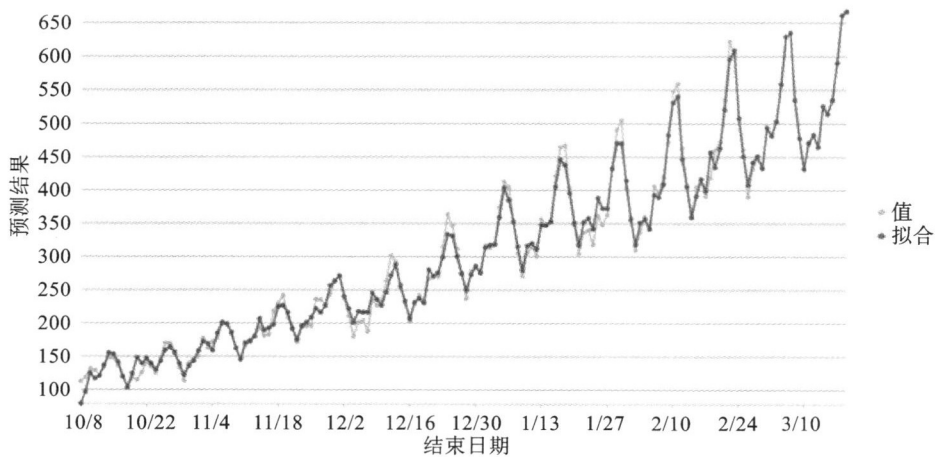

图 20.29 "指数平滑预测"工具预测的未来时间步长的值

2. 指数平滑预测实例

选择"指数平滑预测"工具,打开工具窗格[见图 20.30(a)]。将"输入时空立方体"设定为"上海降水_SpaceTimeCube.nc",并把"分析变量"设定为"PRE_NONE_ZEROS"。"预测时间步长数"保持默认值,即1。"输出要素"设置为"上海降水_SpaceTimeCube_ExponentialSmoothingForecast"要素类,并确保其保存于"时空模式.gdb"数据库中。"输出时空立方体"应设定为"上海降水_SpaceTimeCube_ExponentialSmoothingForecast.nc",并保存在"···\Chp20\20-1"文件夹内。"季节长度"会为每个位置指定一个对应的时间步长数来表示一个季节。若数据中存在多个季节周期,建议选取最长的季节周期以获得更为可靠的结果。在本例中,默认不设定具体值,工具将自动运用光谱密度函数为每个位置估算出季节长度。分析结果如图 20.30(b)所示。

(a) 参数设置

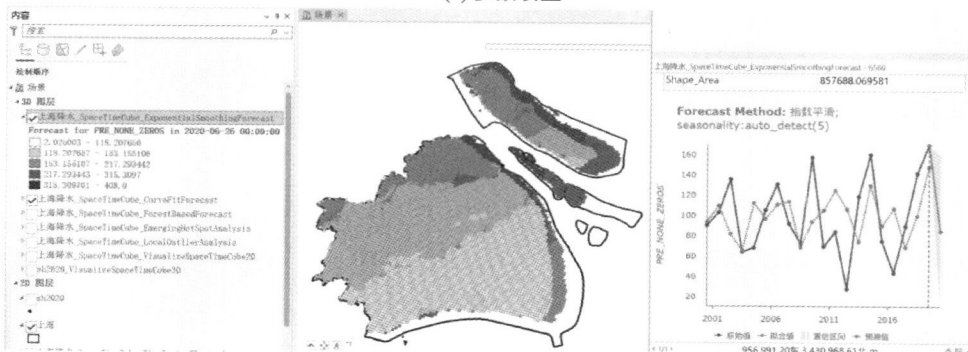

(b) 分析结果

图 20.30 指数平滑预测

参 考 文 献

[1] Law M,Collins A. Getting to Know ArcGIS Pro 3. 2[M]. 5th edition. California:Esri Press,2024.

[2] Esri. ArcGIS Pro 地理处理工具参考[EB/OL]. [2025-01-20]. https://pro. arcgis. com/zh-cn/pro-app/latest/tool-reference/main/arcgis-pro-tool-reference. html.

[3] Law M,Collins A. Getting to Know ArcGIS Pro 2. 6[M]. California:Esri Press,2020.

[4] Smith J. Getting to Know ArcGIS Pro[M]. New York:Esri Press,2021.

[5] Law M,Collins A. Getting to know ArcGIS PRO 2. 8[M]. New York:Esri Press,2021.

[6] Law M,Collins A. Getting to Know ArcGIS Pro[M]. California:Esri Press,2016.

[7] 汤国安,杨昕,张海平. ArcGIS 地理信息系统空间分析实验教程[M]. 3 版. 北京:科学出版社,2021.

[8] 俞孔坚,乔青,李迪华,等. 基于景观安全格局分析的生态用地研究——以北京市东三乡为例[J]. 应用生态学报,2009,20(08):1932-1939.

[9] 闫磊. ArcGIS Pro 从 0 到 1 入门实战教程[M]. 北京:电子工业出版社,2022.

[10] 陆丽珍,张峰. ArcGIS Pro 地理信息系统应用与实践[M]. 北京:高等教育出版社,2023.

[11] 王劲峰,廖一兰,刘鑫. 空间数据分析教程[M]. 3 版. 北京:科学出版社,2019 年.

[12] 卞晓东,禹定峰,刘东升,等. 基于 PIE-Engine Studio 的黄河口及其邻近海域水质遥感监测[J]. 齐鲁工业大学学报,2022,36(02):53-58.

[13] 曾见闻,戴晓爱,徐纪鹏,等. 基于 PIE-Engine 云计算平台和 CASA 模型的植被 NPP 时空动态遥感监测:以道孚县为例[J]. 水利水电技术(中英文),2024,55(05):115-128.

[14] 陈柯兵,孙思瑞. 基于国产高分卫星和 PIE-Engine 平台的水域信息提取[C]//第十九届中国水论坛论文集. 长江水利委员会水文局,2022:6.

[15] 刘清华,任金铜,任芳. 基于 PIE-Engine 的六冲河流域 NDVI 变化特征分析[J]. 科技与创新,2023,(12):26-28+34.

[16] 卢洁滢,徐子琪,胡垂立,等. 基于 PIE 遥感技术的大气污染遥感动态监测系统设计与实现[J]. 无线互联科技,2024,21(15):89-92.

[17] 任明,李洋,郭伟. 基于 PIE-Engine 云平台的 2018—2022 年辽宁省植被覆盖度时空演变及影响因素[J]. 测绘与空间地理信息,2023,46(S1):226-229.

[18] 杨兆楠,任金铜,任芳. 基于 PIE-Engine 的草海保护区地表覆盖信息提取及变化监测[J]. 科学技术创新,2023,(03):10-14.

[19] 杨政军,余永安,杨娜,等. PIE-Engine 遥感云平台助力卫星遥感应用[J]. 卫星应用,2022,(07):47-51.

[20] 刘东升. PIE 6.0 遥感产品体系及应用服务[J]. 卫星应用,2020,(05):15-21.

[21] 廖通逵,任芳,王小华. 新一代国产遥感图像处理软件 PIE5.0[J]. 卫星应用,2018,(11):66-67.

[22] 陈利,林辉. 基于 K-T 变换和主成分变换的植被信息提取[J]. 中南林业科技大学学报,2014,34(06):81-84.

[23] 孙永华. PIE 遥感图像处理基础教程[M]. 北京:科学出版社,2021.

[24] 张成业等. PIE 遥感图像处理专题实践[M]. 北京:地质出版社,2021.

[25] 北京航天宏图信息技术股份有限公司. PIE-Basic 遥感图像处理软件用户手册[EB/OL]. (2022-05-28)[2023-10-12]. https://max. book118. com/html/2022/0528/6243055045004152. shtm.